计算机建筑应用系列

AutoCAD 2011 中文版
建筑结构设计十日通

胡武堂　张日晶　编著

U0330289

中国建筑工业出版社

图书在版编目（CIP）数据

AutoCAD 2011 中文版建筑结构设计十日通/胡武堂，
张日晶编著. —北京：中国建筑工业出版社，2011
（计算机建筑应用系列）
ISBN 978-7-112-12837-2

Ⅰ.①A… Ⅱ.①胡…②张… Ⅲ.①建筑设计：计算
机辅助设计-应用软件，AutoCAD 2011 Ⅳ.①TU201.4

中国版本图书馆 CIP 数据核字（2011）第 007417 号

本书根据《建筑结构制图标准》GB/T 50105—2010、《建筑工程设计文件编制深度规定》（2008 年版）编写。结合建筑结构设计的基础知识，讲述了利用 AutoCAD 2011 进行结构施工图绘制的方法和过程。全书分为三篇：第一篇为第 1～9 章，主要讲述了 AutoCAD 2011 的基本操作方法，建筑结构施工图的具体绘制规定，以及结构施工图中部分图例的绘制方法；第二篇为第 10～16 章，按照建筑结构的设计顺序，系统地讲解了某住宅楼的结构施工图绘制方法和注意事项；第三篇为第 17～23 章，主要讲述了某体育馆的结构设计过程及施工图绘制方法。

本书可作为建筑结构专业本科、高职高专学生的专业学习教材，也可以作为各种结构设计人员的培训教材、自学参考书。

* * *

责任编辑：郭 栋 万 李
责任设计：张 虹
责任校对：陈晶晶 王雪竹

计算机建筑应用系列
AutoCAD 2011 中文版建筑结构设计十日通
胡武堂 张日晶 编著

*

中国建筑工业出版社出版、发行（北京西郊百万庄）
各地新华书店、建筑书店经销
霸州市顺浩图文科技发展有限公司制版
北京建筑工业印刷厂印刷

*

开本：787×1092 毫米 1/16 印张：32 字数：798 千字
2011 年 3 月第一版 2011 年 3 月第一次印刷
定价：**79.00** 元（含光盘）
ISBN 978-7-112-12837-2
（20096）

版权所有 翻印必究
如有印装质量问题，可寄本社退换
（邮政编码 100037）

前　言

建筑物的结构设计关系着结构的安全及使用功能。合理的结构设计，可以充分发挥建筑的优势，提高结构安全性能。建筑结构设计包括初步设计和施工图深入设计。而绘制建筑结构施工图和普通制图是有所区别的。不仅需要绘制结构的布局和尺寸，而且要详细注明结构构件的构造和施工要求，为施工提供依据。

在国内，AutoCAD软件在建筑结构设计中的应用是最广泛的，掌握好该软件，是每个建筑学子必不可少的技能。使用AutoCAD绘制建筑结构施工图，不仅可以利用人机交互界面实时地进行修改，快速地把各人的意见反映到设计中去，而且可以感受修改后的效果，从多个角度任意进行观察，是建筑结构设计的得力工具。

一、本书特色

市面上的AutoCAD建筑结构设计学习书籍比较多，但读者要挑选一本自己中意的书却很困难，真是"乱花渐欲迷人眼"。那么，本书为什么能够在您"众里寻她千百度"之际，于"灯火阑珊"中"蓦然回首"呢？那是因为本书有以下5大特色。

● 作者权威

本书作者有多年的计算机辅助建筑结构设计领域工作经验和教学经验。本书是作者总结多年的设计经验以及教学的心得体会，历时多年精心编著，力求全面、细致地展现出AutoCAD 2011在建筑结构设计应用领域的各种功能和使用方法。

● 实例专业

本书实例取材典型，工程性强。有些读者就算熟练地掌握了AutoCAD的各种功能，娴熟地绘制各种图形，但是绘制出的图纸往往离实际工程应用有很大差距，为什么呢？这就是"制图"与"设计"的差距。设计不仅仅要考虑到图形视图学或几何学范畴的正确性，更要考虑建筑工程各学科，比如建筑美学、建筑材料等的合理性。本书围绕AutoCAD以结构设计专业的实际应用背景展开讲述，示例取材于第一设计现场，合理真实，具有真正的应用功能，而不是课堂上的示意功能。

● 提升技能

本书从全面提升建筑结构设计与AutoCAD应用能力的角度出发，结合具体的案例来讲解如何利用AutoCAD 2011进行建筑结构设计，真正让读者懂得计算机辅助建筑结构设计，从而独立地完成各种建筑结构设计。

● 内容全面

本书完整地讲述了AutoCAD软件在建筑结构设计中应用的各种结构设计形式，这些知识共同组成AutoCAD建筑结构设计的完整体系，既通过实例对AutoCAD的功能进行了透彻的讲解，也阐释了建筑结构设计各种典型结构设计的基本方法。前后三篇，分工明确，逐步深入。第一篇主要对一些基本方法和理论进行必要的准备，第二篇则通过住宅楼结构设计的实例详细地讲述建筑结构设计中的具体设计方法与技巧，第三篇则通过一个大跨度体育馆结构设计的具体实例对前面的知识进行综合性的应用和深化。前后紧密联系，又独成体系，共同组成全书有机整体。

"秀才不出屋，能知天下事"。读者只要有本书在手，AutoCAD 建筑结构设计知识全精通。本书不仅有透彻的讲解，还有非常典型的工程实例。通过实例的演练，能够帮助读者找到一条学习 AutoCAD 建筑结构设计的捷径。

● 知行合一

结合典型的建筑结构设计实例，详细讲解 AutoCAD 2011 建筑结构设计知识要点，让读者在学习案例的过程中潜移默化地掌握 AutoCAD 2011 软件操作技巧，同时培养了工程设计实践能力。

二、本书组织结构和主要内容

本书是以最新的 AutoCAD 2011 版本为演示平台，全面介绍 AutoCAD 建筑结构设计从基础到实例的全部知识，帮助读者从入门走向精通。全书分为 3 篇，共 23 章。

1. 基础知识篇——介绍必要的基本操作方法和技巧

第 1 章主要介绍建筑结构设计概述。

第 2 章主要介绍 AutoCAD 2011 入门。

第 3 章主要介绍二维绘图命令。

第 4 章主要介绍辅助绘图工具。

第 5 章主要介绍编辑命令。

第 6 章主要介绍文字与表格。

第 7 章主要介绍尺寸标注。

第 8 章主要介绍集成绘图工具。

第 9 章主要介绍图纸管理。

2. 结构设计篇——围绕某住宅楼结构设计详细讲解建筑结构设计中各种图形的设计方法

第 10 章主要介绍结构施工图的图纸编排。

第 11 章主要介绍建筑结构初步设计。

第 12 章主要介绍建筑结构深化设计——柱设计。

第 13 章主要介绍建筑结构深化设计——梁设计。

第 14 章主要介绍建筑结构深化设计——剪力墙设计。

第 15 章主要介绍结构深化设计——预应力梁设计。

第 16 章主要介绍结构深化设计——板设计。

3. 综合实例篇——围绕某体育馆结构设计深入讲解建筑结构设计中各种图形的设计方法

第 17 章主要介绍体育馆结构设计总说明及首页图。

第 18 章主要介绍体育馆基础平面及梁配筋图。

第 19 章主要介绍体育馆柱归并编号图。

第 20 章主要介绍体育馆梁配筋图。

第 21 章主要介绍体育馆柱配筋图。

第 22 章主要介绍体育馆楼梯详图。

第 23 章主要介绍体育馆结构设计构件详图。

三、本书源文件

本书所有实例操作需要的原始文件和结果文件，以及上机实验实例的原始文件和结果文件，都在随书光盘的"源文件"目录下，读者可以复制到计算机硬盘下参考和使用。

四、光盘使用说明

本书除利用传统的纸面讲解外，随书配送了多媒体学习光盘。光盘中包含所有实例的素材源文件，并制作了全程实例动画 AVI 文件。为了增强教学的效果，更进一步方便读者的学习，作者亲自对实例动画进行了配音讲解。利用作者精心设计的多媒体界面，读者可以随心所欲地像看电影一样轻松、愉悦地学习本书。

光盘中有两个重要的目录希望读者关注，"源文件"目录下是本书所有实例操作需要的原始文件和结果文件，以及上机实验实例的原始文件和结果文件。"动画演示"目录下是本书所有实例的操作过程视频 AVI 文件，总共时长 34 小时左右。

如果读者对本书提供的多媒体界面不习惯，也可以打开该文件夹，选用自己喜欢的播放器进行播放。

提示：由于本书多媒体光盘插入光驱后自动播放，有些读者不知道怎样查看文件光盘目录。具体的方法是退出本光盘自动播放模式，然后再单击计算机桌面上的"我的电脑"图标，打开文件根目录，在光盘所在盘符上单击鼠标右键，在打开的快捷菜单中选择【打开】命令，就可以查看光盘文件目录。

五、致谢

本书由军械工程学院的胡武堂和张日晶主编。王玉秋、张俊生、王佩楷、袁涛、刘刚、董建伟、李鹏、周广芬、王宏、周冰、李瑞、董伟、王敏、康士廷、王渊峰、路纯红、王兵学、熊慧、王艳池、陈丽芹、王培合、胡仁喜、刘昌丽、董荣荣、王义发、康士廷、阳平华、李世强、郑长松、孟清华、王文平、李广荣、夏德伟、左昉、甘勤涛、杨雪静、王玮、谷德桥等参与了部分章节的编写，在此一并表示感谢。本书的编写和出版得到了很多朋友的大力支持，值此图书出版发行之际，向他们表示衷心的感谢。

由于时间仓促，加上编者水平有限，书中不足之处在所难免，望广大读者批评指正，编者将不胜感激。

目 录

第一篇 基础知识篇

第二篇　结构设计篇

第三篇　综合实例篇

CHAPTER

基础知识篇

　　本篇主要介绍了建筑结构CAD绘图的基础知识以及绘图基本方法。其中第1章为建筑结构设计概述；第2章介绍AutoCAD 2011入门；第3章讲述二维绘图命令；第4章讲述辅助绘图工具；第5章介绍编辑命令；第6章介绍文字与表格；第7章介绍尺寸标注；第8章介绍集成绘图工具；第9章介绍图纸管理。

　　通过对本篇的学习，读者将初步了解建筑结构设计的过程以及建筑结构施工图的组成，并初步学习AutoCAD的基本操作方法。

第1章　建筑结构设计概述

一个建筑物的落成，要经过建筑设计，然后进行结构设计。结构设计的主要任务是确定结构的受力形式、配筋构造、细部构造等。施工时要根据结构设计施工图进行施工。因此绘制明确详细的施工图，是十分重要的工作。我国规定了结构设计图的具体绘制方法及专业符号。本章将结合相关标准，对建筑结构施工图的绘制方法及基本要求作简单的介绍。

学习要点

结构设计施工图绘制
制图基本规定
施工图编制方法与深度

1.1　结构设计基本知识

本节简要讲述结构设计的相关基础知识，为后面的具体结构设计进行理论准备。

1.1.1　建筑结构的功能要求

根据《建筑结构可靠度设计统一标准》GB 50068—2001，建筑结构应该满足的功能要求可以概括为：

（1）安全性。建筑结构应能承受正常施工和正常使用时可能出现的各种荷载和变形，在偶然事件（如地震、爆炸等）发生时和发生后保持必需的整体稳定性，不致发生倒塌。

（2）适用性。结构在正常使用过程中应具有良好的工作性。例如，不产生影响使用的过大变形或振幅，不发生足以让使用者不安的过宽的裂缝等。

（3）耐久性。结构在正常维护条件下应具有足够的耐久性，完好使用到设计规定的年限，即设计使用年限。例如，混凝土不发生严重风化、腐蚀、脱落、钢筋不发生锈蚀等。

良好的结构设计应能满足上述要求，这样设计的结构是安全可靠的。

1.1.2　结构功能的极限状态

整个结构或者结构的一部分超过某一特定状态就不能满足设计指定的某一功能要求，这个特定状态称为该功能的极限状态，例如，构件即将开裂、倾覆、滑移、压屈、失稳等。也就是说，能完成预定的各项功能时，结构处于有效状态，反之，则处于失效状态；有效状态和失效状态的分界，成为极限状态，是结构开始失效的标志。

极限状态可以分为两类。

1. 承载能力极限状态

结构或构件达到最大承载能力或者达到不适于继续承载的变形状态，成为承载能力极限状态。当结构或构件由于材料强度不够而破坏，或因疲劳而破坏，或产生过大的塑性变形而不能继续承载，结构或构件丧失稳定；结构转变为机动体系时，结构或构件就超过了承载能力极限状态。超过承载能力极限状态后，结构或构件就不能满足安全性的要求。

2. 正常使用极限状态

结构或构件达到正常使用或耐久性能中某项规定限度的状态称为正常使用极限状态。例如，当结构或构件出现影响正常使用的过大变形；出现裂缝过宽、局部损坏或振动现象时，可认为结构和构件超过了正常使用极限状态。超过了正常使用极限状态，结构和构件就不能保证适用性和耐久性的功能要求。

结构和构件按承载能力极限状态进行计算后，还应该按正常使用极限状态进行验算。通常在设计的时候要保证构造措施满足要求，这些构造措施在后面章节的绘图过程中会详细介绍。

1.1.3　结构设计方法的演变

随着科学界对于结构效应及计算方法的进步，结构设计方法也从最初的简单考虑安全系数法发展到考虑各种因素的概率设计方法。

1. 容许应力设计方法

对于在弹性阶段工作的构件，容许应力方法有一定的设计可靠性，例如钢结构。尽管材料在受荷后期表现出明显的非线性，但是在当时由于设计人员对于线弹性力学更为熟悉，所以在设计具有明显非线性的钢筋混凝土结构时，仍然采用材料力学的方法。

2. 破损阶段设计方法

破损阶段设计方法相对于容许应力设计方法的最大贡献就是：通过大量的钢筋混凝土构件试验，建立了钢筋混凝土构件抗力的计算表达式。

3. 极限状态设计方法

相对于前两种设计方法，极限状态设计方法的创新点在于：
(1) 首次提出两类极限状态：抗力设计值≥荷载效应设计值；
　　　　　裂缝最大值≤裂缝允许值，挠度最大值≤挠度允许值。
(2) 提出了不同功能工程的荷载观测值的概念，在观测值的基础上提出了荷载取用值的概念：荷载取用值＝大于 1 的系数×荷载观测值。
(3) 提出了材料强度的实测值和取用值的概念：强度取用值＝小于 1 的系数×强度实测值。
(4) 提出了裂缝及挠度的计算方法和控制标准。

尽管极限状态设计方法有创新点，但是其也存在某些缺点：

(1) 荷载的离散度未给出。

(2) 材料强度的离散度未给出。

(3) 荷载及强度系数仍为经验值。

4. 半概率半经验设计法

半概率半经验设计方法的本质是极限状态设计法，但是与极限状态设计方法相比，又有一定的改进：

(1) 对荷载在观测值的基础上通过统计给出标准值。

(2) 对材料强度在观测的基础上通过统计分析给出材料强度标准值。

但是对于荷载及材料系数仍然是依据经验而定。

5. 近似概率设计法

近似概率设计法将随机变量 R 和 S 的分布只用统计平均值 μ 和标准值 σ 来表征，且在运算过程中对极限状态方程进行线性化处理。

但是此设计方法也存在一些缺陷：

(1) 根据截面抗力设计出的结构，存在着截面失效不等于构件失效，更不等于结构失效的情况，因此不能很准确地表征结构的抗力效应。

(2) 未考虑不可预见的因素的影响。

6. 全概率设计方法

全概率设计方法就是全面考虑各种影响因素，并基于概率论而提出的结构优化设计方法。

1.1.4 结构分析方法

结构分析应以结构的实际工作状况和已有条件为依据，并且在所有的情况下均应对结构的整体进行分析，结构中的重要部分、形状突变部位以及内力和变形有异常变化的部分（例如较大孔洞周围、节点及其附近、支座和集中荷载附近等），必要时应另作更详细的局部分析，结构分析的结果都应有相应的构造措施作保证。

所有的结构分析方法的建立都基于三类基本方程，即力学平衡方程、变形协调（几何）条件和本构（物理）关系。其中力学平衡条件必须满足；变形协调条件对有些方法不能严格符合，但应在不同程度上予以满足；本构关系则需合理地选用。

现有的结构分析方法可以归纳为五类。各类方法的主要特点和应用范围如下：

1. 线弹性分析方法

线弹性分析方法是最基本和最成熟的结构分析方法，也是其他分析方法的基础和特例。它适用于分析一切形式的结构和验算结构的两种极限状态。至今，国内外的大部分混凝土结构的设计仍基于此方法。

结构内力的线弹性分析和截面承载力的极限状态设计相结合，实用上简易可行。按此设计的结构，其承载力一般偏于安全。少数结构因混凝土开裂部分的刚度减小而发生内力重分布，可能影响其他部分的开裂和变形状况。

考虑到混凝土结构开裂后的刚度减小，对梁、柱构件分别采取不等的折减刚度值，但各构件（截面）刚度不随荷载的大小而变化，则结构的内力和变形仍可采用线弹性方法进行分析。

2. 考虑塑性内力重分布的分析方法

考虑塑性内力重分布的分析方法一般用来设计超静定混凝土结构，具有充分发挥结构潜力、节约材料、简化设计和方便施工等优点。

3. 塑性极限分析方法

塑性极限分析方法又称塑性分析或极限平衡法。此法在我国主要用于周边有梁或墙有支承的双向板设计。工程设计和施工实践经验证明，按此法进行计算和构造设计简便易行，可保证安全。

4. 非线性分析方法

非线性分析方法以钢筋混凝土的实际力学性能为依据，引入相应的非线性本构关系后，可准确地分析结构受力全过程的各种荷载效应，而且可以解决一切体形和受力复杂的结构分析问题。这是一种先进的分析方法，已经在国内一些重要结构的设计中采用，并不同程度地纳入国外的一些主要设计规范。但这种分析方法比较复杂，计算工作量大，各种非线性本构关系尚不够完善和统一，至今应用范围仍然有限，主要用于重大结构工程如水坝、核电站结构等的分析和地震下的结构分析。

5. 试验分析方法

结构或其部分的体形不规则和受力状态复杂，又无恰当的简化分析方法时，可采用试验分析方法。例如剪力墙及其孔洞周围，框架和桁架的主要节点，构件的疲劳，平面应变状态的水坝等。

1.1.5　结构设计规范及设计软件

在结构设计过程中，为了满足结构的各种功能及安全性的要求，必须遵从我国制定的结构设计规范，主要是以下几种：

1. 《混凝土结构设计规范》GB 50010—2010

本规范是为了在混凝土结构设计中贯彻执行国家的技术经济政策，做到技术先进、安全适用、经济合理、确保质量。此规范适用于房屋和一般构筑物的钢筋混凝土、预应力混凝土以及素混凝土承重结构的设计，但是不适用于轻骨料混凝土及其他特种混凝土结构的设计。

2. 《建筑抗震设计规范》GB 50011—2010

本规范的制定目的是为了贯彻执行国家建筑工程、防震减灾的法律法规并实行以预防为主的方针，使建筑经抗震设防后，减轻建筑的地震破坏，避免人员伤亡，减少经济损失。

按本规范进行抗震设计的建筑，其抗震设防的目标是：当遭受低于本地区抗震设防烈度的多遇地震影响时，一般不受损坏或不需修理可继续使用；当遭受相当于本地区抗震设防烈度的地震影响时，可能损坏，经一般修理或不需修理仍可继续使用；当遭受高于本地区抗震设防烈度预估的罕遇地震影响时，不致倒塌或发生危及生命的严重破坏。

3. 《建筑结构荷载规范》GB 50009—2001

本规范是为了适应建筑结构设计的需要，以符合安全适用、经济合理的要求而制订的。此规范是根据《建筑结构可靠性设计统一标准》规定的原则制订的，适用于建筑工程的结构设计，并且设计基准期为 50 年。建筑结构设计中涉及的作用包括直接作用（荷载）和间接作用（如地基变形、混凝土收缩、焊接变形、温度变化或地震等引起的作用）。本规范仅对有关荷载作出规定。

4. 《高层建筑混凝土结构技术规程》JGJ 3—2010

本规程适用于 10 层及 10 层以上或房屋高度超过 28m 的非抗震设计和抗震设防烈度为 6～9 度抗震设计的高层民用建筑结构，其适用的房屋最大高度和结构类型应符合本规程的有关规定。但是本规程不适用于建造在危险地段场地的高层建筑。

高层建筑的设防烈度必须按照国家规定的权限审批、颁发的文件（图件）确定。一般情况下，抗震设防烈度可采用中国地震烈度区划图规定的地震基本烈度；对已编制抗震设防区划的地区，可按批准的抗震设防烈度或设计地震动参数进行抗震设防。并且，高层建筑结构设计中应注重概念设计，重视结构的选型和平、立面布置的规则性，择优选用抗震和抗风性能好且经济合理的结构体系，加强构造措施。在抗震设计中，应保证结构的整体抗震性能，使整个结构具有必要的承载能力、刚度和延性。

5. 《钢结构设计规范》GB 50017—2003

本规范适用于工业与民用房屋和一般构筑物的钢结构设计，其中，由冷弯成型钢材制作的构件及其连接应符合现行国家标准《冷弯薄壁型钢结构技术规范》GB 50018—2002 的规定。

本规范的设计原则是根据现行国家标准《建筑结构可靠度设计统一标准》GB 50068—2001 制订的。按本规范设计时，取用的荷载及其组合值应符合现行国家标准《建筑结构荷载规范》GB 50009—2001 的规定；在地震区的建筑物和构筑物，尚应符合现行国家标准《建筑抗震设计规范》GB 50011—2010、《中国地震动参数区划图》GB 18306—2001 和《构筑物抗震设计规范》GB 50191—1993 的规定。

在钢结构设计文件中，应注明建筑结构的设计使用年限、钢材牌号、连接材料的型号（或钢号）和对钢材所要求的力学性能、化学成分及其他的附加保证项目。此外，还应注明所要求的焊缝形式、焊缝质量等级、端面刨平顶紧部位及对施工的要求。

6. 《砌体结构设计规范》GB 50003—2001

为了贯彻执行国家的技术经济政策，坚持因地制宜、就地取材的原则，合理选用结构方案和建筑材料，做到技术先进、经济合理、安全适用、确保质量，特制订本规范。本规范适用于建筑工程的下列砌体的结构设计，特殊条件下或有特殊要求的应按专门规定进行设计。

（1）砖砌体，包括烧结普通砖、烧结多孔砖、蒸压灰砂砖、蒸压粉煤灰砖无筋和配筋砌体。

（2）砌块砌体，包括混凝土、轻骨料混凝土砌块无筋和配筋砌体。

（3）石砌体，包括各种料石和毛石砌体。

7. 《无粘结预应力混凝土结构技术规程》JGJ 92—2004

本规程适用于工业与民用建筑和一般构筑物中采用的无粘结预应力混凝土结构的设计、施工及验收。采用的无粘结预应力筋系指埋置在混凝土构件中者或体外束。无粘结预应力混凝土结构应根据建筑功能要求和材料供应与施工条件，确定合理的设计与施工方案，编制施工组织设计，做好技术交底，并应由预应力专业施工队伍进行施工，严格执行质量检查与验收制度。

随着设计方法的演变，一般的设计过程都是要对结构进行整体有限元分析，因此，就要借助计算机软件进行分析计算，在国内常用的几种结构分析设计软件为：

（1）PKPM 结构设计软件

本系统是一套集建筑设计、结构设计、设备设计及概预算、施工软件于一体的大型建筑工程综合系统。并且此系统采用独特的人机交互输入方式，使用者不必填写繁琐的数据文件，输入时用鼠标或键盘在屏幕勾画出整个建筑物即可。软件有详细的中文菜单指导用户操作，并提供了丰富的图形输入功能，有效地帮助输入。实践证明：这种方式设计人员容易掌握，而且比传统的方法可提高效率十几倍。

其中结构类包含了 17 个模块，涵盖了结构设计中的地基、板、梁、柱、钢结构、预应力等方面。本系统具有先进的结构分析软件包，容纳了国内最流行的各种计算方法，如平面杆系、矩形及异形楼板、高层三维壳元及薄壁杆系、梁板楼梯及异形楼梯、各类基础、砖混及底框抗震、钢结构、预应力混凝土结构分析等。全部结构计算模块均按新的设计规范编制。全面反映了新规范要求的荷载效应组合，设计表达式，抗震设计新概念要求的强柱弱梁、强剪弱弯、节点核心、罕遇地震以及考虑扭转效应的振动耦联计算方面的内容。

同时，本系统有丰富和成熟的结构施工图辅助设计功能，可完成框架、排架、连梁、结构平面、楼板配筋、节点大样、各类基础、楼梯、剪力墙等施工图绘制。并在自动选配钢筋，按全楼或层、跨剖面归并，布置图纸版面，人机交互干预等方面独具特色。在砖混计算中可考虑构造柱共同工作，可计算各种砌块材料，底框上砖房结构 CAD 适用任意平面的一层或多层底框。可绘制钢结构平面图、梁柱及门式刚架施工详图、桁架施工图。

（2）SAP2000 结构分析软件

SAP2000 是 CSI 开发的独立的基于有限元的结构分析和设计程序。它提供了功能强大的交互式用户界面，带有很多工具帮助快速和精确创建模型，同时具有分析最复杂工程所需的分析技术。

SAP2000 是面向对象的，即用单元创建模型来体现实际情况。一个与很多单元连接的梁用一个对象建立，和现实世界一样，与其他单元相连接所需要的细分由程序内部处理。分析和设计的结果对整个对象产生报告，而不是对构成对象的子单元，提供的信息更容易解释并且和实际结构更协调。

（3）ANSYS 有限元分析软件

ANSYS 软件主要包括 3 个部分：前处理模块、分析计算模块和后处理模块。

前处理模块提供了一个强大的实体建模及网格划分工具，用户可以方便地构造有限元模型；分析计算模块包括结构分析（可进行线性分析、非线性分析和高度非线性分析）、流体动力学分析、电磁场分析、声场分析、压电分析以及多物理场的耦合分析，可模拟多种物理介质的相互作用，具有灵敏度分析及优化分析能力；后处理模块可将计算结果以彩色等值线显示、梯度显示、矢量显示、粒子流显示、立体切片显示、透明及半透明显示（可看到结构内部）等图形方式显示出来，也可将计算结果以图表、曲线形式显示或输出。

ANSYS 提供了 100 种以上的单元类型，用来模拟工程中的各种结构和材料。该软件有多种不同版本，可以运行在从个人机到大型机的多种计算机设备上，如 PC、SGI、HP、SUN、DEC、IBM、CRAY 等。

（4）TBSA 系列程序

TBSA 系列程序是由中国建筑科学研究院高层建筑技术开发部研制而成，主要是针对国内高层建筑而开发的分析设计软件。

TBSA、TBWE 多层及高层建筑结构三维空间分析软件，分别采用空间杆-薄壁柱模型和空间杆-墙组元模型，完成构件内力分析和截面设计。

TBSA-F 建筑结构地基基础分析软件，可计算独立、桩、条形、交叉梁系、筏板（平板和梁板）、箱形基础，以及桩与各种承台组成的联合基础；按相互作用原理，结合国家规范，采用有限元法分析；考虑不同地基模式和土的塑性性质、深基坑回弹和补偿、上部结构刚度影响、刚性板和弹性板算法、变厚度板计算；输出结果完善，有表格和平面简图表达方式。

1.2 结构设计要点

对于一个建筑物的设计，首先要进行建筑方案设计，其次才能进行结构设计。结构设计不仅要注意安全性，还要同时关注经济合理性，而后者恰恰是投资方看得见摸得着的，因此结构设计必须经过若干方案的计算比较，其计算量几乎占结构设计总工作量的一半。

1.2.1 结构设计的基本过程

为了更加有效地做好建筑结构设计工作，要遵循以下的步骤进行：

（1）在建筑方案设计阶段，结构专业人员应该关注并适时介入，给建筑专业设计人员提供必要的合理化建议，积极主动地改变被动接受不合理建筑方案的局面，只要结构设计人员摆正心态，尽心为完成更完美的建筑创作出主意、想办法，建筑师也会认同的。

（2）建筑方案设计阶段的结构配合，应选派有丰富结构设计经验的设计人员参与，及时给予指点和提醒，避免不合理的建筑方案直接面对投资方。如果建筑方案新颖且可行，只是造价偏高，就需要结构专业人员提前进行必要的草算，作出大概的造价分析以提供建筑专业人员和投资方参考。

（3）建筑方案一旦确定，结构专业人员应及时配备人力，对已确定建筑方案进行结构多方案比较，其中包括竖向及抗侧力体系、楼屋面结构体系以及地基基础的选型等，通过结构专业参加人员的广泛讨论，选择既安全可靠又经济合理的结构方案作为实施方案，必要时应对建筑专业人员及投资方作全面的汇报。

（4）结构方案确定后，作为结构工种（专业）负责人，应及时起草本工程结构设计统一技术条件，其中包括：工程概况、设计依据、自然条件、荷载取值及地震作用参数、结构选型、基础选型、所采用的结构分析软件及版本、计算参数取值以及特殊结构处理等，依次作为结构设计组共同遵守的设计条件，增加协调性和统一性。

（5）加强设计组人员的协调和组织，每个设计人员都有其优势和劣势，作为结构工种负责人，应透彻掌握每个设计人员的素质情况，在责任与分工上要以能调动起大家的积极性和主动性为前提，充分发挥出每个设计人员的智慧和能力，集思广益。设计中难点问题的提出与解决应经大家讨论，群策群力，共同提高。

（6）为了在有限的设计周期内完成繁重的结构设计工作量，应注意合理安排时间，结构分析与制图最好同步进行，以便及时发现问题及时解决，同时可以为其他专业返提资料提前做好准备。当结构布置作为资料提交各专业前，结构工种负责人应进行全面校审，以免给其他专业造成误解和返工。

（7）基础设计在初步设计期间应尽量考虑完善，以满足提前出图要求。

（8）计算与制图的校审工作应尽量提前介入，尤其对计算参数和结构布置草图等，一定经校审后再实施计算和制图工作，保证设计前提的正确才能使后续工作顺利有效地进行，同时避免带来本专业内的不必要返工。

（9）校审系统的建立与实施也是保证设计质量的重要措施，结构计算和图纸的最终成果必须至少由三个不同设计人员经手，即设计人、校对人和审核人，而每个不同档次的设计人员都应有相应的资质和水平要求。校审记录应有设计人、校审人和修改人签字并注明修改意见，校审记录随设计成果资料归档备查。

（10）建筑结构设计过程中，难免存在某个单项的设计分包情况，对此应格外慎重对待。首先要求承担分包任务的设计方必须具有相应的设计资质、设计水平和资源，签订单项分包协议，明确分包任务，提出问题和成果要求，明确责任分工以及设计费用和支付方法等，以免造成设计混乱，出现问题后责任不清，这是结构设计所必须避免的。

1.2.2　结构设计中需要注意的问题

在对结构进行整体分析后，也要对构件进行验算，验算要根据承载能力极限状态及正常使用极限状态的要求，分别按下列规定进行计算和验算：

（1）承载力及稳定。所有结构构件均应进行承载力（包括失稳）计算；对于混凝土结构，失稳的问题不很严重，而对于钢结构构件，必须进行失稳验算。必要时尚应进行结构的倾覆、滑移及漂浮验算；有抗震设防要求的结构尚应进行结构构件抗震的承载力验算。

（2）疲劳。直接承受吊车的构件应进行疲劳验算；但直接承受安装或检修用吊车的构件，根据使用情况和设计经验可不作疲劳验算。

（3）变形。对使用上需要控制变形值的结构构件，应进行变形验算。例如预应力游泳池，变形过大会导致荷载分布不均匀，荷载不均匀会导致超载，严重的会造成结构的破坏。

（4）抗裂及裂缝宽度。对使用上要求不出现裂缝的构件，应进行混凝土拉应力验算；对使用上允许出现裂缝的构件，应进行裂缝宽度验算；对叠合式受弯构件，尚应进行纵向钢筋拉应力验算。

（5）其他。结构及结构构件的承载力（包括失稳）计算和倾覆、滑移及漂浮验算，均应采用荷载设计值；疲劳、变形、抗裂及裂缝宽度验算，均应采用相应的荷载代表值；直接承受吊车的结构构件，在计算承载力及验算疲劳、抗裂时，应考虑吊车荷载的动力系数。

预制构件尚应按制作、运输及安装时相应的荷载值进行施工阶段验算。预制构件吊装的验算，应将构件自重乘以动力系数，动力系数可以取 1.5，但可根据构件吊装时的受力情况适当增减。

对现浇结构，必要时应进行施工阶段的验算。结构应具有整体稳定性，结构的局部破坏不应导致大范围倒塌。

1.3 结构设计施工图简介

建筑结构施工图是建筑结构施工中的指导依据，决定了工程的施工进度和结构细节，指导了工程的施工过程和施工方法。

1.3.1 绘图依据

我国建筑业的发展是从 20 世纪 60 年代以后开始的。20 世纪 50～60 年代，我国的结构施工图的编制方法基本上沿袭或参照前苏联的标准。20 世纪 60 年代以后，我国开始制定自己的施工图编制标准。经过对 20 世纪 50 年代和 60 年代的建设经验及制图方法的总结，我国编制了第一本建筑制图的国家标准——《建筑制图标准》GBJ 3—73，对我国当时施工图的制图和编制方法起到了应有的指导作用。

20 世纪 80 年代，我国进入了改革开放时期，建筑业飞速发展，原有的建筑制图标准已经不适应当时的需要，因此，经过总结我国的工程实践经验，结合我国国情，对原有的建筑制图标准 GBJ 3—73 进行了必要的修改和补充，编制发布了《房屋建筑制图统一标准》GBJ 1—86、《建筑制图标准》GBJ 104—87、《建筑结构制图标准》GBJ 105—87 等六本标准。这些标准的制定发布，为提高图面质量和制图效率，符合设计、施工和存档等的要求，使房屋建筑制图做到基本统一与清晰简明，更加适应工程建设的需要。

进入 21 世纪，我国建筑业又上了一个新的台阶，建筑结构形式更加多样化，建筑结构更加复杂。制图方法也由过去的人工手绘转变为计算机制图。因此，制图标准也相应地需要更新和修订。在总结了过去几十年的制图和工程经验的基础上，经过研究总结，对原有规范进行了修订和补充，编制发布了《总图制图标准》GB 50103—2001、《建筑制图标准》GB 50104—2001、《建筑结构制图标准》GB 50105—2001，作为现代制图的依据。2010 年，六大制图标准全部进行了新一轮的更新。

1.3.2　图纸分类

建筑结构施工图没有明确的分类方法，可以按照建筑结构的类型进行分类。如按照建筑结构的结构形式可以分为混凝土结构施工图、钢结构施工图、木结构施工图等；如按照结构的建筑用途可分为住宅建筑施工图、公共建筑施工图等；在某一个特定的结构工程中，可以将建筑结构施工图按照施工部位细分为总图、设备施工图、基础施工图、标准层施工图、大样详图等。

在进行工程设计时，要对设计所需要的图纸进行编排整理、统一规划，列出详细的图纸名称及图纸目录，便于施工人员管理与察看。

1.3.3　名词术语

各个专业都有其专用的术语名词，建筑结构专业也不例外。如果要熟练掌握建筑结构施工图的绘制方法及应用，就要掌握绘制施工图时及施工图之中的各种基本名词术语。

建筑结构施工图中常用的基本名词术语如下：

图纸：包括已绘图样与未绘图样的带有图标的绘图用纸。

图图幅面（图幅）：图纸的大小规格，一般有 A0、A1、A2、A3 等。

图线：图纸上绘制的线条。

图样：图纸上按一定规则绘制的、能表示被绘物体的位置、大小、构造、功能、原理、流程的图。

图面：一般指绘有图样的图纸表面。

图形：指图样的形状。

间隔：指两个图样、文字或两条线之间的距离。

间隙：指窄小的间隔。

标注：单指在图纸上注出的文字、数字等。

尺寸：包括长度、角度。

图例：以图形规定出的画法，代表某种特定的实物。

例图：作为实例的图样。

1.4　制图基本规定

建筑结构设计施工图的绘制必须遵守有关国家标准，包括图纸幅面、比例、标题栏及会签栏、字体、图线、各种基本符号、定位轴线等。下面分别进行简要讲述。

1.4.1　图纸规定

1. 标准图纸

绘制结构施工图所用的图纸同建筑绘图图纸是一样的，规定了标准图形的尺寸。标准图纸幅面有五种，其代号为：A0、A1、A2、A3、A4，见图 1-1。幅面尺寸符合表 1-1 的规定。在绘图时，可以根据所绘图形种类及图形的大小选择图纸。

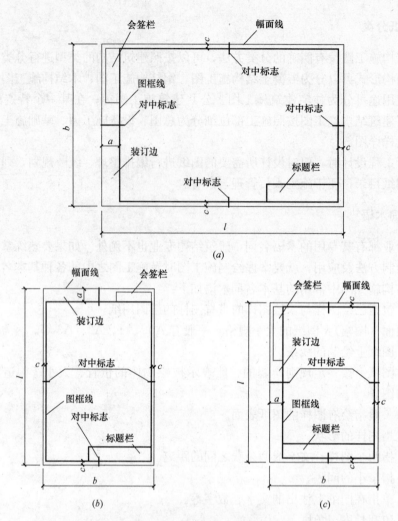

图 1-1　结构施工图标准图纸幅面

(*a*) A0～A3 横式幅面；(*b*) A0～A3 立式幅面；(*c*) A4 立式幅面

幅面及图框尺寸（mm）　　　　　　　　　　　　　表 1-1

尺寸代号 ＼ 幅面代号	A0	A1	A2	A3	A4
$b \times l$	841×1189	594×841	420×594	297×420	210×297
c	10			5	
a	25				

2. 微缩图纸

工程中有时需要对图纸进行微缩复制，这种图纸有一定的特殊要求。在图纸的一个边上应附有一段准确的米制尺度，四个边上应附有对中标志。米制尺度的总长应为100mm，分格应为10mm。对中标志应画在中点处，线宽应为 0.35mm，深入图框内应为 5mm。

3. 图纸的加长

图纸的短边一般不得加长，必要时 A0～A3 可加长长边，但应符合表 1-2 的规定。

图纸长边加长的尺寸（mm）　　　　　　　　　　　　　　　　　表 1-2

幅面代号	长边尺寸	长边加长后尺寸
A0	1189	1338　1487　1635　1784　1932　2081　2230　2387
A1	841	1051　1261　1472　1682　1892　2102
A2	594	743　892　1041　1189　1338　1487　1635　1783　1932　2080
A3	420	630　841　1051　1261　1472　1682　1892

 说　明

有特殊需要的图纸，可采用 $b \times l$ 为 841mm×891mm 与 1189mm×1261mm 的幅面。

4. 图纸的横式和立式

根据工程绘图需要，图纸可以分为横式和立式进行使用。划分方法为：图纸以短边作垂直边成为横式，以短边作水平边成为立式。一般 A0～A3 图纸宜横式使用；必要时，也可立式使用。A4 图纸一般立式使用。

5. 图纸幅面的选择

一套图纸除目录及表格所采用的 A4 幅面外，其余一般不宜多于两种幅面，且应优先选用 A1 或 A2 幅面。当说明内容较多时，也可采用 A4 幅面，其页数根据篇幅需要确定。

1.4.2　比例设置

绘图时根据图样的用途和被绘物体的复杂程度，根据《建筑结构制图标准》GB/T 50105—2010 的规定，应选用表 1-3 中的常用比例，特殊情况下也可选用可用比例。

比例（mm）　　　　　　　　　　　　　　　　　　表 1-3

图　　名	常用比例	可用比例
结构平面图 基础平面图	1：50，1：100， 1：150	1：60，1：200
圈梁平面图、总图 中管沟、地下设施等	1：200，1：500	1：300
详　　图	1：10，1：20，1：50	1：5，1：25，1：30

说　明

1. 当构件的纵横向断面尺寸相差悬殊时，可在同一详图中的纵、横向选用不同的比例绘制。轴线尺寸与构件尺寸也可选用不同的比例绘制。

2. 计算机绘图时，一般选用足尺绘图。

1.4.3 标题栏及会签栏

工程中所用的图纸包含标题栏和会签栏。标题栏包括工程名称、设计单位以及图纸标号、图名区、签字区等，如图 1-2 所示。标题栏的绘制位置应符合下列规定：

（1）横式使用的图纸，应按图 1-1（a）的形式布置。

（2）立式使用的图纸，宜按图 1-1（b）的形式布置。

（3）立式使用的 A4 图纸，应按图 1-1（c）的形式布置。

图标长边的长度应为 180mm；短边长度宜采用 40mm、30mm 或 50mm。

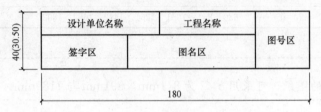

图 1-2 标题栏

图标内各栏应清楚完整地填写，图名应写出主要图形的名称；设计阶段当为施工图设计时可简写成"施工"；签名字迹应清楚易辨。图号的组成应包括工程代号、项目代号、专业代号（或代字）、卷册顺序号及图纸顺序号。涉外工程图标内，各项主要内容下应附有英文译文，设计单位名称上方（或前面）应加"中华人民共和国"字样。

会签栏的格式绘制如图 1-3 所示，其尺寸应为 75mm×20mm，栏内应填写会签人员所代表的专业、姓名、日期（年、月、日）；一个会签栏不够用时，可另加一个，两个会签栏应并列；不需会签的图纸，可不设会签栏。

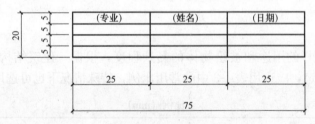

图 1-3 会签栏

1.4.4 字体设置

（1）图纸上的文字、数字或符号等，均应清晰、字体端正，一般用计算机绘图，汉字一般用仿宋体，大标题、图册封面、地形图等的汉字，也可书写成其他字体，但应易于辨认。

（2）汉字的简化书写，必须符合国务院公布的《汉字简化方案》和有关规定。

（3）数量的数值注写，应采用正体阿拉伯数字。各种计量单位凡前面有量值的，均应采用国家颁布的单位符号注写。单位符号应采用正体字母。

（4）分数、百分数和比例数的注写，应采用阿拉伯数字和数学符号，例如：四分之三、百分之二十五和一比二十应分别写成 3/4、25％和 1：20。

（5）当注写的数字小于 1 时，必须写出个位的"0"，小数点应采用圆点，齐基准线书写，例如 0.01。

1.4.5　图线的宽度

图线的宽度 b，宜从下列线宽系列中取用：4.0、3.4、3.0、0.7、0.5、0.35mm，见表 1-4。每个图样，应根据复杂程度与比例大小，先选定基本线宽 b，再选用表 1-5 中相应的线宽组。

图框线、标题栏线的宽度（mm）　　　　　　　　　表 1-4

幅面代号	图框线	标题栏外框线	标题栏分格线、会签栏线
A0、A1	3.4	0.7	0.35
A2、A3、A4	3.0	0.7	0.35

线宽组（mm）　　　　　　　　　表 1-5

线宽比	线宽组					
b	4.0	3.4	3.0	0.7	0.5	0.35
$0.5b$	3.0	0.7	0.5	0.35	0.25	0.18
$0.25b$	0.5	0.35	0.25	0.18	—	—

说　明

1. 需要微缩的图纸，不宜采用 0.18mm 及更细的线宽。
2. 同一张图纸内，各不同线宽中的细线，可统一采用较细的线宽组的细线。

1.4.6　基本符号

绘图中相应的符号应一致，且符合相关规定的要求。如钢筋、螺栓等的编号均应符合相应的规定。具体的符号绘制方法将在下一章介绍。

1.4.7　定位轴线

定位轴线应用细点画线绘制。定位轴线一般应编号，编号应注写在轴线端部的圆内。圆应用细实线绘制，直径为 8~10mm。定位轴线圆的圆心，应在定位轴线的延长线上或延长线的折线上。平面图上定位轴线的编号，宜标注在图样的下方与左侧。横向编号应用大写拉丁字母，从下至上顺序编写（如图 1-4 所示）。拉丁字母 I、O、Z 不得用于轴线编号。如字母数量不够使用，可增双字母或单字母加数字注脚，如 A_A、B_A、…、Y_A 或 A_1、B_1、…、Y_1。

组合较复杂的平面图中定位轴线也可采用分区编号，如图 1-5 所示。编号的注写形式应为"分区号—该分区编号"。分区最好采用阿拉伯数字或大写拉丁字母表示。

附加定位轴线的编号，应以分数形式表示，并应按下列规定编写：

（1）两根轴线间的附加轴线，应以分母表示前一轴线的编号，分子表示附加轴线的编号，编号宜用阿拉伯数字顺序编写，如：

$\frac{1}{2}$ 表示 2 号轴线之后附加的第一根轴线；

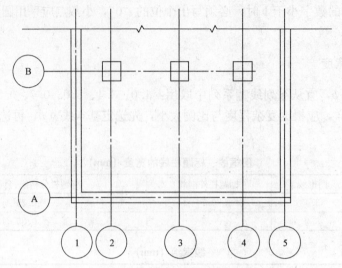

图 1-4　定位轴线编号顺序

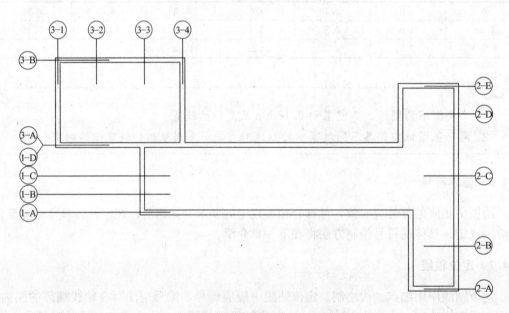

图 1-5　定位轴线分区编号

⅜ 表示 C 号轴线之后附加的第三根轴线。

（2）1 号轴线或 A 号轴线之前的附加轴线，分母应以 01 或 0A 表示，如：

①/01 表示 1 号轴线之前附加的第一根轴线；

Ⓐ/0A 表示 A 号轴线之前附加的第一根轴线。

一个详图适用于几根轴线时，应同时注明各有关轴线的编号（如图 1-6 所示）。通用详图中的定位轴线，应只画圆，不注写轴线编号。

圆形平面图中的定位轴线的编号，其径向轴线宜用阿拉伯数字表示，从左下角开始，按逆时针顺序编写；其圆周轴线宜用大写拉丁字母表示，从外向内顺序编写（如图 1-7 所示）。折线形平面图中定位轴线的编号可按如图 1-8 所示的形式编写。

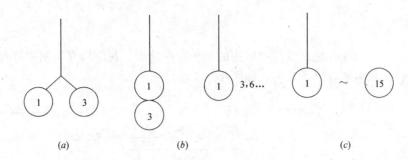

图 1-6　多根轴线编号

(a) 用于 2 根轴线时；(b) 用于 3 根或 3 根以上轴线时；(c) 用于 3 根以上连续编号的轴线时

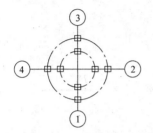

图 1-7　圆形平面定位轴线的编号

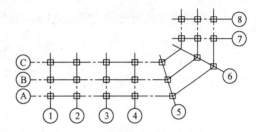

图 1-8　折线形平面定位轴线的编号

1.4.8　尺寸标注

根据我国制图规范规定，尺寸线、尺寸界线应用细实线绘制，一般尺寸界线应与被注长度垂直，尺寸线应与被注长度平行。图样本身的任何图线均不得用做尺寸线。尺寸起止符号一般用粗斜短线绘制，其倾斜方向应与尺寸界线成顺时针 45°角，长度宜为 2～3mm。半径、直径、角度与弧长的尺寸起止符号宜用箭头表示。

尺寸标注一般由尺寸起止符号、尺寸数字、尺寸界线及尺寸线组成，见图 1-9。

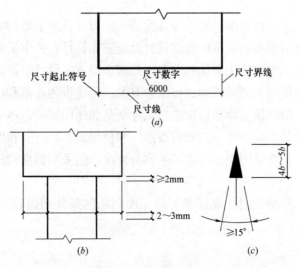

图 1-9　尺寸的组成与要求

(a) 尺寸的组成；(b) 尺寸界线；(c) 箭头尺寸起止符号

1.4.9　标高

标高属于尺寸标注在建筑设计中应用的一种特殊情形。在结构立面图中要对结构的标高进行标注。标高主要有以下几种，如图 1-10 所示。

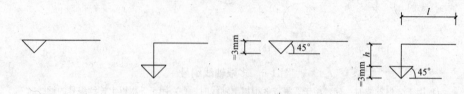

图 1-10　标高符号与要求

标高的标注方法及要求如图 1-11 所示。

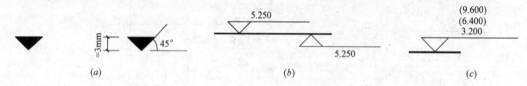

图 1-11　标高标注方法及要求

（*a*）总平面图室外地坪标高符号；（*b*）标高的指向；（*c*）同一位置注写多个标高数字

1.5　施工图编制

一个具体的建筑，其结构施工图往往不是单个图纸或几张图纸所能表达清楚的。一般情况下包括很多单个的图纸。这时，就需要将这些结构施工图编制成册。

1.5.1　编制原则

（1）施工图设计根据已批准的初步设计及施工图设计任务书进行编制。小型或技术要求简单的建筑工程也可根据已批准的方案设计及施工图设计任务书编制施工图。大型和重要的工业与民用建筑工程在施工图编制前宜增加施工图方案设计阶段。

（2）施工图设计的编制必须贯彻执行国家有关工程建设的政策和法令，符合国家（包括行业和地方）现行的建筑工程建设标准、设计规范和制图标准，遵守设计工作程序。

（3）在施工图设计中应因地制宜地积极推广和使用国家、行业和地方的标准设计，并在图纸总说明或有关图纸说明中注明图集名称与页次。当采用标准设计时，应根据其使用条件正确选择。

重复利用其他工程图纸时，要详细了解原图利用的条件和内容，并作必要的核算和修改。

1.5.2　图纸组成

施工图一般由下列图纸依次组成：

1. 图纸目录

包含图纸的名称及图纸所在的页数。图纸目录应按图纸序号排列，先列新绘制图纸，后列选用的重复利用图和标准图。

2. 首页图（总说明）

首页图主要包括本套图纸的标题、总平面图简图及总说明。当设计合同有要求时，尚应包括材料消耗总表和钢筋分类总表。

大标题应为本套图纸的工程名称和内容，一般在首页图的最上部由左至右通长书写。

总平面图一般采用 1∶1000 或 1∶1500 的比例绘制。结构总平面图应示出柱网布置和定位轴线，特征轴线应标注编号和尺寸，尺寸单位为 m（米）。当为工业厂房时，尚应示出吊车轮廓线，并标注起重量和工作制。总平面简图宜标注总图坐标；当在总平面简图上不标注总图坐标时，则应在相应的基础平面布置图上标注出总图坐标。

设备基础单独编制时，应绘出厂房定位轴线、主要设备基础轮廓线和定位轴线，还应标注特征定位轴线坐标。

每一个结构单项工程都应编写一份结构设计总说明，对多子项工程宜编写统一的结构施工图设计总说明。如为简单的小型单项工程，则设计总说明中的内容可分别写在基础平面图和各层结构平面图上。

结构设计总说明应包括以下内容：

（1）本工程结构设计的主要依据。

（2）设计±0.000 标高所对应的绝对标高值。

（3）图纸中标高、尺寸的单位。

（4）建筑结构的安全等级和设计使用年限，混凝土结构的耐久性要求和砌体结构施工质量控制等级。

（5）建筑场地类别、地基的液化等级、建筑抗震设防类别、抗震设防烈度（设计基本地震加速度及设计地震分组）和钢筋混凝土结构的抗震等级。

（6）人防工程的抗力等级。

（7）扼要说明有关地基概况、对不良地基的处理措施及技术要求、抗液化措施及要求、地基土的冰冻深度和地基基础的设计等级等。

（8）采用的设计荷载。

（9）选用结构材料的品种、规格、性能及相应产品标准。混凝土结构应说明受力钢筋的保护层厚度、锚固长度、搭接长度、接长方法，预应力构件锚具种类、预留孔洞做法、施工要求及锚具防腐措施等，并对某些构件或部位的材料提出特殊要求。

（10）对水池、地下室等有抗渗要求的建（构）筑物的混凝土，说明抗渗等级，提出需作渗漏试验的具体要求，在施工期间存在上浮可能时，应提出抗浮措施。

（11）所采用的通用做法和标准构件图集；如有特殊构件需作结构性能检验时，应指出检验的方法与要求。

3. 基础平面图

（1）绘出定位轴线、基础构件（包括承台、基础梁等）的位置、尺寸、底标高、构件编号，基础底标高不同时，应绘出放坡示意。

（2）标明结构承重墙与墙垛、柱的位置与尺寸、编号，当为钢筋混凝土时，此项可绘平面图，并注明断面变化关系尺寸。

（3）标明地沟、地坑和已定设备基础的平面位置、尺寸、标高、无地下室时±0.000标高以下的预留孔与埋件的位置、尺寸、标高。

（4）提出沉降观测要求及测点布置（宜附测点构造详图）。

（5）说明中应包括基础持力层及基础进入持力层的深度，地基的承载能力特征值，基底及基槽回填土的处理措施与要求以及对施工的有关要求等。

（6）桩基应绘出桩位平面位置及定位尺寸，说明桩的类型和桩顶标高、入土深度、桩端持力层及进入持力层的深度、成桩的施工要求、试桩要求和桩基的检测要求（若先作试桩时，应单独先绘制试桩定位平面图），注明单桩的允许极限承载力值。

（7）当采用人工复合地基时，应绘出复合地基的处理范围和深度，置换桩的平面布置及其材料和性能要求、构造详图；注明复合地基的承载能力特征值及压缩模量等有关参数和检测要求。

当复合地基另由具有设计资质的单位设计时，主体设计方应明确提出对地基承载力特征值和变形值的控制要求。

4. 基础详图

（1）无筋扩展基础应绘出剖面、基础圈梁、防潮层位置，并标注总尺寸、分尺寸、标高及定位尺寸。

（2）扩展基础应绘出平、剖面及配筋，基础垫层，标注总尺寸、分尺寸、标高及定位尺寸等。

（3）桩基应绘出承台梁剖面或承台板平面、剖面、垫层、配筋，标注总尺寸、分尺寸、标高及定位尺寸，桩构造详图（可另图绘制）及桩与承台的连接构造详图。

（4）筏基、箱基可参照现浇楼面梁、板详图的方法表示，但应绘出承重墙、柱的位置。当要求设后浇带时应表示其平面位置并绘制构造详图。对箱基和地下室，应绘出钢筋混凝土墙的平面、剖面及其配筋，当预留孔洞、预埋件较多或复杂时，可另绘墙的模板图。

（5）基础梁可参照现浇楼面梁详图方法表示。

（6）附加说明基础材料的品种、规格、性能、抗渗等级、垫层材料、杯口填充材料、钢筋保护层厚度及其他对施工的要求。

> **说 明**
>
> 对形状简单、规则的无筋扩展基础、扩展基础、基础梁和承台板，也可用列表方法表示。

5. 结构平面图

（1）一般建筑的结构平面图，均应有各层结构平面图及屋面结构平面图。具体内容为。

1) 绘出定位轴线及梁、柱、承重墙、抗震构造柱等定位尺寸，并注明其编号和楼层标高。

2) 注明预制板的跨度方向、板号、数量及板底标高，标出预留洞大小及位置；预制梁、洞口过梁的位置和型号、梁底标高。

3) 现浇板应注明板厚、板面标高、配筋（亦可另绘放大比例的配筋图，必要时应将现浇楼面模板图和配筋图分别绘制），标高或板厚变化处绘局部剖面，有预留孔、埋件、设备基础复杂时亦可放大另绘。

4) 有圈梁时应注明位置、编号、标高，可用小比例绘制单线平面示意图。

5) 楼梯间可绘斜线注明编号与所在详图号。

6) 电梯间应绘制机房结构平面布置（楼面与顶面）图，注明梁板编号、板的厚度与配筋、预留洞大小与位置、板面标高及吊钩平面位置与详图。

7) 屋面结构平面布置图内容与楼面平面类同，当屋面上有留洞或其他设施时应绘出其位置、尺寸与详图，女儿墙或女儿墙构造柱的位置、编号及详图。

8) 当选用标准图中节点或另绘节点构造详图时，应在平面图中注明详图索引号。

(2) 单层空旷房屋应绘制构件布置图及屋面结构布置图，应有以下内容：

1) 构件布置应表示定位轴线，墙、柱、天桥、过梁、门楣、雨篷、柱间支撑、连系梁等的布置、编号、构件标高及详图索引号，并加注有关说明等。

2) 屋面结构布置图应表示定位轴线（可不绘墙、柱）、屋面结构构件的位置及编号、支撑系统布置及编号、预留孔的位置、尺寸、节点详图索引号和有关的说明等。

6. 钢筋混凝土构件详图

(1) 现浇构件（现浇梁、板、柱及墙等详图）应绘出：

1) 纵剖面、长度、定位尺寸、标高及配筋，梁和板的支座；现浇的预应力混凝土构件尚应绘出预应力筋定位图并提出锚固要求；

2) 横剖面、定位尺寸、断面尺寸、配筋；

3) 需要时可增绘墙体立面；

4) 若钢筋较复杂，不易表示清楚时，宜将钢筋分离绘出；

5) 对构件受力有影响的预留洞、预埋件，应注明其位置、尺寸、标高、洞边配筋及预埋件编号等；

6) 曲梁或平面折线梁宜增绘平面图，必要时可绘出展开详图；

7) 一般的现浇结构的梁、柱、墙可采用"平面整体表示法"绘制，标注文字较密时，纵、横向梁宜分两幅平面绘制；

8) 除总说明已叙述外需特别说明的附加内容。

(2) 预制构件应绘出：

1) 构件模板图：应表示模板尺寸，轴线关系，预留洞及预埋件位置、尺寸，预埋件编号，必要的标高等；后张预应力构件尚需表示预留孔道的定位尺寸、张拉端、锚固端等；

2) 构件配筋图：纵剖面表示钢筋形式、箍筋直径与间距，配筋复杂时宜将非预应力筋分离绘出；横剖面注明断面尺寸、钢筋规格、位置、数量等；

3）需作补充说明的内容。

 说 明

　　对形状简单、规则的现浇或预制构件，在满足上述规定的前提下，可用列表法表示。

7. 节点构造详图

（1）对于现浇钢筋混凝土结构应绘制节点构造详图（可采用标准设计通用详图集）。

（2）预制装配式结构的节点、梁、柱与墙体锚拉等详图应绘出平、剖面，注明相互定位关系，构件代号，连接材料，附加钢筋（或埋件）的规格、型号、性能、数量，并注明连接方法以及对施工安装、后浇混凝土的有关要求等。

（3）需作补充说明的内容。

8. 其他图纸

（1）楼梯图：应绘出每层楼梯结构平面布置及剖面图，注明尺寸、构件代号、标高；还应绘出楼梯梁、楼梯板详图（可用列表法表示）。

（2）预埋件：应绘出其平面、侧面，注明尺寸，钢材和锚筋的规格、型号、性能、焊接要求等。

（3）特种结构和构筑物：如水池、水箱、烟囱、烟道、管架、地沟、挡土墙、筒仓、大型或特殊要求的设备基础、工作平台等，均宜单独绘图；应绘出平面、特征部位剖面及配筋，注明定位关系、尺寸、标高、材料品种和规格、型号、性能。

9. 建筑幕墙的结构设计文件

（1）按有关规范规定，幕墙构件在竖向、水平荷载作用下的设计计算书；

（2）施工图纸，包括：

1）封面、目录（单列成册时）；

2）幕墙构件立面布置图，图中标注墙面材料、竖向和水平龙骨（或钢索）材料的品种、规格、型号、性能；

3）墙材与龙骨、各向龙骨间的连接、安装详图；

4）主龙骨与主体结构连接的构造详图及连接件的品种、规格、型号、性能。

说 明

　　当建筑幕墙的结构设计由设计资质的幕墙公司按建筑设计要求承担设计时，主体结构设计人员应审查幕墙与相连的主体结构的安全性。

10. 钢结构

（1）钢结构设计制图分为钢结构设计图和钢结构施工详图两阶段；

（2）钢结构设计图应由具有设计资质的设计单位完成，设计图的内容和深度应满足编制钢结构施工详图要求；钢结构施工详图（即加工制作图）一般应由具有钢结构专项设计资质的加工制作单位完成，也可由具有该资质的其他单位完成；

说 明

若设计合同未指明要求设计钢结构施工详图，则钢结构设计内容仅为钢结构设计图。

（3）钢结构设计图

1）设计说明：设计依据、荷载资料、项目类别、工程概况、所用钢材牌号和质量等级（必要时提出物理、力学性能和化学成分要求）及连接件的型号、规格、焊缝质量等级、防腐及防火措施；

2）基础平面及详图应表达钢柱与下部混凝土构件的连接构造详图；

3）结构平面（包括各层楼面、屋面）布置图应注明定位关系、标高、构件（可用单线绘制）的位置及编号、节点详图索引号等；必要时应绘制檩条、墙梁布置图和关键剖面图；空间网架应绘制上、下弦杆和关键剖面图；

4）构件与节点详图：简单的钢梁、柱可用统一详图和列表法表示，注明构件钢材牌号、尺寸、规格、加劲肋做法，连接节点详图，施工、安装要求；格构式梁、柱、支撑应绘出平、剖面（必要时加立面）与定位尺寸、总尺寸、分尺寸，注明单构件型号、规格、组装节点和其他构件连接详图。

（4）钢结构施工详图

根据钢结构设计图编制组成结构构件的每个零件的放大图、标准细部尺寸、材质要求、加工精度、工艺流程要求、焊缝质量等级等，宜对零件进行编号；并考虑运输和安装能力确定构件的分段和拼装节点。

1.5.3　图纸编排

图纸编排的一般顺序如下：

（1）按工程类别，先建筑结构，后设备基础、构筑物。

（2）按结构系统，先地下结构，后上部结构。

（3）在一个结构系统中，按布置图、节点详图、构件详图、预埋件及零星钢结构施工图的顺序编排。

（4）构件详图，先模板图，后配筋图。

第2章 AutoCAD 2011 入门

在本章中，我们开始循序渐进地学习有关 AutoCAD 2011 绘图的基本知识。了解如何设置图形的系统参数、样板图，掌握建立新的图形文件、打开已有文件的方法等。本章主要内容包括：绘图环境设置，工作界面，绘图系统配置，文件管理等。

学习要点

操作界面
基本操作命令
配置绘图系统
文件管理

2.1 操作界面

AutoCAD 的操作界面是 AutoCAD 显示、编辑图形的区域，一个完整的 AutoCAD 2011 中文版的操作界面如图 2-1 所示，其中包括标题栏、绘图区、十字光标、菜单栏、

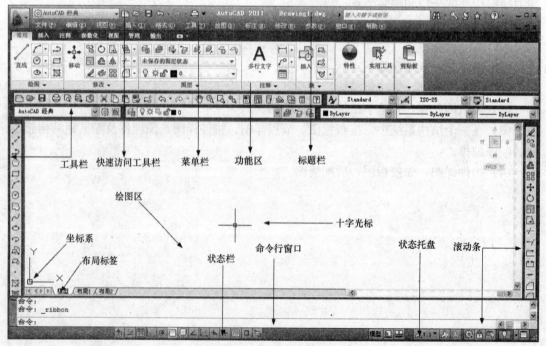

图 2-1 AutoCAD 经典界面

工具栏、坐标系图标、命令行窗口、状态栏、布局标签和滚动条等。

2.1.1　界面风格

　　界面风格是由分组组织的菜单、工具栏、选项板和功能区控制面板组成的集合，使用户可以在专门的、面向任务的绘图环境中工作。

　　使用时，只会显示与任务相关的菜单、工具栏和选项板。此外，工作空间还可以自动显示功能区，即带有特定任务的控制面板的特殊选项板。

　　具体的转换方法是：单击界面右下角的"初始设置工作空间"按钮，打开"工作空间"选择菜单，从中选择"AutoCAD 经典"选项，如图 2-2 所示，系统转换到 AutoCAD 经典界面，如图 2-1 所示。

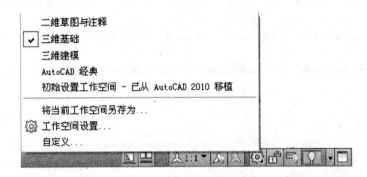

图 2-2　切换风格界面

　　将操作界面切换为其他界面，如图 2-3、图 2-4 所示。在 AutoCAD 2011 中常用界面为经典界面。所以其他不常用界面在此不作详细介绍。

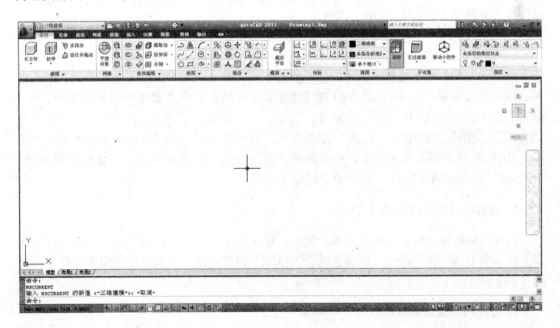

图 2-3　三维建模

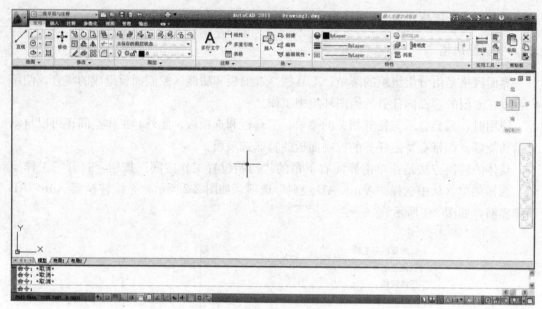

图 2-4　二维草图与注释

2.1.2　绘图区

绘图区是指在标题栏下方的大片空白区域，它是用户使用 AutoCAD 2011 绘制图形的区域，用户完成一幅设计图形的主要工作都是在绘图区中完成的。

在绘图区中，还有一个作用类似光标的十字线，其交点反映了光标在当前坐标系中的位置。在 AutoCAD 2011 中，将该十字线称为十字光标，AutoCAD 通过十字光标显示当前点的位置。十字线的方向与当前用户坐标系的 X 轴、Y 轴方向平行，十字线的长度系统预设为屏幕大小的 5％。如图 2-1 所示。

2.1.3　菜单栏

在 AutoCAD 2011 操作界面中的标题栏的下方，是 AutoCAD 2011 的菜单栏。同其他 Windows 程序一样，AutoCAD 2011 的菜单也是下拉式的，并在菜单中包含子菜单。AutoCAD 2011 的菜单栏中包含 12 个菜单："文件"、"编辑"、"视图"、"插入"、"格式"、"工具"、"绘图"、"标注"、"修改"、"参数"、"窗口"和"帮助"。这些菜单几乎包含了 AutoCAD 2011 的所有绘图命令，后面的章节将围绕这些菜单展开论述，这里不再赘述。一般来讲，AutoCAD 2011 下拉菜单中的命令有以下 3 种。

1. 带有小三角形的菜单命令

这种类型的命令后面带有子菜单。例如，单击菜单栏中的"绘图"菜单，将光标指向其下拉菜单中的"圆"命令，屏幕上就会进一步下拉出"圆"子菜单中所包含的命令，如图 2-5 所示。

2. 打开对话框的菜单命令

这种类型的命令，后面带有省略号。例如，单击菜单栏中的"格式"菜单，单击其下拉菜单中的"文字样式（S）…"命令，如图 2-6 所示。屏幕上就会打开对应的"文字样式"对话框，如图 2-7 所示。

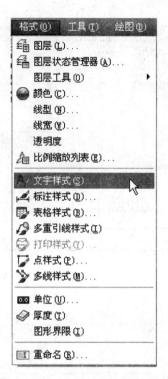

图 2-5　带有小三角形的菜单命令　　　　图 2-6　激活打开对话框的菜单命令

3. 直接操作的菜单命令

这种类型的命令将直接进行相应的绘图或其他操作。例如，选择"视图"菜单中的"重画"命令，如图 2-8 所示，系统将直接对屏幕上的图形进行重画。

2.1.4　工具栏

工具栏是一组图标型工具的集合，把光标移动到某个图标上，稍停片刻便在该图标的一侧显示相应的工具提示，同时在状态栏中，显示对应的说明和命令名。此时，单击图标也可以启动相应命令。

在默认情况下，可以见到绘图区顶部的"标准"、"样式"、"特性"以及"图层"工具栏（如图 2-9 所示），位于绘图区左侧的"绘图"工具栏和位于绘图区右侧的"修改"以及"绘图次序"工具栏（如图 2-10 所示）。

将光标放在任一工具栏的非标题区，右击，系统会自动打开单独的工具栏标签，如图 2-11 所示。单击某一个未在界面上显示的工具栏，系统便自动打开该工具栏。反之，关闭该工具栏。用鼠标可以拖动"浮动"工具栏到图形区边界，使它变为"固定"工具栏，此时该工具栏标题隐藏。也可以把"固定"工具栏拖出，使它成为"浮动"工具栏，如图 2-12 所示。

图 2-7 "文字样式"对话框   图 2-8 直接操作
的菜单命令

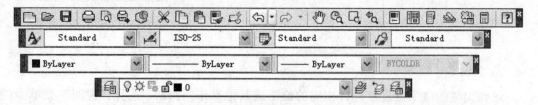

图 2-9 "标准"、"样式"、"特性"和"图层"工具栏

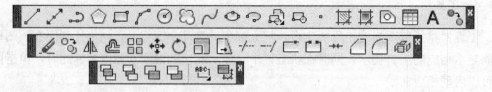

图 2-10 "绘图"、"修改"和"绘图次序"工具栏

    有些图标的右下角带有一个小三角，按住鼠标左键，则会打开相应的工具栏，用鼠标拖动图标到某一图标上，然后释放鼠标，该图标就变为当前图标。单击当前图标，执行相应命令（如图 2-13 所示）。

2.1.5 命令行窗口

    命令行窗口是输入命令名和显示命令提示的区域，默认的命令行窗口在绘图区下方，是若干文本行，如图 2-14 所示。对命令行窗口，有以下几点需要说明：

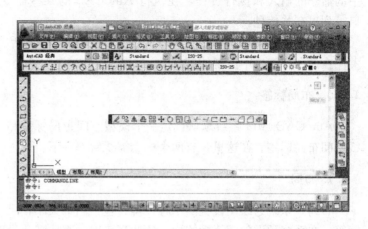

图 2-12　"浮动"工具栏

图 2-11　单独的工具栏标签

图 2-13　下拉工具栏

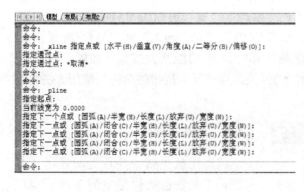

图 2-14　命令行窗口

图 2-15　文本窗口

（1）移动拆分条，可以扩大或缩小命令行窗口。

（2）可以拖动命令行窗口，将其布置在屏幕上的其他位置。默认的命令行窗口在绘图区的下方。

（3）对当前命令行窗口中输入的内容，可以按 F2 键，用文本编辑的方法进行编辑，如图 2-15 所示。AutoCAD 文本窗口和命令行窗口相似，它可以显示当前 AutoCAD 进程中的命令的输入和执行过程，在执行 AutoCAD 的某些命令时，它会自动切换到文本窗口，列出有关信息。

（4）AutoCAD 通过命令行窗口，反馈各种信息，包括出错信息。因此，用户要时刻关注在命令行窗口中出现的信息。

2.1.6 布局标签

AutoCAD 2011 系统默认设定一个模型空间布局标签和"布局 1"、"布局 2"两个图纸空间布局标签。在这里，有两个概念需要解释一下。

1. 布局

布局是系统为绘图设置的一种环境，包括图纸大小，尺寸单位，角度设定，数值精确度等，在系统预设的 3 个标签中，这些环境变量都按默认设置。用户根据实际需要改变这些变量的值，也可以根据需要设置符合自己要求的新标签。

2. 模型

AutoCAD 的空间分为模型空间和图纸空间两种。模型空间指的是我们通常绘图的环境，而在图纸空间中，用户可以创建叫做"浮动视口"的区域，以不同视图显示所绘图形。用户可以在图纸空间中调整浮动视口并决定所包含视图的缩放比例。如果选择图纸空间，则可打印多个视图，用户可以打印任意布局的视图。

在默认情况下，AutoCAD 2011 系统打开模型空间，用户可以通过单击来选择自己需要的布局。

2.1.7 状态栏

状态栏在屏幕的底部，左端显示绘图区中光标定位点的坐标 x、y、z，在右侧依次有"推断约束"、"捕捉模式"、"栅格显示"、"正交模式"、"极轴追踪"、"对象捕捉"、"三维对象捕捉"、"对象捕捉追踪"、"允许/禁止动态 UCS"、"动态输入"和"显示/隐藏线宽""显示/隐藏透明度"、"快捷特征"和"选择循环"14 个功能开关按钮。如图 2-1 所示。左键单击这些开关按钮，可以实现这些功能的开关。这些开关按钮的功能与使用方法将在第 4 章详细介绍，在此从略。

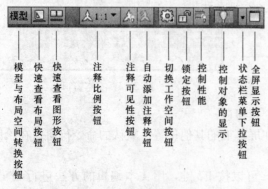

图 2-16　状态托盘工具

2.1.8 状态托盘

状态托盘包括一些常见的显示工具和注释工具，包括模型空间与布局空间转换工具，如图 2-16 所示，通过这些按钮可以控制图形或绘图区的状态。

（1）模型与布局空间转换按钮：在模型空间与布局空间之间进行转换。

（2）快速查看布局按钮：快速查看当前图形在布局空间的布局。

（3）快速查看图形按钮：快速查看当前图形在模型空间的图形位置。

（4）注释比例按钮：左键单击注释比例右下角小三角符号弹出注释比例列表，如图 2-17 所示，可以根据需要选择适当的注释比例。

（5）注释可见性按钮：当图标亮显时表示显示所有比例的注释性对象；当图标变暗时表示仅显示当前比例的注释性对象。

（6）自动添加注释按钮：注释比例更改时，自动将比例添加到注释对象。

（7）切换工作空间按钮：进行工作空间之间的转换。

（8）锁定按钮：控制是否锁定工具栏或图形窗口在图形界面上的位置。

（9）控制性能：三维图形显示和内存分配会降低系统的性能。自适应降级、性能调节和内存调节是实现最佳性能的不同方式。

（10）控制对象的显示：可通过隔离或隐藏选择集来控制对象的显示。

（11）状态栏菜单下拉按钮：单击该下拉按钮，如图 2-18 所示。可以选择打开或锁定相关选项位置。

（12）全屏显示按钮：该选项可以清除 Windows 窗口中的标题栏、工具栏和选项板等界面元素，使 AutoCAD 的绘图窗口全屏显示，如图 2-19 所示。

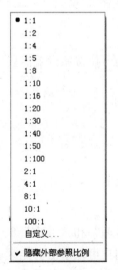

图 2-17　注释比例列表

图 2-18　工具栏/窗口位置锁右键菜单

2.1.9　滚动条

在 AutoCAD 的绘图窗口中，在窗口的下方和右侧还提供了用来浏览图形的水平和竖直方向的滚动条。在滚动条中单击鼠标或拖动滚动条中的滚动块，用户可以在绘图窗口中按水平或竖直两个方向浏览图形。

2.1.10　快速访问工具栏和交互信息工具栏

1. 快速访问工具栏

该工具栏包括"新建"、"打开"、"保存"、"放弃"、"重做"、"打印""特性"和"特

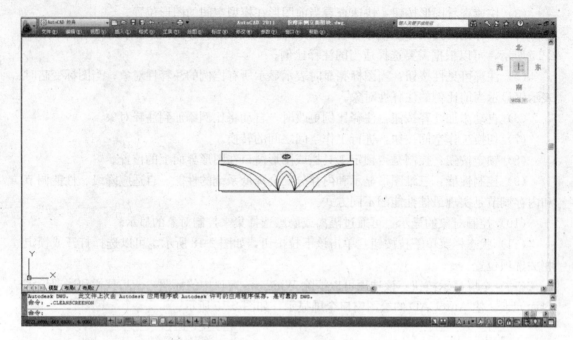

图 2-19　全屏显示

性匹配"等几个最常用的工具。用户也可以单击本工具栏后面的下拉按钮设置需要的常用工具。

2. 交互信息工具栏

该工具栏包括"搜索"、"速博应用中心"、"通讯中心"、"收藏夹"和"帮助"等几个常用的数据交互访问工具。

2.1.11　功能区

包括"常用"、"插入"、"注释"、"参数化"、"视图"、"管理"和"输出"8 个功能区，每个功能区集成了相关的操作工具，方便了用户的使用。用户可以单击功能区选项后面的按钮控制功能的展开与收缩。

打开或关闭功能区的操作方式如下：

命令行：RIBBON（或 RIBBONCLOSE）

菜单：工具→选项板→功能区

2.2　配置绘图系统

由于每台计算机所使用的显示器、输入设备和输出设备的类型不同，用户喜好的风格及计算机的目录设置也是不同的，所以每台计算机都是独特的。一般来讲，使用 Auto-CAD 2011 的默认配置就可以绘图，但为了使用用户的定点设备或打印机，以及为提高绘图的效率，AutoCAD 推荐用户在开始作图前先进行必要的配置。

【执行方式】

命令行：preferences

菜单：工具→选项

右键菜单：选项（单击鼠标右键，系统打开右键菜单，其中包括一些最常用的命令，如图 2-20 所示。）

【操作步骤】

执行上述命令后，系统自动打开"选项"对话框。用户可以在该对话框中选择有关选项，对系统进行配置。下面只就其中主要的几个选项卡作一下说明，其他配置选项，在后面用到时再作具体说明。

2.2.1 显示配置

在"选项"对话框中的第二个选项卡为"显示"，该选项卡控制 AutoCAD 窗口的外观。该选项卡设定屏幕菜单、滚动条显示与否、固定命令行窗口中文字行数、AutoCAD 2011 的版面布局设置、各实体的显示分辨率以及 AutoCAD 运行时的其他各项性能参数的设定等。前面已经讲述了屏幕菜单设定，屏幕颜色，光标大小等知识，其余有关选项的设置读者可自己参照"帮助"文件学习。

在设置实体显示分辨率时，请务必记住，显示质量越高，即分辨率越高，计算机计算的时间越长，千万不要将其设置的太高。显示质量设定在一个合理的程度上是很重要的。

2.2.2 系统配置

在"选项"对话框中的第五个选项卡为"系统"，如图 2-21 所示。该选项卡用来设置

图 2-20 "选项"右键菜单

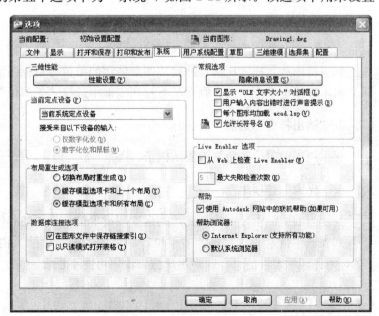

图 2-21 "系统"选项卡

AutoCAD 系统的有关特性。

2.3 设置绘图环境

在 AutoCAD 中，可以利用相关命令对图形单位和图形边界以及工作工件进行具体设置。

2.3.1 图形单位设置

【执行方式】

命令行：DDUNITS（或 UNITS）

菜单：格式→单位

【操作步骤】

执行上述命令后，系统打开"图形单位"对话框，如图 2-22 所示。该对话框用于定义单位和角度格式。

【选项说明】

1."长度"与"角度"选项组

指定测量的长度与角度当前单位及当前单位的精度。

2."插入时的缩放单位"下拉列表框

"插入时的缩放单位"选项组：控制插入到当前图形中的块和图形的测量单位。如果块或图形创建时使用的单位与该选项指定的单位不同，则在插入这些块或图形时，将对其按比例进行缩放。插入比例是原块或图形使用的单位与目标图形使用的单位之比。如果插入块时不按指定单位缩放，则在其下拉列表框中选择"无单位"选项。

3."输出样例"选项

显示用当前单位和角度设置的例子。

4."光源"选项组

控制当前图形中光度控制光源的强度测量单位。为创建和使用光度控制光源，必须从下拉列表框中指定非"常规"的单位。如果"用于缩放插入内容的单位"设置为"无单位"，则将显示警告信息，通知用户渲染输出可能不正确。

5."方向"按钮

单击该按钮，系统显示"方向控制"对话框。如图 2-23 所示。可以在该对话框中进

图 2-22　"图形单位"对话框　　　　　　　　图 2-23　"方向控制"对话框

行方向控制设置。

2.3.2　图形边界设置

【执行方式】

命令行：LIMITS

菜单：格式→图形范围

【操作步骤】

命令：LIMITS↙

重新设置模型空间界限：

指定左下角点或 [开(ON)/关(OFF)] <0.0000,0.0000>:（输入图形边界左下角的坐标后回车）

指定右上角点 <12.0000,9.0000>:（输入图形边界右上角的坐标后回车）

【选项说明】

1. 开（ON）

使绘图边界有效。系统在绘图边界以外拾取的点视为无效。

2. 关（OFF）

使绘图边界无效。用户可以在绘图边界以外拾取点或实体。

3. 动态输入角点坐标

它可以直接在屏幕上输入角点坐标，输入了横坐标值后，按下","键，接着输入纵坐标值，如图 2-24 所示。也可以按光标位置直接按下鼠标左键确定角点位置。

图 2-24　动态输入

2.4　基本操作命令

本节介绍一些最基本的操作命令，引导读者掌握一些最基本的操作知识。

2.4.1　命令输入方式

AutoCAD 交互绘图必须输入必要的指令和参数。有多种 AutoCAD 命令输入方式：

1. 在命令行窗口输入命令名

命令字符可不区分大小写。例如，命令：LINE✓。执行命令时，在命令行的提示中经常会出现命令选项。例如，输入绘制直线命令 LINE 后，命令行提示如下：

命令：LINE✓

指定第一点：（在屏幕上指定一点或输入一个点的坐标）

指定下一点或［放弃(U)］：

选项中不带括号的提示为默认选项，因此，可以直接输入直线段的起点坐标或在屏幕上指定一点，如果要选择其他选项，则应该首先输入该选项的标识字符，如"放弃"选项的标识字符为"U"，然后按系统提示输入数据即可。在命令选项的后面有时候还带有尖括号，尖括号内的数值为默认数值。

2. 在命令行窗口输入命令缩写字

如 L（Line）、C（Circle）、A（Arc）、Z（Zoom）、R（Redraw）、M（More）、CO（Copy）、PL（Pline）、E（Erase）等。

3. 选取"绘图"菜单中的"直线"选项

选取该选项后，在状态栏中可以看到对应的命令说明及命令名，如图 2-25 所示。

4. 选取工具栏中的对应图标

选取该图标后，在状态栏中也可以看到对应的命令说明及命令名，如图 2-26 所示。

5. 在命令行打开右键快捷菜单

如果在前面刚使用过要输入的命令，则可以在命令行打开右键快捷菜单，在"近期使用的命令"子菜单中选择需要的命令，如图 2-27 所示。"近期使用的命令"子菜单中储存最近使用过的 6 个命令，如果经常重复使用某个 6 次操作以内的命令，这种方法就比较快速、简捷。

图 2-25　菜单输入方式 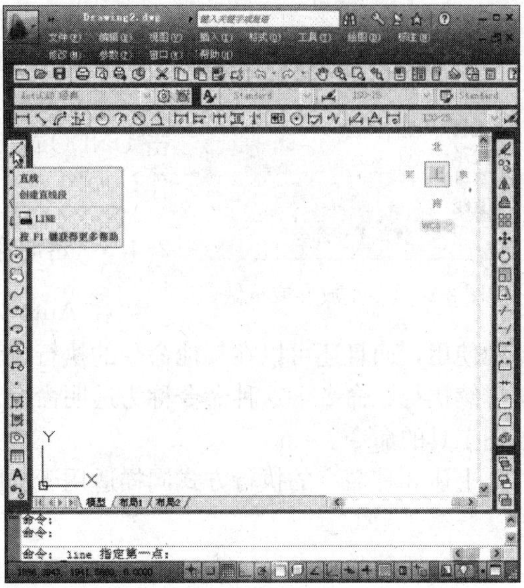　　　　　　　　图 2-26　工具栏输入方式

6. 在绘图区右击

如果用户要重复使用上次使用的命令，可以直接在绘图区右击，系统立即重复执行上次使用的命令，这种方法适用于重复执行某个命令。

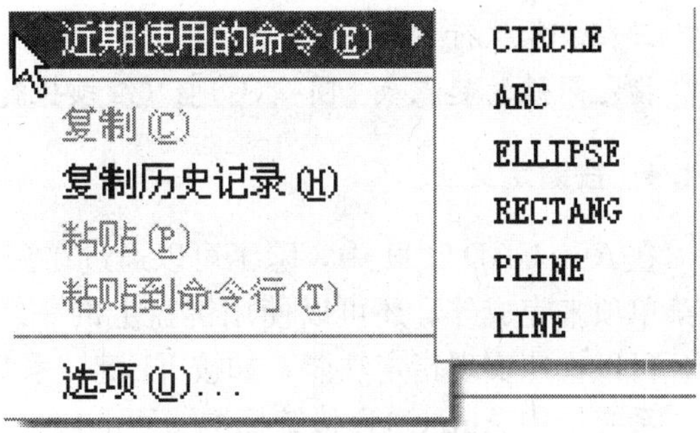

2.4.2　命令的重复、撤销、重做

图 2-27　命令行右键快捷菜单

1. 命令的重复

在命令行窗口中，按 Enter 键可重复调用上一次使用的命令，不管上一次使用的命令是完成了还是被取消了。

2. 命令的撤销

在命令执行过程中的任何时刻都可以取消和终止命令的执行。该命令的执行方式有如下 3 种：

命令行：UNDO

菜单："编辑"→"放弃"

快捷键：Esc

3. 命令的重做

已被撤销的命令还可以恢复重做。可以恢复最后撤销的一个命令。该命令的执行方式如下：

命令行：REDO

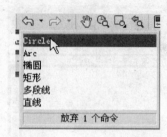

图 2-28　多重放弃或重做

菜单："编辑"→"重做"

快捷键：Ctrl＋Y

AutoCAD 2011 可以一次执行多重放弃或重做操作。单击 UNDO 或 REDO 列表箭头，可以选择要放弃或重做的操作，如图 2-28 所示。

2.4.3　透明命令

在 AutoCAD 2011 中，有些命令不仅可以直接在命令行中使用，而且还可以在其他命令的执行过程中，插入并执行，待该命令执行完毕后，系统继续执行原命令，这种命令称为透明命令。透明命令一般多为修改图形设置或打开辅助绘图工具的命令。

上述 3 种命令的执行方式同样适用于透明命令的执行。命令行提示为：

命令：ARC✓

指定圆弧的起点或［圆心(C)］：ZOOM✓（透明使用显示缩放命令 ZOOM）

（执行 ZOOM 命令）

＞＞按 Esc 或 Enter 键退出，或单击右键显示快捷菜单。

正在恢复执行 ARC 命令。

指定圆弧的起点或［圆心(C)］：（继续执行原命令）

2.4.4　按键定义

在 AutoCAD 2011 中，除了可以通过在命令行窗口中输入命令、单击工具栏图标或单击菜单项来完成外，还可以使用键盘上的一组功能键或快捷键，通过这些功能键或快捷键，可以快速实现指定功能，如按 F1 键，系统会调用 AutoCAD "帮助" 对话框。

系统使用 AutoCAD 传统标准（Windows 之前）或 Microsoft Windows 标准解释快捷键。有些功能键或快捷键在 AutoCAD 的菜单中已经指出，如 "粘贴" 的快捷键为 Ctrl＋V，只要用户在使用的过程中多加留意，就会熟练掌握这些快捷键。快捷键的定义见菜单命令后面的说明，如 "剪切＜Ctrl＞＋＜X＞"。

2.4.5　命令执行方式

有的命令有两种执行方式，通过对话框或通过命令行来执行命令。如指定使用命令行方式，可以在命令名前加半字线来表示，如 "-LAYER" 表示用命令行方式执行 "图层" 命令。而如果在命令行输入 LAYER，系统则会自动打开 "图层" 对话框。

另外，有些命令同时存在命令行、菜单和工具栏 3 种执行方式，这时如果选择菜单或工具栏方式，命令行会显示该命令，并在前面加一下划线，如通过菜单或工具栏方式执行 "直线" 命令时，命令行会显示 "_line"，命令的执行过程与结果与命令行方式相同。

2.4.6　坐标系统与数据的输入方法

1. 坐标系

AutoCAD 采用两种坐标系：世界坐标系（WCS）与用户坐标系（UCS）。用户刚进入 AutoCAD 的操作界面时的坐标系统就是世界坐标系，是固定的坐标系统。世界坐标系也是坐标系统中的基准，在多数情况下，绘制图形都是在这个坐标系统下进行的。

【执行方式】

命令行：UCS

菜单："工具"→"新建 UCS"

AutoCAD 有两种视图显示方式：模型空间和图纸空间。模型空间是指单一视图显示法，我们通常使用的都是这种显示方式；图纸空间是指在绘图区域创建图形的多视图。用户可以对其中每一个视图进行单独操作。在默认情况下，当前 UCS 与 WCS 重合。图 2-29（a）为模型空间下的 UCS 坐标系图标，通常放在绘图区左下角处；如当前 UCS 和 WCS 重合，则出现一个 W 字，如图 2-29（b）所示；也可以把它放在当前 UCS 的实际坐标原点位置，此时出现一个十字，如图 2-29（c）所示。图 2-29（d）为图纸空间下的坐标系图标。

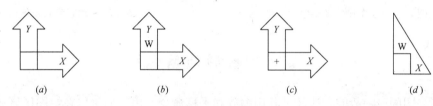

图 2-29　坐标系图标

2. 数据输入方法

在 AutoCAD 2011 中，点的坐标可以用直角坐标、极坐标、球面坐标和柱面坐标表示，每一种坐标又分别具有两种坐标输入方式：绝对坐标和相对坐标。在点的坐标表示法中，直角坐标和极坐标最为常用，下面主要介绍一下它们的输入方法。

（1）直角坐标法：用点的 X、Y 坐标值表示的坐标。

在命令行中的输入点的坐标提示下，输入"15，18"，则表示输入了一个 X、Y 的坐标值分别为 15、18 的点，此为绝对坐标输入方式，表示该点的坐标是相对于当前坐标原点的坐标值，如图 2-30（a）所示。如果输入"@10，20"，则为相对坐标输入方式，表示该点的坐标是相对于前一点的坐标值，如图 2-30（c）所示。

（2）极坐标法：用长度和角度表示的坐标，只能用来表示二维点的坐标。

在绝对坐标输入方式下，表示为："长度＜角度"，如"25＜50"，其中长度表示该点到坐标原点的距离，角度为该点至原点的连线与 X 轴正向的夹角，如图 2-30（b）所示。

在相对坐标输入方式下，表示为："@长度＜角度"，如"@25＜45"，其中长度表示该

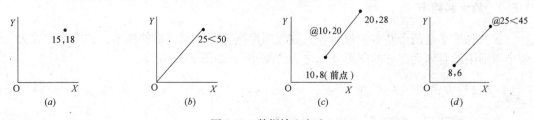

图 2-30　数据输入方法

点到前一点的距离，角度为该点至前一点的连线与 X 轴正向的夹角，如图 2-30 （d）所示。

3. 动态数据输入

单击状态栏上的 DYN 按钮，系统打开动态输入功能，可以在屏幕上动态地输入某些参数数据，例如，绘制直线时，在光标附近，会动态地显示"指定第一点"及其后面的坐标框，坐标框中当前显示的是光标所在位置，可以重新输入数据，两个数据之间以逗号隔开，如图 2-31 所示。指定第一点后，系统动态显示直线的角度，同时要求输入线段的长度值，如图 2-32 所示，其输入效果与 "@长度<角度"的方式相同。

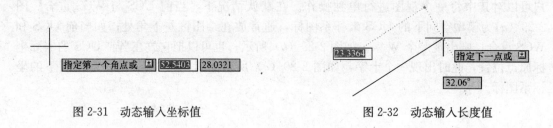

图 2-31　动态输入坐标值　　　　　　　　　　图 2-32　动态输入长度值

2.5　图形的缩放

改变视图的最一般的方法就是利用缩放和平移命令。用它们可以在绘图区域放大或缩小图形显示，或者改变图形的观察位置。

2.5.1　实时缩放

利用实时缩放，用户就可以通过垂直向上或向下移动光标来放大或缩小图形。利用实时平移，用户就可以通过单击和移动光标来重新放置图形。

命令行：Zoom
菜单："视图"→"缩放"→"实时"
工具栏："标准"→"实时缩放"

按住选择钮垂直向上或向下移动光标。从图形的中点，向顶端垂直地移动光标就可以放大图形的一倍，向底部垂直地移动光标就可以缩小图形的 1/2。

2.5.2　放大和缩小

放大和缩小是两个基本缩放命令。放大图形则能观察到图形的细节，称之为"放大"；缩小图形则能看到大部分的图形，称之为"缩小"。如图 2-33 所示。

菜单："视图"→"缩放"→"放大（缩小）"

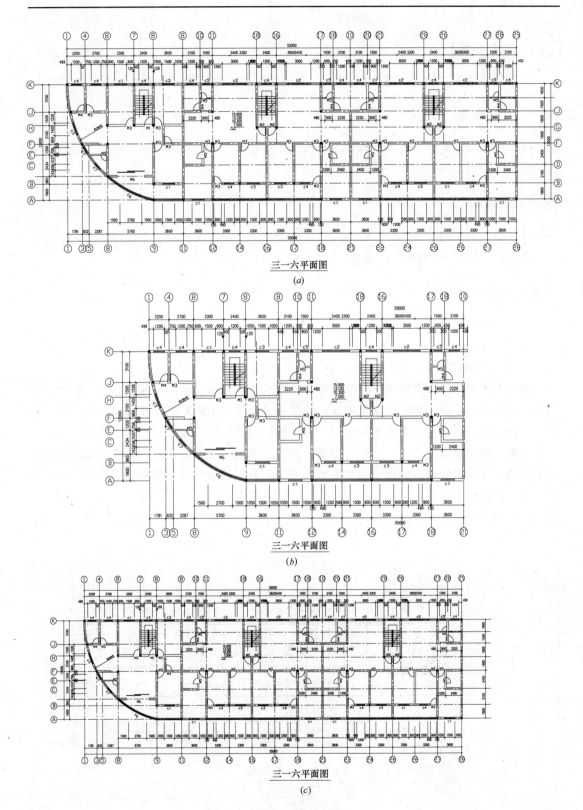

三一六平面图

(a)

三一六平面图

(b)

三一六平面图

(c)

图 2-33 缩放视图

(a) 原图;(b) 放大;(c) 缩小

【操作步骤】

单击菜单中的"放大（缩小）"命令，当前图形相应地自动进行放大 1 倍或缩 1/2。

2.5.3 动态缩放

可以用动态缩放命令来改变画面显示而不产生重新生成的效果。动态缩放会在当前视区中显示图形的全部。

【执行方式】

命令行：ZOOM

菜单："视图"→"缩放"→"动态"

【操作步骤】

命令：ZOOM↙

指定窗口角点，输入比例因子（或 nXP），或[全部(A)/中心点(C)/动态(D)/范围(E)/上一个(P)/比例(S)/窗口(W)/对象(O)] D↙

执行上述命令后，系统弹出一个图框。选取动态缩放前的画面呈绿色点线。如果动态缩放后的图形显示范围与选取动态缩放前的图形显示范围相同，则此框与白线重合而不可见。重合区域的四周有一个蓝色虚线框，用以标记虚拟屏幕。

这时，如果视框中有一个"×"出现，如图 2-34（a）所示，就可以通过拖动线框把它平移到另外一个区域。如果要放大图形到不同的放大倍数，按下选择钮，"×"就会变成一个箭头，如图 2-34（b）所示。这时，左右拖动边界线就可以重新确定视区的大小。缩放后的图形如图 2-34（c）所示。

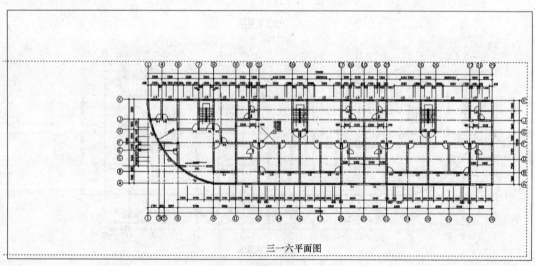

三—六平面图

(a)

图 2-34　动态缩放（一）

(a) 带"×"的视框

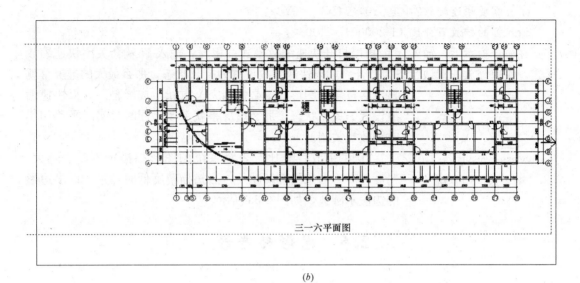

三一六平面图

(b)

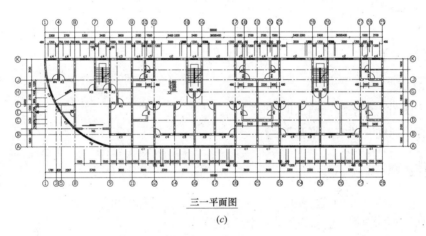

三一平面图

(c)

图 2-34 动态缩放（二）

(b) 带箭头的视框；*(c)* 缩放后的图形

另外，还有窗口缩放、比例缩放、中心缩放、全部缩放、对象缩放、缩放上一个和最大图形范围缩放，其操作方法与动态缩放类似，在此不再赘述。

2.5.4 快速缩放

利用快速缩放命令可以打开一个很大的虚屏幕，虚屏幕定义了显示命令（Zoom，Pan，View）及更新屏幕的区域。

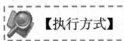

【执行方式】

命令行：VIEWRES

【操作步骤】

命令：VIEWRES ✓

是否需要快速缩放？［是(Y)/否(N)］＜Y＞：

输入圆的缩放百分比（1-20000）＜100＞：

在命令提示下，输入 Y 就可以打开快速缩放模式；相反，输入 N 就会关闭快速缩放模式。快速缩放的默认状态为打开。如果快速缩放设置为打开状态，那么最大的虚屏幕就显示尽量多的图形而不必强制完全重新生成屏幕。如果快速缩放设置为关闭状态，那么虚屏幕就关闭，同时，实时平移和实时缩放也关闭。

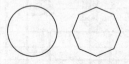

VIEWRES=500   VIEWRES=15

图 2-35　扫描精度

"圆的缩放百分比"表示系统的图形扫描精度，值越大，精度越高。形象的理解就是，当扫描精度低时，系统以多边形的边表示圆弧，如图 2-35 所示。

2.6　图形的平移

2.6.1　实时平移

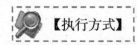

命令：PAN

菜单："视图"→"平移"→"实时"

工具栏："标准"→"实时平移"

执行上述命令后，按下选择钮，然后通过移动手形光标就可以平移图形了。当手形光标移动到图形的边沿时，光标就会呈一个三角形显示。

另外，系统为显示控制命令设置了一个右键快捷菜单，如图 4-36 所示。在该菜单中，用户可以在显示控制命令执行的过程中，透明地进行切换。

2.6.2　定点平移和方向平移

除了最常用的实时平移外，也常用到定点平移。

命令：－PAN

菜单："视图"→"平移"→"定点"（如图 2-36 所示）

命令：－pan↙

指定基点或位移：(指定基点位置或输入位移值)

指定第二点：(指定第二点确定位移和方向)

执行上述命令后，当前图形按指定的位移和方向进行平移。另外，在"平移"子菜单中，还有"左"、"右"、"上"、"下" 4 个平移命令，如图 2-37 所示。选择这些命令后，图形就会按指定的方向平移一定的距离。

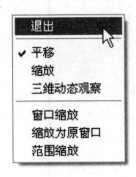

图 2-36　右键快捷菜单　　　　　　　　　　图 2-37　"平移"子菜单

2.7　文件管理

本节将介绍有关文件管理的一些基本操作方法，包括新建文件、打开已有文件、保存文件、删除文件等，这些都是进行 AutoCAD 2011 操作的最基础的知识。

2.7.1　新建文件

【执行方式】

命令行：NEW 或 QNEW
菜单："文件"→"新建"
工具栏："标准"→"新建" 🗋

【操作步骤】

当执行 NEW 时，系统打开如图 2-38 所示的"选择样板"对话框。

当执行 QNEW 时，系统立即从所选的图形样板中创建新图形，而不显示任何对话框或提示。

在执行快速创建图形功能之前，必须进行如下设置：

（1）将 FILEDIA 系统变量设置为 1；将 STARTUP 系统变量设置为 0。

（2）从"工具"→"选项"菜单中选择默认图形样板文件。具体方法是：在"文件"选项卡中，单击标记为"样板设置"的节点下的"快速新建的默认样板文件名"分节点，如图 2-39 所示。单击"浏览"按钮，打开"选择文件"对话框，然后选择需要的样板文件。

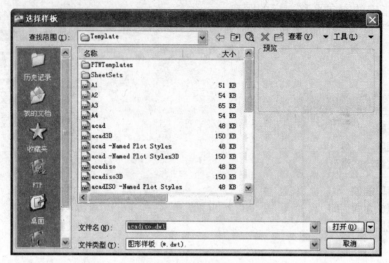

图 2-38 "选择样板"对话框

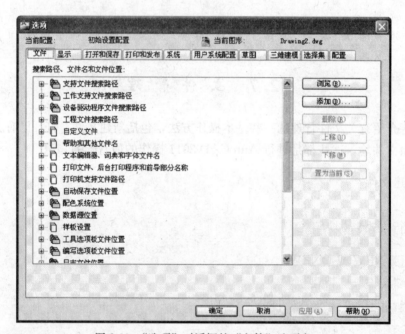

图 2-39 "选项"对话框的"文件"选项卡

2.7.2 打开文件

 【执行方式】

命令行：OPEN

菜单："文件"→"打开"

工具栏："标准"→"打开"

【操作步骤】

执行上述命令后，打开"选择文件"对话框（如图 2-40 所示），在"文件类型"下拉列表框中，用户可选 dwg 文件、dwt 文件、dxf 文件和 dws 文件。dws 文件是包含标准图层、标注样式、线型和文字样式的样板文件。dxf 文件是用文本形式存储的图形文件，能够被其他程序读取，许多第三方应用软件都支持 dxf 格式的文件。

2.7.3　保存文件

【执行方式】

命令名：QSAVE（或 SAVE）

菜单："文件"→"保存"

工具栏："标准"→"保存"

【操作步骤】

执行上述命令后，若文件已命名，则 AutoCAD 自动保存文件；若文件未命名（即为默认名 drawing1.dwg），则系统打开"图形另存为"对话框（如图 2-41 所示），用户可以进行命名保存。在"保存于"下拉列表框中，用户可以指定文件保存的路径；在"文件类型"下拉列表框中，用户可以指定文件保存的类型。

图 2-40　"选择文件"对话框

图 2-41　"图形另存为"对话框

为了防止因意外操作或计算机系统故障而导致正在绘制的图形文件的丢失，可以对当前图形文件设置自动保存，自动保存有以下 3 种方法：

（1）利用系统变量 SAVEFILEPATH 设置所有"自动保存"文件的位置，如：C：\ HU \。

（2）利用系统变量 SAVEFILE 存储"自动保存"文件的文件名。该系统变量储存的文件名文件是只读文件，用户可以从中查询自动保存的文件名。

（3）利用系统变量 SAVETIME 设定在使用"自动保存"时，多长时间保存一次图形，单位是分钟。

2.7.4 另存文件

【执行方式】

命令行：SAVEAS

菜单："文件"→"另存为"

【操作步骤】

执行上述命令后，打开"图形另存为"对话框，AutoCAD用另存名保存，并把当前图形更名。

2.7.5 退出

【执行方式】

命令行：QUIT 或 EXIT

菜单："文件"→"退出"

按钮：AutoCAD 操作界面右上角的"关闭"按钮⊠

【操作步骤】

命令：QUIT ✓（或 EXIT ✓）

执行上述命令后，若用户对图形所做的修改尚未保存，则会出现图 2-42 所示的系统警告对话框。单击"是"按钮，则系统将保存文件，然后退出；单击"否"按钮，则系统将不保存文件。若用户对图形所做的修改已经保存，则直接退出。

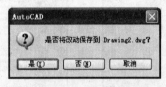

图 2-42 系统警告对话框

第 3 章　二维绘图命令

二维图形是指在二维平面空间绘制的图形，主要由一些图形元素组成，如点、直线、圆弧、圆、椭圆、矩形、多边形、多段线、样条曲线、多线等几何元素。AutoCAD 提供了大量的绘图工具，可以帮助用户完成二维图形的绘制。本章主要内容包括：直线，圆和圆弧，椭圆和椭圆弧，平面图形，点，轨迹线与区域填充，多段线，样条曲线，多线和图案填充等。

学习要点

直线类
圆类图形
平面图形
点
多段线
样条曲线
多线
图案填充

3.1　直　线　类

直线类命令包括直线、射线和构造线等命令。这几个命令是 AutoCAD 中最简单的绘图命令。

3.1.1　绘制直线段

【执行方式】

命令行：LINE
菜单："绘图"→"直线"
工具栏："绘图"→"直线"

【操作步骤】

命令：LINE

指定第一点:(输入直线段的起点,用鼠标指定点或者给定点的坐标)

指定下一点或[放弃(U)]:(输入直线段的端点,也可以用鼠标指定一定角度后,直接输入直线段的长度)

指定下一点或[放弃(U)]:(输入下一直线段的端点。输入选项 U 表示放弃前面的输入;右击或按 Enter 键,结束命令)

指定下一点或[闭合(C)/放弃(U)]:(输入下一直线段的端点,或输入选项 C 使图形闭合,结束命令)

【选项说明】

(1)若按 Enter 键响应"指定第一点:"的提示,则系统会把上次绘线(或弧)的终点作为本次操作的起始点。特别地,若上次操作为绘制圆弧,按 Enter 键响应后,绘出通过圆弧终点的与该圆弧相切的直线段,该线段的长度由鼠标在屏幕上指定的一点与切点之间线段的长度确定。

(2)在"指定下一点"的提示下,用户可以指定多个端点,从而绘出多条直线段。但是,每一条直线段都是一个独立的对象,可以进行单独的编辑操作。

(3)绘制两条以上的直线段后,若用选项"C"响应"指定下一点"的提示,系统会自动链接起始点和最后一个端点,从而绘出封闭的图形。

(4)若用选项"U"响应提示,则会擦除最近一次绘制的直线段。

(5)若设置正交方式(单击状态栏上的"正交"按钮),则只能绘制水平直线段或垂直直线段。

(6)若设置动态数据输入方式(单击状态栏上的 DYN 按钮),则可以动态输入坐标或长度值。下面的命令同样可以设置动态数据输入方式,效果与非动态数据输入方式类似。除了特别需要(以后不再强调),否则只按非动态数据输入方式输入相关数据。

3.1.2 绘制射线

【执行方式】

命令行:RAY

菜单:"绘图"→"射线"

【操作步骤】

命令:RAY

指定起点:(给出起点)

指定通过点:(给出通过点,绘制出射线)

指定通过点:(从起点绘制出另一射线,按 Enter 键,结束命令)

3.1.3　绘制构造线

【执行方式】

命令行：XLINE

菜单："绘图"→"构造线"

工具栏："绘图"→"构造线"

【操作步骤】

命令：XLINE

指定点或［水平(H)/垂直(V)/角度(A)/二等分(B)/偏移(O)］：(给出点)

指定通过点：(给定通过点 2，画一条双向的无限长直线)

指定通过点：(继续给点，继续画线，按 Enter 键，结束命令)

【选项说明】

(1) 执行选项中有"指定点"、"水平"、"垂直"、"角度"、"二等分"和"偏移"等 6 种方式绘制构造线。

(2) 这种线可以模拟手工绘图中的辅助绘图线。用特殊的线型显示，在绘图输出时，可不作输出。常用于辅助绘图。

3.1.4　实例——标高符号

绘制如图 3-1 所示粗糙度符号。

命令：_line 指定第一点：100,100 ↙(1 点)

指定下一点或［放弃(U)］：@40,-135 ↙

指定下一点或［放弃(U)］：u ↙(输入错误，取消上次操作)

指定下一点或［放弃(U)］：@40<-135 ↙(2 点，也可以按下状态栏上"DYN"按钮，在鼠标位置为 135°时，动态输入 40，如图 3-2 所示，下同)

指定下一点或［放弃(U)］：@40<135 ↙(3 点，相对极坐标数值输入方法，此方法便于控制线段长度)

指定下一点或［闭合(C)/放弃(U)］：@180,0 ↙(4 点，相对直角坐标数值输入方法，此方法便于控制坐标点之间正交距离)

指定下一点或［闭合(C)/放弃(U)］：↙(回车结束直线命令)

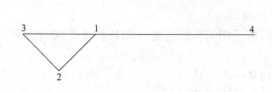

图 3-1　直线图形

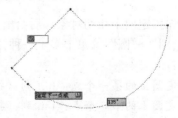

图 3-2　动态输入

📖 说 明

一般每个命令有 3 种执行方式，这里只给出了命令行执行方式，其他两种执行方式的操作方法与命令行执行方式相同。

3.2 圆类图形

圆类命令主要包括"圆"、"圆弧"、"椭圆"、"椭圆弧"以及"圆环"等命令，这几个命令是 AutoCAD 中最简单的圆类命令。

3.2.1 绘制圆

 【执行方式】

命令行：CIRCLE
菜单："绘图"→"圆"
工具栏："绘图"→"圆" ⊘

 【操作步骤】

命令：CIRCLE
指定圆的圆心或 [三点(3P)/两点(2P)/切点、切点、半径(T)]：(指定圆心)
指定圆的半径或 [直径(D)]：(直接输入半径数值或用鼠标指定半径长度)
指定圆的直径 <默认值>：(输入直径数值或用鼠标指定直径长度)

 【选项说明】

1. 三点 (3P)

用指定圆周上三点的方法画圆。

2. 两点 (2P)

按指定直径的两端点的方法画圆。

3. 切点、切点、半径 (T)

按先指定两个相切对象，后给出半径的方法画圆。
"绘图"→"圆"菜单中多了一种"相切、相切、相切"的方法，当选择此方式时，系统提示：
指定圆上的第一个点：_tan 到：(指定相切的第一个圆弧)
指定圆上的第二个点：_tan 到：(指定相切的第二个圆弧)
指定圆上的第三个点：_tan 到：(指定相切的第三个圆弧)

3.2.2　实例——绘制锚具端视图

绘制如图 3-3 所示的锚具端视图。

（1）单击"绘图"工具栏中的"直线"按钮 ，绘制两条十字交叉直线。结果如图 3-4 所示。

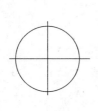

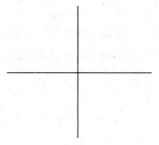

图 3-3　锚具端视图　　　　　　　　　　　图 3-4　绘制十字交叉直线

（2）单击"绘图"工具栏中的"圆"按钮 ，绘制圆。命令行提示如下：

命令：_circle

指定圆的圆心或 ［三点(3P)/两点(2P)/切点、切点、半径(T)］：(指定十字交叉线交点)

指定圆的半径或 ［直径(D)］：(适当指定半径大小)

结果如图 3-3 所示。

3.2.3　绘制圆弧

【执行方式】

命令行：ARC（缩写名：A）

菜单："绘图"→"弧"

工具栏："绘图"→"圆弧"

【操作步骤】

命令：ARC

指定圆弧的起点或 ［圆心(C)］：(指定起点)

指定圆弧的第二点或 ［圆心(C)/端点(E)］：(指定第二点)

指定圆弧的端点：(指定端点)

【选项说明】

（1）用命令行方式绘制圆弧时，可以根据系统提示单击不同的选项，具体功能和单击菜单栏中的"绘图"→"圆弧"中子菜单提供的 11 种方式相似。这 11 种方式绘制的圆弧分别如图 3-5（a）～(k) 所示。

（2）需要强调的是"继续"方式，绘制的圆弧与上一线段或圆弧相切，继续画圆弧段，因此提供端点即可。

3.2.4 实例——绘制带半圆形弯钩的钢筋端部

绘制如图 3-6 所示的带半圆形弯钩的钢筋端部。

(1) 单击"绘图"工具栏中的"直线"按钮，绘制直线。命令行提示如下：

命令：_line

指定第一点：100,100 ✓

指定下一点或 [放弃(U)]：200,100 ✓

指定下一点或 [放弃(U)]：✓

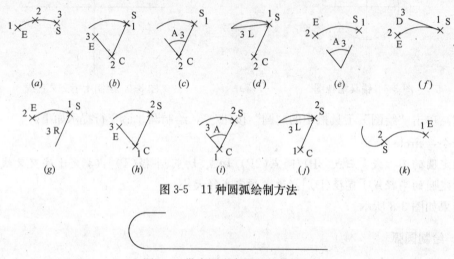

图 3-5 11 种圆弧绘制方法

图 3-6 带半圆形弯钩的钢筋端部

结果如图 3-7 所示。

(2) 单击"绘图"工具栏中的"圆弧"按钮，完成圆弧。命令行提示如下：

命令：_arc 指定圆弧的起点或 [圆心(C)]：100,100 ✓

指定圆弧的第二个点或 [圆心(C)/端点(E)]：c ✓

指定圆弧的圆心：100,110 ✓

指定圆弧的端点或 [角度(A)/弦长(L)]：a ✓

指定包含角：—180 ✓

结果如图 3-8 所示。

图 3-7 绘制直线   图 3-8 绘制圆弧

 注意

绘制圆弧时，注意圆弧的曲率是遵循逆时针方向的，所以在选择指定圆弧两个端点和半径模式时，需要注意端点的指定顺序或指定角度的正负值，否则有可能导致圆弧的凹凸形状与预期的相反。

(3) 单击"绘图"工具栏中的"直线"按钮，绘制直线，命令行操作如下：

命令:_line

指定第一点:100,120 ✓

指定下一点或 [放弃(U)]:110,120 ✓

指定下一点或 [放弃(U)]:✓

最终结果如图 3-6 所示。

3.2.5　绘制圆环

【执行方式】

命令行:DONUT

菜单:"绘图"→"圆环"

【操作步骤】

命令:DONUT

指定圆环的内径<默认值>:(指定圆环内径)

指定圆环的外径<默认值>:(指定圆环外径)

指定圆环的中心点或<退出>:(指定圆环的中心点)

指定圆环的中心点或<退出>:(继续指定圆环的中心点,则继续绘制具有相同内外径的圆环。按 Enter 键空格键或右击,结束命令)

【选项说明】

(1) 若指定内径为零,则画出实心填充圆。

(2) 用命令 FILL 可以控制圆环是否填充。

命令:FILL

输入模式 [开(ON)/关(OFF)] <开>:(选择 ON 表示填充,选择 OFF 表示不填充)

3.2.6　实例——钢筋横截面

绘制如图 3-9 所示的钢筋横截面。

图 3-9　钢筋横截面

(1) 单击"绘图"菜单中的"圆环"命令,绘制圆环。命令行提示如下:

命令:_donut

指定圆环的内径 <0.5000>:0 ✓

指定圆环的外径 <1.0000>:5 ✓

指定圆环的中心点或 <退出>:(在绘图区指定一点)

指定圆环的中心点或 <退出>:✓

绘制结果如图 3-9 所示。

（2）单击"快速访问"工具栏中的"保存"按钮 ，保存图形。命令行提示如下：

命令：SAVEAS　（将绘制完成的图形以"钢筋横截面 . dwg"为文件名保存在指定的路径中）

3.2.7　绘制椭圆与椭圆弧

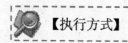【执行方式】

命令行：ELLIPSE

菜单："绘制"→"椭圆"→"圆弧"

工具栏："绘制"→"椭圆" 或 "绘制"→"椭圆弧"

【操作步骤】

命令：ELLIPSE

指定椭圆的轴端点或 [圆弧(A)/中心点(C)]：

指定轴的另一个端点：

指定另一条半轴长度或 [旋转(R)]：

【选项说明】

1. 指定椭圆的轴端点

根据两个端点，定义椭圆的第一条轴。第一条轴的角度确定了整个椭圆的角度。第一条轴既可定义为椭圆的长轴也可定义为椭圆的短轴。

2. 旋转 (R)

通过绕第一条轴旋转圆来创建椭圆。相当于将一个圆绕椭圆轴翻转一个角度后的投影视图。

3. 中心点 (C)

通过指定的中心点创建椭圆。

4. 椭圆弧 (A)

该选项用于创建一段椭圆弧。与"工具栏：绘制→椭圆弧"功能相同。其中第一条轴的角度确定了椭圆弧的角度。第一条轴既可定义为椭圆弧长轴也可定义为椭圆弧短轴。选择该项，命令行提示如下：

指定椭圆弧的轴端点或 [中心点(C)]：(指定端点或输入 C)

指定轴的另一个端点：(指定另一端点)

指定另一条半轴长度或 [旋转(R)]：(指定另一条半轴长度或输入 R)

指定起始角度或 [参数(P)]：(指定起始角度或输入 P)

指定终止角度或 [参数(P)/包含角度(I)]：

其中各选项含义如下：

(1) 角度：指定椭圆弧端点的两种方式之一，光标与椭圆中心点连线的夹角为椭圆弧端点位置的角度。

(2) 参数 (P)：指定椭圆弧端点的另一种方式，该方式同样是指定椭圆弧端点的角度，通过以下矢量参数方程式创建椭圆弧：

$$p(u)=c+a\times\cos u+b\times\sin u$$

其中 c 是椭圆的中心点，a 和 b 分别是椭圆的长轴和短轴，u 为光标与椭圆中心点连线的夹角。

(3) 包含角度 (I)：定义从起始角度开始的包含角度。

3.2.8 实例——绘制浴室洗脸盆图形

绘制如图 3-10 所示图形。

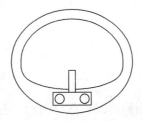

图 3-10 浴室洗脸盆图形

(1) 利用"直线"命令，绘制水龙头图形，方法同上。结果如图 3-11 所示。

(2) 利用"圆"命令，绘制两个水龙头旋钮。命令行提示如下：

命令：_circle

指定圆的圆心或 [三点(3P)/两点(2P)/相切、相切、半径(T)]：(指定中心)

指定圆的半径或 [直径(D)]：(指定半径)

用同样方法绘制另一个圆。结果如图 3-12 所示。

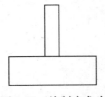

图 3-11 绘制水龙头

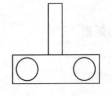

图 3-12 绘制旋钮

(3) 利用"椭圆"命令，绘制脸盆外沿，命令行提示如下：

命令：_ellipse

指定椭圆的轴端点或 [圆弧(A)/中心点(C)]：(用鼠标指定椭圆轴端点)

指定轴的另一个端点：(用鼠标指定另一端点)

指定另一条半轴长度或 [旋转(R)]：(用鼠标在屏幕上拉出另一半轴长度)

结果如图 3-13 所示。

(4) 利用"椭圆弧"命令，绘制脸盆部分内沿，命令行提示如下：

命令：_ellipse(选择工具栏或绘图菜单中的椭圆弧命令)

指定椭圆的轴端点或 [圆弧(A)/中心点(C)]：_a

指定椭圆弧的轴端点或 [中心点(C)]：C

指定椭圆弧的中心点：(单击状态栏"对象捕捉"按钮，捕捉刚才绘制的椭圆中心点，关于"捕捉"，后面进行介绍)

指定轴的端点：(适当指定一点)

指定另一条半轴长度或 [旋转(R)]：R

指定绕长轴旋转的角度：(用鼠标指定椭圆轴端点)

指定起始角度或 [参数(P)]：(用鼠标拉出起始角度)

指定终止角度或 [参数(P)/包含角度(I)]：(用鼠标拉出终止角度)

结果如图 3-14 所示。

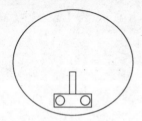

图 3-13　绘制脸盆外沿

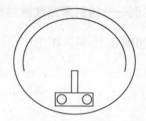

图 3-14　绘制脸盆部分内沿

(5) 利用"圆弧"命令，绘制脸盆其他部分内沿，命令行提示如下：

命令：_arc

指定圆弧的起点或 [圆心(C)]：(捕捉椭圆弧端点)

指定圆弧的第二个点或 [圆心(C)/端点(E)]：(指定第二点)

指定圆弧的端点：(捕捉水龙头上一点)

(6) 用相同方法绘制另一圆弧，最终结果如图 3-10 所示。

3.3　平面图形

3.3.1　绘制矩形

【执行方式】

命令行：RECTANG (缩写名：REC)

菜单："绘图"→"矩形"

工具栏："绘图"→"矩形" ▭

【操作步骤】

命令：RECTANG

指定第一个角点或 [倒角(C)/标高(E)/圆角(F)/厚度(T)/宽度(W)]：

指定另一个角点或 [面积(A)/尺寸(D)/旋转(R)]：

【选项说明】

1. 第一个角点

通过指定两个角点来确定矩形，如图 3-15（a）所示。

2. 倒角（C）

指定倒角距离，绘制带倒角的矩形（如图 3-15（b）所示），每一个角点的逆时针和顺时针方向的倒角可以相同，也可以不同，其中第一个倒角距离是指角点逆时针方向的倒角距离，第二个倒角距离是指角点顺时针方向的倒角距离。

3. 标高（E）

指定矩形标高（Z 坐标），即把矩形画在标高为 Z，和 XOY 坐标面平行的平面上，并作为后续矩形的标高值。

4. 圆角（F）

指定圆角半径，绘制带圆角的矩形，如图 3-15（c）所示。

5. 厚度（T）

指定矩形的厚度，如图 3-15（d）所示。

6. 宽度（W）

指定线宽，如图 3-15（e）所示。

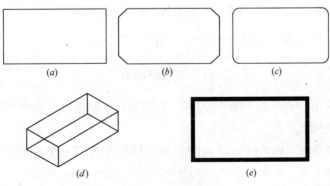

图 3-15　绘制矩形

7. 尺寸（D）

使用长和宽创建矩形。第二个指定点将矩形定位在与第一角点相关的四个位置之一内。

8. 面积（A）

通过指定面积和长或宽来创建矩形。选择该项，系统提示：

输入以当前单位计算的矩形面积 ＜20.0000＞：　　　（输入面积值）

计算矩形标注时依据［长度（L）/宽度（W）］＜长度＞：（按 Enter 键或输入 W）

输入矩形长度 ＜4.0000＞：（指定长度或宽度）

指定长度或宽度后，系统自动计算出另一个维度后绘制出矩形。如果矩形被倒角或圆角，则在长度或宽度计算中，会考虑此设置。如图 3-16 所示。

9. 旋转（R）

旋转所绘制矩形的角度。选择该项，系统提示：

指定旋转角度或［拾取点(P)］＜135＞:（指定角度）

指定另一个角点或［面积(A)/尺寸(D)/旋转(R)］:（指定另一个角点或选择其他选项）

指定旋转角度后，系统按指定旋转角度创建矩形，如图 3-17 所示。

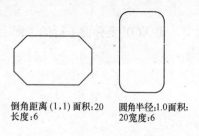

倒角距离(1,1)面积:20
长度:6

圆角半径:1.0面积:
20宽度:6

图 3-16　按面积绘制矩形

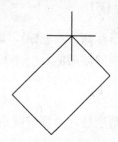

图 3-17　按指定旋转角度创建矩形

3.3.2　实例——机械连接的钢筋接头

绘制如图 3-18 所示的机械连接的钢筋接头。

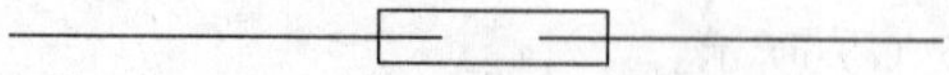

图 3-18　机械连接的钢筋接头

（1）利用"直线"命令绘制两条直线。如图 3-19 所示。

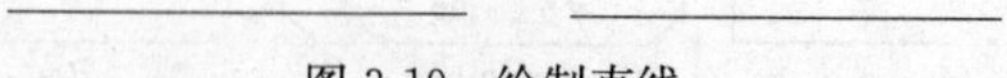

图 3-19　绘制直线

（2）单击"绘图"工具栏中的"矩形"按钮 ▢，绘制接头。命令行提示如下：

命令:RECTANG ✓

指定第一个角点或［倒角(C)/标高(E)/圆角(F)/厚度(T)/宽度(W)］:2,2 ✓

指定另一个角点或［面积(A)/尺寸(D)/旋转(R)］:@146,146 ✓

最终结果如图 3-18 所示。

3.3.3　绘制正多边形

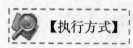　【执行方式】

命令行：POLYGON

菜单："绘图"→"正多边形"

工具栏:"绘图"→"正多边形"

【操作步骤】

命令:POLYGON

输入边的数目 ＜4＞:(指定多边形的边数,默认值为 4)

指定正多边形的中心点或 ［边(E)］:(指定中心点)

输入选项 ［内接于圆(I)/外切于圆(C)］＜I＞:(指定是内接于圆或外切于圆,I 表示内接于圆如图 3-20(a)所示,C 表示外切于圆如图 3-20(b)所示)

指定圆的半径:(指定外接圆或内切圆的半径)

【选项说明】

如果选择"边"选项,则只要指定多边形的一条边,系统就会按逆时针方向创建该正多边形,如图 3-20 (c) 所示。

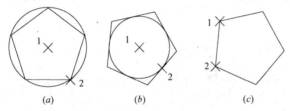

(a) (b) (c)

图 3-20　绘制正多边形

3.3.4　实例——绘制卡通造型

绘制如图 3-21 所示的卡通造型。

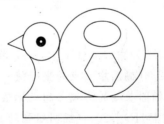

图 3-21　卡通造型

(1) 利用"圆"命令和"圆环"命令,绘制左边的小圆及圆环。命令行提示如下:

命令:CIRCLE

指定圆的圆心或 ［三点(3P)/两点(2P)/切点、切点、半径(T)］:230,210(输入圆心的 X,Y 坐标值)

指定圆的半径或 ［直径(D)］:30(输入圆的半径)

命令:DONUT↙(或单击下拉菜单"绘图"→"圆环")

指定圆环的内径 ＜10.0000＞:5(圆环内径)

指定圆环的外径 ＜20.0000＞:15(圆环外径)

指定圆环的中心点 ＜退出＞:230,210(圆环中心坐标值)

指定圆环的中心点＜退出＞：(退出)

(2) 利用"矩形"命令，绘制下边的一个矩形。命令行提示如下：

命令：RECTANG

指定第一个角点或［倒角(C)/标高(E)/圆角(F)/厚度(T)/宽度(W)］：200,122 （矩形左上角点坐标值）

指定另一个角点：420,88✓（矩形右上角点的坐标值）

(3) 利用"圆"命令、"椭圆"命令和"多边形"命令，绘制右边的大圆、小椭圆及正六边形。命令行提示如下：

命令：CIRCLE✓

指定圆的圆心或［三点(3P)/两点(2P)/相切、相切、半径(T)］：T （用指定两个相切对象及给出圆的半径的方式画圆）

在对象上指定一点作圆的第一条切线：(用鼠标在1点附近选取小圆，如图3-22所示)

在对象上指定一点作圆的第二条切线：(用鼠标在2点附近选取矩形，如图3-22所示)

指定圆的半径：＜30.0000＞：70

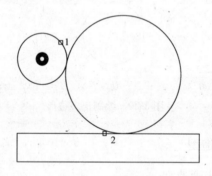

图 3-22　步骤图

命令：ELLIPSE

指定椭圆的轴端点或［圆弧(A)/中心点(C)］：C （用指定椭圆圆心的方式画椭圆）

指定椭圆的中心点：330,222 （椭圆中心点的坐标值）

指定轴的端点：360,222 （椭圆长轴的右端点的坐标值）

指定到其他轴的距离或［旋转(R)］：20 （椭圆短轴的长度）

命令：POLYGON✓（或单击下拉菜单"绘图"→"正多边形"，或者单击工具栏命令图标⬠，下同)

输入边的数目＜4＞：6 （正多边形的边数）

指定多边形的中心点或［边(E)］：330,165 （正六边形的中心点的坐标值）

输入选项［内接于圆(I)/外切于圆(C)］＜I＞：（用内接于圆的方式画正六边形）

指定圆的半径：30 （正六边形内接圆的半径）

(4) 利用"直线"命令和"圆弧"命令，绘制左边的折线和圆弧。命令行提示如下：

命令：LINE

指定第一点：202,221

指定下一点或［放弃(U)］：@30＜－150 （用相对极坐标值给定下一点的坐标值）

指定下一点或 [放弃(U)]:@30<−20　（用相对极坐标值给定下一点的坐标值）

指定下一点或 [闭合(C)/放弃(U)]:

命令:ARC

指定圆弧的起点或 [圆心(CE)]:200,122　（给出圆弧的起点坐标值）

指定圆弧的第二点或 [圆心(CE)/端点(EN)]:EN　（用给出圆弧端点的方式画圆弧）

指定圆弧的端点:210,188　（给出圆弧端点的坐标值）

指定圆弧的圆心或 [角度(A)/方向(D)/半径(R)]:R↙（用给出圆弧半径的方式画圆弧）

指定圆弧半径:45　（圆弧半径值）

（5）利用"直线"命令绘制右边折线。命令行提示如下：

命令:LINE

指定第一点:420,122

指定下一点或 [放弃(U)]:@68<90

指定下一点或 [放弃(U)]:@23<180

指定下一点或 [闭合(C)/放弃(U)]:

结果如图 3-21 所示。

3.4　点

点在 AutoCAD 中有多种不同的表示方式，用户可以根据需要进行设置。也可以设置等分点和测量点。

3.4.1　绘制点

【执行方式】

命令行：POINT

菜单："绘制"→"点"→"单点或多点"

工具栏："绘制"→"点"

【操作步骤】

命令:POINT↙

当前点模式： PDMODE＝0　PDSIZE＝0.0000

指定点:(指定点所在的位置)

【选项说明】

（1）通过菜单方法进行操作时（如图 3-23 所示），"单点"命令表示只输入一个点，"多点"命令表示可输入多个点。

（2）可以单击状态栏中的"对象捕捉"开关按钮，设置点的捕捉模式，帮助用户拾取点。

（3）点在图形中的表示样式，共有 20 种。可通过命令 DDPTYPE 或拾取菜单：格式→点样式，打开"点样式"对话框来设置点样式，如图 3-24 所示。

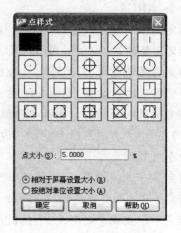

图 3-23 "点"子菜单   图 3-24 "点样式"对话框

3.4.2 绘制等分点

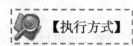

命令行：DIVIDE（缩写名：DIV）

菜单："绘制"→"点"→"定数等分"

命令：DIVIDE

选择要定数等分的对象：（选择要等分的实体）

输入线段数目或［块（B）］：（指定实体的等分数）

（1）等分数范围 2～32767。

（2）在等分点处，按当前的点样式设置画出等分点。

（3）在第二提示行选择"块（B）"选项时，表示在等分点处插入指定的块（BLOCK）。

3.4.3 绘制测量点

命令行：MEASURE（缩写名：ME）

菜单："绘制"→"点"→"定距等分"

【操作步骤】

命令：MEASURE

选择要定距等分的对象：（选择要设置测量点的实体）

指定线段长度或［块(B)］：（指定分段长度）

【选项说明】

（1）设置的起点一般是指指定线段的绘制起点。

（2）在第二提示行选择"块（B）"选项时，表示在测量点处插入指定的块，后续操作与上节中等分点的绘制类似。

（3）在测量点处，按当前的点样式设置画出测量点。

（4）最后一个测量段的长度不一定等于指定分段的长度。

3.4.4　实例——绘制楼梯

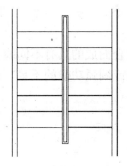

图 3-25　绘制楼梯

（1）利用"直线"命令，绘制墙体与扶手，如图 3-26 所示。

（2）设置点样式。选择"格式"→"点样式"命令，在打开的"点样式"对话框中选择"X"样式。

（3）选择"绘图"→"点"→"定数等分"命令，以左边扶手的外面线段为对象，数目为 8，绘制等分点，如图 3-27 所示。

（4）分别以等分点为起点，左边墙体上的点为终点绘制水平线段，如图 3-28 所示。

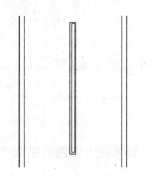

图 3-26　绘制墙体与扶手

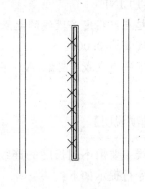

图 3-27　绘制等分点

(5) 删除绘制的等分点，如图 3-29 所示。

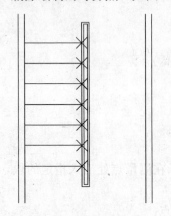
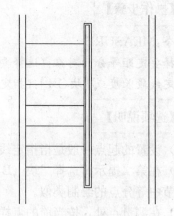

图 3-28　绘制水平线段　　　　　　　　　图 3-29　删除点

(6) 相同方法绘制另一侧楼梯，最终结果如图 3-25 所示。

3.5　多　段　线

多段线是一种由线段和圆弧组合而成的具有不同线宽的多线，这种线由于其组合形式的多样和线宽的不同，弥补了直线或圆弧功能的不足，适合绘制各种复杂的图形轮廓，因而得到了广泛的应用。

3.5.1　绘制多段线

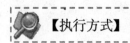【执行方式】

命令行：PLINE（缩写名：PL）
菜单："绘图"→"多段线"
工具栏："绘图"→"多段线"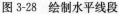

【操作步骤】

命令：PLINE
指定起点：(指定多段线的起点)
当前线宽为 0.0000
指定下一个点或 [圆弧(A)/半宽(H)/长度(L)/放弃(U)/宽度(W)]：(指定多段线的下一点)

【选项说明】

多段线主要由不同长度的连续的线段或圆弧组成，如果在上述提示中选"圆弧"命令，则命令行提示如下：

[角度(A)/圆心(CE)/方向(D)/半宽(H)/直线(L)/半径(R)/第二个点(S)/放弃(U)/

宽度(W)]：

3.5.2   编辑多段线

【执行方式】

命令行：PEDIT（缩写名：PE）

菜单："修改"→"对象"→"多段线"

工具栏："修改Ⅱ"→"编辑多段线"

快捷菜单：选择要编辑的多线段，在绘图区右击，从打开的右键快捷菜单上选择"多段线编辑"。

【操作步骤】

命令：PEDIT

选择多段线或［多条(M)]：（选择一条要编辑的多段线）

输入选项［闭合(C)/合并(J)/宽度(W)/编辑顶点(E)/拟合(F)/样条曲线(S)/非曲线化(D)/线型生成(L)/反转(R)/放弃(U)]：

【选项说明】

1. 合并 (J)

以选中的多段线为主体，合并其他直线段、圆弧或多段线，使其成为一条多段线。能合并的条件是各段线的端点首尾相连。如图 3-30 所示。

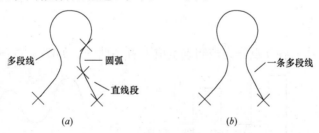

图 3-30   合并多段线

(a) 合并前；(b) 合并后

2. 宽度 (W)

修改整条多段线的线宽，使其具有同一线宽。如图 3-31 所示。

3. 编辑顶点 (E)

选择该项后，在多段线起点处出现一个斜的十字叉"×"，它为当前顶点的标记，并在命令行出现进行后续操作的提示：

［下一个(N)/上一个(P)/打断(B)/插入(I)/移动(M)/重生成(R)/拉直(S)/切向(T)/

宽度（W）/退出（X）〕＜N＞：

这些选项允许用户进行移动、插入顶点和修改任意两点间的线的线宽等操作。

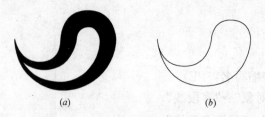

图 3-31　修改整条多段线的线宽

（a）修改前；（b）修改后

4. 拟合（F）

从指定的多段线生成由光滑圆弧连接而成的圆弧拟合曲线，该曲线经过多段线的各顶点。如图 3-32 所示。

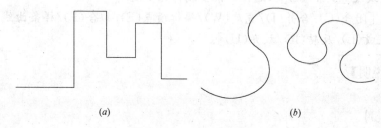

图 3-32　生成圆弧拟合曲线

（a）修改前；（b）修改后

5. 样条曲线（S）

以指定的多段线的各顶点作为控制点生成 B 样条曲线。如图 3-33 所示。

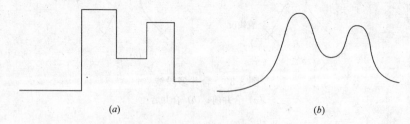

图 3-33　生成 B 样条曲线

（a）修改前；（b）修改后

6. 非曲线化（D）

用直线代替指定的多段线中的圆弧。对于选择"拟合（F）"选项或"样条曲线（S）"选项后生成的圆弧拟合曲线或样条曲线，删去其生成曲线时新插入的顶点，则恢复成由直线段组成的多段线。

7. 线型生成 （L）

当多段线的线型为点画线时，控制多段线的线型生成方式开关。选择此项，系统提示：

输入多段线线型生成选项［开（ON）/关（OFF）］＜关＞：

选择 ON 时，将在每个顶点处允许以短线开始或结束生成线型，选择 OFF 时，将在每个顶点处允许以长线开始或结束生成线型。"线型生成"不能用于包含带变宽的线段的多段线。如图 3-34 所示。

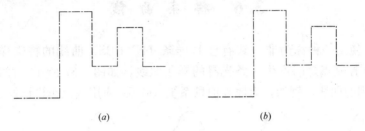

(a)　　　　　　　　　　　　　(b)

图 3-34　控制多段线的线型 （线型为点画线时）

(a) 关；(b) 开

8. 反转 （R）

反转多段线顶点的顺序。使用此选项可反转使用包含文字线型的对象的方向。例如，根据多段线的创建方向，线型中的文字可能会倒置显示。

3.5.3　实例——带半圆形弯钩的钢筋简便绘制方法

绘制如图 3-35 所示的带半圆形弯钩的钢筋。

图 3-35　带半圆形弯钩的钢筋

在命令行中输入"pline"命令或单击"绘图"工具栏中的"多段线"按钮 。命令行提示如下：

命令：PLINE

指定起点：

当前线宽为 0.0000

指定下一个点或［圆弧（A）/半宽（H）/长度（L）/放弃（U）/宽度（W）］：@－15,0✓

指定下一点或［圆弧（A）/闭合（C）/半宽（H）/长度（L）/放弃（U）/宽度（W）］：A✓

指定圆弧的端点或［角度（A）/圆心（CE）/闭合（CL）/方向（D）/半宽（H）/直线（L）/半径（R）/第二个点（S）/放弃（U）/宽度（W）］：@0,－5✓

指定圆弧的端点或［角度（A）/圆心（CE）/闭合（CL）/方向（D）/半宽（H）/直线（L）/半径（R）/第二个点（S）/放弃（U）/宽度（W）］：L

指定下一点或［圆弧（A）/闭合（C）/半宽（H）/长度（L）/放弃（U）/宽度（W）］：@100,0✓

指定下一点或［圆弧(A)/闭合(C)/半宽(H)/长度(L)/放弃(U)/宽度(W)］:↙
最终结果如图 3-36 所示。

图 3-36 绘制圆弧

3.6 样 条 曲 线

AutoCAD 使用一种称为非一致有理 B 样条（NURBS）曲线的特殊样条曲线类型。
NURBS 曲线在控制点之间产生一条光滑的样条曲线，如图 3-37 所示。样条曲线可用于
创建形状不规则的曲线，例如，为地理信息系统（GIS）应用或汽车设计绘制轮廓线。

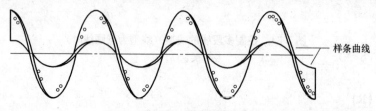

图 3-37 样条曲线

3.6.1 绘制样条曲线

【执行方式】

命令行：SPLINE
菜单：“绘图”→“样条曲线”
工具栏：“绘图”→“样条曲线” ⟋

【操作步骤】

命令:SPLINE
当前设置:方式＝拟合　节点＝弦
指定第一个点或［方式(M)/节点(K)/对象(O)］:(指定一点)
输入下一个点或［起点切向(T)/公差(L)］:(输入下一点)
输入下一个点或［端点相切(T)/公差(L)/放弃(U)/闭合(C)］:C
指定切向:

【选项说明】

1. 方式（M）

控制是使用拟合点还是使用控制点来创建样条曲线。选项会因您选择的是使用拟合点

创建样条曲线的选项还是使用控制点创建样条曲线的选项而异。

2. 节点（K）

指定节点参数化，它会影响曲线在通过拟合点时的形状。

3. 对象（O）

将二维或三维的二次或三次样条曲线的拟合多段线转换为等价的样条曲线，然后（根据 DelOBJ 系统变量的设置）删除该拟合多段线。

4. 起点切向（T）

定义样条曲线的第一点和最后一点的切向。

如果在样条曲线的两端都指定切向，可以通过输入一个点或者使用"切点"和"垂足"对象来捕捉模式使样条曲线与已有的对象相切或垂直。如果按 ENTER 键，Auto-CAD 将计算默认切向。

5. 公差（L）

指定距样条曲线必须经过的指定拟合点的距离。公差应用于除起点和端点外的所有拟合点。

6. 端点相切（T）

停止基于切向创建曲线。可通过指定拟合点继续创建样条曲线。选择"端点相切"后，将提示您指定最后一个输入拟合点的最后一个切点。

7. 闭合（C）

将最后一点定义为与第一点一致，并使它在连接处与样条曲线相切，这样可以闭合样条曲线。选择该项后，系统继续提示：

指定切向：（指定点或按 ENTER 键）

用户可以指定一点来定义切向矢量，或者通过使用"切点"和"垂足"对象来捕捉模式使样条曲线与现有对象相切或垂直。

3.6.2　编辑样条曲线

【执行方式】

命令行：SPLINEDIT

菜单："修改"→"对象"→"样条曲线"

快捷菜单：选择要编辑的样条曲线，在绘图区右击，从打开的右键快捷菜单上选择"编辑样条曲线"。

工具栏："修改 II"→"编辑样条曲线"

【操作步骤】

命令：SPLINEDIT

选择样条曲线：(选择要编辑的样条曲线。若选择的样条曲线是用 SPLINE 命令创建的，其近似点以夹点的颜色显示出来；若选择的样条曲线是用 PLINE 命令创建的，其控制点以夹点的颜色显示出来。)

输入选项［闭合(C)/合并(J)/拟合数据(F)/编辑顶点(E)/转换为多段线(P)/反转(R)/放弃(U)/退出(X)]＜退出＞：

【选项说明】

1. 合并 (J)

选定的样条曲线、直线和圆弧在重合端点处合并到现有样条曲线。选择有效对象后，该对象将合并到当前样条曲线，合并点处将具有一个折点。

2. 拟合数据 (F)

编辑近似数据。选择该项后，创建该样条曲线时指定的各点将以小方格的形式显示出来。

3. 编辑顶点 (E)

精密调整样条曲线定义。

4. 转换为多段线 (P)

将样条曲线转换为多段线。精度值决定结果多段线与源样条曲线拟合的精确程度。有效值为介于 0 到 99 之间的任意整数。

5. 反转 (R)

反转样条曲线的方向。此选项主要适用于第三方应用程序。

3.6.3　实例——旋具

绘制如图 3-38 所示的旋具。

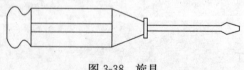

图 3-38　旋具

(1) 选择菜单栏中的"绘图"→"直线"命令，或者单击"绘图"工具栏中的 按钮，或者在命令行中输入 LINE 命令后按 Enter 键，命令行中显示如下提示信息：

命令：LINE↙

指定第一点：100,110 ↙

指定下一点或 [放弃(U)]：100,86

指定下一点或 [放弃(U)]：↙

结果如图 3-39 所示。

(2) 选择菜单栏中的"绘图"→"样条曲线"命令，或者单击"绘图"工具栏中的 ∿ 按钮，或者在命令行中输入 SPLINE 命令后按 Enter 键，命令行中显示如下提示信息：

命令：SPLINE ↙

指定第一个点或 [对象(O)]：100,110 ↙

指定下一点：110,118 ↙

指定下一点或 [闭合(C)/拟合公差(F)] <起点切向>：120,112 ↙

指定下一点或 [闭合(C)/拟合公差(F)] <起点切向>：130,118 ↙

指定下一点或 [闭合(C)/拟合公差(F)] <起点切向>：↙

指定起点切向：↙

指定端点切向：↙

重复上述命令绘制另一条样条曲线，其坐标分别为（100，86），（110，78），（120，84），（130，78），结果如图 3-40 所示。

(3) 选择菜单栏中的"绘图"→"矩形"命令，或者单击"绘图"工具栏中的 ▢ 按钮，或者在命令行中输入 RECTANG 命令后按 Enter 键，命令行中显示如下提示信息：

命令：RECTANG ↙

指定第一个角点或 [倒角(C)/标高(E)/圆角(F)/厚度(T)/宽度(W)]：130,78 ↙

指定另一个角点或 [面积(A)/尺寸(D)/旋转(R)]：230,118 ↙

结果如图 3-41 所示。

| 图 3-39　绘制直线 | 图 3-40　绘制样条曲线 | 图 3-41　绘制矩形 |

(4) 绘制直线：执行"直线"命令，绘制过点（130，102）和点（130，94），长为 100 的水平直线，结果如图 3-42 和图 3-43 所示。

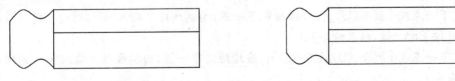

| 图 3-42　绘制直线 | 图 3-43　偏移处理 |

(5) 绘制直线：重复执行"直线"命令绘制从（230，118）到（270，104）和从（230，78）到（270，91）的直线，结果如图 3-44 所示。

(6) 绘制矩形：执行"矩形"命令画矩形，角点坐标分别为（270，108）和（274，88），结果如图 3-45 所示。

图 3-44　绘制直线

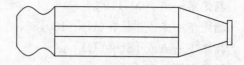

图 3-45　绘制矩形

(7) 绘制多段线：选择菜单栏中的"绘图"→"多段线"命令，或者单击"绘图"工具栏中的　按钮，或者在命令行中输入 PLINE 命令后按 Enter 键，命令行中显示如下提示信息：

命令:PLINE↙

当前线宽为 0.0000

指定下一个点或 [圆弧(A)/半宽(H)/长度(L)/放弃(U)/宽度(W)]:364,101↙

其余点的坐标分别为 (372,104)、(388,100)、(388,96)、(372,92)、(364,94)、(274,94)。

最终绘制的图形如图 3-38 所示。

3.7　多　　线

多线是一种复合线，由连续的直线段复合组成。多线的一个突出优点是能够提高绘图效率，保证图线之间的统一性。

3.7.1　绘制多线

【执行方式】

命令行：MLINE

菜单："绘图"→"多线"

【操作步骤】

命令:MLINE

当前设置:对正 = 上,比例 = 20.00,样式 = STANDARD

指定起点或 [对正(J)/比例(S)/样式(ST)]:(指定起点)

指定下一点:(给定下一点)

指定下一点或 [放弃(U)]:(继续给定下一点,绘制线段。输入"U",则放弃前一段的绘制;右击或按 Enter 键,结束命令)

指定下一点或 [闭合(C)/放弃(U)]:(继续给定下一点,绘制线段。输入"C",则闭合线段,结束命令)

【选项说明】

1. 对正 (J)

该项用于给定绘制多线的基准。共有 3 种对正类型"上"、"无"和"下"。其中，"上

（T）"表示以多线上侧的线为基准，以此类推。

2. 比例（S）

选择该项，要求用户设置平行线的间距。输入值为零时，平行线重合；值为负时，多
线的排列倒置。

3. 样式（ST）

该项用于设置当前使用的多线样式。

3.7.2　定义多线样式

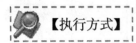【执行方式】

命令行：MLSTYLE

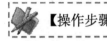【操作步骤】

命令：MLSTYLE ↙

系统自动执行该命令后，打开如图 3-46 所示的"多线样式"对话框。在该对话框中，
用户可以对多线样式进行定义、保存和加载等操作。

图 3-46　"多线样式"对话框

3.7.3　编辑多线

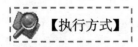【执行方式】

命令行：MLEDIT
菜单："修改"→"对象"→"多线"

【操作步骤】

调用该命令后，打开"多线编辑工具"对话框，如图 3-47 所示。

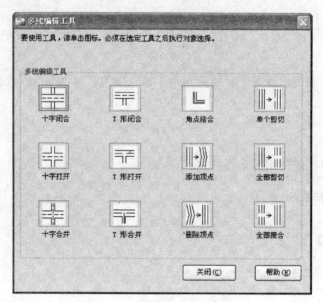

图 3-47 "多线编辑工具"对话框

利用该对话框,可以创建或修改多线的模式。对话框中分 4 列显示了示例图形。其中,第一列管理十字交叉形式的多线,第二列管理 T 形多线,第三列管理拐角接合点和节点形式的多线,第四列管理多线被剪切或连接的形式。

单击选择某个示例图形,然后单击"关闭"按钮,就可以调用该项编辑功能。

3.7.4 实例——绘制墙体

绘制如图 3-48 所示图形。

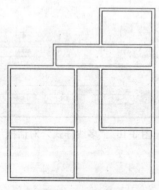

图 3-48 墙体

(1) 利用"构造线"命令,绘制出一条水平构造线和一条竖直构造线,组成"十"字形辅助线,如图 3-49 所示,继续绘制辅助线,命令行提示如下:

命令:XLINE

指定点或[水平(H)/垂直(V)/角度(A)/二等分(B)/偏移(O)]:O

选择直线对象:(选择刚绘制的水平构造线)

指定向哪侧偏移:(指定右边一点)

选择直线对象:(继续选择刚绘制的水平构造线)

用相同方法，将绘制得到的水平构造线依次向上偏移 5100、1800 和 3000，偏移得到的水平构造线如图 3-50 所示。用同样方法绘制垂直构造线，并依次向右偏移 3900、1800、2100 和 4500，结果如图 3-51 所示。

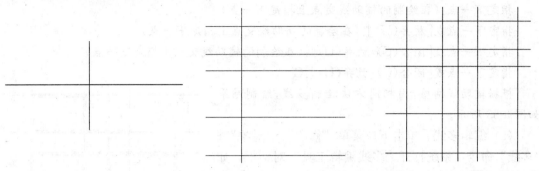

图 3-49　"十"字形辅助线　　　图 3-50　水平构造线　　　图 3-51　居室的辅助线网格

（2）定义多线样式。在命令行输入命令 MLSTYLE，或者单击下拉菜单"格式"→"多线样式"命令，系统打开"多线样式"对话框，在该对话框中单击"新建"按钮，系统打开"创建新的多线样式"对话框，在该对话框的"新样式名"文本框中键入"墙体线"，单击"继续"按钮。

（3）系统打开"新建多线样式"对话框，进行图 3-52 所示的设置。

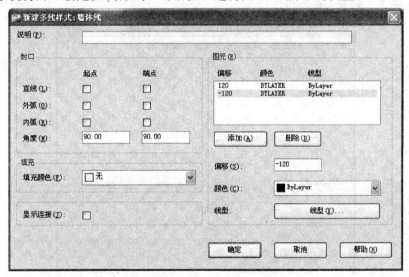

图 3-52　"新建多线样式"对话框

（4）绘制多线墙体。命令行提示如下：

命令：MLINE

当前设置：对正＝上，比例＝20.00，样式＝STANDARD

指定起点或［对正(J)/比例(S)/样式(ST)］：S

输入多线比例＜20.00＞：1

当前设置：对正＝上，比例＝1.00，样式＝STANDARD

指定起点或［对正(J)/比例(S)/样式(ST)］：J

输入对正类型[上(T)/无(Z)/下(B)]＜上＞：Z

当前设置：对正＝无，比例＝1.00，样式＝STANDARD

指定起点或[对正(J)/比例(S)/样式(ST)]：(在绘制的辅助线交点上指定一点)

指定下一点：(在绘制的辅助线交点上指定下一点)

指定下一点或[放弃(U)]：(在绘制的辅助线交点上指定下一点)

指定下一点或[闭合(C)/放弃(U)]：(在绘制的辅助线交点上指定下一点)

指定下一点或[闭合(C)/放弃(U)]：C

根据辅助线网格，用相同方法绘制多线，绘制结果如图 3-53 所示。

（5）编辑多线。单击下拉菜单"修改"→"对象"→"多线"命令，系统打开"多线编辑工具"对话框，如图 3-54 所示。单击其中的"T 形合并"选项，单击"关闭"按钮后，命令行提示作如下：

命令：MLEDIT

选择第一条多线：(选择多线)

选择第二条多线：(选择多线)

选择第一条多线或［放弃(U)]：(选择多线)

选择第一条多线或［放弃(U)]：

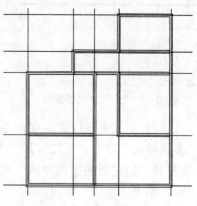

图 3-53　全部多线绘制结果

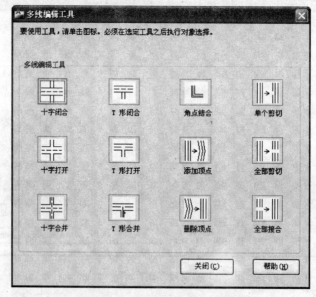

图 3-54　"多线编辑工具"对话框

用同样方法继续进行多线编辑，编辑的最终结果如图 3-48 所示。

3.8　图案填充

当用户需要用一个重复的图案（pattern）填充某个区域时，可以使用 BHATCH 命令建立一个相关联的填充阴影对象，即所谓的图案填充。

3.8.1　基本概念

1. 图案边界

当进行图案填充时，首先要确定图案填充的边界。定义边界的对象只能是直线、双向射线、单向射线、多段线、样条曲线、圆弧、圆、椭圆、椭圆弧、面域等对象或用这些对象定义的块，而且作为边界的对象，在当前屏幕上必须全部可见。

2. 孤岛

在进行图案填充时，我们把位于总填充域内的封闭区域称为孤岛，如图 3-55 所示。在用 BHATCH 命令进行图案填充时，AutoCAD 允许用户以拾取点的方式确定填充边界，即在希望填充的区域内任意拾取一点，AutoCAD 会自动确定出填充边界，同时也确定该边界内的孤岛。如果用户是以点取对象的方式确定填充边界的，则必须确切地点取这些孤岛，有关知识将在下一节中介绍。

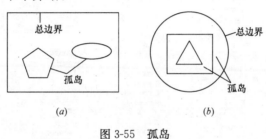

图 3-55　孤岛

3. 填充方式

在进行图案填充时，需要控制填充的范围，AutoCAD 系统为用户设置了以下 3 种填充方式，实现对填充范围的控制：

（1）普通方式：如图 3-56（a）所示，该方式从边界开始，从每条填充线或每个剖面符号的两端向里画。遇到内部对象与之相交时，填充线或剖面符号断开，直到遇到下一次相交时再继续画。采用这种方式时，要避免填充线或剖面符号与内部对象的相交次数为奇数。该方式为系统内部的默认方式。

（2）最外层方式：如图 3-56（b）所示，该方式从边界开始，向里画剖面符号，只要在边界内部与对象相交，则剖面符号由此断开，而不再继续画。

（3）忽略方式：如图 3-56（c）所示，该方式忽略边界内部的对象，所有内部结构都被剖面符号覆盖。

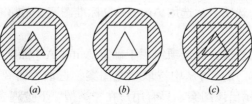

图 3-56　填充方式

3.8.2 图案填充的操作

【执行方式】

命令行：BHATCH

菜单："绘图"→"图案填充"

工具栏："绘图"→"图案填充" 🔲 或 "绘图"→"渐变色" 🔳

【操作步骤】

执行上述命令后，系统打开如图 3-57 所示的"图案填充和渐变色"对话框，各选项组和按钮含义如下：

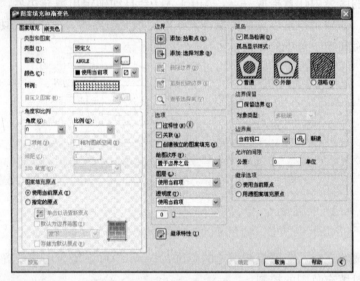

图 3-57 "图案填充和渐变色"对话框

1. "图案填充"标签

此标签中的各选项用来确定填充图案及其参数。单击此标签后，弹出如图 3-57 所示的左边选项组。其中各选项含义如下：

（1）"类型"下拉列表框：此选项用于确定填充图案的类型。在"类型"下拉列表框中，"用户定义"选项表示用户要临时定义填充图案，与命令行方式中的"U"选项作用一样；"自定义"选项表示选用 ACAD. PAT 图案文件或其他图案文件（. PAT 文件）中的填充图案；"预定义"选项表示选用 AutoCAD 标准图案文件（ACAD. PAT 文件）中的填充图案。

（2）"图案"下拉列表框：此选项组用于确定 AutoCAD 标准图案文件中的填充图案。在"图案"下拉列表中，用户可从中选取填充图案。选取所需要的填充图案后，在"样例"中的图像框内会显示出该图案。只有用户在"类型"下拉列表中选择了"预定义"选项后，此项才以正常亮度显示，即允许用户从 AutoCAD 标准图案文件中选取填充图案。

如果选择的图案类型是"预定义"，单击"图案"下拉列表框右边的 ┄┄ 按钮，会弹出如图 3-58 所示的图案列表，该对话框中显示出所选图案类型所具有的图案，用户可从中确定所需要的图案。

（3）"颜色"下拉列表框：使用填充图案和实体填充的指定颜色替代当前颜色。

（4）"样例"图像框：此选项用来给出样本图案。在其右面有一矩形图像框，显示出当前用户所选用的填充图案。可以单击该图像框迅速查看或选取已有的填充图案（如图 3-59 所示）。

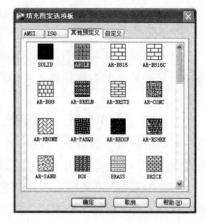

图 3-58　图案列表

（5）"自定义图案"下拉列表框：此下拉列表框用于确定 ACAD. PAT 图案文件或其他图案文件

（. PAT）中的填充图案。只有在"类型"下拉列表中选择了"自定义"项后，该项才以正常亮度显示，即允许用户从 ACAD. PAT 图案文件或其他图案件（. PAT）中选取填充图案。

（6）"角度"下拉列表框：此下拉列表框用于确定填充图案时的旋转角度。每种图案在定义时的旋转角度为零，用户可在"角度"下拉列表中选择所希望的旋转角度。

（7）"比例"下拉列表框：此下拉列表框用于确定填充图案的比例值。每种图案在定义时的初始比例为 1，用户可以根据需要放大或缩小，方法是在"比例"下拉列表中选择相应的比例值。

（8）"双向"复选框：该项用于确定用户临时定义的填充线是一组平行线，还是相互垂直的两组平行线。只有在"类型"下拉列表框中选用"用户定义"选项后，该项才可以使用。

（9）"相对图纸空间"复选框：该项用于确定是否相对图纸空间单位来确定填充图案的比例值。选择此选项后，可以按适合于版面布局的比例方便地显示填充图案。该选项仅仅适用于图形版面编排。

（10）"间距"文本框：指定平行线之间的间距，在"间距"文本框内输入值即可。只有在"类型"下拉列表框中选用"用户定义"选项后，该项才可以使用。

（11）"ISO 笔宽"下拉列表框：此下拉列表框告诉用户根据所选择的笔宽确定与 ISO 有关的图案比例。只有在选择了已定义的 ISO 填充图案后，才可确定它的内容。图案填充的原点：控制填充图案生成的起始位置。填充这些图案（例如砖块图案）时需要与图案填充边界上的一点对齐。在默认情况下，所有填充图案原点都对应于当前的 UCS 原点。也可以选择"指定的原点"，通过其下一级的选项重新指定原点。

（12）使用当前原点：使用存储在 HPORIGIN 系统变量中的图案填充原点。

（13）指定的原点：使用以下选项指定新的图案填充原点。

（14）单击以设置新原点：直接指定新的图案填充原点。

（15）默认为边界范围：根据图案填充对象边界的矩形范围计算新原点，可以选择该范围的四个角点及其中心。

（16）存储为默认原点：将新图案填充原点的值存储在 HPORIGIN 系统变量中。

2. "渐变色"标签

渐变色是指从一种颜色到另一种颜色的平滑过渡。渐变色能产生光的效果，可为图形添加视觉效果。单击该标签，AutoCAD 弹出如图 3-59 所示的"渐变色"标签，其中各选项含义如下：

(1)"单色"单选钮：应用单色对所选择的对象进行渐变填充。在"图案填充与渐变色"对话框的右上边的显示框中显示用户所选择的真彩色，单击 ┄┄ 按钮，系统打开"选择颜色"对话框，如图 3-60 所示。该对话框将在第 5 章中详细介绍，这里不再赘述。

(2)"双色"单选钮：应用双色对所选择的对象进行渐变填充。填充颜色将从颜色 1 渐变到颜色 2。颜色 1 和颜色 2 的选取与单色选取类似。

(3)"渐变方式"样板：在"渐变色"标签的下方有 9 个"渐变方式"样板，分别表示不同的渐变方式，包括线形、球形和抛物线形等方式。

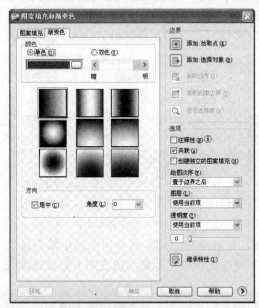

图 3-59 "渐变色"标签

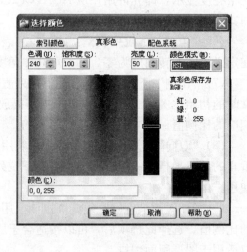

图 3-60 "选择颜色"对话框

(4)"居中"复选框：该复选框决定渐变填充是否居中。

(5)"角度"下拉列表框：在该下拉列表框中选择角度，此角度为渐变色倾斜的角度。不同的渐变色填充如图 3-61 所示。

(a) (b) (c) (d)

图 3-61 不同的渐变色填充

(a) 单色线形居中 0 角度渐变填充；(b) 双色抛物线形居中 0 角度渐变填充；

(c) 单色线形居中 45°渐变填充；(d) 双色球形不居中 0 角度渐变填充

3. "边界"选项组

（1）"添加：拾取点"按钮：以拾取点的形式自动确定填充区域的边界。在填充的区域内任意拾取一点，系统会自动确定出包围该点的封闭填充边界，并且以高亮度显示（如图 3-62 所示）。

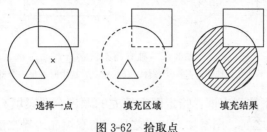

选择一点　　　　　　填充区域　　　　　　填充结果

图 3-62　拾取点

（2）"添加：选择对象"按钮：以选择对象的方式确定填充区域的边界。用户可以根据需要选取构成填充区域的边界。同样，被选择的边界也会以高亮度显示（如图 3-63 所示）。

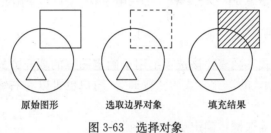

原始图形　　　　　　选取边界对象　　　　　　填充结果

图 3-63　选择对象

（3）"删除边界"按钮：从边界定义中删除以前添加的所有对象（如图 3-64 所示）。

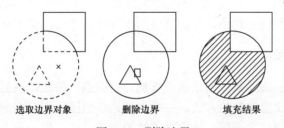

选取边界对象　　　　　　删除边界　　　　　　填充结果

图 3-64　删除边界

（4）"重新创建边界"按钮：围绕选定的填充图案或填充对象创建多段线或面域。

（5）"查看选择集"按钮：查看填充区域的边界。单击该按钮，AutoCAD 临时切换到绘图屏幕，将所选择的作为填充边界的对象以高亮度显示。只有通过"拾取点"按钮或"选择对象"按钮选取了填充边界，"查看选择集"按钮才可以使用。

4. "选项"选项组

（1）"注释性"复选框：指定填充图案为注释性。

（2）"关联"复选框：此复选框用于确定填充图案与边界的关系。若选择此复选框，那么填充图案与填充边界保持着关联关系，即图案填充后，当用钳夹（Grips）功能对边界进行拉伸等编辑操作时，AutoCAD 会根据边界的新位置重新生成填充图案。

（3）"创建独立的图案填充"复选框：当指定了几个独立的闭合边界时，用来控制是创建单个图案填充对象，还是创建多个图案填充对象。如图 3-65 所示。

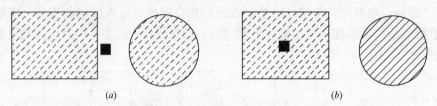

图 3-65　独立与不独立

（a）不独立，选中时是一个整体；（b）独立，选中时不是一个整体

（4）"绘图次序"下拉列表框：指定图案填充的顺序。图案填充可以放在所有其他对象之后、所有其他对象之前、图案填充边界之后或图案填充边界之前。

5．"继承特性"按钮

此按钮的作用是图案填充的继承特性，即选用图中已有的填充图案作为当前的填充图案。

6．"孤岛"选项组

（1）"孤岛显示样式"列表：该选项组用于确定图案的填充方式。用户可以从中选取所需要的填充方式。默认的填充方式为"普通"。用户也可以在右键快捷菜单中选择填充方式。

（2）"孤岛检测"复选框：确定是否检测孤岛。

7．"边界保留"选项组

指定是否将边界保留为对象，并确定应用于这些对象的对象类型是多段线还是面域。

8．"边界集"选项组

此选项组用于定义边界集。当单击"添加：拾取点"按钮以根据拾取点的方式确定填充区域时，有两种定义边界集的方式：一种方式是以包围所指定点的最近的有效对象作为填充边界，即"当前视口"选项，该项是系统的默认方式；另一种方式是用户自己选定一组对象来构造边界，即"现有集合"选项，选定对象通过其上面的"新建"按钮来实现，单击该按钮后，AutoCAD 临时切换到绘图屏幕，并提示用户选取作为构造边界集的对象。此时若选取"现有集合"选项，AutoCAD 会根据用户指定的边界集中的对象来构造一个封闭边界。

9．"允许的间隙"文本框

设置将对象用做填充图案边界时可以忽略的最大间隙。默认值为 0，此值指定对象必须封闭区域而没有间隙。

10．"继承选项"选项组

使用"继承特性"创建填充图案时，控制图案填充原点的位置。

3.8.3　编辑填充的图案

利用 HATCHEDIT 命令，编辑已经填充的图案。

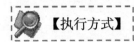

【执行方式】

命令行：HATCHEDIT

菜单："修改"→"对象"→"图案填充"

工具栏："修改 II"→"编辑图案填充"

【操作步骤】

执行上述命令后，AutoCAD 会给出下面提示：

选择关联填充对象：

选取关联填充物体后，系统弹出如图 3-66 所示的"图案填充编辑"对话框。

在图 3-66 中，只有正常显示的选项，才可以对其进行操作。该对话框中各项的含义与图 3-57 所示的"图案填充和渐变色"对话框中各项的含义相同。利用该对话框，可以对已填充的图案进行一系列的编辑修改。

图 3-66　"图案填充编辑"对话框

3.8.4　实例——绘制小屋

绘制如图 3-67 所示的小屋。

图 3-67　小屋

（1）分别利用"矩形"和"直线"命令绘制房屋外框。先绘制一个矩形，角点坐标为（210，160）和（400，25）。再绘制连续直线，坐标为｛（210，160）、（@80＜45）、（@190＜0）、（@135＜－90）、（400，25）｝。用同样方法绘制另一条直线，坐标为｛（400，25）、（@80＜45）｝。

（2）利用"矩形"命令绘制窗户。一个矩形的两个角点坐标为（230，125）和（275，90）。另一个矩形的两个角点坐标为（335，125）和（380，90）。

（3）利用"多段线"命令绘制门。

命令：PL✓

指定起点：288，25✓

当前线宽为 0.0000

指定下一点或［圆弧（A）/闭合（C）/半宽（H）/长度（L）/放弃（U）/宽度（W）］：288，76✓

指定下一点或［圆弧（A）/闭合（C）/半宽（H）/长度（L）/放弃（U）/宽度（W）］：a✓

指定圆弧的端点或［角度（A）/圆心（CE）/闭合（CL）/方向（D）/半宽（H）/直线（L）/半径（R）/第二点（S）/放弃（U）/宽度（W）］：a✓（用给定圆弧的包角方式画圆弧）

指定包含角：－180✓（包角值为负，则顺时针画圆弧；反之，则逆时针画圆弧）

指定圆弧的端点或［圆心（CE）/半径（R）］：322，76✓（给出圆弧端点的坐标值）

指定圆弧的端点或［角度（A）/圆心（CE）/闭合（CL）/方向（D）/半宽（H）/直线（L）/半径（R）/第二点（S）/放弃（U）/宽度（W）］：1✓

指定下一点或［圆弧（A）/闭合（C）/半宽（H）/长度（L）/放弃（U）/宽度（W）］：@51＜－90✓

指定下一点或［圆弧（A）/闭合（C）/半宽（H）/长度（L）/放弃（U）/宽度（W）］：✓

（4）利用"图案填充"命令进行填充。

命令：BHATCH✓　（图案填充命令，输入该命令后将出现"图案填充和渐变色"对话框，选择预定义的 GRASS 图案，角度为 0，比例为 1，填充屋顶小草，如图 3-68 所示）

选择内部点：（单击"添加：拾取点"按钮，用鼠标在屋顶内拾取一点，如图 3-69 所示点 1）

返回"图案填充和渐变色"对话框，单击"确定"按钮，系统以选定的图案进行填充。

同样，利用"图案填充"命令，选择预定义的 ANGLE 图案，角度为 0，比例为 1，拾取如图 3-70 所示 2、3 两个位置的点填充窗户。

图 3-68 图案填充设置

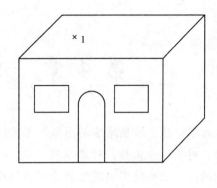

图 3-69 拾取点 1

（5）利用"图案填充"命令，选择预定义的 BRSTONE 图案，角度为 0，比例为 0.25，拾取如图 3-71 所示 4 位置的点填充小屋前面的砖墙。

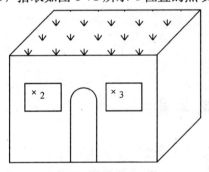

图 3-70 拾取点 2、点 3

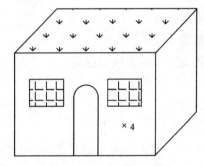

图 3-71 拾取点 4

（6）利用"图案填充"命令，按照图 3-72 所示进行设置，拾取如图 3-73 所示 5 位置的点填充小屋前面的砖墙。最终结果如图 3-67 所示。

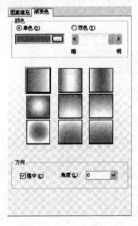

图 3-72 "渐变色"选项卡

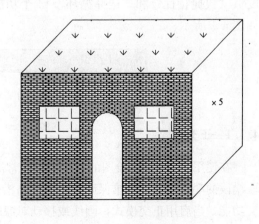

图 3-73 拾取点 5

第 4 章　辅助绘图工具

为了快捷、准确地绘制图形，AutoCAD 提供了多种必要的和辅助的绘图工具，如工具栏、对象选择工具、对象捕捉工具、栅格和正交模式等。利用这些工具，用户可以方便、迅速、准确地实现图形的绘制和编辑，不仅可提高工作效率，而且能更好地保证图形的质量。本章主要内容包括捕捉、栅格、正交，对象捕捉，对象追踪，图层、颜色、线型设置等。

学习要点

精确定位工具
对象捕捉
对象追踪
图层、颜色、线型设置

4.1　精确定位工具

精确定位工具是指能够帮助用户快速、准确地定位某些特殊点（如端点、中点、圆心等）和特殊位置（如水平位置、垂直位置）的工具，包括"推断约束"、"捕捉模式"、"栅格显示"、"正交模式"、"极轴追踪"、"对象捕捉"、"三维对象捕捉"、"对象捕捉追踪"、"允许/禁止动态 UCS"、"动态输入"、"显示/隐藏线宽"、"显示/隐藏透明度"、"快捷特性"和"选择循环"14 个功能开关按钮，这些工具主要集中在状态栏上，如图 4-1 所示。

图 4-1　状态栏按钮

4.1.1　正交模式

在使用 AutoCAD 绘图的过程中，经常需要绘制水平直线和垂直直线，但是用鼠标拾取线段的端点的方式很难保证两个点严格沿水平或垂直方向，为此，AutoCAD 提供了正交功能，当启用正交模式，画线或移动对象时，只能沿水平方向或垂直方向移动光标，因此只能画平行于坐标轴的正交线段。

【执行方式】

命令行：ORTHO

状态栏：正交

快捷键：F8

【操作步骤】

命令：ORTHO✓

输入模式［开(ON)/关(OFF)］＜开＞:（设置开或关）

4.1.2　栅格工具

用户可以应用栅格工具使绘图区上出现可见的网格，它是一个形象的画图工具，就如同传统的坐标纸一样。本节介绍控制栅格的显示及设置栅格参数的方法。

【执行方式】

菜单："工具"→"草图设置"

状态栏：栅格（仅限于打开与关闭）

快捷键：F7（仅限于打开与关闭）

【操作步骤】

执行上述命令后，系统打开"草图设置"对话框，打开"捕捉和栅格"标签，如图4-2 所示。

在图 4-2 所示的"草图设置"对话框中的"捕捉与栅格"选项卡中，"启用栅格"复选框用来控制是否显示栅格。"栅格 X 轴间距"文本框和"栅格 Y 轴间距"文本框用来设置栅格在水平与垂直方向的间距，如果"栅格 X 轴间距"和"栅格 Y 轴间距"设置为 0，则 Auto-CAD 会自动将捕捉栅格间距应用于栅格，且栅格的原点和角度总是和捕捉栅格的原点和角度相同。还可以通过 Grid 命令在命令行设置栅格间距。在此不再赘述。

图 4-2　"草图设置"对话框

> 📖 **说 明**
>
> 在"栅格 X 轴间距"和"栅格 Y 轴间距"文本框中输入数值时,若在"栅格 X 轴间距"文本框中输入一个数值后按 Enter 键,则 AutoCAD 会自动传送这个值给"栅格 Y 轴间距",这样可减少工作量。

4.1.3 捕捉工具

为了准确地在屏幕上捕捉点,AutoCAD 提供了捕捉工具,它可以在屏幕上生成一个隐含的栅格(捕捉栅格),这个栅格能够捕捉光标,并且约束它只能落在栅格的某一个节点上,使用户能够高精确度地捕捉和选择这个栅格上的点。本节介绍捕捉栅格的参数设置方法。

【执行方式】

菜单:"工具"→"草图设置"
状态栏:捕捉(仅限于打开与关闭)
快捷键:F9(仅限于打开与关闭)

【操作步骤】

执行上述命令后,系统打开"草图设置"对话框,打开其中的"捕捉与栅格"标签,如图 4-2 所示。

【选项说明】

1. "启用捕捉"复选框

控制捕捉功能的开关,与 F9 快捷键和状态栏上的"捕捉"功能相同。

2. "捕捉间距"选项组

设置捕捉的各参数。其中"捕捉 X 轴间距"文本框与"捕捉 Y 轴间距"文本框用来确定捕捉栅格点在水平与垂直两个方向上的间距。"角度"、"X 基点"和"Y 基点"使捕捉栅格绕指定的一点旋转给定的角度。

3. "捕捉类型"选项组

确定捕捉类型和样式。AutoCAD 提供了两种捕捉栅格的方式:"栅格捕捉"和"极轴捕捉"。"栅格捕捉"是指按正交位置捕捉位置点,而"极轴捕捉"则可以根据设置的任意极轴角来捕捉位置点。

"栅格捕捉"又分为"矩形捕捉"和"等轴测捕捉"两种方式。在"矩形捕捉"方式下,捕捉栅格是标准的矩形;在"等轴测捕捉"方式下,捕捉栅格和光标十字线不再互相垂直,而是成绘制等轴测图时的特定角度,这种方式对于绘制等轴测图是十分方便的。

4. "极轴间距"选项组

该选项组只有在"极轴捕捉"类型时才可用。可在"极轴距离"文本框中输入距离值。也可以通过命令行命令 SNAP 设置捕捉的有关参数。

4.2　对象捕捉

在利用 AutoCAD 画图时，经常要用到一些特殊的点，如圆心、切点、线段或圆弧的端点、中点等，如果用鼠标拾取的话，要准确地找到这些点是十分困难的。为此，Auto-CAD 提供了一些识别这些点的工具，通过这些工具可以很容易地构造新的几何体，精确地画出创建的对象，其结果比传统的手工绘图更精确，更容易维护。在 AutoCAD 中，这种功能称之为对象捕捉功能。

4.2.1　特殊位置点捕捉

在使用 AutoCAD 绘制图形时，有时需要指定一些特殊位置的点，例如圆心、端点、中点、平行线上的点等，这些点如表 4-1 所示。可以通过对象捕捉功能来捕捉这些点。

特殊位置点捕捉

表 4-1

捕捉模式	功　　能
临时追踪点	建立临时追踪点
两点之间的中点	捕捉两个独立点之间的中点
自	建立一个临时参考点，作为指出后继点的基点
点过滤器	由坐标选择点
端点	线段或圆弧的端点
中点	线段或圆弧的中点
交点	线、圆弧或圆等的交点
外观交点	图形对象在视图平面上的交点
延长线	指定对象的延伸线
圆心	圆或圆弧的圆心
象限点	距光标最近的圆或圆弧上可见部分的象限点，即圆周上 0 度、90 度、180 度、270 度位置上的点
切点	最后生成的一个点到选中的圆或圆弧上引切线的切点位置
垂足	在线段、圆、圆弧或它们的延长线上捕捉一个点，使之与最后生成的点的连线与该线段、圆或圆弧正交
平行线	绘制与指定对象平行的图形对象
节点	捕捉用 Point 或 DIVIDE 等命令生成的点
插入点	文本对象和图块的插入点
最近点	离拾取点最近的线段、圆、圆弧等对象上的点
无	关闭对象捕捉模式
对象捕捉设置	设置对象捕捉

AutoCAD 提供了命令行、工具栏和快捷菜单等 3 种执行特殊点对象捕捉的方法。

1. 命令行方式

绘图时，当命令行提示输入一点时，输入相应特殊位置点的命令，如表 4-1 所示，然后根据提示操作即可。

2. 工具栏方式

使用如图 4-3 所示的"对象捕捉"工具栏，可以使用户更方便地实现捕捉点的目的。当命令行提示输入一点时，单击"对象捕捉"工具栏上相应的按钮。当把鼠标放在某一图标上时，会显示出该图标功能的提示，然后根据提示操作即可。

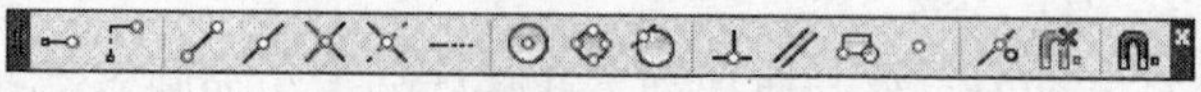

图 4-3 "对象捕捉"工具栏

3. 快捷菜单方式

快捷菜单可通过同时按下 Shift 键和鼠标右键来激活，菜单中列出了 AutoCAD 提供的对象捕捉模式，如图 4-4 所示。操作方法与工具栏相似，只要在命令行提示输入一点时，单击快捷菜单上相应的菜单项，然后按提示操作即可。

4.2.2 对象捕捉设置

在使用 AutoCAD 绘图之前，可以根据需要，事先设置并运行一些对象捕捉模式。绘图时，AutoCAD 能自动捕捉这些特殊点，从而加快绘图速度，提高绘图质量。

【执行方式】

命令行：DDOSNAP
菜单："工具"→"草图设置"
工具栏："对象捕捉"→"对象捕捉设置"
状态栏：对象捕捉（功能仅限于打开与关闭）
快捷键：F3（功能仅限于打开与关闭）
快捷菜单：对象捕捉设置（如图 4-4 所示）

【操作步骤】

命令：DDOSNAP↙

执行上述命令后，系统打开"草图设置"对话框，在该对话框中，单击"对象捕捉"标签，打开"对象捕捉"选项卡，如图 4-5 所示。利用此对话框可以对对象捕捉方式进行设置。

【选项说明】

1. "启用对象捕捉"复选框

打开或关闭对象捕捉方式。当选中此复选框时，在"对象捕捉模式"选项组中选中的捕捉模式处于激活状态。

图 4-4 对象捕捉快捷菜单

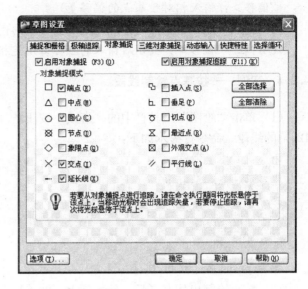

图 4-5 "草图设置"对话框"对象捕捉"选项卡

2. "启用对象捕捉追踪"复选框

打开或关闭自动追踪功能。

3. "对象捕捉模式"选项组

此选项组中列出各种捕捉模式的单选钮，选中某模式的单选钮，则表示该模式被激活。单击"全部清除"按钮，则所有模式均被清除。单击"全部选择"按钮，则所有模式均被选中。

另外，在对话框的左下角有一个"选项（T）"按钮，单击它可打开"选项"对话框的"草图"选项卡，利用该对话框可决定对象捕捉模式的各项设置。

4.2.3 基点捕捉

在绘制图形时，有时需要指定以某个点为基点的一个点。这时，可以利用基点捕捉功能来捕捉此点。基点捕捉要求确定一个临时参考点作为指定后继点的基点，此参考点通常与其他对象捕捉模式及相关坐标联合使用。

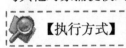【执行方式】

命令行：FROM

快捷菜单：自（如图 4-4 所示）

【操作步骤】

当在输入一点的提示下输入 From，或单击相应的工具图标时，命令行提示：

基点：(指定一个基点)

＜偏移＞:(输入相对于基点的偏移量)

则得到一个点，这个点与基点之间的坐标差为指定的偏移量。

说明:在"＜偏移＞:"提示后输入的坐标必须是相对坐标，如(@10,15)等。

4.2.4 实例——按基点绘制线段

(1) 单击"绘图"工具栏中的"直线"按钮 ╱ ，绘制一条从点（45，45）到点（80，120）的线段。命令行提示如下：

命令:LINE ↙

指定第一点:45,45 ↙

指定下一点或［放弃(U)］:FROM ↙

基点:100,100 ↙

＜偏移＞:@－20,20 ↙

指定下一点或［放弃(U)］: ↙

(2) 结果绘制出从点（45，45）到点（80，120）的一条线段。

4.2.5 点过滤器捕捉

利用点过滤器捕捉，可以由一个点的 X 坐标和另一点的 Y 坐标确定一个新点。在"指定下一点或［放弃（U）］:"提示下选择此项（在快捷菜单中选取，如图 4-5 所示），AutoCAD 提示:

.X 于:(指定一个点)

(需要 YZ):(指定另一个点)

则新建的点具有第一个点的 X 坐标和第二个点的 Y 坐标。

4.2.6 实例——通过过滤器绘制线段

(1) 单击"绘图"工具栏中的"直线"按钮 ╱ ，绘制从点（45，45）到点（80，120）的一条线段。命令行提示如下：

命令:LINE ↙

指定第一点:45,45 ↙

指定下一点或［放弃(U)］:(打开如图 3-21 所示的快捷菜单,选择:点过滤器→.X)

.X 于:80,100 ↙

(需要 YZ):100,120 ↙

指定下一点或［放弃(U)］: ↙

(2) 结果绘制出从点（45，45）到点（80，120）的一条线段。

4.3 对象追踪

对象追踪是指按指定角度或与其他对象的指定关系绘制对象。可以结合对象捕捉功能进行自动追踪，也可以指定临时点进行临时追踪。

4.3.1 自动追踪

利用自动追踪功能,可以对齐路径,有助于以精确的位置和角度来创建对象。自动追踪包括两种追踪方式:"极轴追踪"和"对象捕捉追踪"。"极轴追踪"是指按指定的极轴角或极轴角的倍数来对齐要指定点的路径;"对象捕捉追踪"是指以捕捉到的特殊位置点为基点,按指定的极轴角或极轴角的倍数来对齐要指定点的路径。

"极轴追踪"必须配合"极轴"功能和"对象追踪"功能一起使用,即同时打开状态栏上的"极轴"功能开关和"对象追踪"功能开关;"对象捕捉追踪"必须配合"对象捕捉"功能和"对象追踪"功能一起使用,即同时打开状态栏上的"对象捕捉"功能开关和"对象追踪"功能开关。

1. 对象捕捉追踪设置

 【执行方式】

命令行:DDOSNAP

菜单:"工具"→"草图设置"

工具栏:"对象捕捉"→"对象捕捉设置"

状态栏:对象捕捉+对象追踪

快捷键:F11

 【操作步骤】

按照上述执行方式进行操作或者在"对象捕捉"开关或"对象追踪"开关上右击,在弹出的右键快捷菜单中选择"设置"命令,系统打开如图 4-5 所示的"草图设置"对话框的"对象捕捉"选项卡,选中"启用对象捕捉追踪"复选框,即完成了对象捕捉追踪设置。

2. 极轴追踪设置

 【执行方式】

命令行:DDOSNAP

菜单:"工具"→"草图设置"

工具栏:"对象捕捉"→"对象捕捉设置"

状态栏:对象捕捉+极轴

快捷键:F10

 【操作步骤】

按照上述执行方式进行操作或者在"极轴"开关上右击,在弹出的右键快捷菜单中选择"设置"命令,系统打开如图 4-6 所示的"草图设置"对话框的"极轴追踪"选项卡。

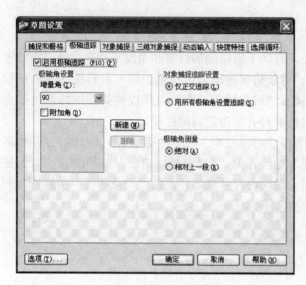

图 4-6 "草图设置"对话框的"极轴追踪"选项卡

【选项说明】

（1）"启用极轴追踪"复选框：选中该复选框，即启用极轴追踪功能。

（2）"极轴角设置"选项组：设置极轴角的值。可以在"增量角"下拉列表框中选择一个角度值。也可选中"附加角"复选框，单击"新建"按钮设置任意附加角，系统在进行极轴追踪时，同时追踪增量角和附加角，可以设置多个附加角。

（3）"对象捕捉追踪设置"选项组和"极轴角测量"选项组：按界面提示设置相应的单选钮选项。

4.3.2 实例——特殊位置线段的绘制

绘制一条线段，使该线段的一个端点与另一条线段的端点在同一条水平线上。

（1）单击状态栏中的"对象捕捉"按钮和"对象捕捉追踪"按钮，启动对象捕捉追踪功能。

（2）单击"绘图"工具栏中的"直线"按钮，绘制一条线段。

（3）单击"绘图"工具栏中的"直线"按钮，绘制第二条线段，命令行提示如下：

命令：LINE✓

指定第一点：指定点 1，如图 4-7(a)所示

指定下一点或[放弃(U)]：将光标移动到点 2 处，系统自动捕捉到第一条直线的端点 2，如图 4-7 (b) 所示。系统显示一条虚线为追踪线，移动光标，在追踪线的适当位置指定点 3，如图 4-7 (c) 所示。

指定下一点或[放弃(U)]：✓

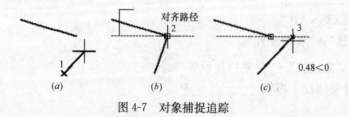

图 4-7 对象捕捉追踪

4.3.3 临时追踪

绘制图形对象时，除了可以进行自动追踪外，还可以指定临时点作为基点进行临时追踪。

在命令行提示输入点时，输入 tt，或打开右键快捷菜单，如图 4-4 所示，选择其中的
"临时追踪点"命令，然后指定一个临时追踪点。该点上将出现一个小的加号（＋）。移动
光标时，相对于这个临时点，将显示临时追踪对齐路径。要删除此点，请将光标移回到加
号（＋）上面。

4.3.4　实例——通过临时追踪绘制线段

绘制一条线段，使其一个端点与一个已知点水平。

（1）单击状态栏上"对象捕捉"开关，并打开图 4-6 所示的"草图设置"对话框的
"极轴追踪"选项卡，将"增量角"设置为 90，将对象捕捉追踪设置为"仅正交追踪"。

（2）单击"绘图"工具栏中的"直线"按钮╱，绘制直线，命令行提示如下：

命令：LINE

指定第一点：（适当指定一点）

指定下一点或〔放弃(U)〕：tt

指定临时对象追踪点：（捕捉左边的点，该点显示一个＋号，移动鼠标，显示追踪线，如图
4-8 所示）

指定下一点或〔放弃(U)〕：（在追踪线上适当位置指定一点）

指定下一点或〔放弃(U)〕：↙

结果如图 4-9 所示。

图 4-8　显示追踪线　　　　　　　　　　　图 4-9　绘制结果

4.4　设置图层

图层的概念类似投影片，将不同属性的对象分别画在不同的图层（投影片）上，例如
将图形的主要线段、中心线、尺寸标注等分别画在不同的图层上，每个图层可设定不同的
线型、线条颜色，然后把不同的图层堆栈在一起成为一张完整的
视图，如此可使视图层次分明、有条理，方便图形对象的编辑与
管理。一个完整的图形就是它所包含的所有图层上的对象叠加在
一起，如图 4-10 所示。

在用图层功能绘图之前，首先要对图层的各项特性进行设
置，包括建立和命名图层、设置当前图层、设置图层的颜色和线
型、图层是否关闭、是否冻结、是否锁定以及图层删除等。本节
主要对图层的这些相关操作进行介绍。

图 4-10　图层效果

4.4.1 利用对话框设置图层

AutoCAD 2011 提供了详细直观的"图层特性管理器"对话框，用户可以方便地通过对该对话框中的各选项卡及其二级对话框进行图层设置，从而实现建立新图层、设置图层颜色及线型等的各种操作。

【执行方式】

命令行：LAYER

菜单："格式"→"图层"

工具栏："图层"→"图层特性管理器"

【操作步骤】

命令：LAYER

执行上述命令后，系统打开如图 4-11 所示的"图层特性管理器"对话框。

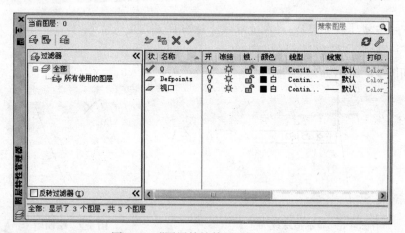

图 4-11 "图层特性管理器"对话框

【选项说明】

1. "新特性过滤器"按钮

打开"图层过滤器特性"对话框，如图 4-12 所示。从中可以基于一个或多个图层特性创建图层过滤器。

2. "新建组过滤器"按钮

创建一个图层过滤器，其中包含用户选定并添加到该过滤器的图层。

3. "图层状态管理器"按钮

打开"图层状态管理器"对话框，如图 4-13 所示。从中可以将图层的当前特性设置

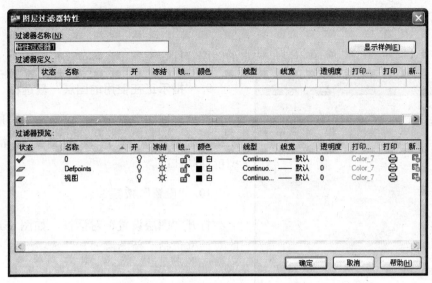

图 4-12　"图层过滤器特性"对话框

保存到命名图层状态中,以后可以恢复这些设置。

4. "新建图层" 按钮

建立新图层。单击此按钮,图层列表中出现一个新的图层名字"图层 1",用户可使用此名字,也可改名。要想同时产生多个图层,可在选中一个图层名后,输入多个名字,各名字之间以逗号分隔。图层的名字可以包含字母、数字、空格和特殊符号,AutoCAD 支持长达255 个字符的图层名字。新的图层继承了建立新图层时所选中的图层的所有已有特性(颜色、线型、ON/OFF 状态等),如果建立新图层时没有图层被选中,则新的图层具有默认的设置。

图 4-13　"图层状态管理器"对话框

5. "删除图层" 按钮

删除所选图层。在图层列表中选中某一图层,然后单击此按钮,则把该图层删除。

6. "置为当前" 按钮

设置所选图层为当前图层。在图层列表中选中某一图层,然后单击此按钮,则把该图层设置为当前图层,并在"当前图层"一栏中显示其名字。当前图层的名字被存储在系统变量 CLAYER 中。另外,双击图层名也可把该图层设置为当前图层。

7. "搜索图层" 文本框

输入字符后,按名称快速过滤图层列表。关闭"图层特性管理器"对话框时,并不保存此过滤器。

8. "反转过滤器"复选框

打开此复选框，显示所有不满足选定的图层特性过滤器中条件的图层。

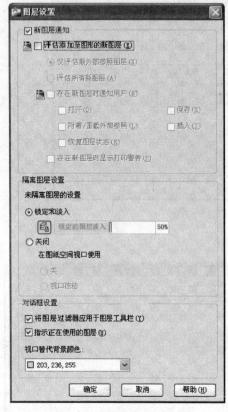

图 4-14 "图层设置"对话框

9. "指示正在使用的图层"复选框

在列表视图中显示图标以指示图层是否处于使用状态。在具有多个图层的图形中，清除此选项可提高性能。

10. "设置"按钮

打开"图层设置"对话框，如图 4-14 所示。此对话框包括"新图层通知"选项组和"对话框设置"选项组。

11. 图层列表区

显示已有的图层及其特性。要修改某一图层的某一特性，单击它所对应的图标即可。右击空白区域或使用快捷菜单可快速选中所有图层。列表区中各列的含义如下：

（1）名称：显示满足条件的图层的名字。如果要对某图层进行修改，首先要选中该图层，使其逆反显示。

（2）状态转换图标：在"图层特性管理器"对话框的名称栏有一列图标，移动指针到某一图标上并单击，则可以打开或关闭该图标所代表的功能，或从详细数据区中勾选或取消勾选关闭（ ⬤ / ⬤ ）、锁定（ ⬤ / ⬤ ）、在所有视口内冻结（ ⬤ / ⬤ ）及不打印（ ⬤ / ⬤ ）等项目，各图标说明如表 4-2 所示。

图层列表区图标说明 表 4-2

图示	名称	功能说明
⬤ / ⬤	打开/关闭	将图层设定为打开或关闭状态，当呈现关闭状态时，该图层上的所有对象将隐藏不显示，只有呈现打开状态的图层才会在屏幕上显示或由打印机中打印出来。因此，绘制复杂的视图时，先将不编辑的图层暂时关闭，可降低图形的复杂性
⬤ / ⬤	解冻/冻结	将图层设定为解冻或冻结状态。当图层呈现冻结状态时，该图层上的对象均不会显示在屏幕上或由打印机打出，而且不会执行重生（REGEN）、缩放（ROOM）、平移（PAN）等命令的操作，因此若将视图中不编辑的图层暂时冻结，可加快图形编辑的速度。而 ⬤ / ⬤ （打开/关闭）功能只是单纯将对象隐藏，因此并不会加快执行速度
⬤ / ⬤	解锁/锁定	将图层设定为解锁或锁定状态。被锁定的图层，仍然显示在屏幕上，但不能以编辑命令修改被锁定的对象，只能绘制新的对象，如此可防止重要的图形被修改
⬤ / ⬤	打印/不打印	设定该图层是否可以打印图形

（3）颜色：显示和改变图层的颜色。如果要改变某一图层的颜色，单击其对应的"颜色"图标，AutoCAD 就会打开如图 4-15 所示的"选择颜色"对话框，用户可从中选取自己需要的颜色。

（4）线型：显示和修改图层的线型。如果要修改某一图层的线型，单击该图层的"线型"项，打开"选择线型"对话框，如图 4-16 所示，其中列出了当前可用的所有线型，用户可从中选取。具体内容下节详细介绍。

图 4-15　"选择颜色"对话框

图 4-16　"选择线型"对话框

（5）线宽：显示和修改图层的线宽。如果要修改某一层的线宽，单击该层的"线宽"项，打开"线宽"对话框，如图 4-17 所示，其中列出了 AutoCAD 设定的所有线宽值，用户可从中选取。"旧的"显示行显示前面赋予图层的线宽。当建立一个新图层时，采用默认线宽（其值为 0.01 英寸即 0.25mm），默认线宽的值由系统变量 LWDEFAULT 来设置。"新的"显示行显示当前赋予图层的线宽。

（6）打印样式：修改图层的打印样式，所谓打印样式是指打印图形时各项属性的设置。

图 4-17　"线宽"对话框

4.4.2　利用工具栏设置图层

AutoCAD 提供了一个"特性"工具栏，如图 4-18 所示。用户可以通过控制和使用工具栏上的工具图标来快速地察看和改变所选对象的图层、颜色、线型和线宽等特性。"特性"工具栏上的图层、颜色、线型、线宽和打印样式的控制增强了察看和编辑对象属性的命令。在绘图屏幕上选择任何对象时，都将在工具栏上自动显示它所在的图层、颜色、线型等属性。下面把"特性"工具栏各部分的功能简单说明一下：

图 4-18　"特性"工具栏

1."颜色控制"下拉列表框

单击右侧的向下箭头，弹出一个下拉列表，用户可从中选择一种颜色使之成为当前颜色，如果选择"选择颜色"选项，则 AutoCAD 打开"选择颜色"对话框以供用户选择其他颜色。修改当前颜色之后，不论在哪个图层上绘图都采用这种颜色，但对各个图层的颜色设置没有影响。

2. "线型控制"下拉列表框

单击右侧的向下箭头，弹出一个下拉列表，用户可从中选择一种线型使之成为当前线型。修改当前线型之后，不论在哪个图层上绘图都采用这种线型，但对各个图层的线型设置没有影响。

3. "线宽"下拉列表框

单击右侧的向下箭头，弹出一个下拉列表，用户可从中选择一种线宽使之成为当前线宽。修改当前线宽之后，不论在哪个图层上绘图都采用这种线宽，但对各个图层的线宽设置没有影响。

4. "打印类型控制"下拉列表框

单击右侧的向下箭头，弹出一个下拉列表，用户可从中选择一种打印样式使之成为当前打印样式。

4.5 设置颜色

AutoCAD 绘制的图形对象都具有一定的颜色，为使绘制的图形清晰明了，可把同一类的图形对象用相同的颜色进行绘制，而使不同类的对象具有不同的颜色，以示区分。为此，需要适当地对颜色进行设置。AutoCAD 允许用户为图层设置颜色，为新建的图形对象设置当前颜色，还可以改变已有图形对象的颜色。

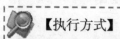

命令行：COLOR
菜单："格式"→"颜色"

命令：COLOR
单击相应的菜单项或在命令行输入 COLOR 命令后按 Enter 键，AutoCAD 打开"选择颜色"对话框。也可在图层操作中打开此对话框，具体方法在上节中已讲述。

4.5.1 "索引颜色"标签

打开此标签，用户可以在系统所提供的 255 种颜色索引表中选择自己所需要的颜色，如图 4-22 所示。

1. "颜色索引"列表框

依次列出了 255 种索引色。可在此选择所需要的颜色。

2. "颜色"文本框

所选择的颜色的代号值将显示在"颜色"文本框中，也可以通过直接在该文本框中输入自己设定的代号值来选择颜色。

3. ByLayer 按钮和 ByBlock 按钮

选择这两个按钮，颜色分别按图层和图块设置。只有在设定了图层颜色和图块颜色后，这两个按钮才可以使用。

4.5.2 "真彩色"标签

打开此标签，用户可以选择自己需要的任意颜色，如图 4-19 所示。可以通过拖动调色板中的颜色指示光标和"亮度"滑块来选择颜色及其亮度。也可以通过"色调"、"饱和度"和"亮度"调节钮来选择需要的颜色。所选择颜色的红、绿、蓝值将显示在下面的"颜色"文本框中，也可以通过直接在该文本框中输入自己设定的红、绿、蓝值来选择颜色。

在此标签的右边，有一个"颜色模式"下拉列表框，默认的颜色模式为 HSL 模式，即如图4-19 所示的模式。如果选择 RGB 模式，则如图4-20 所示。在该模式下选择颜色的方式与在HSL 模式下选择颜色的方式类似。

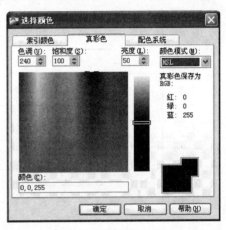

图 4-19　"真彩色"标签

4.5.3 "配色系统"标签

打开此标签，用户可以从标准配色系统（比如，Pantone）中选择预定义的颜色。如图 4-21 所示。用户可以在"配色系统"下拉列表框中选择需要的系统，然后通过拖动右边的滑块来选择具体的颜色，所选择的颜色编号显示在下面的"颜色"文本框中，也可以通过直接在该文本框中输入颜色编号来选择颜色。

图 4-20　RGB 模式

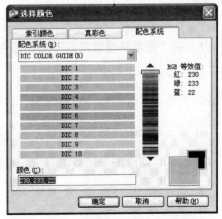

图 4-21　"配色系统"标签

4.6　图层的线型

在《建筑结构制图标准》GB/T 50105—2010 中，对建筑结构图样中使用的各种图线的名称、线型、线宽及其在图样中的应用作了规定，如表 4-3 所示，其中常用的图线有 4 种，即：粗实线、细实线、虚线、细点画线。图线分为粗、细两种，粗线的宽度 b 应按图样的大小和图形的复杂程度，在 0.5～2mm 中选择，细线的宽度约为 $b/3$。

图线的形式及应用　　　　　　　　　　　　　　　　　　　　　　表 4-3

名称		线型	线宽	一般用途
实线	粗	————	b	螺栓、钢筋线、结构平面图中的单线结构构件线，钢木支撑及系杆线，图名下横线、剖切线
	中粗	————	$0.7b$	结构平面图和详图中剖到或可见的墙身轮廓线、基础轮廓线、钢、木结构轮廓线、钢筋线
	中	————	$0.5b$	结构平面图及详图中剖到或可见的墙身轮廓线、基础轮廓线、可见的钢筋混凝土构件轮廓线、钢筋线
	细	————	$0.25b$	标注引出线、标高符号线、索引符号线、尺寸线
虚线	粗	– – – –	b	不可见的钢筋线、螺栓线、结构平面图中不可见的单线结构构件线及钢、木支撑线
	中粗	– – – –	$0.7b$	结构平面图中的不可见构件、墙身轮廓线及不可见钢、木结构构件线、不可见的钢筋线
	中	– – – –	$0.5b$	结构平面图中的不可见构件、墙身轮廓线及不可见钢、木结构构件线、不可见的钢筋线
	细	– – – –	$0.25b$	基础平面图中的管沟轮廓线、不可见的钢筋混凝土构件轮廓线
单点长画线	粗	—·—·—	b	柱间支撑、垂直支撑、设备基础轴线图中的中心线
	细	—·—·—	$0.25b$	定位轴线、对称线、中心线、重心线
双点长画线	粗	—··—··—	b	预应力钢筋线
	细	—··—··—	$0.25b$	原有结构轮廓线
折断线		—∿—	$0.25b$	断开界线
波浪线		∼∼∼	$0.25b$	断开界线

4.6.1　在"图层特性管理器"对话框中设置线型

按照上节讲述的方法，打开"图层特性管理器"对话框。在图层列表的"线型项"下单击线型名，系统打开"选择线型"对话框。该对话框中各选项的含义如下：

1．"已加载的线型"列表框

显示在当前绘图中加载的线型，可供用户选用，其右侧显示出线型的外观。

2．"加载"按钮

单击此按钮，打开"加载或重载线型"对话框，如图 4-22 所示，用户可通过此对话

框来加载线型并把它添加到线型列表中，
但是加载的线型必须在线型库（LIN）文
件中定义过。标准线型都保存在 acad. lin
文件中。

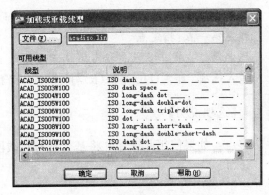

图 4-22　"加载或重载线型"对话框

4.6.2　直接设置线型

【执行方式】

命令行：LINETYPE

在命令行输入上述命令后，系统打开
"线型管理器"对话框，如图 4-23 所示。
该对话框与前面讲述的相关知识相同，在此不再赘述。

图 4-23　"线型管理器"对话框

4.7　查询工具

4.7.1　距离查询

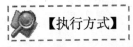【执行方式】

命令行：MEASUREGEOM

菜单："工具"→"查询"→"距离"

工具栏：查询 ▦

【操作步骤】

命令：MEASUREGEOM

输入选项［距离(D)/半径(R)/角度(A)/面积(AR)/体积(V)］＜距离＞：距离

指定第一点：指定点

指定第二点或［多点］：指定第二点或输入 m 表示多个点

输入选项［距离(D)/半径(R)/角度(A)/面积(AR)/体积(V)/退出(X)］＜距离＞：退出

【选项说明】

多点：如果使用此选项，将基于现有直线段和当前橡皮线即时计算总距离。

4.7.2 面积查询

【执行方式】

命令行：MEASUREGEOM

菜单："工具"→"查询"→"面积"

工具栏：面积

【操作步骤】

命令：MEASUREGEOM

输入选项［距离(D)/半径(R)/角度(A)/面积(AR)/体积(V)］＜距离＞：面积

指定第一个角点或［对象(O)/增加面积(A)/减少面积(S)/退出(X)］＜对象＞：选择
选项

【选项说明】

在工具选项板中，系统设置了一些常用图形的选项卡，这些选项卡可以方便用户
绘图。

1. 指定角点

计算由指定点所定义的面积和周长。

2. 增加面积

打开"加"模式，并在定义区域时即时保持总面积。

3. 减少面积

从总面积中减去指定的面积。

4.8 对象约束

约束能够用于精确地控制草图中的对象。草图约束有两种类型：尺寸约束和几何
约束。

几何约束建立起草图对象的几何特性（如要求某一直线具有固定长度）或是两个或更多草图对象的关系类型（如要求两条直线垂直或平行，或是几个弧具有相同的半径）。在图形区用户可以使用"参数化"选项卡内的"全部显示"、"全部隐藏"或"显示"来显示有关信息，并显示代表这些约束的直观标记（如图 4-24 所示的水平标记 ═ 和共线标记 ╱）。

尺寸约束建立起草图对象的大小（如直线的长度、圆弧的半径等）或是两个对象之间的关系（如两点之间的距离）。如图 4-25 所示为一带有尺寸约束的示例。

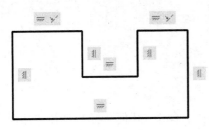
图 4-24　"几何约束"示意图

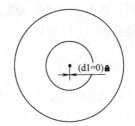
图 4-25　"尺寸约束"示意图

4.8.1　几何约束

使用几何约束，可以指定草图对象必须遵守的条件，或是草图对象之间必须维持的关系。几何约束面板及工具栏（面板在"参数化"标签内的"几何"面板中）如图 4-26 所示，其主要几何约束选项功能如表 4-4 所示。

图 4-26　"几何约束"面板及工具栏

特殊位置点捕捉　　　　　　　　　　　　　　　　　　　　　　　　表 4-4

约束模式	功　　能
重合	约束两个点使其重合，或者约束一个点使其位于曲线（或曲线的延长线）上。可以使对象上的约束点与某个对象重合，也可以使其与另一对象上的约束点重合
共线	使两条或多条直线段沿同一直线方向
同心	将两个圆弧、圆或椭圆约束到同一个中心点。结果与将重合约束应用于曲线的中心点所产生的结果相同
固定	将几何约束应用于两个对象时，选择对象的顺序以及选择每个对象的点可能会影响对象彼此间的放置方式
平行	使选定的直线位于彼此平行的位置。平行约束在两个对象之间应用
垂直	使选定的直线位于彼此垂直的位置。垂直约束在两个对象之间应用
水平	使直线或点对位于与当前坐标系的 X 轴平行的位置。默认选择类型为对象
竖直	使直线或点对位于与当前坐标系的 Y 轴平行的位置
相切	将两条曲线约束为保持彼此相切或其延长线保持彼此相切。相切约束在两个对象之间应用
平滑	将样条曲线约束为连续，并与其他样条曲线、直线、圆弧或多段线保持 G2 连续性
对称	使选定对象受对称约束，相对于选定直线对称
相等	将选定圆弧和圆的尺寸重新调整为半径相同，或将选定直线的尺寸重新调整为长度相同

绘图中可指定二维对象或对象上的点之间的几何约束，之后编辑受约束的几何图形时，将保留约束。因此，通过使用几何约束，可以在图形中包括设计要求。

在用 AutoCAD 绘图时，使用"约束设置"对话框，如图 4-44 所示，可以控制约束栏上显示或隐藏的几何约束类型。

【执行方式】

命令行：CONSTRAINTSETTINGS

菜单：参数→约束设置

功能区：参数化→几何→几何约束设置

工具栏：参数化→约束设置

快捷键：CSETTINGS

【操作步骤】

命令：CONSTRAINTSETTINGS

系统打开"约束设置"对话框，在该对话框中，单击"几何"标签打开"几何"选项卡，如图 4-27 所示。利用此对话框可以控制约束栏上约束类型的显示。

图 4-27 "约束设置"对话框"几何"选项卡

【选项说明】

（1）"约束栏设置"选项组：此选项组控制图形编辑器中是否为对象显示约束栏或约束点标记。例如，可以为水平约束和竖直约束隐藏约束栏的显示。

（2）"全部选择"按钮：选择几何约束类型。

（3）"全部清除"按钮：清除选定的几何约束类型。

（4）"仅为处于当前平面中的对象显示约束栏"复选框：仅为当前平面上受几何约束的对象显示约束栏。

（5）"约束栏透明度"选项组：设置图形中约束栏的透明度。

（6）"将约束应用于选定对象后显示约束栏"复选框：手动应用约束后或使用 AU-TOCONSTRAIN 命令时显示相关约束栏。

4.8.2 尺寸约束

建立尺寸约束是限制图形几何对象的大小，也就是与在草图上标注尺寸相似，同样设置尺寸标注线，与此同时在建立相应的表达式，不同的是可以在后续的编辑工作中实现尺寸的参数化驱动。标注约束面板及工具栏（面板在"参数化"标签内的"标注"面板中）如图 4-28 所示。

在生成尺寸约束时，用户可以选择草图曲线、边、基准平面或基准轴上的点，以生成水平、竖直、平行、垂直和角度尺寸。

生成尺寸约束时，系统会生成一个表达式，其名称和值显示在一弹出的对话框文本区域中，如图 4-29 所示，用户可以接着编辑该表达式的名和值。

生成尺寸约束时，只要选中了几何体，其尺寸及其延伸线和箭头就会全部显示出来。将尺寸拖动到位，然后单击左键。完成尺寸约束后，用户还可以随时更改尺寸约束。只需在图形区选中该值双击，然后可以使用生成过程所采用的同一方式，编辑其名称、值或位置。

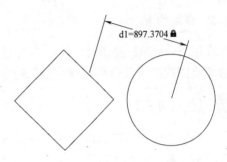

图 4-28　"标注约束"面板及工具栏　　　　图 4-29　"尺寸约束编辑"示意图

在用 AutoCAD 绘图时，使用"约束设置"对话框内的"标注"选项卡，如图 4-30 所示，可控制显示标注约束时的系统配置。标注约束控制设计的大小和比例。它们可以约束以下内容：

（1）对象之间或对象上的点之间的距离。

（2）对象之间或对象上的点之间的角度。

【执行方式】

命令行：CONSTRAINTSETTINGS

菜单：参数→约束设置

功能区：参数化→标注→标注约束设

置

工具栏：参数化→约束设置

快捷键：CSETTINGS

图 4-30　"约束设置"对话框"标注"选项卡

【操作步骤】

命令：CONSTRAINTSETTINGS

系统打开"约束设置"对话框，在该对话框中，单击"标注"标签打开"标注"选项卡。利用此对话框可以控制约束栏上约束类型的显示。

【选项说明】

（1）"显示所有动态约束"复选框：默认情况下显示所有动态标注约束。

（2）"标注约束格式"选项组：该选项组内可以设置标注名称格式和锁定图标的显示。

（3）"标注名称格式"下拉框：为应用标注约束时显示的文字指定格式。将名称格式设置为显示：名称、值或名称和表达式。例如：宽度＝长度/2。

（4）"为注释性约束显示锁定图标"复选框：针对已应用注释性约束的对象显示锁定图标。

（5）"为选定对象显示隐藏的动态约束"复选框：显示选定时已设置为隐藏的动态约束。

4.8.3 自动约束

在用 AutoCAD 绘图时，使用"约束设置"对话框内的"自动约束"选项卡，可将设定公差范围内的对象自动设置为相关约束。

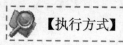【执行方式】

命令行：CONSTRAINTSETTINGS

菜单：参数→约束设置

功能区：参数化→标注→标注约束设置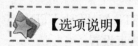

工具栏：参数化→约束设置

快捷键：CSETTINGS

【操作步骤】

命令：CONSTRAINTSETTINGS↙

系统打开"约束设置"对话框，在该对话框中，单击"自动约束"标签打开"自动约束"选项卡，如图 4-31 所示。利用此对话框可以控制自动约束相关参数。

图 4-31 "约束设置"对话框
"自动约束"选项卡

【选项说明】

（1）"自动约束"列表框：显示自动约束的类型以及优先级。可以通过"上移"和"下移"按钮调整优先级的先后顺序。可以单击 ✔ 符号选择或去掉某约束类型作为自动约束类型。

（2）"相切对象必须共用同一交点"复选框：指定两条曲线必须共用一个点（在距离公差内指定）以便应用相切约束。

（3）"垂直对象必须共用同一交点"复选框：指定直线必须相交或者一条直线的端点必须与另一条直线或直线的端点重合（在距离公差内指定）。

（4）"公差"选项组：设置可接受的"距离"和"角度"公差值以确定是否可以应用约束。

4.9　综合实例——绘制张拉端锚具

绘制如图 4-32 所示的张拉端锚具。

图 4-32　张拉端锚具的绘制图例

（1）选择工具栏中的线型菜单，在下拉菜单中单击"其他"选项，如图 4-33 所示。打开线型管理器对话框，如图 4-34。

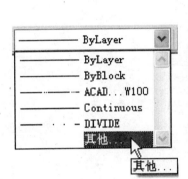

图 4-33　选择线型

图 4-34　线型管理器

（2）单击"加载"按钮，打开"加载或重载线型"对话框，选择"ISO long-dash double-dot"线型，单击"确定"按钮，如图 4-35 所示。回到线型管理器，可以看到，线型管理器中已添加了"ISO long-dash double-dot"线型，即双点画线，单击"当前"按钮，将其设置为当前线型，如图 4-36 所示。

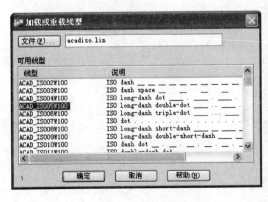

图 4-35　加载或重载线型

图 4-36　将双点画线设为当前线型

（3）依照实例1的方法，将线宽设置为 0.35mm，单击"绘图"工具栏中的"直线"按钮，绘制一条长为 100 的水平直线，如图 4-37 所示。将线宽设置默认值，在双点画线的左端点处绘制一条长为 10 的垂直直线，上下长度大约相等，如图 4-38 所示。

图 4-37　绘制双点画线　　　　　　　　　　　图 4-38　绘制垂直直线

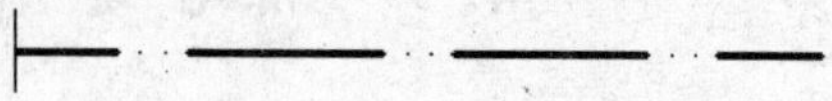

（4）以垂直直线的端点为起始点，绘制 45°的直线与水平直线相交，呈三角形，然后修剪掉多余的直线，图形绘制完成。如图 4-32 所示。

第5章 编辑命令

二维图形的编辑操作配合绘图命令的使用可以进一步完成复杂图形对象的绘制工作，并可使用户合理安排和组织图形，保证绘图准确，减少重复，因此，对编辑命令的熟练掌握和使用有助于提高设计和绘图的效率。本章主要内容包括：选择对象，删除及恢复类命令，复制类命令，改变位置类命令，改变几何特性命令和对象编辑等。

学习要点

选择对象

删除及恢复类命令

复制类命令

改变位置类命令

改变几何特性类命令

对象编辑

5.1 选择对象

AutoCAD 2011 提供两种编辑图形的途径：

（1）先执行编辑命令，然后选择要编辑的对象。

（2）先选择要编辑的对象，然后执行编辑命令。

这两种途径的执行效果是相同的，但选择对象是进行编辑的前提。AutoCAD 2011 提供了多种对象选择方法，如点取方法、用选择窗口选择对象、用选择线选择对象、用对话框选择对象等。AutoCAD 可以把选择的多个对象组成整体，如选择集和对象组，进行整体编辑与修改。

5.1.1 构造选择集

选择集可以仅由一个图形对象构成，也可以是一个复杂的对象组，如位于某一特定层上的具有某种特定颜色的一组对象。选择集的构造可以在调用编辑命令之前或之后进行。

AutoCAD 提供以下几种方法来构造选择集：

（1）先选择一个编辑命令，然后选择对象，按 Enter 键，结束操作。

（2）使用 SELECT 命令。在命令提示行输入 SELECT，然后根据选择的选项，出现选择对象提示，按 Enter 键，结束操作。

（3）用点取设备选择对象，然后调用编辑命令。

（4）定义对象组。

无论使用哪种方法，AutoCAD 2011 都将提示用户选择对象，并且光标的形状由十字光标变为拾取框。

下面结合 SELECT 命令说明选择对象的方法。

SELECT 命令可以单独使用，也可以在执行其他编辑命令时被自动调用。此时屏幕提示：

选择对象：

等待用户以某种方式选择对象作为回答。AutoCAD 2011 提供多种选择方式，可以键入"?"查看这些选择方式。选择选项后，出现如下提示：

需要点或窗口（W）/上一个（L）/窗交（C）/框（BOX）/全部（ALL）/栏选（F）/圈围（WP）/圈交（CP）/编组（G）/添加（A）/删除（R）/多个（M）/前一个（P）/放弃（U）/自动（AU）/单个（SI）/子对象（SU）/对象（O）

选择对象：

上面各选项的含义如下：

（1）点

该选项表示直接通过点取的方式选择对象。用鼠标或键盘移动拾取框，使其框住要选取的对象，然后单击，就会选中该对象并以高亮度显示。

（2）窗口（W）

用由两个对角顶点确定的矩形窗口选取位于其范围内部的所有图形，与边界相交的对象不会被选中。在指定对角顶点时应该按照从左向右的顺序。如图 5-1 所示。

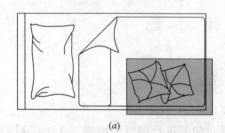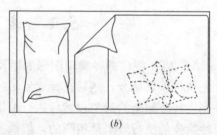

图 5-1 "窗口"对象选择方式

（a）图中深色覆盖部分为选择窗口；（b）选择后的图形

（3）上一个（L）

在"选择对象："提示下键入 L 后，按 Enter 键，系统会自动选取最后绘出的一个对象。

（4）窗交（C）

该方式与上述"窗口"方式类似，区别在于：它不但选中矩形窗口内部的对象，也选中与矩形窗口边界相交的对象。选择的对象如图 5-2 所示。

（5）框（BOX）

使用时，系统根据用户在屏幕上给出的两个对角点的位置而自动引用"窗口"或"窗交"方式。若从左向右指定对角点，则为"窗口"方式；反之，则为"窗交"方式。

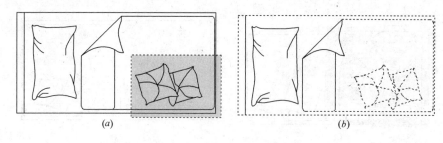

图 5-2 "窗交"对象选择方式

（a）图中深色覆盖部分为选择窗口；（b）选择后的图形

（6）全部（ALL）

选取图面上的所有对象。

（7）栏选（F）

用户临时绘制一些直线，这些直线不必构成封闭图形，凡是与这些直线相交的对象均被选中。执行结果如图 5-3 所示。

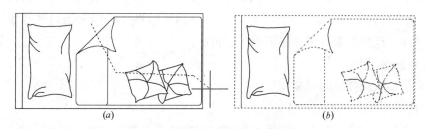

图 5-3 "栏选"对象选择方式

（a）图中虚线为选择栏；（b）选择后的图形

（8）圈围（WP）

使用一个不规则的多边形来选择对象。根据提示，用户顺次输入构成多边形的所有顶点的坐标，最后，按 Enter 键，作出空回答结束操作，系统将自动连接第一个顶点到最后一个顶点的各个顶点，形成封闭的多边形。凡是被多边形围住的对象均被选中（不包括边界）。执行结果如图 5-4 所示。

（9）圈交（CP）

类似于"圈围"方式，在"选择对象："提示后键入 CP，后续操作与"圈围"方式相同。区别在于：与多边形边界相交的对象也被选中。

（10）编组（G）

使用预先定义的对象组作为选择集。事先将若干个对象组成对象组，用组名引用。

（11）添加（A）

添加下一个对象到选择集。也可用于从移走模式（Remove）到选择模式的切换。

（12）删除（R）

按住 Shift 键选择对象，可以从当前选择集中移走该对象。对象由高亮度显示状态变为正常显示状态。

（13）多个（M）

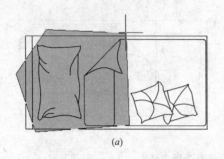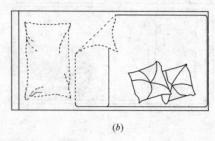

(a)   (b)

图 5-4 "圈围"对象选择方式
(a) 图中十字线所拉出深色多边形为选择窗口；(b) 选择后的图形

指定多个点，不高亮度显示对象。这种方法可以加快在复杂图形上的选择对象过程。若两个对象交叉，两次指定交叉点，则可以选中这两个对象。

（14）上一个（P）

用关键字 P 回应"选择对象："的提示，则把上次编辑命令中的最后一次构造的选择集或最后一次使用 SELECT（DDSELECT）命令预置的选择集作为当前选择集。这种方法适用于对同一选择集进行多种编辑操作的情况。

（15）放弃（U）

用于取消加入选择集的对象。

（16）自动（AU）

选择结果视用户在屏幕上的选择操作而定。如果选中单个对象，则该对象为自动选择的结果；如果选择点落在对象内部或外部的空白处，系统会提示：

指定对角点：

此时，系统会采取一种窗口的选择方式。对象被选中后，变为虚线形式，并以高亮度显示。

📖 说 明

    若矩形框从左向右定义，即第一个选择的对角点为左侧的对角点，矩形框内部的对象被选中，框外部的及与矩形框边界相交的对象不会被选中。若矩形框从右向左定义，矩形框内部及与矩形框边界相交的对象都会被选中。

（17）单个（SI）

选择指定的第一个对象或对象集，而不继续提示进行下一步的选择。

5.1.2 快速选择

有时用户需要选择具有某些共同属性的对象来构造选择集，如选择具有相同颜色、线型或线宽的对象，用户当然可以使用前面介绍的方法来选择这些对象，但如果要选择的对象数量较多且分布在较复杂的图形中，则会导致很大的工作量。AutoCAD 2011 提供了 QSELECT 命令来解决这个问题。调用 QSELECT 命令后，打开"快速选择"对话框，

利用该对话框可以根据用户指定的过滤标准快速创建选择集。"快速选择"对话框如图5-5
所示。

【执行方式】

命令行：QSELECT

菜单："工具"→"快速选择"

快捷菜单：在绘图区右击，从打开的右键快捷菜单上单击"快速选择"命令（如图
5-6 所示）或"特性"选项板→快速选择 （如图 5-7 所示）

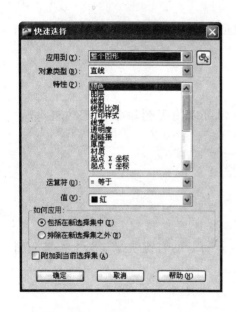

图 5-5 "快速选择"对话框

图 5-6 右键快捷菜单

图 5-7 "特性"选项板
中的快速选择

【操作步骤】

执行上述命令后，系统打开"快速选择"对话框。在该对话框中，可以选择符合条件
的对象或对象组。

5.1.3 构造对象组

对象组与选择集并没有本质的区别，当我们把若干个对象定义为选择集并想让它们在
以后的操作中始终作为一个整体时，为了简捷，可以给这个选择集命名并保存起来，这个
命名了的对象选择集就是对象组，它的名字称为组名。

如果对象组可以被选择（位于锁定层上的对象组不能被选择），那么可以通过它的组
名引用该对象组，并且一旦组中任何一个对象被选中，那么组中的全部对象成员都被
选中。

【执行方式】

命令行：GROUP

【操作步骤】

执行上述命令后，系统打开"对象编组"对话框。利用该对话框可以查看或修改存在的对象组的属性，也可以创建新的对象组。

5.2　删除及恢复类命令

这一类命令主要用于删除图形的某部分或对已被删除的部分进行恢复。包括删除、回退、重做、清除等命令。

5.2.1　删除命令

如果所绘制的图形不符合要求或错绘了图形，则可以使用删除命令 ERASE 把它删除。

【执行方式】

命令行：ERASE
菜单："修改"→"删除"
快捷菜单：选择要删除的对象，在绘图区右击，从打开的右键快捷菜单上选择"删除"命令。
工具栏："修改"→"删除"

【操作步骤】

可以先选择对象，然后调用删除命令；也可以先调用删除命令，然后再选择对象。选择对象时，可以使用前面介绍的各种对象选择的方法。

当选择多个对象时，多个对象都被删除；若选择的对象属于某个对象组，则该对象组的所有对象都被删除。

5.2.2　恢复命令

若误删除了图形，则可以使用恢复命令 OOPS 恢复误删除的对象。

【执行方式】

命令行：OOPS 或 U
工具栏："标准工具栏"→"回退"
快捷键：Ctrl＋Z

【操作步骤】

在命令行窗口的提示行上输入 OOPS，按 Enter 键。

5.2.3　清除命令

此命令与删除命令的功能完全相同。

【执行方式】

菜单："修改"→"清除"

快捷键：Del

【操作步骤】

用菜单或快捷键输入上述命令后，系统提示：

选择对象：(选择要清除的对象，按 Enter 键执行清除命令)

5.3　复制类命令

本节详细介绍 AutoCAD 2011 的复制类命令。利用这些复制类命令，可以方便地编辑绘制图形。

5.3.1　复制命令

【执行方式】

命令行：COPY

菜单："修改"→"复制"

工具栏："修改"→"复制"

快捷菜单：选择要复制的对象，在绘图区右击，从打开的右键快捷菜单上选择"复制选择"命令。

【操作步骤】

命令：COPY↙

选择对象：(选择要复制的对象)

用前面介绍的对象选择方法选择一个或多个对象，按 Enter 键，结束选择操作。系统继续提示：

当前设置：复制模式＝多个

指定基点或［位移(D)/模式(O)］＜位移＞：

【选项说明】

1. 指定基点

指定一个坐标点后，AutoCAD 2011 把该点作为复制对象的基点，并提示：

指定位移的第二点或 ＜用第一点作位移＞：

指定第二个点后，系统将根据这两点确定的位移矢量把选择的对象复制到第二点处。如果此时直接按 Enter 键，即选择默认的"用第一点作位移"，则第一个点被当做相对于 X、Y、Z 的位移。例如，如果指定基点为（2，3）并在下一个提示下按 Enter 键，则该对象从它当前的位置开始，在 X 方向上移动 2 个单位，在 Y 方向上移动 3 个单位。复制完成后，系统会继续提示：

指定位移的第二点：

这时，可以不断指定新的第二点，从而实现多重复制。

2. 位移

直接输入位移值，表示以选择对象时的拾取点为基准，以拾取点坐标为移动方向，纵横比移动指定位移后所确定的点为基点。例如，选择对象时的拾取点坐标为（2，3），输入位移为 5，则表示以（2，3）点为基准，沿纵横比为 3：2 的方向移动 5 个单位所确定的点为基点。

3. 模式

控制是否自动重复该命令。确定复制模式是单个还是多个。

5.3.2 实例——桥边墩平面图绘制

绘制如图 5-8 所示的桥边墩平面图。

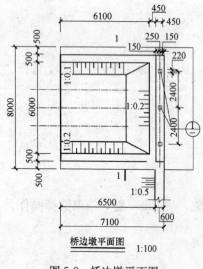

桥边墩平面图　1：100

图 5-8　桥边墩平面图

1. 设置图层

设置以下四个图层："尺寸"，"定位中心线"，"轮廓线"和"文字"，把这些图层设置成不同的颜色，使图纸上表示更加清晰，将"定位中心线"设置为当前图层。

2. 绘制桥边墩轮廓定位中心线

（1）在状态栏，单击"正交模式"按钮，打开正交模式，单击"绘图"工具栏中的"直线"按钮，绘制一条长为 9100 的水平直线。

（2）单击"绘图"工具栏中的"直线"

按钮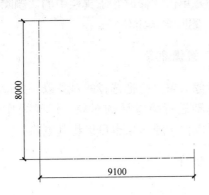，绘制交于端点的垂直的长为 8000 的直线。如图 5-9 所示。

（3）单击"修改"工具栏中的"复制"按钮，复制刚刚绘制好的水平直线，分别向上复制的位移分别为 500，1000，1800，4000，6200，7000，7500，8000。

（4）单击"修改"工具栏中的"复制"按钮，复制刚刚绘制好的垂直直线，分别向右复制的位移分别为 6100，6500，6550，7100，9100。如图 5-10 所示。

图 5-9 桥边墩定位轴线绘制

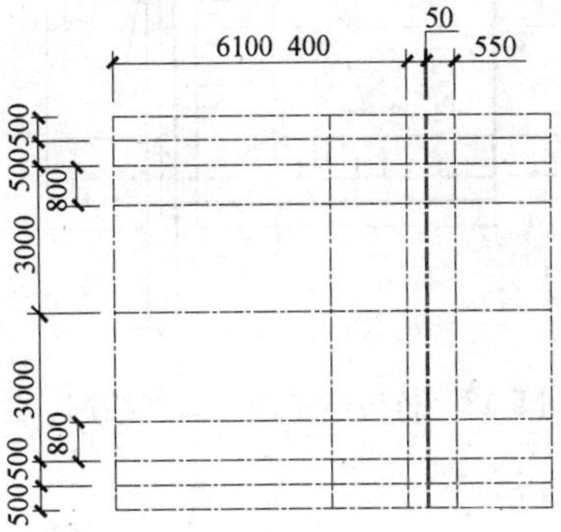

图 5-10 桥边墩平面图定位轴线复制

3. 绘制桥边墩平面轮廓线

（1）把轮廓线图层设置为当前图层，单击"绘图"工具栏中的"多段线"按钮，绘制桥边墩轮廓线，选择 w 设置起点和端点的宽度为 30。

（2）单击"绘图"工具栏中的"多段线"按钮，完成其他线的绘制。完成的图形，如图 5-11 所示。

（3）单击"修改"工具栏中的"复制"按钮，复制定位轴线去确定支座定位线。

（4）单击"绘图"工具栏中的"矩形"按钮，绘制 220×220 的矩形作为支座。

（5）单击"修改"工具栏中的"复制"按钮，复制支座矩形。完成的图形，如图 5-12 所示。

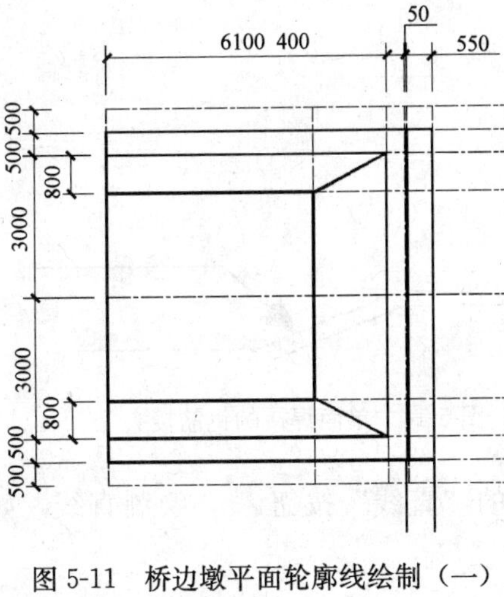

图 5-11 桥边墩平面轮廓线绘制（一）

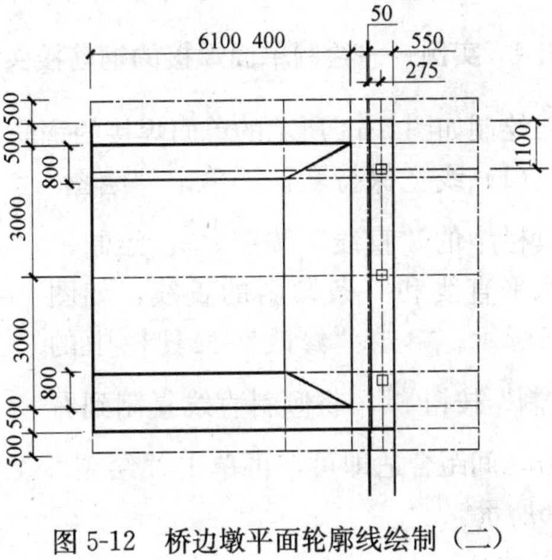

图 5-12 桥边墩平面轮廓线绘制（二）

（6）单击"绘图"工具栏中的"直线"按钮 ✐ ，绘制坡度和水位线。

（7）单击"绘图"工具栏中的"多段线"按钮 ↩ ，绘制剖切线。选择"功能区"下的"Express Tools"标签下的"绘图"面板，绘制折断线如图 5-13 所示。

（8）单击"修改"工具栏中的"删除"按钮 ✐ ，删除多余定位线。

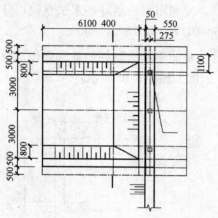

图 5-13　桥边墩平面轮廓线绘制（三）

命令行：MIRROR

菜单："修改"→"镜像"

工具栏："修改"→"镜像"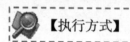

5.3.3　镜像命令

镜像对象是指把选择的对象以一条镜像线为对称轴进行镜像后的对象。镜像操作完成后，可以保留原对象也可以将其删除。

【执行方式】

【操作步骤】

命令：MIRROR↙

选择对象：（选择要镜像的对象）

指定镜像线的第一点：（指定镜像线的第一个点）

指定镜像线的第二点：（指定镜像线的第二个点）

要删除源对象？［是(Y)/否(N)］＜N＞：（确定是否删除原对象）

这两点确定一条镜像线，被选择的对象以该线为对称轴进行镜像。包含该线的镜像平面与用户坐标系统的 XY 平面垂直，即镜像操作工作在与用户坐标系统的 XY 平面平行的平面上。

5.3.4　实例——绘制单面焊接的钢筋接头

绘制如图 5-14 所示的单面焊接的钢筋接头。

（1）线宽保持默认，单击"绘图"工具栏中的"直线"按钮 ✐ ，绘制一条水平直线和一条倾斜的直线，如图 5-15所示。单击"修改"工具栏中的"复制"按钮 ，将倾斜直线复制到右上方，间距合适即可，再单击"绘图"工具栏中的"直线"按钮 ✐ ，绘制直线，如图 5-16所示。

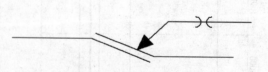

图 5-14　单面焊接的钢筋接头

图 5-15　绘制直线　　　　　　　　　　　　图 5-16　复制直线

（2）单击"绘图"工具栏中的"直线"按钮 /，绘制箭头指示的直线，如图 5-17 所示。在斜直线的头部，绘制一条倾斜角度稍小的直线，如图 5-18 所示。

图 5-17　绘制箭头 1　　　　　　　　　　　图 5-18　绘制箭头 2

（3）单击"修改"工具栏中的"镜像"按钮 ⚊，选择刚刚绘制的短斜线，单击鼠标右键，然后分别单击箭头长斜线的两个端点，作为镜像轴，按回车键完成镜像，如图5-19所示。连接两个小倾斜线的端点，形成三角形。单击"绘图"工具栏中的"图案填充"按钮 ▨，默认填充图案为"solid"，按回车确认，选择三角形的三个边，回车进行填充，如图 5-20 所示。

图 5-19　镜像　　　　　　　　　　　　　　图 5-20　填充

（4）在箭头尾部的水平直线处利用"圆弧"命令 ◞ 绘制两个半圆，如图 10-64 所示，完成了单面焊接的钢筋接头的绘制。

5.3.5　偏移命令

偏移对象是指保持选择对象的形状，在不同位置以不同尺寸大小新建的一个对象。

【执行方式】

命令行：OFFSET
菜单："修改"→"偏移"
工具栏："修改"→"偏移" ⏣

【操作步骤】

命令：OFFSET✓
当前设置:删除源＝否　图层＝源　OFFSETGAPTYPE＝0

指定偏移距离或 [通过(T)/删除(E)/图层(L)] ＜通过＞:(指定距离值)

选择要偏移的对象,或 [退出(E)/放弃(U)] ＜退出＞:(选择要偏移的对象。按 Enter 键,会结束操作)

指定要偏移的那一侧上的点,或 [退出(E)/多个(M)/放弃(U)] ＜退出＞:(指定偏移方向)

【选项说明】

1. 指定偏移距离

输入一个距离值,或按 Enter 键,使用当前的距离值,系统把该距离值作为偏移距离。如图 5-21 所示。

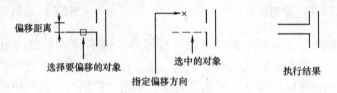

偏移距离　　选择要偏移的对象　　指定偏移方向　　选中的对象　　执行结果

图 5-21　指定偏移对象的距离

2. 通过 (T)

指定偏移对象的通过点。选择该选项后出现如下提示:

选择要偏移的对象或 ＜退出＞:(选择要偏移的对象,按 Enter 键,结束操作)

指定通过点:(指定偏移对象的一个通过点)

操作完毕后,系统根据指定的通过点绘出偏移对象。如图 5-22 所示。

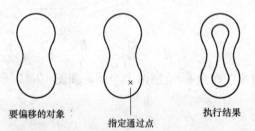

要偏移的对象　　指定通过点　　执行结果

图 5-22　指定偏移对象的通过点

3. 删除 (E)

偏移后,将源对象删除。选择该选项后出现如下提示:

要在偏移后删除源对象吗? [是(Y)/否(N)]＜当前＞:

4. 图层 (L)

确定将偏移对象创建在当前图层上还是源对象所在的图层上。选择该选项后出现如下提示:

输入偏移对象的图层选项 [当前(C)/源(S)]＜当前＞:

5.3.6　实例——绘制钢筋剖面

绘制如图 5-23 所示的钢筋剖面。

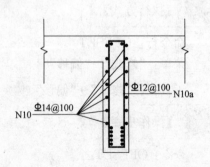

Φ12@100 N10a
N10 Φ14@100

图 5-23　钢筋剖面

（1）设置图层。设置以下四个图层："标注尺寸线"，"钢筋"，"轮廓线"和"文字"，将"轮廓线"设置为当前图层。设置好的图层，如图 5-24 所示。

图 5-24　桥梁钢筋剖面图图层设置

（2）在状态栏，单击"正交模式"按钮，打开正交模式，单击"绘图"工具栏中的"直线"按钮，在屏幕上任意指定一点，以坐标点（@200，0）（@0，700）（@-500，0）（@0，200）（@1200，0）（@0，-200）（@-500，0）（@0，-700）绘制直线。完成的图形，如图 5-25 所示。

（3）绘制折断线

1）把轮廓线图层设置为当前图层，单击"功能区""Express Tools"标签下的"Draw"面板下的"Break-line Symbol"按钮，绘制折断线。输入"s"来设置折断线的尺寸为 50。

2）单击"修改"工具栏中的"删除"按钮，删除尺寸标注。完成的图形，如图 5-26 所示。

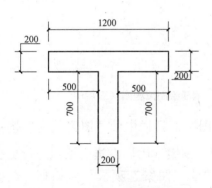

图 5-25　1—1 剖面轮廓线绘制

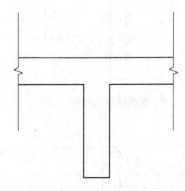

图 5-26　1—1 剖面折断线绘制

（4）绘制钢筋

1）把钢筋图层设置为当前图层，单击"修改"工具栏中的"偏移"按钮，绘制钢筋定位线。指定偏移距离为 35，要偏移的对象为 AB，指定刚绘制完图形内部任意一点。指定偏移距离为 20，要偏移的对象为 AC、BD 和 EF，指定刚绘制完图形内部任意一点。

完成的图形，图如图 5-27 所示。

2）在状态栏，单击"对象捕捉"按钮▢，打开对象捕捉模式。单击"极轴追踪"按钮◢，打开极轴追踪。

3）单击"绘图"工具栏中的"多段线"按钮⤵，绘制架立筋。输入 w 来设置线宽为 10。完成的图形参见，如图 5-28 所示。

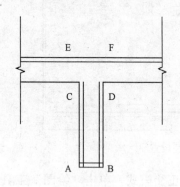

图 5-27　1—1 剖面钢筋定位线绘制

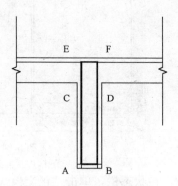

图 5-28　钢筋绘制流程图（一）

4）单击"修改"工具栏中的"删除"按钮✐，删除钢筋定位直线。完成的图形，如图 5-29 所示。

5）单击"绘图"工具栏中的"圆"按钮⊘，绘制两个直径为 14 和 32 的圆，完成的图形，如图 5-30（a）所示。

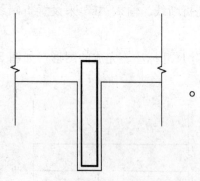

图 5-29　钢筋绘制流程图（二）

(a)　　　　　　　　(b)

图 5-30　钢筋绘制流程图（三）

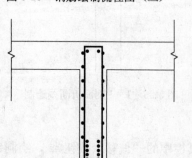

图 5-31　钢筋绘制流程图（四）

6）单击"绘图"工具栏中的"图案填充"按钮▨，单击对话框里"图案（P）"右边的按钮进行更换图案样例，进入"填充图案选项板"对话框，选择"SOLID"图例进行填充。完成的图形参见，如图 5-30（b）所示。

7）单击"修改"工具栏中的"复制"按钮⧉，复制刚刚填充好的钢筋到相应的位置，完成的图形，如图 5-31 所示。

5.3.7 阵列命令

阵列是指多重复制选择对象并把这些副本按矩形或环形排列。把副本按矩形排列称为建立矩形阵列，把副本按环形排列称为建立极阵列。建立极阵列时，应该控制复制对象的次数和对象是否被旋转；建立矩形阵列时，应该控制行和列的数量以及对象副本之间的距离。

用该命令可以建立矩形阵列、极阵列（环形）和旋转的矩形阵列。

【执行方式】

命令行：ARRAY

菜单："修改"→"阵列"

工具栏："修改"→"阵列"

【操作步骤】

命令：ARRAY↙

执行上述命令后，系统打开"阵列"对话框。

【选项说明】

1. "矩形阵列"单选按钮标签（如图 5-32 所示）

建立矩形阵列。"矩形阵列"单选按钮标签用来指定矩形阵列的各项参数。

2. "环形阵列"单选按钮标签（如图 5-33 所示）

建立环形阵列。"环形阵列"单选按钮标签用来指定环形阵列的各项参数。

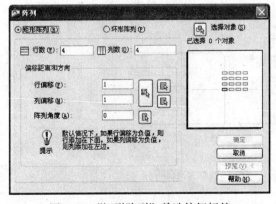

图 5-32 "矩形阵列"单选按钮标签

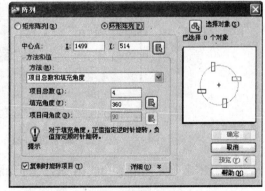

图 5-33 "环形阵列"单选按钮标签

5.3.8 实例——绘制带丝扣的钢筋端部

（1）首先将线宽设置为 0.35mm，单击"绘图"工具

图 5-34 带丝扣的钢筋端部

图 5-35　绘制直线及设置线宽

栏中的"直线"按钮，绘制一条长度为 100 的水平直线，然后将线宽设置为"bylayer"，如图 5-35 所示。

（2）单击"绘图"工具栏中的"直线"按钮，将水平直线的左端点作为起始点，单击鼠标左键，在命令行中输入：@ 10，10，绘制一条 45°的直线，并设置线宽为默认值，如图 5-36 所示。选择斜直线，可以发现直线上有三个基准点，用鼠标单击直线的中点，移动鼠标，在水平直线的左端点出单击，这样就将斜直线移动

到水平直线的左端点位置，如图 5-37 所示。

图 5-36　绘制斜直线　　　　　　　图 5-37　移动斜直线

（3）选择斜直线，单击"修改"工具栏中的"阵列"按钮，或在命令行输入"ARRAY"命令，打开阵列对话框，将行数设置为 1，列数设置为 4，列偏移设置为 2，如图 5-38 所示。

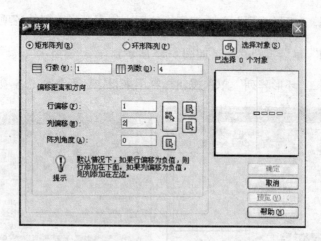

图 5-38　设置阵列

（4）单击确定，带丝扣的钢筋端部即绘制完成，如图 5-34 所示。

5.4　改变位置类命令

这一类编辑命令的功能是按照指定要求改变当前图形或图形的某部分的位置，主要包括移动、旋转和缩放等命令。

5.4.1 移动命令

【执行方式】

命令行：MOVE

菜单："修改"→"移动"

快捷菜单：选择要复制的对象，在绘图区右击，从打开的右键快捷菜单上选择"移动"命令。

工具栏："修改"→"移动"

【操作步骤】

命令：MOVE↙

选择对象：(选择对象)

用前面介绍的对象选择方法选择要移动的对象，按 Enter 键，结束选择。系统继续提示：

指定基点或位移：(指定基点或移至点)

指定基点或 [位移(D)] ＜位移＞：(指定基点或位移)

指定第二个点或 ＜使用第一个点作为位移＞：

命令的选项功能与"复制"命令类似。

在第 2 章的上机实验 2 中，如果感觉绘制的椅子位置不合适，可以利用"移动"命令将椅子的位置进行适当移动。

5.4.2 旋转命令

【执行方式】

命令行：ROTATE

菜单："修改"→"旋转"

快捷菜单：选择要旋转的对象，在绘图区右击，从打开的右键快捷菜单上选择"旋转"命令。

工具栏："修改"→"旋转"

【操作步骤】

命令：ROTATE↙

UCS 当前的正角方向： ANGDIR＝逆时针 ANGBASE＝0

选择对象：(选择要旋转的对象)

指定基点：(指定旋转的基点。在对象内部指定一个坐标点)

指定旋转角度，或 [复制(C)/参照(R)] ＜0＞：(指定旋转角度或其他选项)

【选项说明】

1. 复制（C）

选择该项，旋转对象的同时，保留原对象。如图 5-39 所示。

2. 参照（R）

采用参照方式旋转对象时，系统提示：

指定参照角 ＜0＞：（指定要参考的角度，默认值为 0）

指定新角度：（输入旋转后的角度值）

操作完毕后，对象被旋转至指定的角度位置。

📖 说 明

可以用拖动鼠标的方法旋转对象。选择对象并指定基点后，从基点到当前光标位置会出现一条连线，鼠标选择的对象会动态地随着该连线与水平方向的夹角的变化而旋转，按 Enter 键，确认旋转操作。如图 5-40 所示。

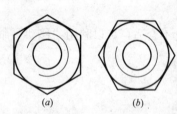

图 5-39　复制旋转

(a) 旋转前；(b) 旋转后

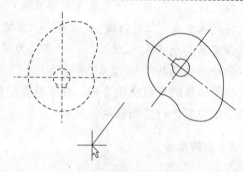

图 5-40　拖动鼠标旋转对象

5.4.3　缩放命令

【执行方式】

命令行：SCALE

菜单："修改"→"缩放"

快捷菜单：选择要缩放的对象，在绘图区右击，从打开的右键快捷菜单上选择"缩放"命令。

工具栏："修改"→"缩放" ▨

【操作步骤】

命令：SCALE↙

选择对象：(选择要缩放的对象)

指定基点：(指定缩放操作的基点)

指定比例因子或 [复制(C)/参照(R)] <1.0000>：

【选项说明】

1. 参照 (R)

采用参考方向缩放对象时，系统提示：

指定参照长度 <1>：(指定参考长度值)

指定新的长度或 [点(P)] <1.0000>：(指定新长度值)

若新长度值大于参考长度值，则放大对象；否则，缩小对象。操作完毕后，系统以指定的基点按指定的比例因子缩放对象。如果选择"点（P）"选项，则指定两点来定义新的长度。

2. 指定比例因子

选择对象并指定基点后，从基点到当前光标位置会出现一条线段，线段的长度即为比例大小。鼠标选择的对象会动态地随着该连线长度的变化而缩放，按 Enter 键，确认缩放操作。

3. 复制 (C)

选择"复制（C）"选项时，可以复制缩放对象，即缩放对象时，保留原对象。如图 5-41 所示。

5.4.4　实例——双层钢筋配置

绘制如图 5-42 所示的双层钢筋配置图。

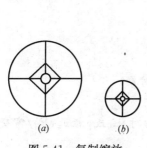

图 5-41　复制缩放

(a) 缩放前；(b) 缩放后

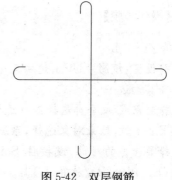

图 5-42　双层钢筋
配置图

（1）利用"多段线"命令绘制单层钢筋，如图 5-43 所示。

（2）在状态栏，单击"对象捕捉"按钮，打开对象捕捉模式。选择菜单栏中的"修改"→"旋转"命令，或单击工具栏上的按钮，命令行提示和操作如下：

命令：_rotate

UCS 当前的正角方向：ANGDIR＝逆时针　　ANGBASE＝0

选择对象：(选择刚绘制的多段线)

选择对象：↙

指定基点：(捕捉多段线的中点，如图 5-44 所示)

指定旋转角度，或 [复制(C)/参照(R)] ＜0＞:c↙

旋转一组选定对象。

指定旋转角度，或 [复制(C)/参照(R)] ＜0＞:90↙

结果如图 5-42 所示。

图 5-43　绘制单层钢筋	图 5-44　捕捉中点

5.5　改变几何特性类命令

这一类编辑命令在对指定对象进行编辑后，使编辑对象的几何特性发生改变。包括倒角、圆角、打断、剪切、延伸、拉长、拉伸等命令。

5.5.1　修剪命令

【执行方式】

命令行：TRIM

菜单："修改"→"修剪"

工具栏："修改"→"修剪"

【操作步骤】

命令：TRIM↙

当前设置：投影＝UCS，边＝无

选择剪切边…

选择对象或 ＜全部选择＞:(选择用作修剪边界的对象)

按 Enter 键，结束对象选择，系统提示：

选择要修剪的对象，或按住 Shift 键选择要延伸的对象，或[栏选(F)/窗交(C)/投影(P)/边(E)/删除(R)/放弃(U)]:

【选项说明】

1. 按 Shift 键

在选择对象时，如果按住 Shift 键，系统就自动将"修剪"命令转换成"延伸"命令，"延伸"命令将在下节介绍。

2. 边（E）

选择此选项时，可以选择对象的修剪方式：延伸和不延伸。

（1）延伸（E）：延伸边界进行修剪。在此方式下，如果剪切边没有与要修剪的对象相交，系统会延伸剪切边直至与要修剪的对象相交，然后再修剪，如图 5-45 所示。

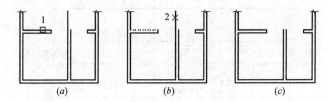

图 5-45　延伸方式修剪对象

（a）选择剪切边；（b）选择要修剪的对象；（c）修剪后的结果

（2）不延伸（N）：不延伸边界修剪对象。只修剪与剪切边相交的对象。

3. 栏选（F）

选择此选项时，系统以栏选的方式选择被修剪对象，如图 5-46 所示。

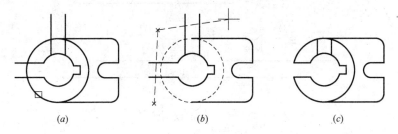

图 5-46　以栏选方式选择修剪对象

（a）选定剪切边；（b）使用栏选选定的要修剪的对象；（c）结果

4. 窗交（C）

选择此选项时，系统以窗交的方式选择被修剪对象，如图 5-47 所示。

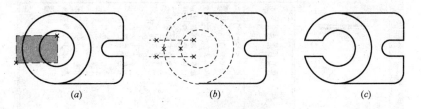

图 5-47　窗交选择修剪对象

（a）使用窗交选择选定的边；（b）选定要修剪的对象；（c）结果

被选择的对象可以互为边界和被修剪对象，此时系统会在选择的对象中自动判断边界。

5.5.2 实例——桥面板钢筋图绘制

绘制如图 5-48 所示的桥面板钢筋图。

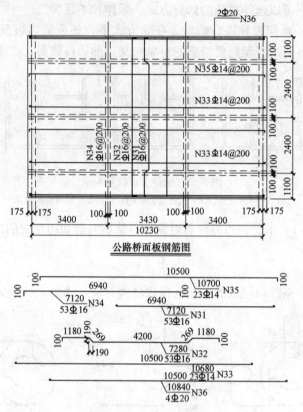

公路桥面板钢筋图

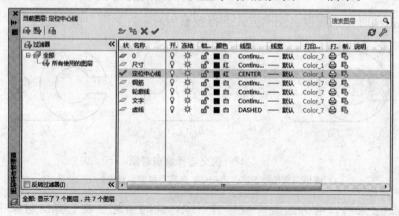

图 5-48 桥面板钢筋图

1. 设置图层

设置以下六个图层："尺寸"，"定位中心线"，"轮廓线"，"钢筋"，"虚线"和"文字"，将"定位中心线"设置为当前图层。设置好的图层如图 5-49 所示。

图 5-49 桥面板钢筋图图层设置

2. 绘制桥面板定位中心线

(1) 在状态栏，单击"正交模式"按钮 ，打开正交模式。在状态栏，单击"对象捕捉"按钮 ，打开对象捕捉。单击"绘图"工具栏中的"直线"按钮 ，绘制一条长为 10580 的水平直线。

(2) 单击"绘图"工具栏中的"直线"按钮 ，绘制交于端点的垂直的长为 7000 的直线。如图 5-50 所示。

(3) 单击"修改"工具栏中的"复制"按钮 ，复制刚刚绘制好的水平直线，分别向上复制的位移分别为 1100，3500，5900，7000。

(4) 单击"修改"工具栏中的"复制"按钮 ，复制刚刚绘制好的垂直直线，向右复制的位移分别为 3575，7005，10405，10580。完成的图形，如图 5-51 所示。

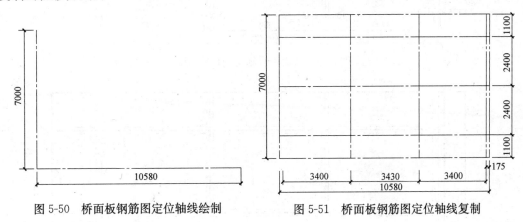

图 5-50　桥面板钢筋图定位轴线绘制　　　　图 5-51　桥面板钢筋图定位轴线复制

3. 绘制纵横梁平面布置

(1) 单击"修改"工具栏中的"复制"按钮 ，复制纵横梁定位线。完成的图形，如图 5-52 所示。

(2) 单击"绘图"工具栏中的"直线"按钮 ，绘制桥面板外部轮廓线。

(3) 把虚线图层为当前图层，单击"绘图"工具栏中的"直线"按钮 ，绘制一条直线。

(4) 单击"标准"工具栏中的"特性匹配"按钮 ，把纵横梁的线型变成虚线。完成的图形，如图 5-53 所示。

(5) 单击"修改"工具栏中的"修剪"按钮 ，框选剪切纵横梁交接处，完成的图形，如图 5-54 所示。

4. 绘制钢筋

(1) 在状态栏，右键单击"极轴追踪"按钮 ，在下拉菜单中选择"设置（s）"，

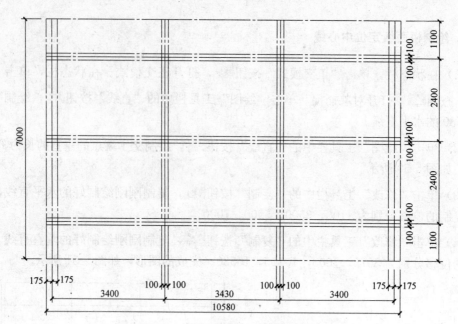

图 5-52 桥面板纵横梁定位线复制

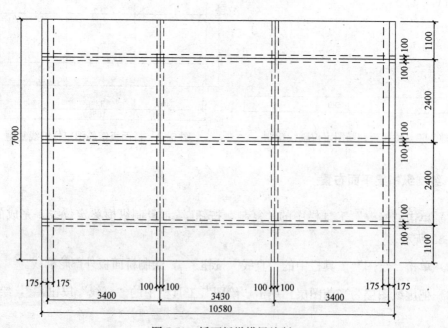

图 5-53 桥面板纵横梁绘制

进入"草图设置"对话框，对极轴追踪进行设置，设置的参数如图 5-55 所示。

（2）把轮廓线图层设置为当前图层。单击"绘图"工具栏中的"多段线"按钮，绘制钢筋，具体的操作参见桥梁纵主梁钢筋图的绘制。

完成的图形，如图 5-56 所示。

（3）多次单击"修改"工具栏中的"复制"按钮，把绘制好的钢筋复制到相应的位置。完成的图形，如图 5-57 所示。

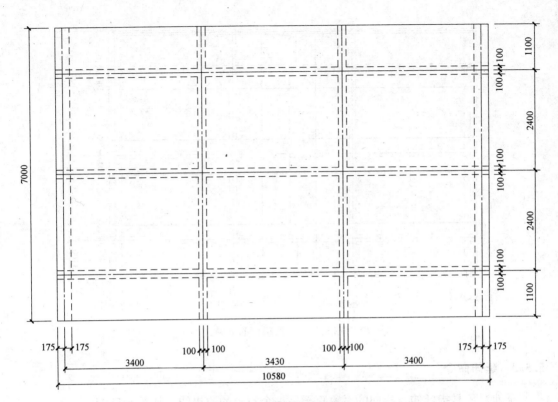

图 5-54　桥面板纵横梁修剪

图 5-55　极轴追踪设置

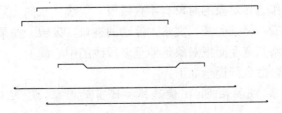

图 5-56　桥面板钢筋绘制

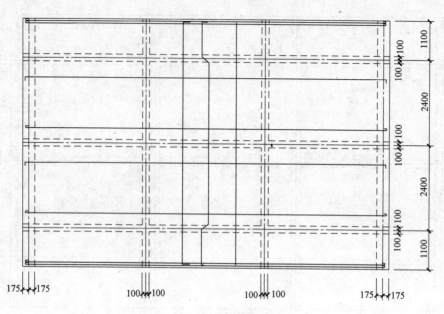

图 5-57　桥面板钢筋复制

5.5.3　延伸命令

延伸对象是指延伸要延伸的对象直至另一个对象的边界线，如图 5-58 所示。

图 5-58　延伸对象

(a) 选择边界；(b) 选择要延伸的对象；(c) 执行结果

【执行方式】

命令行：EXTEND
菜单："修改"→"延伸"
工具栏："修改"→"延伸"

【操作步骤】

命令：EXTEND↙

当前设置：投影＝UCS,边＝无

选择边界的边…

选择对象或 ＜全部选择＞:（选择边界对象）

此时可以通过选择对象来定义边界。若直接按 Enter 键，则选择所有对象作为可能的边界对象。

系统规定可以用作边界对象的对象有：直线段，射线，双向无限长线，圆弧，圆，椭圆，二维和三维多段线，样条曲线，文本，浮动的视口，区域。如果选择二维多段线作为边界对象，系统会忽略其宽度而把对象延伸至多段线的中心线上。

选择边界对象后，命令行提示如下：

选择要延伸的对象,或按住 Shift 键选择要修剪的对象,或［栏选(F)/窗交(C)/投影(P)/边(E)/放弃(U)］:

【选项说明】

(1) 如果要延伸的对象是适配样条多段线，则延伸后会在多段线的控制框上增加新节点。如果要延伸的对象是锥形的多段线，系统会修正延伸端的宽度，使多段线从起始端平滑地延伸至新的终止端。如果延伸操作导致新终止端的宽度为负值，则取宽度值为 0。如图 5-59 所示。

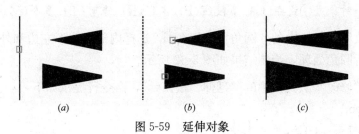

图 5-59 延伸对象

(*a*) 选择边界对象；(*b*) 选择要延伸的多段线；(*c*) 延伸后的结果

(2) 选择对象时，如果按住 Shift 键，系统就自动将"延伸"命令转换成"修剪"命令。

5.5.4 实例——沙发

绘制如图 5-60 所示的沙发。

(1) 单击"绘图"工具栏中的"矩形"按钮，绘制圆角为 10、第一角点坐标为 (20，20)、长度和宽度分别为 140 和 100 的矩形作为沙发的外框。

(2) 单击"绘图"工具栏中的"直线"按钮，绘制坐标分别为 (40，20)、(@0，80)、(@100，0)、(@0，−80) 的连续线段，绘制结果如图 5-61 所示。

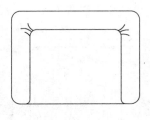

图 5-60 沙发

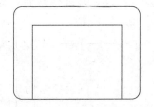

图 5-61 绘制初步轮廓

(3) 单击"修改"工具栏中的"分解"按钮，"圆角"按钮，修改沙发轮廓，命令行提示如下：

命令：_explode

选择对象：选择外面倒圆矩形

选择对象：

命令：_fillet

当前设置：模式＝修剪，半径＝6.0000

选择第一个对象或[放弃(U)/多段线(P)/半径(R)/修剪(T)/多个(M)]:选择内部四边形左边

选择第二个对象,或按住 Shift 键选择要应用角点的对象:选择内部四边形上边

选择第一个对象或[放弃(U)/多段线(P)/半径(R)/修剪(T)/多个(M)]:选择内部四边形右边

选择第二个对象,或按住 Shift 键选择要应用角点的对象:选择内部四边形上边

选择第一个对象或[放弃(U)/多段线(P)/半径(R)/修剪(T)/多个(M)]:

单击"修改"工具栏中的"圆角"按钮 ⌐|,选择内部四边形左边和外部矩形下边左端为对象,进行圆角处理,绘制结果如图 5-62 所示。

(4) 单击"修改"工具栏中的"延伸"按钮 ⊸/,命令行提示如下:

命令:_extend

当前设置:投影=UCS,边=无

选择边界的边…

选择对象或<全部选择>:选择如图 5-62 所示的右下角圆弧

选择对象:

选择要延伸的对象,或按住 Shift 键选择要修剪的对象,或[栏选(F)/窗交(C)/投影(P)/边(E)/放弃(U)]:选择如图 5-61 所示的左端短水平线

选择要延伸的对象,或按住 Shift 键选择要修剪的对象,或[栏选(F)/窗交(C)/投影(P)/边(E)/放弃(U)]:

(5) 单击"修改"工具栏中的"圆角"按钮 ⌐|,选择内部四边形右边和外部矩形下边为倒圆角对象,进行圆角处理。

(6) 单击"修改"工具栏中的"修剪"按钮 -/--,以刚处理的倒圆角圆弧为边界,对内部四边形右边下端进行修剪,绘制结果如图 5-63 所示。

图 5-62　绘制倒圆

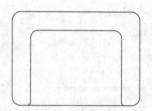

图 5-63　完成倒圆角

(7) 单击"绘图"工具栏中的"圆弧"按钮 /,绘制沙发皱纹。在沙发拐角位置绘制六条圆弧,最终绘制结果如图 5-60 所示。

5.5.5　拉伸命令

拉伸对象是指拖拉选择的对象,且形状发生改变后的对象。拉伸对象时,应指定拉伸的基点和移置点。利用一些辅助工具,如捕捉、钳夹功能及相对坐标等可以提高拉伸的精度。如图 5-64 所示。

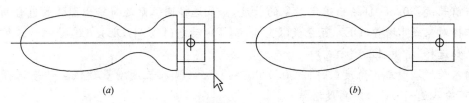

图 5-64　拉伸

(a) 选取对象；(b) 拉伸后

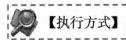【执行方式】

命令行：STRETCH

菜单："修改"→"拉伸"

工具栏："修改"→"拉伸"

【操作步骤】

命令：STRETCH↙

以交叉窗口或交叉多边形选择要拉伸的对象…

选择对象：C↙

指定第一个角点：指定对角点：找到 2 个(采用交叉窗口的方式选择要拉伸的对象)

指定基点或 [位移(D)] <位移>：(指定拉伸的基点)

指定第二个点或 <使用第一个点作为位移>：(指定拉伸的移至点)

此时，若指定第二个点，系统将根据这两点决定的矢量拉伸对象。若直接按 Enter 键，系统会把第一个点作为 X 轴和 Y 轴的分量值。

STRETCH 仅移动位于交叉选择内的顶点和端点，不更改那些位于交叉选择外的顶点和端点。部分包含在交叉选择窗口内的对象将被拉伸。如图 5-64 所示。

📖 说 明

　执行 STRETCH 命令时，必须采用交叉窗口 (C) 或交叉多边形 (CP) 方式选择对象。用交叉窗口选择拉伸对象时，落在交叉窗口内的端点被拉伸，落在外部的端点保持不动。

5.5.6　拉长命令

【执行方式】

命令行：LENGTHEN

菜单："修改"→"拉长"

【操作步骤】

命令：LENGTHEN ↙

选择对象或 [增量(DE)/百分数(P)/全部(T)/动态(DY)]：(选定对象)

当前长度:30.5001(给出选定对象的长度,如果选择圆弧则还将给出圆弧的包含角)

选择对象或[增量(DE)/百分数(P)/全部(T)/动态(DY)]:DE↙(选择拉长或缩短的方式。如选择"增量(DE)"方式)

输入长度增量或[角度(A)]<0.0000>:10↙(输入长度增量数值。如果选择圆弧段,则可输入选项"A"给定角度增量)

选择要修改的对象或[放弃(U)]:(选定要修改的对象,进行拉长操作)

选择要修改的对象或[放弃(U)]:(继续选择,按 Enter 键,结束命令)

【选项说明】

1. 增量(DE)

用指定增加量的方法来改变对象的长度或角度。

2. 百分数(P)

用指定要修改对象的长度占总长度的百分比的方法来改变圆弧或直线段的长度。

3. 全部(T)

用指定新的总长度或总角度值的方法来改变对象的长度或角度。

4. 动态(DY)

在这种模式下,可以使用拖拉鼠标的方法来动态地改变对象的长度或角度。

5.5.7 实例——箍筋绘制

绘制如图 5-65 所示的箍筋。

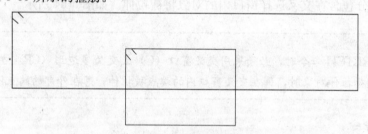

图 5-65 箍筋

（1）绘制矩形。选择菜单栏中的"绘图"→"矩形"命令 □ ,绘制一个矩形,如图 5-66 所示。

（2）在状态栏的"对象捕捉"按钮 □ 上单击鼠标右键,打开右键快捷菜单,如图 5-67 所示,选择其中的 设置(S)... 命令,打开"草图设置"对话框,如图 5-68 所示,选中"启用对象捕捉"复选框,单击"全部选择"按钮,选择所有的对象捕捉

图 5-66 绘制矩形

模式。再单击"极轴追踪"选项卡，如图 5-69 所示，选中"启用极轴追踪"复选框，将下面的增量角设置成默认的 45。

图 5-67 右键快捷菜单

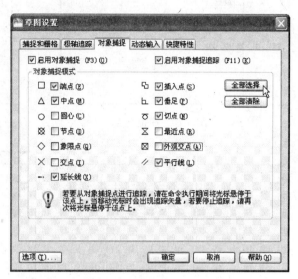

图 5-68 "草图设置"对话框

图 5-69 极轴追踪设置

（3）选择菜单栏中的"绘图"→"直线"命令，捕捉矩形左边靠上角一点为线段起点，如图 5-70 所示。利用极轴追踪功能，在 315°极轴追踪线上适当指定一点为线段终点，如图 5-71 所示，完成线段绘制，结果如图 5-72 所示。

（4）选择菜单栏中的"修改"→"镜像"命令 ⚠️，选择刚绘制的线段为对象，捕捉矩形左上角为对称线起点，在 315°极轴追踪线上适当指定一点为对称线终点，如图 5-73 所示，完成线段的镜像绘制，如图 5-74 所示。

（5）选择菜单栏中的"修改"→"复制"命令 🖇️，将刚绘制的图形向右下方适当位置复制，结果如图 5-75 所示。

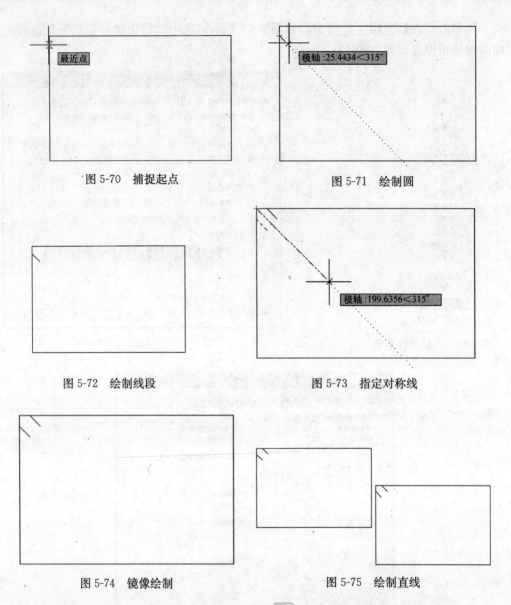

图 5-70 捕捉起点 极轴：25.4434＜315° 图 5-71 绘制圆

图 5-72 绘制线段 极轴：199.6356＜315° 图 5-73 指定对称线

图 5-74 镜像绘制 图 5-75 绘制直线

（6）选择菜单栏中的"修改"→"拉伸"命令，命令行提示和操作如下：

命令：_stretch

以交叉窗口或交叉多边形选择要拉伸的对象…

选择对象：c↙

指定第一个角点：（在第一个矩形左上方适当位置指定一点）

指定对角点：（往右下方适当位置指定一点，注意不要包含第二个矩形任何图线，如图 5-76 所示）

选择对象：↙（完成对象选择，选中的对象高亮显示，如图 5-77 所示）

指定基点或 ［位移(D)］ ＜位移＞：（适当指定一点）

指定第二个点或 ＜使用第一个点作为位移＞：（水平向右适当位置指定一点，如图 5-78 所示）

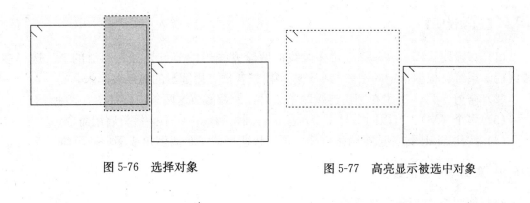

| 图 5-76　选择对象 | 图 5-77　高亮显示被选中对象 |

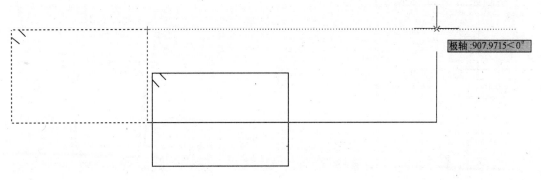

图 5-78　指定拉伸距离

结果如图 5-65 所示。

5.5.8　圆角命令

圆角是指用指定的半径决定的一段平滑的圆弧连接两个对象。系统规定可以圆角连接一对直线段、非圆弧的多段线段、样条曲线、双向无限长线、射线、圆、圆弧和椭圆。可以在任何时刻圆角连接非圆弧多段线的每个节点。

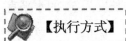【执行方式】

命令行：FILLET

菜单："修改"→"圆角"

工具栏："修改"→"圆角" ▢

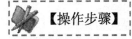【操作步骤】

命令：FILLET↙

当前设置：模式＝修剪，半径＝0.0000

选择第一个对象或［放弃(U)/多段线(P)/半径(R)/修剪(T)/多个(M)］:(选择第一个对象或别的选项)

选择第二个对象，或按住 Shift 键选择要应用角点的对象:(选择第二个对象)

【选项说明】

（1）多段线（P）。在一条二维多段线的两段直线段的节点处插入圆滑的弧。选择多段线后，系统会根据指定的圆弧的半径把多段线各顶点用圆滑的弧连接起来。

（2）修剪（T）。决定在圆角连接两条边时，是否修剪这两条边。如图 5-79 所示。

（3）多个（M）。可以同时对多个对象进行圆角编辑。而不必重新启用命令。

（4）按住 Shift 键并选择两条直线，可以快速创建零距离倒角或零半径圆角。

5.5.9 实例——坐便器

绘制如图 5-80 所示的坐便器。

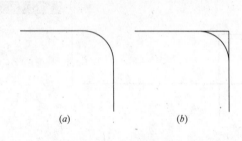

图 5-79 圆角连接
（a）修剪方式；（b）不修剪方式

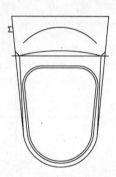

图 5-80 坐便器

（1）将 AutoCAD 中的捕捉工具栏激活，如图 5-81 所示，留待在绘图过程中使用。

图 5-81 对象捕捉工具栏

（2）单击"绘图"工具栏中的"直线"按钮 ，在图中绘制一条长度为 50 的水平直线，重复"直线"命令，单击"对象捕捉"工具栏中的"捕捉到中点"按钮 ，单机水平直线的中点，此时水平直线的中点会出现一个黄色的小三角提示即为中点。绘制一条垂直的直线，并移动到合适的位置，作为绘图的辅助线，如图 5-82 所示。

（3）单击"绘图"工具栏中的"直线"按钮 ，单击水平直线的左端点，输入坐标点（@6，-60）绘制直线，如图 5-83 所示。

（4）单击修改工具栏中的"镜像"按钮 ，以垂直直线的两个端点为镜像点，将刚刚绘制的斜向直线镜像到另外一侧，如图 5-84 所示。

（5）单击"绘图"工具栏中的"圆弧"按钮 ，以斜线下端的端点为起点，如图 5-85所示，以垂直辅助线上的一点为第二点，以右侧斜线的端点为端点，绘制弧线，如图 5-86 所示。

（6）在图中选择水平直线，然后单击"修改"工具栏中的"复制"按钮 ；选择其与垂直直线的交点为基点，然后输入坐标点（@0，－20），再次复制水平直线，输入坐标点（@0，－25），如图 5-87 所示。

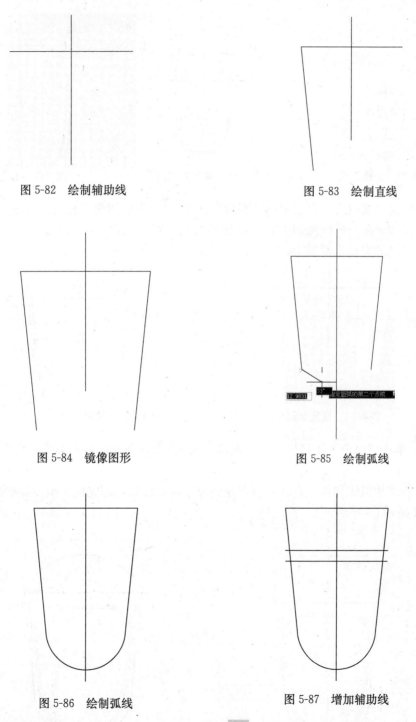

图 5-82　绘制辅助线

图 5-83　绘制直线

图 5-84　镜像图形

图 5-85　绘制弧线

图 5-86　绘制弧线

图 5-87　增加辅助线

（7）单击"修改"工具栏中的"偏移"按钮　，将右侧斜向直线向左偏移 2，如图 5-88 所示。重复"偏移"命令，将圆弧和左侧直线复制到内侧，如图 5-89 所示。

（8）单击"绘图"工具栏中的"直线"按钮 ✏，将中间的水平线与内侧斜线的交点和外侧斜线的下端点连接起来，如图 5-90 所示。

图 5-88　偏移直线　　　　　　图 5-89　偏移其他图形　　　　　图 5-90　连接直线

（9）单击"修改"工具栏中的"圆角"按钮 ⬜，指定倒角半径为 10，依次选择最下面的水平线和半部分内侧的斜向直线，将其交点设置为倒圆角，如图 5-91 所示。依照此方法，将右侧的交点也设置为倒圆角，直径也是 10，如图 5-92 所示。

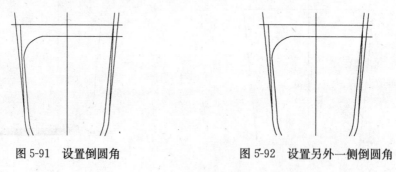

图 5-91　设置倒圆角　　　　　　　　　图 5-92　设置另外一侧倒圆角

（10）单击"修改"工具栏中的"偏移"按钮 ⬚，将椭圆部分偏移向内侧偏移 1，如图 5-93 所示。

在上侧添加弧线和斜向直线，再在左侧添加冲水按钮，即完成了坐便器的绘制，最终如图 5-94 所示。

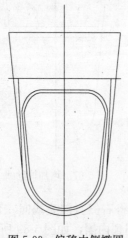

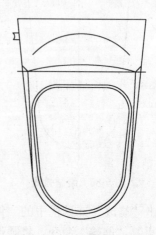

图 5-93　偏移内侧椭圆　　　　　　图 5-94　坐便器绘制完成

5.5.10　倒角命令

倒角是指用斜线连接两个不平行的线型对象。可以用斜线连接直线段、双向无限长线、射线和多段线。

【执行方式】

命令行：CHAMFER

菜单："修改"→"倒角"

工具栏："修改"→"倒角"

【操作步骤】

命令：CHAMFER

（"不修剪"模式）当前倒角距离 $1=0.0000$,距离 $2=0.0000$

选择第一条直线或［放弃(U)/多段线(P)/距离(D)/角度(A)/修剪(T)/方式(E)/多个(M)］:（选择第一条直线或别的选项）

选择第二条直线,或按住 Shift 键选择要应用角点的直线:（选择第二条直线）

【选项说明】

1. 距离（D）

选择倒角的两个斜线距离。斜线距离是指从被连接的对象与斜线的交点到被连接的两对象的可能的交点之间的距离。如图 5-95 所示。这两个斜线距离可以相同也可以不相同,若两者均为 0,则系统不绘制连接的斜线,而是把两个对象延伸至相交,并修剪超出的部分。

2. 角度（A）

选择第一条直线的斜线距离和角度。采用这种方法斜线连接对象时,需要输入两个参数:斜线与一个对象的斜线距离和斜线与该对象的夹角。如图 5-96 所示。

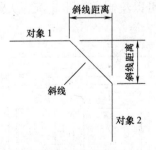

图 5-95　斜线距离

图 5-96　斜线距离与夹角

3. 多段线（P）

对多段线的各个交叉点进行倒角编辑。为了得到最好的连接效果,一般设置斜线是相等的值。系统根据指定的斜线距离把多段线的每个交叉点都作斜线连接，连接的斜线成为多段线新添加的构成部分。如图 5-97 所示：

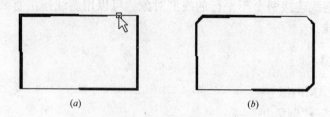

(a)   *(b)*

图 5-97   斜线连接多段线

(a) 选择多段线；*(b)* 倒角结果

4. 修剪（T）

与圆角连接命令 FILLET 相同，该选项决定连接对象后，是否剪切原对象。

5. 方式（M）

决定采用"距离"方式还是"角度"方式来倒角。

6. 多个（U）

同时对多个对象进行倒角编辑。

> 📖 **说 明**
>
> 有时用户在执行圆角和倒角命令时，发现命令不执行或执行后没什么变化，那是因为系统默认圆角半径和斜线距离均为 0，如果不事先设定圆角半径或斜线距离，系统就以默认值执行命令，所以看起来好像没有执行命令。

5.5.11 实例——洗菜盆

绘制如图 5-98 所示的洗菜盆。

（1）单击"绘图"工具栏中的"直线"按钮，可以绘制出初步轮廓，大约尺寸如图 5-99 所示。

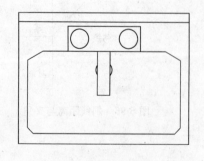

图 5-98   洗菜盆

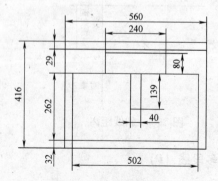

图 5-99   初步轮廓图

（2）单击"绘图"工具栏中的"圆"按钮 ⊘，以图 5-100 中长 240、宽 80 的矩形大约左中位置处为圆心，绘制半径为 35 的圆。

（3）单击"修改"工具栏中的"复制"按钮 ⊙，选择刚绘制的圆，复制到右边合适的位置，完成旋钮绘制。

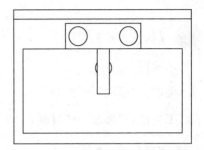

（4）单击"绘图"工具栏中的"圆"按钮 ⊘，以图 5-99 中长 139、宽 40 的矩形大约正中位置为圆心，绘制半径为 25 的圆作为出水口。

（5）单击"修改"工具栏中的"修剪"按钮 /-，将绘制的出水口圆修剪成如图 5-100 所示。

图 5-100　绘制水笼头和出水口

（6）单击"修改"工具栏中的"倒角"按钮 ◻，绘制水盆 4 个角。命令行提示如下：

命令：CHAMFER

（"修剪"模式）当前倒角距离 1＝0.0000，距离 2＝0.0000

选择第一条直线或［放弃(U)/多段线(P)/距离(D)/角度(A)/修剪(T)/方式(E)/多个(M)］：D

指定第一个倒角距离＜0.0000＞：50

指定第二个倒角距离＜50.0000＞：30

选择第一条直线或［多段线(P)/距离(D)/角度(A)/修剪(T)/方式(M)/多个(U)］：U

选择第一条直线或［放弃(U)/多段线(P)/距离(D)/角度(A)/修剪(T)/方式(E)/多个(M)］：（选择左上角横线段）

选择第二条直线，或按住 Shift 键选择要应用角点的直线：（选择右上角竖线段）

选择第一条直线或［放弃(U)/多段线(P)/距离(D)/角度(A)/修剪(T)/方式(E)/多个(M)］：（选择左上角横线段）

选择第二条直线，或按住 Shift 键选择要应用角点的直线：（选择右上角竖线段）

命令：CHAMFER

（"修剪"模式）当前倒角距离 1＝50.0000，距离 2＝30.0000

选择第一条直线或［放弃(U)/多段线(P)/距离(D)/角度(A)/修剪(T)/方式(E)/多个(M)］：A

指定第一条直线的倒角长度 ＜20.0000＞：

指定第一条直线的倒角角度 ＜0＞：45

选择第一条直线或［放弃(U)/多段线(P)/距离(D)/角度(A)/修剪(T)/方式(E)/多个(M)］：U

选择第一条直线或［放弃(U)/多段线(P)/距离(D)/角度(A)/修剪(T)/方式(E)/多个(M)］：（选择左下角横线段）

选择第二条直线，或按住 Shift 键选择要应用角点的直线：（选择左下角竖线段）

选择第一条直线或［放弃(U)/多段线(P)/距离(D)/角度(A)/修剪(T)/方式(E)/多个(M)］：（选择右下角横线段）

选择第二条直线，或按住 Shift 键选择要应用角点的直线：（选择右下角竖线段）

洗菜盆绘制结果如图 5-98 所示。

5.5.12 打断命令

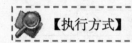 【执行方式】

命令行：BREAK

菜单："修改"→"打断"

工具栏："修改"→"打断"

 【操作步骤】

命令：BREAK

选择对象：(选择要打断的对象)

指定第二个打断点或［第一点(F)］：(指定第二个断开点或键入 F)

 【选项说明】

如果选择"第一点（F）"选项，系统将丢弃前面的第一个选择点，重新提示用户指定两个打断点。

5.5.13 打断于点

打断于点是指在对象上指定一点，从而把对象在此点拆分成两部分。此命令与打断命令类似。

 【执行方式】

工具栏："修改"→"打断于点"

 【操作步骤】

输入此命令后，命令行提示：

选择对象：(选择要打断的对象)

指定第二个打断点或［第一点(F)］:_f(系统自动执行"第一点(F)"选项)

指定第一个打断点：(选择打断点)

指定第二个打断点：@(系统自动忽略此提示)

5.5.14 分解命令

 【执行方式】

命令行：EXPLODE

菜单："修改"→"分解"

工具栏:"修改"→"分解"

【操作步骤】

命令:EXPLODE↙

选择对象:(选择要分解的对象)

选择一个对象后,该对象会被分解。系统继续提示该行信息,允许分解多个对象。

5.5.15 合并命令

可以将直线、圆弧、椭圆弧和样条曲线等
独立的对象合并为一个对象。如图 5-101 所示。

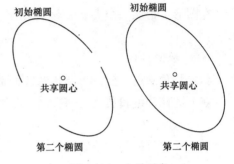

图 5-101 合并对象

【执行方式】

命令行:JOIN

菜单:"修改"→"合并"

工具栏:"修改"→"合并"

【操作步骤】

命令:JOIN

选择源对象:(选择一个对象)

选择要合并到源的直线:(选择另一个对象)

找到 1 个

选择要合并到源的直线:

已将 1 条直线合并到源

5.6 对象编辑

在对图形进行编辑时,还可以对图形对象本身的某些特性进行编辑,从而方便地进行
图形绘制。

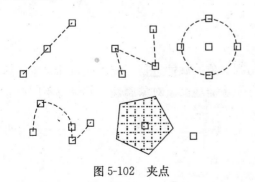

图 5-102 夹点

5.6.1 钳夹功能

利用钳夹功能可以快速方便地编辑对象。
AutoCAD 在图形对象上定义了一些特殊点,
称为夹点,利用夹点可以灵活地控制对象,如
图 5-102 所示。

要使用钳夹功能编辑对象,必须先打开钳
夹功能,打开方法是:单击"工具"→"选
项"→"选择集"命令。

在"选项"对话框的"选择集"选项卡中,打开"启用夹点"复选框。在该选项卡

中，还可以设置代表夹点的小方格的尺寸和颜色。

也可以通过 GRIPS 系统变量来控制是否打开钳夹功能，1 代表打开，0 代表关闭。

打开了钳夹功能后，应该在编辑对象之前先选择对象。夹点表示了对象的控制位置。

使用夹点编辑对象，要选择一个夹点作为基点，称为基准夹点。然后，选择一种编辑操作：镜像、移动、旋转、拉伸和缩放。可以用空格键、Enter 键或键盘上的快捷键循环选择这些功能。

下面仅就其中的拉伸对象操作为例进行讲述，其他操作类似。

在图形上拾取一个夹点，该夹点改变颜色，此点为夹点编辑的基准夹点。这时系统提示：

＊＊ 拉伸 ＊＊

指定拉伸点或［基点(B)/复制(C)/放弃(U)/退出(X)］：

在上述拉伸编辑提示下输入镜像命令或右击鼠标在右键快捷菜单中选择"镜像"命令，

系统就会转换为"镜像"操作，其他操作类似。

5.6.2 修改对象属性

 【执行方式】

命令行：DDMODIFY 或 PROPERTIES

菜单："修改"→"特性或工具"→"选项板"→"特性"

工具栏："标准"→"特性"

【操作步骤】

命令：DDMODIFY

AutoCAD 打开"特性"工具板，如图 5-103 所示。利用它可以方便地设置或修改对象的各种属性。

不同的对象属性种类和值不同，修改属性值，对象改变为新的属性。

图 5-103 "特性"工具板

5.6.3 特性匹配

利用特性匹配功能可以将目标对象的属性与源对象的属性进行匹配，使目标对象的属性与源对象属性相同。利用特性匹配功能可以方便快捷地修改对象属性，并保持不同对象的属性相同。

 【执行方式】

命令行：MATCHPROP

菜单："修改"→"特性匹配"

【操作步骤】

命令：MATCHPROP

选择源对象：(选择源对象)

选择目标对象或［设置(S)］：(选择目标对象)

图 5-104（a）所示为两个属性不同的对象，以左边的圆为源对象，对右边的矩形进行特性匹配，结果如图 5-104（b）所示。

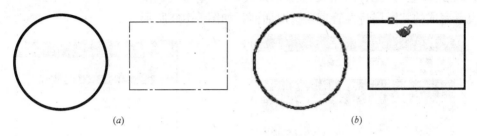

图 5-104　特性匹配
(a) 原图；(b) 结果

5.6.4　实例——绘制三环旗

（1）建立 4 个图层。

命令：LAYER(或者单击下拉菜单"格式"→"图层"命令，或者单击"图层"工具栏命令图标，下同)

按 Enter 键后，打开"图层特性管理器"对话框（或者单击"标准"工具栏中的"图层特性管理器"图标），如图 5-106 所示。

图 5-105　三环旗

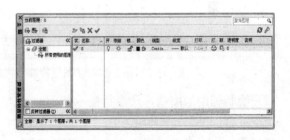

图 5-106　"图层特性管理器"对话框

单击"新建"按钮创建新图层，新图层的特性将继承 0 图层的特性或继承已选择的某一图层的特性。新图层的默认名为"图层 1"，显示在中间的图层列表中，将其更名为"旗尖"，用同样方法建立"旗杆"层、"旗面"层和"三环"层，这样就建立了 4 个新图层。此时，选中"旗尖"层，单击"颜色"下的色块形图标，将弹出"选择颜色"对话框，如图 5-107 所示。选择灰色色块，单击"确定"按钮后，回到"图层特性管理器"对话框，此时，"旗尖"层的颜色变为灰色。

选中"旗杆"层,用同样的方法将颜色改为红色,单击"线宽"下的线宽值,将弹出"线宽"对话框,如图5-108所示,选中"0.4mm"的线宽,单击"确定"按钮后,回到"图层特性管理器"对话框。用同样的方法将"旗面"层的颜色设置为黑色,线宽设置为默认值,将"三环"层的颜色设置为蓝色。整体设置如下:

旗尖层:线型为CONTINOUS,颜色为灰色,线宽为默认值。

旗杆层:线型为CONTINOUS,颜色为红色,线宽为0.4mm。

旗面层:线型为CONTINOUS,颜色为黑色,线宽为默认值。

三环层:线型为CONTINOUS,颜色为蓝色,线宽为默认值。

设置完成的"图层特性管理器"对话框,如图5-109所示。

图 5-107 "选择颜色"对话框

图 5-108 "线宽"对话框

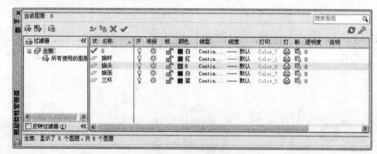

图 5-109 "图层特性管理器"对话框

(2) 绘制辅助绘图线,命令行提示如下:

命令:L (LINE 命令的缩写)

指定第一点:(在绘图窗口中右击,指定一点)

指定下一点或[放弃(U)]:(拖动鼠标到合适位置,单击指定另一点,画出一条倾斜直线,作为辅助线)

指定下一点或[放弃(U)]:

(3) 绘制灰色的旗尖,命令行提示如下:

命令:LA(图层命令 LAYER 的缩写名。在弹出的"图层特性管理器"对话框中选择"旗尖"层,单击"当前"按钮,即把它设置为当前层)

命令:Z✓(显示缩放命令 ZOOM 的缩写名)

指定窗口角点,输入比例因子（nX 或 nXP）,或［全部(A)/中心点(C)/动态(D)/范围(E)/上一个(P)/比例(S)/窗口(W)］＜实时＞:W↙（指定一个窗口,把窗口内的图形放大到全屏）

　　指定第一个角点:（单击指定窗口的左上角点）

　　指定对角点:（拖动鼠标,出现一个动态窗口,单击指定窗口的右下角点）

　　命令:PL

　　指定起点:（按下状态栏上"对象捕捉"按钮,将光标移至直线上,单击一点）

　　当前线宽为 0.0000

　　指定下一点或［圆弧(A)/闭合(C)/半宽(H)/长度(L)/放弃(U)/宽度(W)］:W↙（设置线宽）

　　指定起始宽度＜0.0000＞:

　　指定终止宽度＜0.0000＞:8

　　指定下一点或［圆弧(A)/闭合(C)/半宽(H)/长度(L)/放弃(U)/宽度(W)］:（捕捉直线上另一点）

　　指定下一点或［圆弧(A)/闭合(C)/半宽(H)/长度(L)/放弃(U)/宽度(W)］:

　　命令:MI↙（镜像命令 MIRROR 的缩写名）

　　选择对象:（选择所画的多段线）

　　选择对象:

　　指定镜像线的第一点:（捕捉所画多段线的端点）

　　指定镜像线的第二点:（单击,在垂直于直线方向上指定第二点）

　　要删除源对象?［是(Y)/否(N)］＜N＞:

　　结果如图 5-110 所示。

　　(4) 绘制红色的旗杆,命令行提示如下:

　　命令:LA↙（用同样方法,将"旗杆"层设置为当前层）

　　命令:Z

　　指定窗口角点,输入比例因子（nX 或 nXP）,或［全部(A)/中心点(C)/动态(D)/范围(E)/上一个(P)/比例(S)/窗口(W)］＜实时＞:P↙（恢复前一次的显示）

　　命令:＜Lineweight On＞（按下状态栏上"线宽"按钮,打开线宽显示功能）

　　命令:L

　　指定第一点:（捕捉所画旗尖的端点）

　　指定下一点或［放弃(U)］:（将光标移至直线上,单击一点）

　　指定下一点或［放弃(U)］:

　　绘制完此步后的图形,如图 5-111 所示。

　　(5) 绘制黑色的旗面,命令行提示如下:

　　命令:LA（用同样方法,将"旗面"层设置为当前层）

　　命令:PL

　　指定起点:（捕捉所画旗杆的端点）

　　当前线宽为 0.0000

　　指定下一点或［圆弧(A)/闭合(C)/半宽(H)/长度(L)/放弃(U)/宽度(W)］:A

指定圆弧的端点或[角度(A)/圆心(CE)/闭合(CL)/方向(D)/半宽(H)/直线(L)/半径(R)/第二点(S)/放弃(U)/宽度(W)]:S

指定圆弧的第二点:(单击一点,指定圆弧的第二点)

指定圆弧的端点:(单击一点,指定圆弧的端点)

指定圆弧的端点或[角度(A)/圆心(CE)/闭合(CL)/方向(D)/半宽(H)/直线(L)/半径(R)/第二点(S)/放弃(U)/宽度(W)]:(单击一点,指定圆弧的端点)

指定圆弧的端点或[角度(A)/圆心(CE)/闭合(CL)/方向(D)/半宽(H)/直线(L)/半径(R)/第二点(S)/放弃(U)/宽度(W)]:

利用"复制"命令绘制另一条旗面边线,命令行提示如下:

命令:L

指定第一点:(捕捉所画旗面上边的端点)

指定下一点或[放弃(U)]:(捕捉所画旗面下边的端点)

指定下一点或[放弃(U)]:

绘制黑色的旗面后的图形,如图5-112所示。

图5-110 绘制灰色的旗尖　　　　图5-111 绘制红色的　　　　图5-112 绘制黑色的
旗杆后的图形　　　　　　　旗面后的图形

(6) 绘制3个蓝色的圆环,命令行提示如下:

命令:LA(用同样方法,将"三环"层设置为当前层)

命令:DO(画圆环命令DONUT的缩写名)

指定圆环的内径 <10.0000>:30

指定圆环的外径 <20.0000>:40

指定圆环的中心点 <退出>:(在旗面内单击一点,确定第一个圆环中心的坐标值)

指定圆环的中心点 <退出>:(在旗面内单击一点,确定第二个圆环中心的坐标值)

⋮

(用同样的方法确定剩余2个圆环的圆心,使所画出的3个圆环排列为一个三环形状)

指定圆环的中心点 <退出>:

(7) 将绘制的3个圆环分别修改为3种不同的颜色。单击第2个圆环。

命令:DDMODIFY(或者单击标准工具栏中的图标，下同)

按Enter键后,系统打开"特性"对话框,如图5-113所示,其中列出了该圆环所在的图层、颜色、线型、线宽等基本特性及其几何特性。单击"颜色"选项,在表示颜色的色块

后出现一个 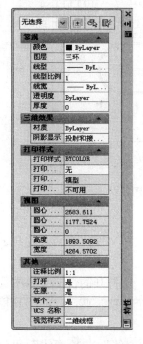 按钮。单击此按钮，弹出"颜色"下拉列表，从中选择"洋红"选项，如图
5-114 所示。连续按两次 ESC 键，退出。用同样的方法，将另一个圆环的颜色修改为绿色。

图 5-113　"特性"对话框

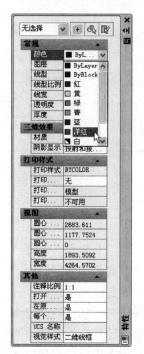

图 5-114　单击"颜色"选项

（8）删除辅助线。命令行提示如下：

命令：E（ERASE 命令的缩写）

选择对象：（单击绘图辅助线）

选择对象：

最终绘制的结果，如图 5-105 所示。

5.7　综合实例——桥墩结构图绘制

桥墩，由基础、墩身和墩帽组成。本例将讲述桥墩结构图的绘制方法。结合本实例，
借以巩固前面所学的编辑命令。

5.7.1　桥中墩墩身及底板钢筋图绘制

使用矩形、直线、圆命令绘制桥中墩墩身轮廓线；使用多段线命令绘制底板钢筋；进
行修剪整理，完成桥中墩墩身及底板钢筋图的绘制，如图 5-115 所示。

【操作步骤】

1. 前期准备以及绘图设置

（1）要根据绘制图形决定绘图的比例，建议采用 1∶1 的比例绘制，1∶50 的出图

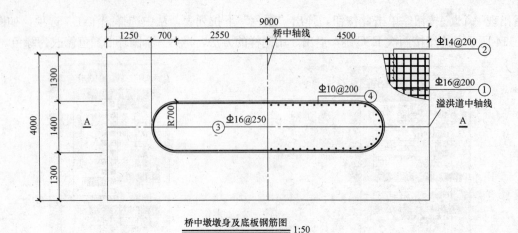

图 5-115　桥中墩墩身及底板钢筋图

比例。

（2）建立新文件。打开 AutoCAD 2011 应用程序，建立新文件，将新文件命名为"桥中墩墩身及底板钢筋图.dwg"并保存。

（3）设置绘图工具栏。在任意工具栏处单击鼠标右键，从打开的快捷菜单中选择"标准"、"图层"、"样式"、"绘图"、"修改"和"标注"这六个选项，调出这些工具栏，并将它们移动到绘图窗口中的适当位置。

（4）设置图层。设置以下四个图层："尺寸"、"定位中心线"、"轮廓线"和"文字"，将"轮廓线"设置为当前图层。设置好的图层，如图 5-116 所示。

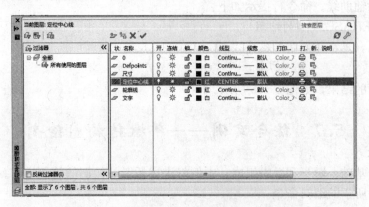

图 5-116　桥中墩墩身及底板钢筋图图层设置

2. 绘制桥中墩墩身轮廓线

（1）单击"绘图"工具栏中的"矩形"按钮，绘制矩形 9000×4000 的矩形。

（2）把定位中心线图层设置为当前图层，在状态栏，单击"正交模式"按钮，打开正交模式。在状态栏，单击"对象捕捉"按钮，打开对象捕捉。单击"绘图"工具栏中的"直线"按钮，取矩形的中点绘制两条对称中心线。如图 5-117 所示。

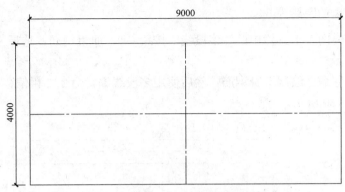

图 5-117　桥中墩墩身及底板钢筋图定位线绘制

（3）单击"修改"工具栏中的"复制"按钮 ，复制刚刚绘制好的两条对称中心线。完成的图形和复制尺寸，如图 5-118 所示。

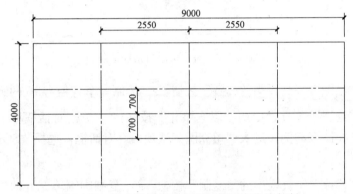

图 5-118　桥中墩墩身及底板钢筋图定位线复制

（4）单击"绘图"工具栏中的"多段线"按钮 ，绘制墩身轮廓线。选择 a 来指定圆弧的圆心。完成的图形，如图 5-119 所示。

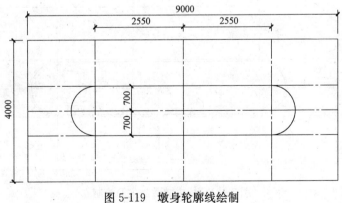

图 5-119　墩身轮廓线绘制

3. 绘制底板钢筋

（1）单击"修改"工具栏中的"偏移"按钮 ，向里面偏移刚刚绘制好的墩身轮廓线，指定偏移距离的距离为 50。

（2）单击"绘图"工具栏中的"多段线"按钮 ，加粗钢筋，选择 w 设置起点和端点的宽度为 25。

（3）使用偏移命令绘制墩身钢筋，然后使用多段线编辑命令加粗偏移后的箍筋。完成的图形，如图 5-120 所示。

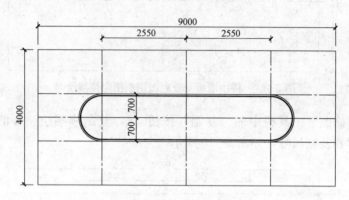

图 5-120　桥中墩墩身钢筋绘制

（4）单击"绘图"工具栏中的"圆"按钮 ，绘制一个直径为 16 的圆。

（5）单击"绘图"工具栏中的"图案填充"按钮 ，单击对话框里"图案（P）"右边的按钮进行更换图案样例，进入"填充图案选项板"对话框，选择"SOLID"图例进行填充。

（6）单击"修改"工具栏中的"复制"按钮 ，复制刚刚填充好的钢筋到相应的位置。完成的图形，如图 5-121 所示。

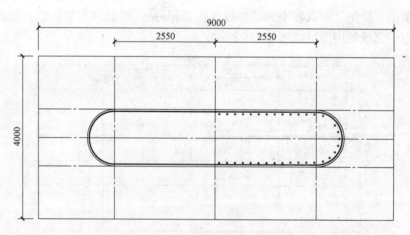

图 5-121　桥中墩墩身主筋绘制

（7）单击"修改"工具栏中的"样条曲线"按钮 ，绘制底板配筋折线。

（8）单击"绘图"工具栏中的"多段线"按钮 ，绘制水平的钢筋线长度 1400，重复"多段线"命令，绘制垂直的钢筋线长度 1300。完成的图形，如图 5-122 所示。

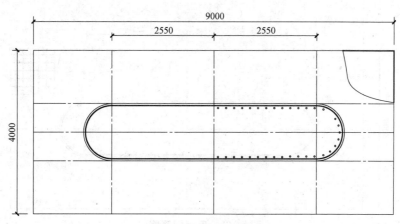

图 5-122 底板钢筋

（9）单击"修改"工具栏中的"阵列"按钮 ，复制底板钢筋，横向和纵向阵列的设置，如图 5-123 所示。

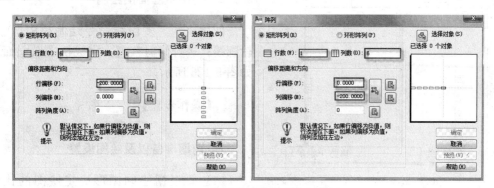

图 5-123 复制底板钢筋时阵列设置

完成的图形，如图 5-124 所示。

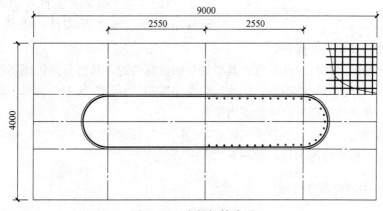

图 5-124 底板钢筋阵列

（10）单击"修改"工具栏中的"修剪"按钮 ，剪切多余的部分。完成的图形，如图 5-125 所示。

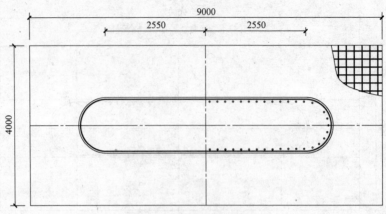

图 5-125　底板钢筋剪切

（11）单击"绘图"工具栏中的"多段线"按钮 ，绘制剖切线。

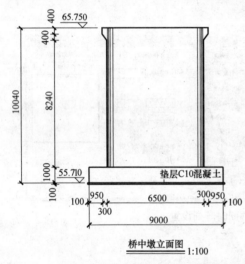

桥中墩立面图 1:100

图 5-126　桥中墩立面图

5.7.2　桥中墩立面图绘制

使用直线、多段线命令绘制桥中墩立面轮廓线；进行修剪整理，完成桥中墩立面图，如图 5-126 所示。

【操作步骤】

1. 前期准备以及绘图设置

（1）要根据绘制图形决定绘图的比例，建议采用 1∶1 的比例绘制，1∶100 的出图比例。

（2）建立新文件。打开 AutoCAD 2010 应用程序，建立新文件，将新文件命名为"桥中墩立面图.dwg"并保存。

（3）设置绘图工具栏。在任意工具栏处单击鼠标右键，从打开的快捷菜单中选择"标准"、"图层"、"样式"、"绘图"、"修改"、"文字"和"标注"这七个选项。调出这些工具栏，并将它们移动到绘图窗口中的适当位置。

（4）设置图层。设置以下三个图层："尺寸"、"轮廓线"和"文字"，将"轮廓线"设置为当前图层。设置好的图层，如图 5-127 所示。

2. 绘制桥中墩立面定位线

（1）单击"绘图"工具栏中的"矩形"按钮 ，绘制 9200×100 的矩形。

（2）把尺寸图层设置为当前图层，单击"标注"工具栏中的"线性"按钮 ，标注直线尺寸。完成的图形，如图 5-128 所示。

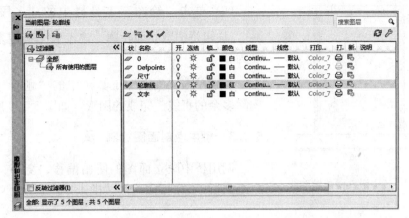

图 5-127 桥中墩立面图图层设置

（3）单击"绘图"工具栏中的"直线"按钮 , 绘制轮廓定位线。以 A 点为起点，绘制坐标为（@100，0）、（@0，1000）、（@1250，0）、（@0，8240）、（@−300，0）、（@0，400）、（@3550，0）。完成的图形，如图 5-129 所示。

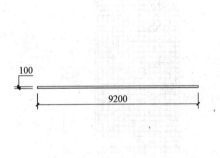

图 5-128 桥中墩立面图垫层绘制

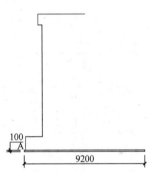

图 5-129 桥中墩立面图绘制

（4）单击"修改"工具栏中的"镜像"按钮 , 复制刚绘制完的图形。完成的图形，如图 5-130 所示。

（5）单击"绘图"工具栏中的"直线"按钮 , 绘制立面轮廓线。完成的图形，如图 5-131 所示。

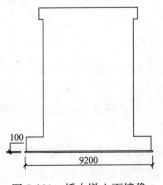

图 5-130 桥中墩立面镜像

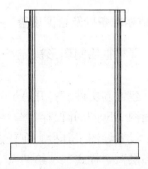

图 5-131 桥中墩立面图绘制

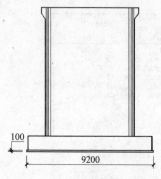

图 5-132　桥中墩立面图轮廓线

（6）单击"绘图"工具栏中的"多段线"按钮，加粗桥中墩立面轮廓。输入 w 来确定多段线的宽度为 20。

（7）单击"修改"工具栏中的"删除"按钮，删除多余的直线。完成的图形，如图 5-132 所示。

5.7.3　桥中墩剖面图绘制

调用桥中墩立面图；使用偏移、复制、阵列等命令绘制桥中墩剖面钢筋，如图 5-133 所示。

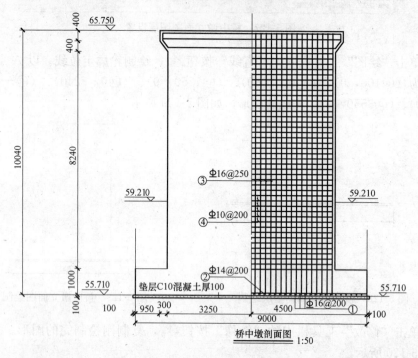

图 5-133　桥中墩剖面图

1. 前期准备以及绘图设置

（1）要根据绘制图形决定绘图的比例，建议采用 1∶1 的比例绘制，1∶50 的出图比例。

（2）建立新文件。打开 AutoCAD 2011 应用程序，建立新文件，将新文件命名为"桥中墩剖面图.dwg"并保存。

（3）设置绘图工具栏。在任意工具栏处单击鼠标右键，从打开的快捷菜单中选择"标准"、"图层"、"样式"、"绘图"、"修改"和"标注"这六个选项，调出这些工具栏，并将它们移动到绘图窗口中的适当位置。

（4）设置图层。设置以下四个图层："尺寸"、"定位中心线"、"轮廓线"和"文字"，将"轮廓线"设置为当前图层。

2. 调用桥中墩立面线图

（1）使用 Ctrl＋C 命令复制桥中墩立面图。然后 Ctrl＋V 粘贴到桥中墩剖面图中。

（2）单击"修改"工具栏中的"缩放"按钮 🔲，比例因子设置为 0.5，把文字缩放 0.5 倍。

（3）单击"修改"工具栏中的"删除"按钮 🖉，删除多余的标注和直线。

（4）把定位中心线图层设置为当前图层，单击"绘图"工具栏中的"直线"按钮 ⬈，绘制一条桥中墩立面轴线。

（5）单击"文字"工具栏中的"编辑文字"按钮 🅰，单击文字修改标高和文字。
完成的图形，如图 5-134 所示。

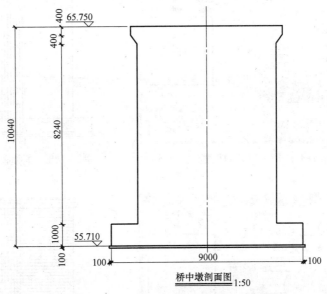

图 5-134　桥中墩剖面图调用和修改

3. 绘制桥中墩剖面钢筋

（1）单击"修改"工具栏中的"偏移"按钮 🗐，偏移选择刚刚绘制完的墩身立面轮廓线。指定的偏移距离为 100。完成的图形，如图 5-135 所示。

（2）单击"修改"工具栏中的"延伸"按钮 ⤍，拉伸钢筋到指定位置。完成的图形，如图 5-136 所示。

（3）单击"修改"工具栏中的"阵列"按钮 ⊞，复制垂直钢筋，阵列的设置，如图 5-137 所示。完成的图形，如图 5-138 所示。

（4）单击"修改"工具栏中的"复制"按钮 🗗，复制桥中墩上部钢筋，然后单击

"修改"工具栏中的"阵列"按钮⊞，复制横向钢筋，阵列的设置如图 5-139 所示。完成的图形，如图 5-140 所示。

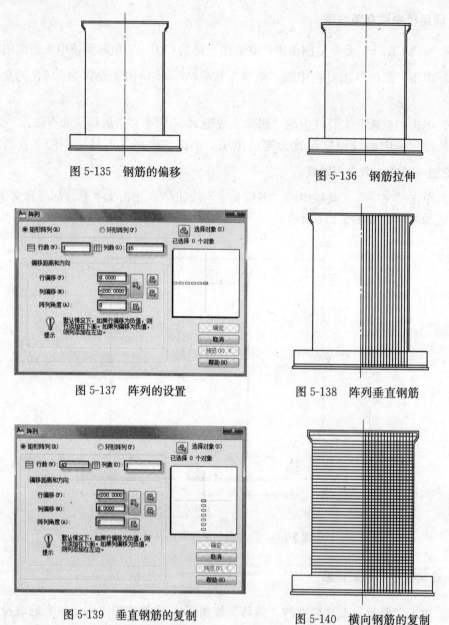

图 5-135　钢筋的偏移　　　　　　　　　　图 5-136　钢筋拉伸

图 5-137　阵列的设置　　　　　　　　　　图 5-138　阵列垂直钢筋

图 5-139　垂直钢筋的复制　　　　　　　　图 5-140　横向钢筋的复制

　（5）单击"绘图"工具栏中的"圆"按钮⊘，绘制一个直径为 16 的圆。

　（6）单击"绘图"工具栏中的"图案填充"按钮▨，单击对话框里"图案（P）"右边的按钮进行更换图案样例，进入"填充图案选项板"对话框，选择"SOLID"图例进行填充。

　（7）单击"修改"工具栏中的"复制"按钮⛁，把绘制好的钢筋复制到相应的位置。完成的图形如图 5-141 所示。

（8）单击"修改"工具栏中的"修剪"按钮 ，剪切钢筋的多余部分。完成的图形，如图 5-142 所示。

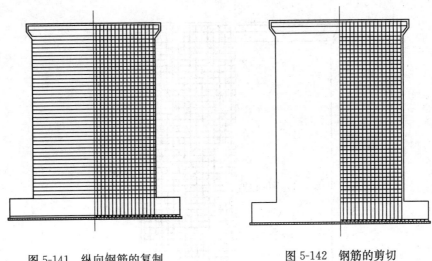

图 5-141 纵向钢筋的复制   图 5-142 钢筋的剪切

（9）单击"绘图"工具栏中的"图案填充"按钮 ，单击对话框里"图案（P）"右边的按钮进行更换图案样例，进入"填充图案选项板"对话框，选择"混凝土 3"图例进行填充。填充的比例为 15，如图 5-143 所示。

图 5-143 桥中墩剖面垫层填充设置

4. 标注文字

（1）单击"绘图"工具栏中的"多行文字"按钮 **A**，标注钢筋编号和型号。

（2）单击"修改"工具栏中的"复制"按钮 ，把相同的内容复制到指定的位置。注意文字标注时需要把文字图层设置为当前图层。完成的图形，如图 5-144 所示。

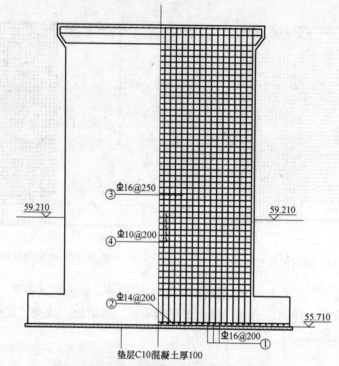

图 5-144　桥中墩剖面图文字标注

第6章 文字与表格

文字注释是图形中很重要的一部分内容，在进行各种设计时，通常不仅要绘出图形，还要在图形中标注一些文字，如技术要求、注释说明等，对图形对象加以解释。AutoCAD提供了多种写入文字的方法，本章将介绍文本的标注和编辑功能。图表在AutoCAD图形中也有大量的应用，如明细表、参数表和标题栏等，本章还介绍了与图表有关的内容。

学习要点

文本样式
文本标注
文本编辑
表格

6.1 文 本 样 式

所有AutoCAD图形中的文字都有和其相对应的文本样式。当输入文字对象时，AutoCAD使用当前设置的文本样式。文本样式是用来控制文字基本形状的一组设置。通过"文字样式"对话框，用户可方便、直观地设置自己需要的文本样式，或是对已有文本样式进行修改。

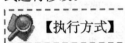【执行方式】

命令行：STYLE 或 DDSTYLE
菜单："格式"→"文字样式"
工具栏："文字"→"文字样式"

【操作步骤】

执行上述命令后，AutoCAD打开"文字样式"对话框，如图6-1所示。

【选项说明】

1. "样式"选项组

该选项组主要用于命名新样式名或对已有样式名进行相关操作。单击"新建"按钮，

图 6-1 "文字样式"对话框

AutoCAD 打开如图 6-2 所示的"新建文字样式"对话框。在"新建文字样式"对话框中，可以为新建的样式输入名字。

2. "字体"选项组

确定字体式样。文字的字体确定字符的形状，在 AutoCAD 中，除了它固有的 SHX 形状的字体文件外，还可以使用 TrueType 字体（如宋体、楷体等）。一种字体可以设置不同的样式从而被多种文本样式使用，例如，图 6-3 所示就是同一字体（宋体）的不同样式。

建筑设计建筑设计
建筑设计建筑设计
建筑设计建筑设计
建筑设计建筑设计
建筑设计建筑设计

图 6-2 "新建文字样式"对话框   图 6-3 同一字体的不同样式

"字体"选项组用来确定文本样式使用的字体文件、字体风格及字高等。其中，如果在此文本框中输入一个数值，作为创建文字时的固定字高，那么在用 TEXT 命令输入文字时，AutoCAD 不再提示输入字高。如果在此文本框中设置字高为 0，AutoCAD 则会在每一次创建文字时都提示输入字高。所以，如果不想固定字高，就可以在样式中设置字高为 0。

3. "大小"选项组

（1）"注释性"复选框。指定文字为注释性文字。

（2）"使文字方向与布局匹配"复选框。指定图纸空间视口中的文字方向与布局方向匹配。如果没有选中"注释性"复选框，则该选项不可用。

（3）"高度"文本框。设置文字高度。如果输入 0.0，则每次用该样式输入文字时，文字高度默认值为 0.2。输入大于 0.0 的高度值时，则为该样式设置固定的文字高度。在相同的高度设置下，TrueType 字体显示的高度要小于 SHX 字体显示的高度。如果选中"注释性"复选框，则将设置要在图纸空间中显示的文字的高度。

4. "效果"选项组

（1）"颠倒"复选框。选中此复选框，表示将文本文字倒置标注，如图 6-4（*a*）所示。

（2）"反向"复选框。确定是否将文本文字反向标注。图 6-4（*b*）给出了这种标注的效果。

ABCDEFGHIJKLMN   ABCDEFGHIJKLMN

ABCDEFGHIJKLMN   ABCDEFGHIJKLMN

（*a*）   （*b*）

图 6-4　文字倒置标注与反向标注

（3）"垂直"复选框：确定文本文字是水平标注还是垂直标注。选中此复选框时，为垂直标注，否则为水平标注，如图 6-5 所示。

> 🔳 **说 明**
>
> 本复选框只有在 SHX 字体下才可用。

abcd

a
b
c
d

图 6-5　垂直标注文字

（4）"宽度因子"文本框。设置宽度系数，确定文本字符的宽高比。当比例系数为 1 时，表示将按字体文件中定义的宽高比标注文字。当此系数小于 1 时，字会变窄；反之，字会变宽。

（5）"倾斜角度"文本框。用于确定文字的倾斜角度。角度为 0 时不倾斜，大于 0 时向右倾斜，小于 0 时向左倾斜。

5. "应用"按钮

确认对文本样式的设置。当建立新的样式或者对现有样式的某些特征进行修改后，都需单击此按钮，AutoCAD 确认所做的改动。

6.2　文　本　标　注

在绘图过程中，文字传递了很多设计信息，它可能是一个很长很复杂的说明，也可能是一个简短的文字信息。当需要标注的文本不太长时，用户可以利用 TEXT 命令创建单行文本。当需要标注很长、很复杂的文字信息时，用户可以用 MTEXT 命令创建多行文本。

6.2.1　单行文本标注

【执行方式】

命令行：TEXT

菜单:"绘图"→"文字"→"单行文字"

工具栏:"文字"→"单行文字"

【操作步骤】

命令:TEXT

单击相应的菜单项或在命令行输入 TEXT 命令后按 Enter 键,AutoCAD 提示:

当前文字样式: Standard 当前文字高度: 0.2000

指定文字的起点或[对正(J)/样式(S)]:

【选项说明】

1. 指定文字的起点

在此提示下,直接在绘图屏幕上点取一点作为文本的起始点,AutoCAD 提示:

指定高度<0.2000>:(确定字符的高度)

指定文字的旋转角度<0>:(确定文本行的倾斜角度)

输入文字:(输入文本)

在此提示下,输入一行文本后按 Enter 键,AutoCAD 继续显示"输入文字:"提示,可继续输入文本,在全部输入完后,在此提示下直接按 Enter 键,则退出 TEXT 命令。可见,使用 TEXT 命令也可创建多行文本,只是这种多行文本的每一行是一个对象,不能同时对多行文本进行操作。

> **说 明**
>
> 只有当前文本样式中设置的字符高度为 0 时,在使用 TEXT 命令时 AutoCAD 才出现要求用户确定字符高度的提示。
>
> AutoCAD 允许将文本行倾斜排列,图 6-6 所示为倾斜角度分别是 0、45°和-45°时的排列效果。在"指定文字的旋转角度<0>:"提示下,通过输入文本行的倾斜角度或在屏幕上拉出一条直线来指定倾斜角度。

图 6-6 文本行倾斜排列的效果

2. 对正(J)

在命令行提示下键入 J,用来确定文本的对齐方式,对齐方式决定文本的哪一部分与所选的插入点对齐。执行此选项后,命令行提示如下:

输入选项[对齐(A)/调整(F)/中心(C)/中间(M)/右®/左上(TL)/中上(TC)/右上(TR)/左中(ML)/正中(MC)/右中(MR)/左下(BL)/中下(BC)/右下(BR)]:

在此提示下选择一个选项作为文本的对齐方式。当文本串水平排列时,AutoCAD 为标注文本串定义了如图 6-7 所示的文本行顶线、中线、基线和底线,各种对齐方式如图 6-8所示,图中大写字母对应上述提示中的各命令。下面以"对齐"为例,进行简要说明。

对齐(A):选择此选项,要求用户指定文本行的基线的起始点与终止点的位置,命

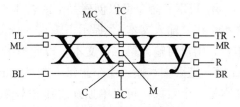

图 6-7　文本行的底线、基线、中线和顶线　　　　图 6-8　文本的对齐方式

令行提示如下：

指定文字基线的第一个端点：（指定文本行基线的起始点位置）

指定文字基线的第二个端点：（指定文本行基线的终止点位置）

输入文字：（输入一行文本后按 Enter 键）

输入文字：（继续输入文本或直接按 Enter 键结束命令）

执行结果：所输入的文本字符均匀地分布于指定的两端点之间，如果两端点间的连线不水平，则文本行倾斜放置，倾斜角度由两端点间的连线与 X 轴的夹角确定；字高、字宽则根据两端点间的距离、字符的多少以及文本样式中设置的宽度因子自动确定。指定了两端点之后，每行输入的字符越多，字宽和字高越小。

其他选项与"对齐"类似，在此不再赘述。

在实际绘图时，有时需要标注一些特殊字符，例如直径符号、上画线或下画线、温度符号等，由于这些符号不能直接从键盘上输入，AutoCAD 提供了一些控制码，用来实现特殊字符的标注。控制码由两个百分号（％％）加一个字符构成，常用的控制码如表 6-1 所示。

AutoCAD 常用控制码　　　　　　　　　　　　　　　　　表 6-1

符　　号	功　　能	符　　号	功　　能
％％O	上画线	\u+0278	电相位
％％U	下画线	\u+E101	流线
％％D	"度"符号	\u+2261	标识
％％P	正负符号	\u+E102	界碑线
％％C	直径符号	\u+2260	不相等
％％％	百分号%	\u+2126	欧姆
\u+2248	几乎相等	\u+03A9	欧米加
\u+2220	角度	\u+214A	低界线
\u+E100	边界线	\u+2082	下标 2
\u+2104	中心线	\u+00B2	上标 2
\u+0394	差值		

其中，％％O 和 ％％U 分别是上画线和下画线的开关，第一次出现此符号时，开始画上画线和下画线；第二次出现此符号时，上画线和下画线终止。例如，在"Text："提示后输入"I want to ％％U go to Beijing％％U."，则得到如图 6-9（a）所示的文本行，输入"50％％D+％％C75％％P12"，则得到如图 6-9（b）所示的文本行。

I want to go to Beijing.　　(a)

50°+∅75±12　　(b)

图 6-9　文本行

用 TEXT 命令可以创建一个或若干个单行文本，也就是说，用此命令可以标注多行文本。在"输入文本："提示下输入一行文本后按 Enter 键，AutoCAD 继续提示"输入文本："，用户可输入第二行文本，以此类推，直到文本全部输完，再在此提示下直接按 Enter 键，结束文本输入命令。每一次按 Enter 键就结束一个单行文本的输入，每一个单行文本是一个对象，可以单独修改其文本样式、字高、旋转角度和对齐方式等。

用 TEXT 命令创建文本时，在命令行输入的文字同时显示在屏幕上，而且在创建过程中可以随时改变文本的位置，只要将光标移到新的位置单击，则当前行结束，随后输入的文本就会在新的位置出现。用这种方法可以把多个单行文本标注到屏幕的任何地方。

6.2.2 多行文本标注

【执行方式】

命令行：MTEXT

菜单："绘图"→"文字"→"多行文字"

工具栏："绘图"→"多行文字" A 或 "文字"→"多行文字" A

【操作步骤】

命令：MTEXT

单击相应的菜单项或工具栏图标，或在命令行输入 MTEXT 命令后按 Enter 键，命令行提示如下：

当前文字样式："Standard" 当前文字高度：1.9122

指定第一角点：(指定矩形框的第一个角点)

指定对角点或[高度(H)/对正(J)/行距(L)/旋转(R)/样式(S)/宽度(W)/栏(C)]：

【选项说明】

1. 指定对角点

直接在屏幕上拾取一个点作为矩形框的第二个角点，AutoCAD 以这两个点为对角点形成一个矩形区域，其宽度作为将来要标注的多行文本的宽度，而且以第一个点作为第一行文本顶线的起点。响应后 AutoCAD 打开如图 6-10 所示的多行文字编辑器，可利用此编辑器输入多行文本并对其格式进行设置。关于编辑器中各项的含义与功能，稍后再详细介绍。

2. 对正 (J)

确定所标注文本的对齐方式。选取此选项，AutoCAD 提示：

输入对正方式[左上(TL)/中上(TC)/右上(TR)/左中(ML)/正中(MC)/右中(MR)/左下(BL)/中下(BC)/右下(BR)]<左上(TL)>：

这些对正方式与 TEXT 命令中的各对齐方式相同，在此不再重复。选取一种对正方

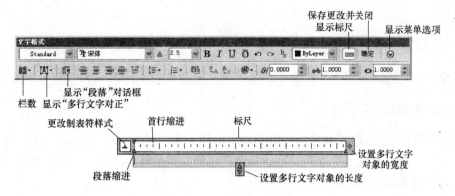

图 6-10　多行文字编辑器

式后按 Enter 键，AutoCAD 回到上一级提示。

3. 行距（L）

确定多行文本的行间距，这里所说的行间距是指相邻两文本行的基线之间的垂直距离。执行此选项，AutoCAD 提示：

输入行距类型［至少(A)/精确(E)］<至少(A)>：

在此提示下，有两种确定行间距的方式，"至少"方式和"精确"方式。在"至少"方式下，AutoCAD 根据每行文本中最大的字符自动调整行间距。在"精确"方式下，AutoCAD 给多行文本赋予一个固定的行间距。可以直接输入一个确切的间距值，也可以输入"nx"的形式，其中 n 是一个具体数，表示行间距设置为单行文本高度的 n 倍，而单行文本高度是本行文本字符高度的 1.66 倍。

4. 旋转（R）

确定文本行的倾斜角度。执行此选项，AutoCAD 提示：

指定旋转角度<0>：(输入倾斜角度)

输入角度值后按 Enter 键，AutoCAD 返回到"指定对角点或［高度（H）/对正（J）/行距（L）/旋转®/样式（S）/宽度（W）］："提示。

5. 样式（S）

确定当前的文本样式。

6. 宽度（W）

指定多行文本的宽度。可在屏幕上选取一点，以此点与前面确定的第一个角点组成矩形框的宽作为多行文本的宽度。也可以输入一个数值，精确设置多行文本的宽度。

在创建多行文本时，只要给定了文本行的起始点和宽度，AutoCAD 就会打开如图 6-10 所示的多行文字编辑器，该编辑器包含一个"文字格式"工具栏和一个右键快捷菜单。用户可以在该编辑器中输入和编辑多行文本，包括设置字高、文本样式以及倾斜角度等。

该编辑器的界面与 Microsoft 的 Word 编辑器界面类似，事实上该编辑器与 Word 编辑器在某些功能上趋于一致。这样既增强了多行文字编辑功能，又使用户更熟悉和方便，效果很好。

7. 栏（C）

根据栏宽，栏间距宽度和栏高组成矩形框，打开如图 6-10 所示的多行文字编辑器。

8. “文字格式”工具栏

“文字格式”工具栏用来控制文本的显示特性。用户可以在输入文本之前设置文本的特性，也可以改变已输入文本的特性。要改变已有文本的显示特性，首先应选择要修改的文本，选择文本有以下 3 种方法：

（1）将光标定位到文本开始处，拖动鼠标到文本末尾。

（2）双击某一个字，则该字被选中。

（3）连续单击 3 次则选中全部内容。

下面介绍一下多行文字编辑器中部分选项的功能：

（1）“高度”下拉列表框：该下拉列表框用来确定文本的字符高度，可在文本编辑框中直接输入新的字符高度，也可从下拉列表中选择已设定过的高度。

（2）“B”按钮和“I”按钮：这两个按钮用来设置字体的黑体或斜体效果。这两个按钮只对 TrueType 字体有效。

（3）“下划线” U 按钮与“上划线” O 按钮：这两个按钮用于设置或取消上（下）画线。

（4）“堆叠”按钮：该按钮为层叠/非层叠文本按钮，用于层叠所选的文本，也就是创建分数形式的文本。当文本中某处出现“/”、“^”或“#”这 3 种层叠符号之一时可层叠文本，方法是选中需层叠的文字，然后单击此按钮，则符号左边文字作为分子，右边文字作为分母。AutoCAD 提供了 3 种分数形式，如选中“abcd/efgh”后单击此按钮，得到如图 6-11（*a*）所示的分数形式，如果选中“abcd^efgh”后单击此按钮，则得到如图 6-11（*b*）所示的形式，此形式多用于标注极限偏差，如果选中“abcd # efgh”后单击此按钮，则创建斜排的分数形式，如图 6-11（*c*）所示。如果选中已经层叠的文本对象后单击此按钮，则文本恢复到非层叠形式。

$\frac{abcd}{efgh}$ (*a*)　　$\genfrac{}{}{0pt}{}{abcd}{efgh}$ (*b*)　　$^{abcd}/_{efgh}$ (*c*)

图 6-11　文本层叠

（5）“倾斜角度”下拉列表框 0/：设置文字的倾斜角度。

说 明

说明：倾斜角度与斜体效果是两个不同概念，前者可以设置任意倾斜角度，后者是在任意倾斜角度的基础上设置斜体效果，如图 6-12 所示。第一行倾斜角度为 0，非斜体；第二行倾斜角度为 12°，非斜体；第三行倾斜角度为 12°，斜体。

建筑设计

建筑设计

建筑设计

图 6-12　倾斜角度与斜体效果

（6）"符号"按钮 **@▾**：用于输入各种符号。单击该按钮，系统打开符号列表，如图 6-13 所示。可以从中选择符号输入到文本中。

（7）"插入字段"按钮 **圖**：插入一些常用或预设字段。单击该按钮，系统打开"字段"对话框，如图 6-14 所示。用户可以从中选择字段并插入到标注文本中。

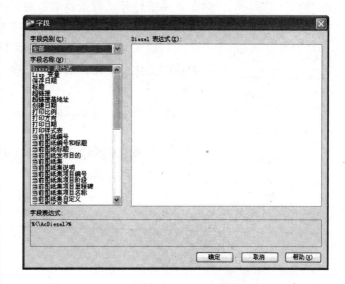

图 6-13　符号列表　　　　　　　　　　图 6-14　"字段"对话框

（8）"追踪"下拉列表框 **a◦b**：增大或减小选定字符之间的间距。设置为 1.0 是常规间距，设置为大于 1.0 可增大间距，设置为小于 1.0 可减小间距。

（9）"栏"下拉列表框 **蘥**：显示"栏"弹出菜单，该菜单提供 3 个"栏"选项："不分栏"、"静态栏"和"动态栏"。

（10）"多行文字对正"下拉列表框 **Ⓐ▾**：显示"多行文字对正"菜单，并且有 9 个对正选项可用。"左上"为默认。

（11）"宽度"下拉列表框 **⬯**：扩展或收缩选定字符。设置为 1.0 代表此字体中字母是常规宽度。可以增大该宽度或减小该宽度。

9. "选项"菜单

在"文字格式"工具栏上单击"选项"按钮 **⬇**，系统打开"选项"菜单，如图 6-15 所示。其中许多选项与 Word 中相关选项类似，这里只对其中比较特殊的选项简单介绍一下。

（1）符号：在光标位置插入列出的符号或不间断空格。也可以手动插入符号。

（2）输入文字：显示"选择文件"对话框，如图 6-16 所示。选择任意 ASCII 或 RTF

图 6-15 "选项"
菜单

格式的文件。输入的文字保留原始字符格式和样式特性，但可以在多行文字编辑器中编辑和格式化输入的文字。选择要输入的文本文件后，可以在文字编辑框中替换选定的文字或全部文字，或在文字边界内将插入的文字附加到选定的文字中。输入文字的文件必须小于 32K。

（3）背景遮罩：用设定的背景对标注的文字进行遮罩。选择该命令，系统打开"背景遮罩"对话框，如图 6-17 所示。

（4）删除格式：清除选定文字的粗体、斜体或下划线格式。

（5）插入字段："字段"对话框中可用的选项随字段类别和字段名称的变化而变化。选择该命令，系统打开"字段"对话框如图6-18所示。

（6）字符集：显示代码页菜单。选择一个代码页并将其应用到选定的文字。

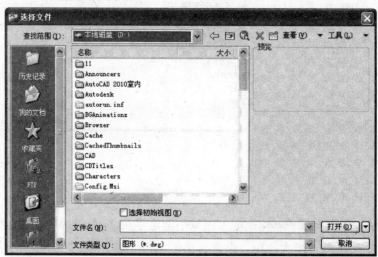

图 6-16 "选择文件"对话框

图 6-17 "背景遮罩"对话框

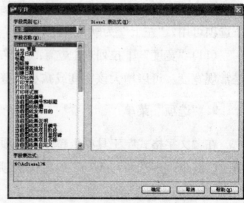

图 6-18 "字段"对话框

6.2.3　文本编辑

【执行方式】

命令行：DDEDIT

菜单："修改"→"对象"→"文字"→"编辑"

工具栏："文字"→"编辑"

快捷菜单："修改多行文字"或"编辑文字"

【操作步骤】

单击相应的菜单项，或在命令行输入 DDEDIT 命令后按 Enter 键，AutoCAD 提示：

命令：DDEDIT

选择注释对象或[放弃(U)]：

选择要修改的文本，同时光标变为拾取框。用拾取框单击对象，如果选取的文本是用 TEXT 命令创建的单行文本，选取后则深显该文本，可对其进行修改。如果选取的文本是用 MTEXT 命令创建的多行文本，选取后则打开多行文字编辑器（如图 6-10 所示），可根据前面的介绍对各项设置或内容进行修改。

6.2.4　实例——绘制坡口平焊的钢筋接头

（1）首先在图中绘制一条长 100 的直线，然后在其中点绘制一条长为 10 的竖线，如图 6-19 所示。将上述绘制的箭头部分利用"复制"命令复制到图中，箭头的定点对准十字的中心，如图 6-20 所示。

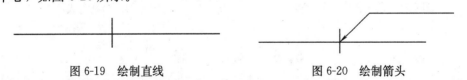

图 6-19　绘制直线　　　　　　　　　　图 6-20　绘制箭头

（2）在工具栏空白部分单击鼠标右键，选择"对象捕捉"选项，打开捕捉辅助工具栏，如图 6-21 所示。其中按钮" " 可以帮助捕捉线段的中点。

图 6-21　对象捕捉工具栏

（3）在箭头的尾部水平线上一点，绘制两条倾斜度为 45°的直线。绘制时可先在直线上选取一点，然后在命令行提示输入下一点时输入：@5，5，绘制一条 45°的直线，再利用镜像命令将其复制到另一侧，绘制完后如图 6-22 所示。

（4）选择菜单栏中的"格式"→"文字样式"命令，打开"文字样式"对话框。如图 6-23 所示。

（5）单击"新建"按钮，将新建文字样式命名为"标注文字"，单击确定，如图 6-24 所

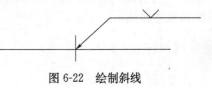

图 6-22　绘制斜线

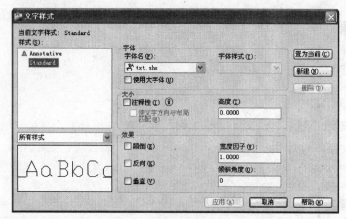

图 6-23　"文字样式"对话框

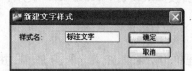

图 6-24　新建文字样式

示。在字体名下拉菜单中选择"Times New Roman"字体，字符高度设置为5，单击应用并关闭文字样式对话框。

（6）单击"绘图"工具栏中的"多行文字"按钮 A，打开文字格式对话框，在斜直线的上方输入"60°"和"b"，并将"b"字符倾斜角度设置为15，并移动到适当位置，完成绘制。如图6-25 和图 6-26 所示。

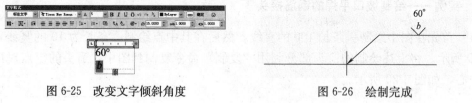

图 6-25　改变文字倾斜角度　　　　　　　图 6-26　绘制完成

6.3　表　　格

在以前的版本中，必须采用绘制图线或者图线结合偏移或复制等编辑命令来完成表格的绘制。这样的操作过程繁琐而复杂，不利于提高绘图效率。从 AutoCAD 2005 开始，新增加了一个"表格"绘图功能，有了该功能，创建表格就变得非常容易，用户可以直接插入设置好样式的表格，而不用绘制由单独的图线组成的表格。

6.3.1　定义表格样式

和文字样式一样，所有 AutoCAD 图形中的表格都有和其相对应的表格样式。当插入表格对象时，AutoCAD 使用当前设置的表格样式。表格样式是用来控制表格基本形状和间距的一组设置。模板文件 ACAD. DWT 和 ACADISO. DWT 中定义了名叫 STANDARD 的默认表格样式。

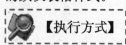【执行方式】

命令行：TABLESTYLE

菜单："格式"→"表格样式"

工具栏："样式"→"表格样式管理器"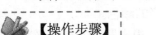

【操作步骤】

命令：TABLESTYLE

在命令行输入 TABLESTYLE 命令，或在"格式"菜单中单击"文字样式"命令，或者在"样式"工具栏中单击"表格样式管理器"按钮，AutoCAD 就会打开"表格样式"对话框。

【选项说明】

1. "新建"按钮

单击该按钮，系统打开"创建新的表格样式"对话框，如图 6-27 所示。输入新的表格样式名后，单击"继续"按钮，系统打开"新建表格样式"对话框，如图 6-28 所示。用户可以从中定义新建表格样式。

（1）"起始表格"选项组

选择起始表格：可以在图形中选择一个要应用新表格样式设置的表格。

（2）"基本"选项组

图 6-27　"创建新的表格样式"对话框

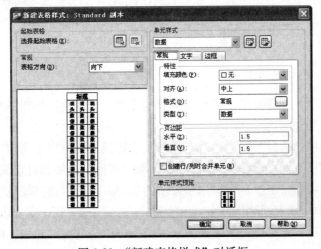

图 6-28　"新建表格样式"对话框

"表格方向"下拉列表框：包括"向下"或"向上"选项。选择"向上"选项，是指创建由下而上读取的表格，标题行和列标题行都在表格的底部。选择"向下"选项，是指创建由上而下读取的表格，标题行和列标题行都在表格的顶部。

（3）"单元样式"选项组

"单元样式"下拉列表框：选择要应用到表格的单元样式，或通过单击"单元样式"下拉列表右侧的按钮，来创建一个新单元样式。

(4)"基本"选项卡

1)"填充颜色"下拉列表框：指定填充颜色。选择"无"或选择一种背景色，或者单击"选择颜色"命令，在打开的"选择颜色"对话框中选择适当的颜色。

2)"对齐"下拉列表框：为单元内容指定一种对齐方式。"中心"对齐指水平对齐；"中间"对齐指垂直对齐。

3)"格式"按钮：设置表格中各行的数据类型和格式。单击"…"按钮，弹出"表格单元格式"对话框，从中可以进一步定义格式选项。

4)"类型"下拉列表框：将单元样式指定为"标签"格式或"数据"格式，在包含起始表格的表格样式中插入默认文字时使用，也用于在工具选项板上创建表格工具的情况。

5)"页边距-水平"文本框：设置单元中的文字或块与左右单元边界之间的距离。

6)"页边距-垂直"文本框：设置单元中的文字或块与上下单元边界之间的距离。

7)"创建行/列时合并单元"复选框：把使用当前单元样式创建的所有新行或新列合并到一个单元中。

(5)"文字"选项卡

1)"文字样式"选项：指定文字样式。选择文字样式，或单击"…"按钮，在弹出的"文字样式"对话框中，创建新的文字样式。

2)"文字高度"文本框：指定文字高度。此选项仅在选定文字样式的文字高度为0时适用（默认文字样式STANDARD的文字高度为0）。如果选定的文字样式指定了固定的文字高度，则此选项不可用。

3)"文字颜色"下拉列表框：指定文字颜色。选择一种颜色，或者单击"选择颜色"命令，在弹出的"选择颜色"对话框中，选择适当的颜色。

4)"文字角度"文本框：设置文字角度，默认的文字角度为0。可以输入$-359°\sim+359°$之间的任何角度。

(6)"边框"选项卡。

1)"线宽"选项：设置要用于显示的边界的线宽。如果使用加粗的线宽，可能必须修改单元边距才能看到文字。

2)"线型"选项：通过单击"边框"按钮，设置线型以应用于指定边框。将显示标准线型"随块"、"随层"和"连续"，或者可以选择"其他"来加载自定义线型。

3)"颜色"选项：指定颜色以应用于显示的边界。单击"选择颜色"命令，在弹出的"选择颜色"对话框中选择适当的颜色。

4)"双线"选项：指定选定的边框为双线型。可以通过在"间距"框中输入值来更改行距。

5)"边框显示"按钮：应用选定的边框选项。单击此按钮可以将选定的边框选项应用到所有的单元边框，外部边框、内部边框、底部边框、左边框、顶部边框、右边框或无边框。对话框中的"单元样式预览"将更新及显示设置后的效果。

2."修改"按钮

对当前表格样式进行修改，方式与新建表格样式相同。

6.3.2　创建表格

在设置好表格样式后，用户可以利用 TABLE 命令创建表格。

【执行方式】

命令行：TABLE
菜单："绘图"→"表格"
工具栏："绘图"→"表格"

【操作步骤】

命令：TABLE ↙

在命令行输入 TABLE 命令，或者在"绘图"菜单中单击"表格"命令，或者在"绘图"工具栏中单击"表格"按钮，AutoCAD 都会打开"插入表格"对话框，如图 6-22 所示。

【选项说明】

1．"表格样式"选项组

可以在"表格样式"下拉列表框中选择一种表格样式，也可以通过单击后面的"┈"按钮来新建或修改表格样式。

2．"插入选项"选项组

（1）"从空表格开始"单选钮：创建可以手动填充数据的空表格。
（2）"自数据连接"单选钮：通过启动数据连接管理器来创建表格。
（3）"自图形中的对象数据"单选钮：通过启动"数据提取"向导来创建表格。

3．"插入方式"选项组

（1）"指定插入点"单选钮
指定表格的左上角的位置。可以使用定点设备，也可以在命令行中输入坐标值。如果表格样式将表格的方向设置为由下而上读取，则插入点位于表格的左下角。
（2）"指定窗口"单选钮
指定表的大小和位置。可以使用定点设备，也可以在命令行中输入坐标值。选定此选项时，行数、列数、列宽和行高取决于窗口的大小以及列和行设置。

4．"列和行设置"选项组

指定列和数据行的数目以及列宽与行高。

5．"设置单元样式"选项组

指定"第一行单元样式"、"第二行单元样式"和"所有其他行单元样式"分别为标题、表头或者数据样式。

> 📖 **说 明**
>
> 　　在"插入方式"选项组中选择了"指定窗口"单选按钮后，列与行设置的两个参数中只能指定一个，另外一个由指定窗口大小自动等分指定。

　　在上面的"插入表格"对话框中进行相应设置后，单击"确定"按钮，系统在指定的插入点或在窗口中自动插入一个空表格，并显示多行文字编辑器，用户可以逐行逐列地输入相应的文字或数据，如图 6-29 所示。

图 6-29　多行文字编辑器

> 📖 **说 明**
>
> 　　在插入表格后的表格中选择某一个单元格，单击后出现钳夹点，通过移动钳夹点可以改变单元格的大小。如图 6-30 所示。
>
>
>
> 图 6-30　改变单元格大小

6.3.3　表格文字编辑

【执行方式】

　　命令行：TABLEDIT
　　快捷菜单：选定表格的一个或多个单元格后，右击，弹出一个右键快捷菜单，单击此菜单上的"编辑文字"命令（如图 6-31 所示）。

【操作步骤】

　　命令：TABLEDIT
　　系统打开多行文字编辑器，用户可以对指定表格的单元格中的文字进行编辑。

图 6-31　快捷菜单

6.4 综合实例——绘制建筑结构图常用表格

建筑结构图中包括标题栏、会签栏、材料表、钢筋表、螺栓表等表格，其形式及标题均一致，因此可以将其事先绘制出来，保存成模块，在以后的绘图过程中随时调用。

AutoCAD2011 推出了表格的绘制，这项功能使绘制表格的过程像在 Word 中一样方便、快捷。下面就结合 AutoCAD 的表格功能讲解常用表格的绘制。

6.4.1 建立新文件

首先打开 AutoCAD，单击"标准"工具栏中的"新建"按钮，或选择菜单栏中的"文件"→"新建"命令，系统打开"选择样板"对话框，如图 6-32 所示，在"打开"下拉列表中选择"无样板打开—公制"，建立新文件，单击"标准"工具栏上的 按钮，打开"图形另存为"对话框，如图 6-33 所示，输入图形名，单击"保存"按钮进行保存。

图 6-32 选择样板 图 6-33 保存文件

6.4.2 绘制标题栏

（1）每个图纸都包含标题栏，上一章具体介绍了其形式及尺寸要求，这一节开始绘制其模块。首先打开"常用表格"文件。单击"绘图"工具栏中的"表格"按钮" "，或选择菜单栏中的"绘图"→"表格…"命令，打开"插入表格"对话框，如图 6-34。

（2）由于标题栏的样式比较简单，可另外新建一种表格样式，将其绘制出来。单击表格样式名称后面的按钮，打开"表格样式"对话框，如图 6-35 所示。

（3）在"表格样式"对话框中，包括当前已有的表格样式列表（对话框左侧）、表格样式的预览，在对话框右侧有 4 个按钮，第一个为"置为当前"，即将所选表格样式设置为当前样式，第二个按钮为"新建"按钮，可以用来创建自定义的表格样式，第三个为"修改"按钮，用来对已有表格样式的修改，第四个按钮为"删除"，可以将不用的表格样式删除，当表格样式为当前样式时不可用，此时为灰色。单击"新建…"按钮，打开新建表格样式对话框，将表格名称填写为"自定义 1"，单击"继续"按钮。如图 6-36 所示。

（4）随即打开"新建表格样式"对话框，如图 6-37 所示。

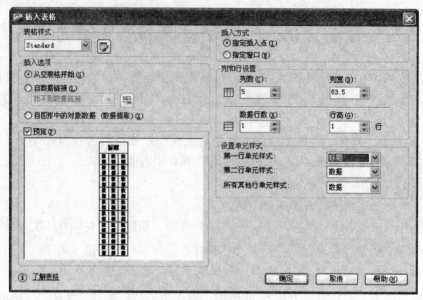

图 6-34 "插入表格"对话框

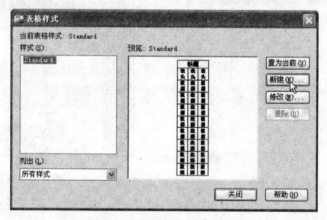

图 6-35 "表格样式"对话框

（5）选择文字和边框选项卡，如图 6-38 和图 6-39 所示。

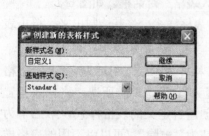

图 6-36 创建新的表格样式

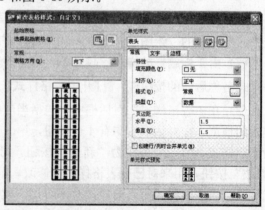

图 6-37 新建表格样式

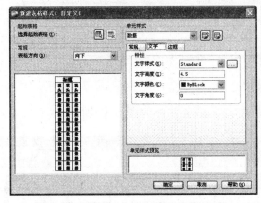 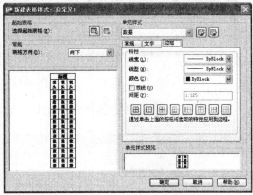

图 6-38　"文字"选项卡　　　　　　图 6-39　"边框"选项卡

（6）返回"常规"选项卡，在"对齐"菜单栏中选择"正中"，将"边框特性"中区域内，选择"栅格线宽"为 0.35mm，单击第一个按钮"⊞"，可以在预览区域内看到线宽的变化情况。再选择线宽为 0.7mm，单击第二个按钮"⊞"（建筑制图规定，标题栏的外框线宽为 0.7mm，内框线宽 0.35mm），单击确定。

（7）回到"表格样式"对话框，单击"置为当前"按钮，然后单击"关闭"，回到"插入表格"对话框。可以看到，"表格样式名称"文本框中显示的是"自定义1"，说明已经将刚刚创建的新表格样式置为当前样式。

（8）将右侧"列"选项中设为4，"列宽"为60；"行"设为1，"行高"为"1"行，单击确定，如图 6-40 所示。可以看到，有一个表格跟随鼠标移动，在图纸上单击鼠标左键，创建表格，如图 6-41 所示。

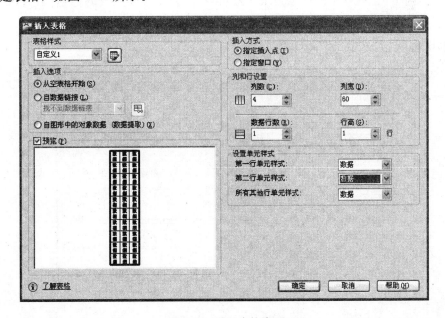

图 6-40　设置表格类型

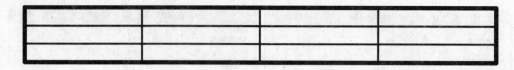

图 6-41 插入表格

（9）按 shift 键选中要合并的单元格，然后将单元格合并，如图 6-42 所示。

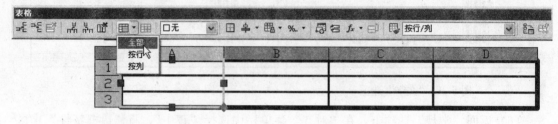

图 6-42 合并单元格

（10）使用同样的方法合并单元格，结果如图 6-43 所示。

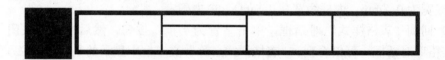

图 6-43 绘制标题栏

（11）标题栏还有其他形式，可以根据具体要求依照上述方法进行绘制，这里不再详述。单击"绘图"工具栏中的"创建块"按钮，选择绘制完成的标题栏，将其保存为模块，命名为"标题栏"，如图 6-44 所示。这样就可以在以后的绘图中通过插入块将其插入到所需的图中。

图 6-44 保存标题栏模块

6.4.3 绘制会签栏

（1）绘制会签栏，设置另外一种表格类型，定义为"自定义 2"。同样，依照上述方法，打开"插入表格"对话框，新建表格样式，命名为"自定义 2"。在"单元样式"的下拉菜单中将标题、表头、数据文字高度均设置为 3，对齐位置设置为"正中"，线宽同"自定义 1"的设置一致，将外框线设置为 0.7mm，内框线为 0.35mm。在这里将页边距垂直改为"1"，如图 6-45 所示，单击确定，完成表格类型设置。

图 6-45 设置"自定义 2"表格类型

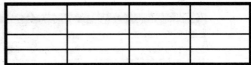
图 6-46 插入表格

（2）返回到"插入表格"对话框，将列设置为 4，列宽为 25，行设置为 2，行高为 1行，单击确定，用鼠标左键创建表格，如图 6-46 所示。创建后系统自动提示输入文字，将会签栏上的列标题输入进去，如图 6-47 所示。输入完后完成会签栏的绘制，如图 6-48。

（3）单击"绘图"工具栏中的"创建块"按钮，将会签栏保存成模块，命名为"会签栏"。以便以后绘图调用。

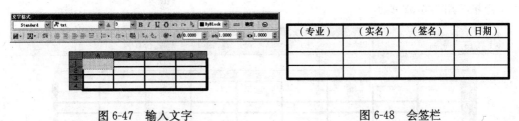
图 6-47 输入文字

图 6-48 会签栏

6.4.4 绘制材料明细表

（1）单击"绘图"工具栏中的"表格"按钮，打开"插入表格"对话框，新建表格样式，命名为"材料表"。并修改表格设置，文字高度均设置为 3，对齐位置设置为"正中"，线宽同"自定义 1"的设置一致，将外框线设置为 0.3mm，内框线为 0.35mm。如图 6-49 所示。

（2）回到插入表格对话框，行数设置为 10，列数设置为 9，列宽设置为 20，行高为 1 行，设置如图 6-50 所示。插入后如图 6-51 所示。

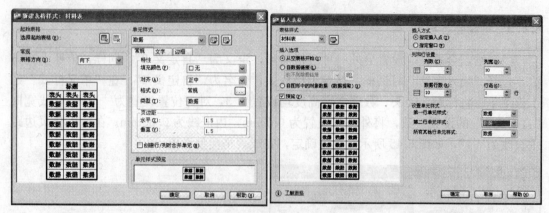

图 6-49　设置表格样式　　　　　　　　　　图 6-50　插入表格

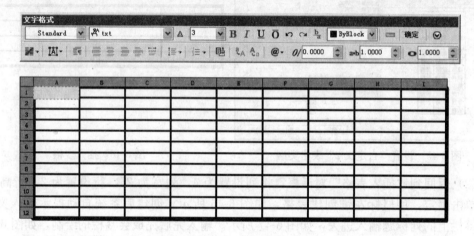

图 6-51　插入表格

（3）单击文字编辑工具栏中的确定，回到绘图界面。然后利用前面所讲述的方法将单元格合并，如图 6-52 所示。

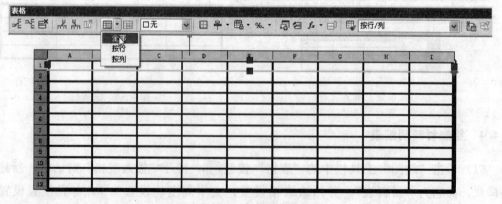

图 6-52　合并单元格

利用此方法，将表格进行修改，修改后如图 6-53 所示。

双击单元格，打开文字编辑工具，在表格中输入标题及页眉，如图 6-54 所示。

其他表格绘制方法同上面类似，这里就不一一详述了。

图 6-53　修改表格

材料明细表								
构件编号	零件编号	规格	长度(mm)	数量		质量(kg)		总计(kg)
				单计	共计	单计	共计	

图 6-54　添加文字

第7章 尺 寸 标 注

尺寸标注是绘图设计过程中相当重要的一个环节。因为图形的主要作用是表达物体的形状，而物体各部分的真实大小和确切位置只能通过尺寸标注来描述，因此，如果没有正确的尺寸标注，绘制出的图纸对于加工制造就没什么意义。本章介绍 AutoCAD 的尺寸标注功能，主要内容包括：尺寸标注的规则与组成、尺寸样式、尺寸标注、引线标注、尺寸标注编辑等。

学习要点

尺寸样式

标注尺寸

引线标注

编辑尺寸标注

7.1 尺 寸 样 式

组成尺寸标注的尺寸界线、尺寸线、尺寸文本及箭头等都可以采用多种多样的形式，在实际标注一个几何对象的尺寸时，尺寸标注样式决定尺寸标注以什么形态出现。它主要决定尺寸标注的形式，包括尺寸线、尺寸界线、箭头和中心标记等的形式，以及尺寸文本的位置、特性等。在 AutoCAD 2011 中，用户可以利用"标注样式管理器"对话框方便地设置自己需要的尺寸标注样式。下面介绍如何定制尺寸标注样式。

7.1.1 新建或修改尺寸样式

在进行尺寸标注之前，要建立尺寸标注的样式。如果用户不建立尺寸样式而直接进行标注，系统就会使用默认的、名称为 STANDARD 的样式。如果用户认为使用的标注样式有某些设置不合适，那么也可以修改标注样式。

【执行方式】

命令行：DIMSTYLE

菜单："格式"→"标注样式" 或 "标注"→"标注样式"

工具栏："标注"→"标注样式"

【操作步骤】

命令：DIMSTYLE

执行上述命令后，AutoCAD 打开"标注样式管理器"对话框，如图 7-1 所示。利用此对话框用户可方便直观地设置和浏览尺寸标注样式，包括建立新的标注样式、修改已存在的样式、设置当前尺寸标注样式、标注样式重命名以及删除一个已存在的标注样式等。

【选项说明】

1. "置为当前"按钮

单击此按钮，把在"样式"列表框中选中的标注样式设置为当前尺寸标注样式。

2. "新建"按钮

定义一个新的尺寸标注样式。单击此按钮，AutoCAD 打开"创建新标注样式"对话框，如图 7-2 所示，利用此对话框可创建一个新的尺寸标注样式。下面介绍其中各选项的功能。

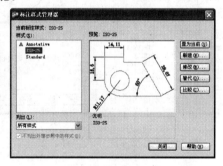

图 7-1 "标注样式管理器"对话框

图 7-2 "创建新标注样式"对话框

（1）新样式名：给新的尺寸标注样式命名。

（2）基础样式：选取创建新样式所基于的标注样式。单击右侧的下三角按钮，显示当前已存在的标注样式列表，从中选取一个样式作为定义新样式的基础样式，新的样式是在这个样式的基础上修改一些特性得到的。

（3）用于：指定新样式应用的尺寸类型。单击右侧的下三角按钮，显示尺寸类型列表，如果新建样式应用于所有尺寸标注，则选"所有标注"；如果新建样式只应用于特定的尺寸标注（例如只在标注直径时使用此样式），则选取相应的尺寸类型。

（4）继续：设置好各选项以后，单击"继续"按钮，AutoCAD 打开"新建标注样式"对话框，如图 7-3 所示，利用此对话框可对新样式的各项特性进行设置。该对话框中各部分的含义和功能将在后面介绍。

3. "修改"按钮

修改一个已存在的尺寸标注样式。单击此按钮，AutoCAD 打开"修改标注样式"对话框，该对话框中的各选项与"新建标注样式"对话框中的各选项完全相同，用户可以在此对话框中对已有标注样式进行修改。

4. "替代"按钮

设置临时覆盖尺寸标注样式。单击此按钮，AutoCAD 打开"替代当前样式"对话框，该对话框中的各选项与"新建标注样式"对话框中的各选项完全相同，用户可通过改变选项的设置来覆盖原来的设置，但这种修改只对指定的尺寸标注起作用，而不影响当前尺寸样式变量的设置。

5. "比较"按钮

比较两个尺寸标注样式在参数上的区别，或浏览一个尺寸标注样式的参数设置。单击此按钮，AutoCAD 打开"比较标注样式"对话框，如图 7-4 所示。用户可以把比较结果复制到剪贴板上，然后再粘贴到其他的 Windows 应用软件上。

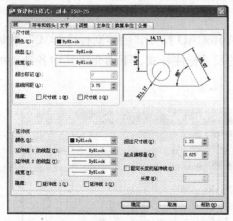

图 7-3 "新建标注样式"对话框

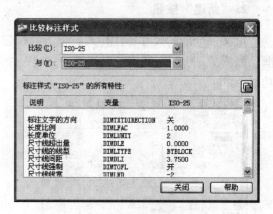

图 7-4 "比较标注样式"对话框

7.1.2 线

在"新建标注样式"对话框中，第 1 个选项卡就是"线"选项卡，如图 7-3 所示。该选项卡用于设置尺寸线、尺寸界线的形式和特性。下面分别进行说明。

1. "尺寸线"选项组

该选项组用于设置尺寸线的特性。其中各主要选项的含义如下：

（1）"颜色"下拉列表框

设置尺寸线的颜色。可直接输入颜色名字，也可从下拉列表中选择，或者单击"选择颜色"命令，AutoCAD 打开"选择颜色"对话框，用户可从中选择其他颜色。

（2）"线型"下拉列表框

设定尺寸线的线型。

（3）"线宽"下拉列表框

设置尺寸线的线宽，下拉列表中列出了各种线宽的名字和宽度。AutoCAD 将设置值保存在 DIMLWD 变量中。

（4）"超出标记"微调框

当尺寸箭头设置为短斜线、短波浪线等，或尺寸线上无箭头时，可利用此微调框设置尺寸线超出尺寸界线的距离。其相应的尺寸变量是 DIMDLE。

（5）"基线间距"微调框

以基线方式标注尺寸时，设置相邻两尺寸线之间的距离，其相应的尺寸变量是 DIM-DLI。

（6）"隐藏"复选框组

确定是否隐藏尺寸线及其相应的箭头。选中"尺寸线 1"复选框表示隐藏第一段尺寸线，选中"尺寸线 2"复选框表示隐藏第二段尺寸线。其相应的尺寸变量分别为 DIMSD1 和 DIMSD2。

2. "尺寸界线"选项组

该选项组用于确定尺寸界线的形式。其中各主要选项的含义如下：

（1）"颜色"下拉列表框

设置尺寸界线的颜色。

（2）"线宽"下拉列表框

设置尺寸界线的线宽，AutoCAD 把其值保存在 DIMLWE 变量中。

（3）"超出尺寸线"微调框

确定尺寸界线超出尺寸线的距离，其相应的尺寸变量是 DIMEXE。

（4）"起点偏移量"微调框

确定尺寸界线的实际起始点相对于指定的尺寸界线的起始点的偏移量，其相应的尺寸变量是 DIMEXO。

（5）"隐藏"复选框组

确定是否隐藏尺寸界线。选中"尺寸界线 1"复选框表示隐藏第一段尺寸界线，选中"尺寸界线 2"复选框表示隐藏第二段尺寸界线。其相应的尺寸变量分别为 DIMSE1 和 DIMSE2。

（6）"固定长度的尺寸界线"复选框

选中该复选框，表示系统以固定长度的尺寸界线标注尺寸。可以在下面的"长度"微调框中输入长度值。

3. 尺寸样式显示框

在"新建标注样式"对话框的右上方，有一个尺寸样式显示框，该显示框以样例的形式显示用户设置的尺寸样式。

7.1.3　符号和箭头

在"新建标注样式"对话框中，第 2 个选项卡是"符号和箭头"选项卡，如图 7-5 所示。该选项卡用于设置箭头、圆心标记、弧长符号和半径折弯标注等的形式和特性。下面分别进行说明。

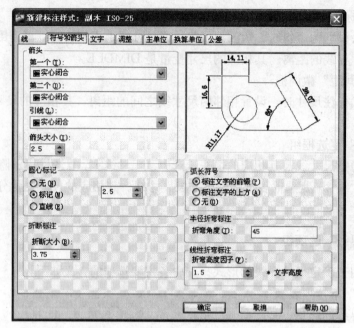

图 7-5 "新建标注样式"对话框的"符号和箭头"选项卡

1. "箭头"选项组

设置尺寸箭头的形式，AutoCAD 提供了多种多样的箭头形状，列在"第一个"和"第二个"下拉列表框中。另外，系统还允许用户采用自定义的箭头形式。两个尺寸箭头可以采用相同的形式，也可以采用不同的形式。

（1）"第一个"下拉列表框

用于设置第一个尺寸箭头的形式。此下拉列表框中列出各种箭头形式的名字及其形状，用户可从中选择自己需要的形式。一旦确定了第一个箭头的类型，第二个箭头则自动与其匹配，要想第二个箭头选用不同的类型，可在"第二个"下拉列表框中进行设定。AutoCAD 把第一个箭头类型名存放在尺寸变量 DIMBLK1 中。

（2）"第二个"下拉列表框

确定第二个尺寸箭头的形式，可与第一个箭头类型不同。AutoCAD 把第二个箭头的名字存放在尺寸变量 DIMBLK2 中。

（3）"引线"下拉列表框

确定引线箭头的形式，与"第一个"下拉列表框的设置类似。

（4）"箭头大小"微调框

设置箭头的大小，其相应的尺寸变量是 DIMASZ。

2. "圆心标记"选项组

设置半径标注、直径标注和中心标注中的中心标记和中心线的形式。其相应的尺寸变量是 DIMCEN。其中各项的含义如下：

（1）"无"单选钮

既不产生中心标记，也不产生中心线。此时 DIMCEN 变量的值为 0。

（2）"标记"单选钮

中心标记为一个记号。AutoCAD 将标记大小以一个正值存放在 DIMCEN 变量中。

（3）"直线"单选钮

中心标记采用中心线的形式。AutoCAD 将中心线的大小以一个负值存放在 DIMCEN 变量中。

（4）微调框

设置中心标记和中心线的大小和粗细。

3. "弧长符号"选项组

控制弧长标注中圆弧符号的显示。有 3 个单选按钮：

（1）"标注文字的前缀"单选钮

将弧长符号放在标注文字的前面，如图 7-6（a）所示。

（2）"标注文字的上方"单选钮

将弧长符号放在标注文字的上方。如图 7-6（b）所示。

（3）"无"单选钮

不显示弧长符号，如图 7-6（c）所示。

图 7-6　弧长符号

4. "半径折弯标注"选项组

控制折弯（Z 字形）半径标注的显示。

5. "线性折弯标注"选项组

控制线性标注折弯的显示。

7.1.4　文本

在"新建标注样式"对话框中，第 3 个选项卡是"文字"选项卡，如图 7-7 所示。该选项卡用于设置尺寸文本的形式、位置和对齐方式等。

1. "文字外观"选项组

（1）"文字样式"下拉列表框

选择当前尺寸文本采用的文本样式。可在下拉列表中选取一个样式，也可单击右侧的 按钮，打开"文字样式"对话框，以创建新的文字样式或对已存在的文字样式进行修改。AutoCAD 将当前文字样式保存在 DIMTXSTY 系统变量中。

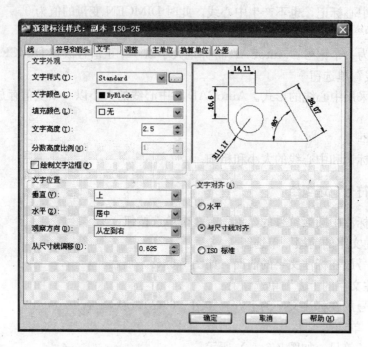

图 7-7 "新建标注样式"对话框的"文字"选项卡

（2）"文字颜色"下拉列表框

设置尺寸文本的颜色，其操作方法与设置尺寸线颜色的方法相同。与其对应的尺寸变量是 DIMCLRT。

（3）"文字高度"微调框

设置尺寸文本的字高，其相应的尺寸变量是 DIMTXT。如果选用的文字样式中已设置了具体的字高（不是 0），则此处的设置无效；如果文字样式中设置的字高为 0，那么以此处的设置为准。

（4）"分数高度比例"微调框

确定尺寸文本的比例系数，其相应的尺寸变量是 DIMTFAC。

（5）"绘制文字边框"复选框

选中此复选框，AutoCAD 将在尺寸文本的周围加上边框。

2．"文字位置"选项组

（1）"垂直"下拉列表框

确定尺寸文本相对于尺寸线在垂直方向上的对齐方式，其相应的尺寸变量是 DIMTAD。在该下拉列表框中，用户可选择的对齐方式有以下 4 种：

① 置中：将尺寸文本放在尺寸线的中间，此时 DIMTAD=0。

② 上方：将尺寸文本放在尺寸线的上方，此时 DIMTAD=1。

③ 外部：将尺寸文本放在远离第一条尺寸界线起点的位置，即尺寸文本和所标注的对象分列于尺寸线的两侧，此时 DIMTAD=2。

④ JIS：使尺寸文本的放置符合 JIS（日本工业标准）规则，此时 DIMTAD=3。

上面几种尺寸文本布置方式如图 7-8 所示。

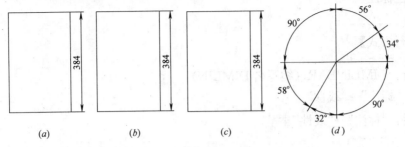

图 7-8 尺寸文本在垂直方向的放置
(a) 置中；(b) 上方；(c) 外部；(d) JIS

(2)"水平"下拉列表框

用来确定尺寸文本相对于尺寸线和尺寸界线在水平方向上的对齐方式，其相应的尺寸变量是 DIMJUST。在此下拉列表框中，用户可选择的对齐方式有以下 5 种：置中、第一条尺寸界线、第二条尺寸界线、第一条尺寸界线上方、第二条尺寸界线上方，如图 7-9 (a)~(e) 所示。

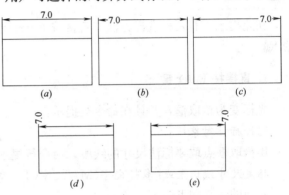

(3)"从尺寸线偏移"微调框

当尺寸文本放在断开的尺寸线中间时，此微调框用来设置尺寸文本与尺寸线之间的距离（尺寸文本间隙），这个值保存在尺寸变量 DIMGAP 中。

图 7-9 尺寸文本在水平方向上的放置

3."文字对齐"选项组

用来控制尺寸文本排列的方向。当尺寸文本在尺寸界线之内时，与其对应的尺寸变量是 DIMTIH；当尺寸文本在尺寸界线之外时，与其对应的尺寸变量是 DIMTOH。

(1)"水平"单选钮

尺寸文本沿水平方向放置。不论标注什么方向的尺寸，尺寸文本总保持水平。

(2)"与尺寸线对齐"单选钮

尺寸文本沿尺寸线方向放置。

(3)"ISO 标准"单选钮

当尺寸文本在尺寸界线之间时，沿尺寸线方向放置；当尺寸文本在尺寸界线之外时，沿水平方向放置。

7.2 标 注 尺 寸

正确地进行尺寸标注是绘图设计过程中非常重要的一个环节，AutoCAD 2011 提供了方便快捷的尺寸标注方法，可通过执行命令实现，也可利用菜单或工具图标实现。本节重点介绍如何对各种类型的尺寸进行标注。

7.2.1 线性标注

【执行方式】

命令行：DIMLINEAR（缩写名 DIMLIN）
菜单："标注"→"线性"
工具栏："标注"→"线性" ⊢

【操作步骤】

命令：DIMLIN
指定第一条尺寸界线原点或 ＜选择对象＞：

【选项说明】

在此提示下有两种选择方法，直接按 Enter 键选择要标注的对象或确定尺寸界线的起始点。

1. 直接按 Enter 键

光标变为拾取框，并且在命令行提示：
选择标注对象：
用拾取框点取要标注尺寸的线段，命令行提示如下：
指定尺寸线位置或[多行文字(M)/文字(T)/角度(A)/水平(H)/垂直(V)/旋转(R)]：
各项的含义如下：

（1）指定尺寸线位置：确定尺寸线的位置。用户可通过移动鼠标来选择合适的尺寸线位置，然后按 Enter 键或单击，AutoCAD 将自动测量所标注线段的长度并标注出相应的尺寸。

（2）多行文字（M）：用多行文字编辑器确定尺寸文本。

（3）文字（T）：在命令行提示下输入或编辑尺寸文本。选择此选项后，AutoCAD 提示：
输入标注文字 ＜默认值＞：

其中的默认值是 AutoCAD 自动测量得到的被标注线段的长度，直接按 Enter 键即可采用此长度值，也可输入其他数值代替默认值。当尺寸文本中包含默认值时，可使用尖括号 "＜＞" 表示默认值。

（4）角度（A）：确定尺寸文本的倾斜角度。

（5）水平（H）：水平标注尺寸，不论被标注线段沿什么方向，尺寸线均水平放置。

（6）垂直（V）：垂直标注尺寸，不论被标注线段沿什么方向，尺寸线总保持垂直。

（7）旋转（R）：旋转标注尺寸，输入尺寸线旋转的角度值。

2. 指定第一条尺寸界线的起始点

指定第一条尺寸界线的起始点。

7.2.2 对齐标注

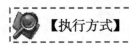 【执行方式】

命令行：DIMALIGNED

菜单："标注"→"对齐"

工具栏："标注"→"对齐"

 【操作步骤】

命令：DIMALIGNED↙

指定第一条尺寸界线原点或 <选择对象>：

这种命令标注的尺寸线与所标注轮廓线平行，标注的尺寸是起始点到终点之间的距离尺寸。

7.2.3 基线标注

基线标注用于产生一系列基于同一条尺寸界线的尺寸标注，适用于长度尺寸标注、角度标注和坐标标注等。在使用基线标注方式之前，应该先标注出一个相关的尺寸。

 【执行方式】

命令行：DIMBASELINE

菜单："标注"→"基线"

工具栏："标注"→"基线"

 【操作步骤】

命令：DIMBASELINE

指定第二条尺寸界线原点或 [放弃(U)/选择(S)] <选择>：

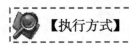 【选项说明】

1. 指定第二条尺寸界线原点

直接确定另一个尺寸的第二条尺寸界线的起始点，AutoCAD 以上次标注的尺寸为基准，标注出相应尺寸。

2. 选择 (S)

在上述提示下直接按 Enter 键，AutoCAD 提示：

选择基准标注：(选取作为基准的尺寸标注)

7.2.4 连续标注

连续标注又叫尺寸链标注，用于产生一系列连续的尺寸标注，后一个尺寸标注均把前一个尺寸标注的第二条尺寸界线作为它的第一条尺寸界线。适用于长度尺寸标注、角度标注和坐标标注等。在使用连续标注方式之前，应该先标注出一个相关的尺寸。

【执行方式】

命令行：DIMCONTINUE

菜单："标注"→"连续"

工具栏："标注"→"继续"

【操作步骤】

命令：DIMCONTINUE

指定第二条尺寸界线原点或［放弃(U)/选择(S)］＜选择＞：

在此提示下的各选项与基线标注中的各选项完全相同，在此不再赘述。

7.2.5 半径标注

【执行方式】

命令行：DIMRADIUS

菜单："标注"→"直径标注"

工具栏："标注"→"直径标注"

【操作步骤】

命令：DIMRADIUS

选择圆弧或圆：(选择要标注半径的圆或圆弧)

指定尺寸线位置或［多行文字(M)/文字(T)/角度(A)］：(确定尺寸线的位置或选某一选项)

用户可以通过选择"多行文字（M）"项、"文字（T）"项或"角度（A）"项来输入、编辑尺寸文本或确定尺寸文本的倾斜角度，也可以通过直接指定尺寸线的位置来标注出指定圆或圆弧的半径。

其他标注类型还有直径标注、圆心标记和中心线标注、角度标注、快速标注等标注，这里不再赘述。

7.2.6 标注打断

【执行方式】

命令行：DIMBREAK

菜单："标注"→"标注打断"

工具栏："标注"→"折断标注"

【操作步骤】

命令：DIMBREAK

选择要添加/删除折断的标注或[多个(M)]：选择标注,或输入 m 并按 ENTER 键

选择标注后,将显示以下提示：

选择要折断标注的对象或[自动(A)/手动(R)/删除(M)]<自动>：选择与标注相交或与选定标注的延伸线相交的对象,输入选项,或按 ENTER 键

选择要折断标注的对象后,将显示以下提示：

选择要折断标注的对象：选择通过标注的对象或按 ENTER 键以结束命令

选择多个指定要向其中添加折断或要从中删除折断的多个标注。选择自动将折断标注放置在与选定标注相交的对象的所有交点处。修改标注或相交对象时,会自动更新使用此选项创建的所有折断标注。在具有任何折断标注的标注上方绘制新对象后,在交点处不会沿标注对象自动应用任何新的折断标注。要添加新的折断标注,必须再次运行此命令。选择删除从选定的标注中删除所有折断标注。选择手动放置折断标注。为折断位置指定标注或延伸线上的两点。如果修改标注或相交对象,则不会更新使用此选项创建的任何折断标注。使用此选项,一次仅可以放置一个手动折断标注。

7.3　引线标注

AutoCAD 提供了引线标注功能,利用该功能用户不仅可以标注特定的尺寸,如圆角、倒角等,还可以在图中添加多行旁注、说明。在引线标注中,指引线可以是折线,也可以是曲线;指引线端部可以有箭头,也可以没有箭头。

7.3.1　利用 LEADER 命令进行引线标注

LEADER 命令可以创建灵活多样的引线标注形式,用户可根据自己的需要把指引线设置为折线或曲线;指引线可带箭头,也可不带箭头;注释文本可以是多行文本,也可以是形位公差,或是从图形其他部位复制的部分图形,还可以是一个图块。

【执行方式】

命令行：LEADER

【操作步骤】

命令：LEADER

指定引线起点：(输入指引线的起始点)

指定下一点：(输入指引线的另一点)

AutoCAD 由上面两点画出指引线并继续提示：

指定下一点或［注释(A)/格式(F)/放弃(U)］＜注释＞：

【选项说明】

1. 指定下一点

直接输入一点，AutoCAD 根据前面的点画出折线作为指引线。

2. 注释（A）

输入注释文本，为默认项。在上面提示下直接按 Enter 键，AutoCAD 提示：

输入注释文字的第一行或＜选项＞：

（1）输入注释文本的第一行

在此提示下输入第一行文本后按 Enter 键，用户可继续输入第二行文本，如此反复执行，直到输入全部注释文本，然后在此提示下直接按 Enter 键，AutoCAD 会在指引线终端标注出所输入的多行文本，并结束 LEADER 命令。

（2）直接按 Enter 键

如果在上面的提示下直接按 Enter 键，命令行提示如下：

输入注释选项［公差(T)/副本(C)/块(B)/无(N)/多行文字(M)］＜多行文字＞：

在此提示下输入一个注释选项或直接按 Enter 键，即选择"多行文字"选项。

3. 格式（F）

确定指引线的形式。选择该项，命令行提示如下：

输入指引线格式选项［样条曲线(S)/直线(ST)/箭头(A)/无(N)］＜退出＞：（选择指引线形式，或直接按 Enter 键回到上一级提示）

（1）样条曲线（S）：设置指引线为样条曲线。

（2）直线（ST）：设置指引线为折线。

（3）箭头（A）：在指引线的端部位置画箭头。

（4）无（N）：在指引线的端部位置不画箭头。

（5）＜退出＞：此项为默认选项，选取该项退出"格式"选项。

7.3.2 利用 QLEADER 命令进行引线标注

利用 QLEADER 命令可快速生成指引线及注释，而且可以通过命令行来优化对话框进行用户自定义，由此可以消除不必要的命令行提示，取得更高的工作效率。

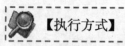【执行方式】

命令行：QLEADER

【操作步骤】

命令：QLEADER✓

指定第一个引线点或[设置(S)]<设置>：

【选项说明】

1. 指定第一个引线点

在上面的提示下确定一点作为指引线的第一点，命令行提示如下：

指定下一点：(输入指引线的第二点)

指定下一点：(输入指引线的第三点)

AutoCAD 提示用户输入的点的数目由"引线设置"对话框确定，如图 7-10 所示。输入完指引线的点后，命令行提示如下：

指定文字宽度<0.0000>：(输入多行文本的宽度)

输入注释文字的第一行<多行文字(M)>：

(1) 输入注释文字的第一行

在命令行输入第一行文本。系统继续提示：

输入注释文字的下一行：(输入另一行文本)

输入注释文字的下一行：(输入另一行文本或按 Enter 键)

(2) 多行文字（M）

打开多行文字编辑器，输入、编辑多行文字。输入全部注释文本后，在此提示下直接按 Enter 键，AutoCAD 结束 QLEADER 命令并把多行文本标注在指引线的末端附近。

2. 设置（S）

在上面提示下直接按 Enter 键或键入 S，AutoCAD 将打开如图 7-10 所示的"引线设置"对话框，允许对引线标注进行设置。该对话框包含"注释"、"引线和箭头"、"附着" 3 个选项卡，下面分别进行介绍。

(1) "引线和箭头"选项卡如图 7-10 所示。

(2) "注释"选项卡如图 7-11 所示。

用于设置引线标注中注释文本的类型、多行文字的格式并确定注释文本是否多次使用。

用来设置引线标注中引线和箭头的形式。其中"点数"选项组用来设置执行 QLEADER 命令时，AutoCAD 提示用户输入的点的数目。例如，设置点数为 3，执行 QLEADER 命令时，当用户在提示下指定 3 个点后，Au-

图 7-10 "引线和箭头"选项卡

toCAD 自动提示用户输入注释文本。注意，设置的点数要比用户希望的指引线的段数多 1，可利用微调框进行设置。如果选中"无限制"复选框，AutoCAD 会一直提示用户输入点直到连续按 Enter 键两次为止。"角度约束"选项组用来设置第一段和第二段指引线的角度约束。

(3) "附着"选项卡如图 7-12 所示。

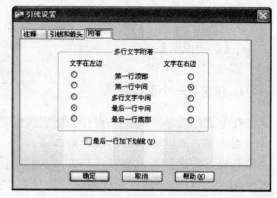

图 7-11 "引线设置"对话框　　　　　　　图 7-12 "附着"选项卡

设置注释文本和指引线的相对位置。如果最后一段指引线指向右边，AutoCAD 则自动把注释文本放在右侧；如果最后一段指引线指向左边，则 AutoCAD 自动把注释文本放在左侧。利用该选项卡中左侧和右侧的单选按钮，分别设置位于左侧和右侧的注释文本与最后一段指引线的相对位置，两者可相同也可不同。

7.4　编辑尺寸标注

AutoCAD 允许用户对已经创建好的尺寸标注进行编辑修改，包括修改尺寸文本的内容、改变其位置、使尺寸文本倾斜一定的角度等，还可以对尺寸界线进行编辑。

7.4.1　尺寸编辑

通过 DIMEDIT 命令，用户可以修改已有尺寸标注的文本内容、使尺寸文本倾斜一定的角度，还可以对尺寸界线进行修改，使其旋转一定角度，从而标注一个线段在某一方向上的投影的尺寸。DIMEDIT 命令可以同时对多个尺寸标注进行编辑。

【执行方式】

命令行：DIMEDIT
菜单："标注"→"对齐文字"→"默认"
工具栏："标注"→"编辑标注"

【操作步骤】

命令：DIMEDIT
输入标注编辑类型［默认(H)/新建(N)/旋转(R)/倾斜(O)］<默认>：

【选项说明】

1. 默认 (H)

按尺寸标注样式中设置的默认位置和方向放置尺寸文本，如图 7-13（a）所示。选择此选项，AutoCAD 提示：

选择对象：（选择要编辑的尺寸标注）

2. 新建（N）

选择此选项后，AutoCAD 打开多行文字编辑器，可利用此编辑器对尺寸文本进行修改。

3. 旋转（R）

改变尺寸文本行的倾斜角度。尺寸文本的中心点不变，使文本沿给定的角度方向倾斜排列，如图 7-13（b）所示。若输入角度为 0，则按"新建标注样式"对话框的"文字"选项卡中设置的默认方向排列。

4. 倾斜（O）

修改长度型尺寸标注的尺寸界线，使其倾斜一定的角度，与尺寸线不垂直，如图 7-13（c）所示。

7.4.2　利用 DIMTEDIT 命令编辑尺寸标注

利用 DIMTEDIT 命令可以改变尺寸文本的位置，使其位于尺寸线上面左端、右端或中间，而且可使尺寸文本倾斜一定的角度。

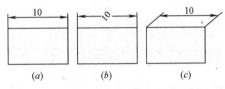

图 7-13　用 DIMEDIT 命令编辑尺寸标注

【执行方式】

命令：DIMTEDIT
菜单："标注"→"对齐文字"→（除"默认"命令外其他命令）
工具栏："标注"→"编辑标注文字"　

【操作步骤】

命令：DIMTEDIT
选择标注：（选择一个尺寸标注）
指定标注文字的新位置或[左(L)/右(R)/中心(C)/默认(H)/角度(A)]：

【选项说明】

1. 指定标注文字的新位置

更新尺寸文本的位置。拖动文本到新的位置，这时系统变量 DIMSHO 为 ON。

2. 左（L）/右（R）

使尺寸文本沿尺寸线左（右）对齐，如图 7-14（a）和图 7-14（b）所示。此选项只

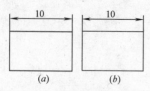

图 7-14　用 DIMTEDIT 命令
编辑尺寸标注

对长度型、半径型、直径型尺寸标注起作用。

3. 中心 （C）

把尺寸文本放在尺寸线上的中间位置如图 7-13 （a）所示。

4. 默认 （H）

把尺寸文本按默认位置放置。

5. 角度 （A）

改变尺寸文本行的倾斜角度。

7.4.3　尺寸检验

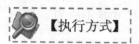【执行方式】

命令行：DIMINSPECT
菜单："标注"→"检验"
工具栏："标注"→"检验"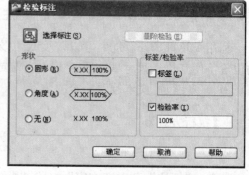

【操作步骤】

可让用户在选定的标注中添加或删除检验标注。将"形状和检验标签/比率"设置用于检验边框的外观和检验率值。如图 7-15 所示。

图 7-15　检验标注

【选项说明】

1. 选择标注

指定应在其中添加或删除检验标注。

2. 删除检验

从选定的标注中删除检验标注。

3. 形状

控制围绕检验标注的标签、标注值和检验率绘制的边框的形状。

4. 标签/检验率

为检验标注指定标签文字和检验率。

7.5 综合实例——给平面图标注尺寸

(1) 建立"尺寸"图层,尺寸图层参数如图 7-17 所示,并将其置为当前层。

(2) 标注样式设置。标注样式的设置应该跟绘图比例相匹配。如前面所述,该平面图以实际尺寸绘制,并以 1∶100 的比例输出,现在对标注样式进行如下设置:

1) 单击菜单栏"格式"下拉式菜单中的"标注样式"命令,打开"标注样式管理器"对话框,新建一个标注样式,命名为"建筑",单击"继续"按钮,如图 7-18 所示。

2) 将"建筑"样式中的参数按如图 7-19~图7-22 所示逐项进行设置。单击"确定"后回到"标注样式管理器"对话框,将"建筑"样式设为当前,如图 7-23 所示。

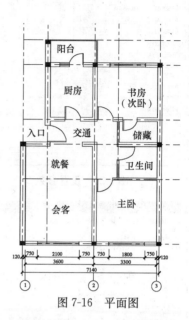

图 7-16 平面图

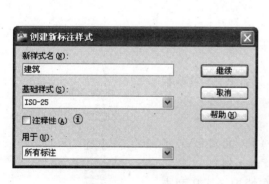

图 7-17 尺寸图层参数

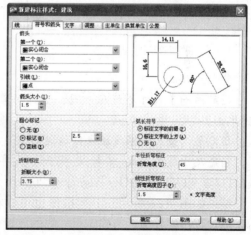

图 7-18 新建标注样式   图 7-19 设置参数 1

(3) 尺寸标注。以图 7-16 所示的底部的尺寸标注为例。该部分尺寸分为 3 道,第一道为墙体宽度及门窗宽度,第二道为轴线间距,第三道为总尺寸。

1) 在任意工具栏的空白处右击,在弹出的右键快捷菜单上选择"标注"项,如图 7-24所示,将"标注"工具栏显示在屏幕上,以便使用。

2) 第一道尺寸线的绘制。单击"标注"工具栏上的"线性标注"按钮 ▢,如图 7-25 所示,命令行提示如下:

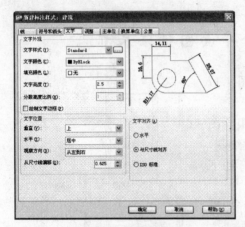

图 7-20 设置参数 2   图 7-21 设置参数 3

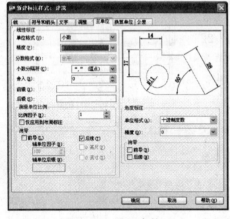

图 7-22 设置参数 4

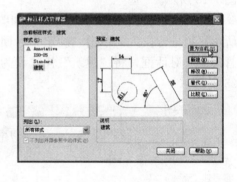

图 7-23 将"建筑"样式置为当前

命令：_dimlinear

指定第一条尺寸界线原点或＜选择对象＞：(利用"对象捕捉"单击图 7-26 中的 A 点)

指定第二条尺寸界线原点：(捕捉 B 点)

指定尺寸线位置或[多行文字(M)/文字(T)/角度(A)/水平(H)/垂直(V)/旋转(R)]：@0，−1200(按 Enter 键)

结果如图 7-27 所示。上述操作也可以在捕捉 A、B 两点后，通过直接向外拖动来确定尺寸线的放置位置。

重复上述命令，命令行提示如下：

命令：_dimlinear

指定第一条尺寸界线原点或＜选择对象＞：(单击图 7-26 中的 B 点)

指定第二条尺寸界线原点：(捕捉 C 点)

指定尺寸线位置或[多行文字(M)/文字(T)/角度(A)/水平(H)/垂直(V)/旋转(R)]：@0，−1200(按 Enter 键。也可以直接捕捉上一道尺寸线位置)

图 7-24 显示"标注"工具栏

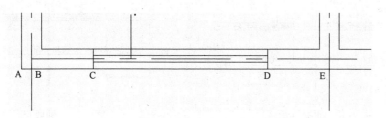

图 7-25　"标注"工具栏

图 7-26　捕捉点示意

结果如图 7-28 所示。

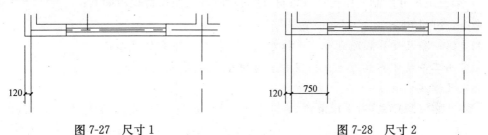

图 7-27　尺寸1　　　　　　　　　　　　图 7-28　尺寸2

采用同样的方法依次绘出第一道尺寸的全部，结果如图 7-29 所示。

此时发现，图 7-29 中的尺寸 "120" 跟 "750" 字样出现重叠，现在将它移开。单击 "120"，则该尺寸处于选中状态；再用鼠标单击中间的蓝色方块标记，将 "120" 字样移至外侧适当位置后，单击 "确定" 按钮。采用同样的办法处理右侧的 "120" 字样，结果如图 7-30 所示。

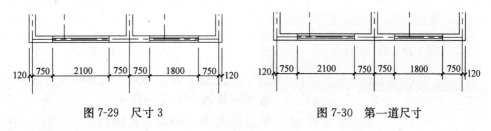

图 7-29　尺寸3　　　　　　　　　　　　图 7-30　第一道尺寸

> 📖 说　明
>
> 处理字样重叠的问题，亦可以在标注样式中进行相关设置，这样计算机会自动处理，但处理效果有时不太理想，也通过可以单击 "标注" 工具栏中的 "编辑标注文字" 按钮 来调整文字位置，读者可以试一试。

3）第二道尺寸绘制。单击 "线性标注" 按钮 ，命令行提示如下：

命令：_dimlinear

指定第一条尺寸界线原点或＜选择对象＞：（捕捉如图 7-31 所示中的 A 点）

指定第二条尺寸界线原点：（捕捉 B 点）

指定尺寸线位置或

[多行文字(M)/文字(T)/角度(A)/水平(H)/垂直(V)/旋转(R)]:@0,-800(按 Enter 键)
结果如图 7-32 所示。

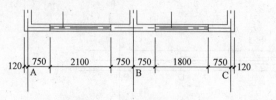

图 7-31　捕捉点示意

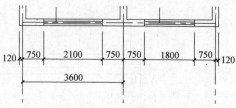

图 7-32　轴线尺寸 1

重复上述命令，分别捕捉 B、C 点，完成第二道尺寸的绘制，结果如图 7-33 所示。

4）第三道尺寸绘制。单击"线性标注"按钮，命令行提示如下：

命令：_dimlinear

指定第一条尺寸界线原点或<选择对象>:(捕捉左下角的外墙角点)

指定第二条尺寸界线原点:(捕捉右下角的外墙角点)

指定尺寸线位置或

[多行文字(M)/文字(T)/角度(A)/水平(H)/垂直(V)/旋转(R)]:@0,-2800(按 Enter 键)

结果如图 7-34 所示。

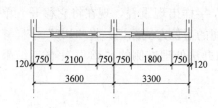

图 7-33　第二道尺寸

图 7-34　第三道尺寸

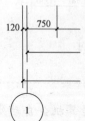

图 7-35　轴号 1

（4）轴号标注。根据规范要求，横向轴号一般用阿拉伯数字 1、2、3…标注，纵向轴号一般用字母 A、B、C…标注。

在轴线端绘制一个直径为 800 的圆，在图的中央标注一个数字"1"，字高为 300，如图 7-35 所示。将该轴号图例复制到其他轴线端，并修改圈内的数字。

双击数字，打开"文字编辑器"对话框，如图 7-36 所示，输入修改的数字，单击"确定"按钮。

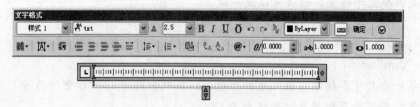

图 7-36　"文字编辑器"对话框

轴号标注结束后，下方尺寸标注结果如图 7-37 所示。

采用上述整套的尺寸标注方法，将其他方向的尺寸标注完成，结果如图 7-38 所示。

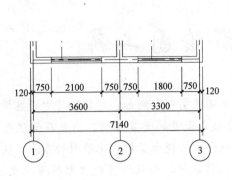

图 7-37　下方尺寸标注结果

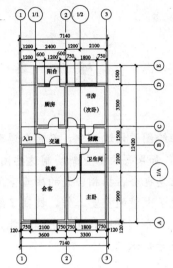

图 7-38　尺寸标注完成

第8章　集成绘图工具

在绘图设计过程中，经常会遇到一些重复出现的图形（例如：建筑设计中的桌椅、门窗等），如果每次都重新绘制这些图形，不仅会造成大量的重复工作，而且存储这些图形及其信息也会占据相当大的磁盘空间。图块与设计中心提出了模块化绘图的方法，这样不仅避免了大量的重复工作，提高了绘图速度和工作效率，而且还可以大大节省磁盘空间。本章主要介绍图块和设计中心功能，主要内容包括图块操作、图块属性、设计中心、工具选项板等知识。

学习要点

图块操作
图块的属性
观察设计信息
向图形添加内容
工具选项板

8.1　图块的操作

图块也叫块，它是由一组图形对象组成的集合，一组对象一旦被定义为图块，它们将成为一个整体，拾取图块中任意一个图形对象即可选中构成图块的所有图形对象。AutoCAD把一个图块作为一个对象进行编辑修改等操作，用户可根据绘图需要把图块插入到图中任意指定的位置，而且在插入时，还可以指定不同的缩放比例和旋转角度。如果需要对图块中的单个图形对象进行修改，那么还可以利用"分解"命令把图块分解成若干个对象。图块还可以被重新定义，一旦被重新定义，整个图中基于该块的对象都将随之改变。

8.1.1　定义图块

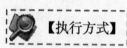
【执行方式】

命令行：BLOCK
菜单："绘图"→"块"→"创建"
工具栏："绘图"→"创建块" 🔲

【操作步骤】

命令:BLOCK↙

单击相应的菜单命令或工具栏图标,或在命令行输入 BLOCK 后按 Enter 键,Auto-CAD 打开如图 8-1 所示的"块定义"对话框,利用该对话框可定义图块并为之命名。

【选项说明】

1. "基点"选项组

确定图块的基点,默认值是(0,0,0)。也可以在下面的"X"("Y"、"Z")文本框中输入块的基点坐标值。单击"拾取点"按钮,AutoCAD 临时切换到绘图屏幕,用鼠标在图形中拾取一点后,返回"块定义"对话框,把所拾取的点作为图块的基点。

2. "对象"选项组

该选项组用于选择制绘图块的对象以及设置对象的相关属性。

如图 8-1 所示,把图(a)中的正五边形定义为图块中的一个对象,图(b)为选中"删除"单选钮的结果,图(c)为选中"保留"单选钮的结果。

3. "设置"选项组

指定在 AutoCAD 设计中心拖动图块时用于测量图块的单位,以及缩放、分解和超链接等设置。

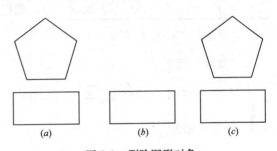

(a)　　　　(b)　　　　(c)

图 8-1　删除图形对象

4. "方式"选项组

(1)"注释性"复选框:指定块为注释性。

(2)"使块方向与布局匹配"复选框:指定在图纸空间视口中的块参照的方向与布局空间视口的方向匹配,如果未选择"注释性"选项,则该选项不可用。

(3)"按统一比例缩放"复选框:指定是否阻止块参照按统一比例缩放。

(4)"允许分解"复选框:指定块参照是否可以被分解。

(5)"在块编辑器中打开"复选框。

选中此复选框,系统则打开块编辑器,可以定义动态块。后面将详细讲述。

8.1.2　图块的存盘

用 BLOCK 命令定义的图块保存在其所属的图形当中,该图块只能插入到该图中,而不能插入到其他的图中,但是有些图块要在许多图中会用到,这时可以用 WBLOCK 命令把图块以图形文件的形式(后缀为 DWG)写入磁盘,图形文件可以在任意图形中用 IN-SERT 命令插入。

【执行方式】

命令行：WBLOCK

【操作步骤】

命令：WBLOCK

在命令行输入 WBLOCK 后按 Enter 键，AutoCAD 打开"写块"对话框，如图 8-2 所示，利用此对话框可把图形对象保存为图形文件或把图块转换成图形文件。

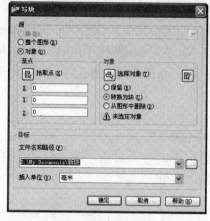

图 8-2 "写块"对话框

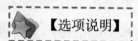
【选项说明】

1. "源"选项组

确定要保存为图形文件的图块或图形对象。如果选中"块"单选钮，单击右侧的向下箭头，在下拉列表框中选择一个图块，则将其保存为图形文件。如果选中"整个图形"单选钮，则把当前的整个图形保存为图形文件。如果选中"对象"单选按钮，则把不属于图块的图形对象保存为图形文件。对象的选取通过"对象"选项组来完成。

2. "目标"选项组

用于指定图形文件的名字、保存路径和插入单位等。

8.1.3 图块的插入

在用 AutoCAD 绘图的过程中，用户可根据需要随时把已经定义好的图块或图形文件插入到当前图形的任意位置，在插入的同时还可以改变图块的大小、旋转一定角度或把图块分解等。插入图块的方法有多种，本节逐一进行介绍。

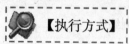
【执行方式】

命令行：INSERT
菜单："插入"→"块"
工具栏："插入点"→"插入块" 或"绘图"→"插入块"

【操作步骤】

命令：INSERT

执行上述命令后，AutoCAD 打开"插入"对话框，如图 8-3 所示，用户可以指定要插入的图块及插入位置。

【选项说明】

1. "名称"文本框

指定插入图块的名称。

2. "插入点"选项组

指定插入点，插入图块时该点与图块的基点重合。可以在屏幕上用鼠标指定该点，也可以通过在下面的文本框中输入该点坐标值来指定该点。

图 8-3 "插入"对话框

3. "比例"选项组

确定插入图块时的缩放比例。图块被插入到当前图形中时，可以以任意比例进行放大或缩小，如图 8-4 所示，图 8-4（a）图是被插入的图块，图 8-4（b）是取比例系数为 1.5 时插入该图块的结果，图 8-4（c）是取比例系数为 0.5 时插入该图块的结果，X 轴方向和 Y 轴方向的比例系数也可以取不同值，如图 8-4（d）所示，X 轴方向的比例系数为 1，Y 轴方向的比例系数为 1.5。另外，比例系数还可以是一个负数，当为负数时表示插入图块的镜像，其效果如图 8-5 所示。

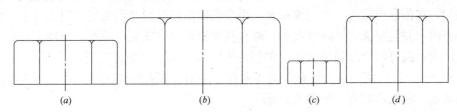

|(a)|(b)|(c)|(d)|

图 8-4 取不同比例系数插入图块的效果

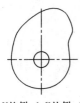 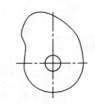

X 比例 =1，Y 比例 =1　　X 比例 =−1，Y 比例 =1　　X 比例 =1，Y 比例 =−1　　X 比例 =−1，Y 比例 =−1

图 8-5 取比例系数为负值时插入图块的效果

4. "旋转"选项组

指定插入图块时的旋转角度。图块被插入到当前图形中时，可以绕其基点旋转一定的角度，角度可以是正数（表示沿逆时针方向旋转），也可以是负数（表示沿顺时针方向旋转）。图 8-6（b）所示是图 8-6（a）所示的图块旋转 30°后插入的效果，图 8-6（c）所示是旋转−30°后插入的效果。

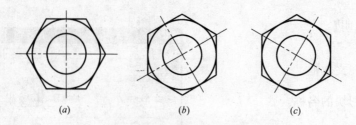

图 8-6　以不同旋转角度插入图块的效果

如果选中"在屏幕上指定"复选框，系统将切换到绘图屏幕，在屏幕上拾取一点，AutoCAD 自动测量插入点与该点的连线和 X 轴正方向之间的夹角，并把它作为块的旋转角。也可以在"角度"文本框中直接输入插入图块时的旋转角度。

5. "分解"复选框

选中此复选框，则在插入块的同时将其分解，插入到图形中的组成块的对象不再是一个整体，因此可对每个对象单独进行编辑操作。

8.1.4　动态块

动态块具有灵活性和智能性。用户在操作时可以轻松地更改图形中的动态块参照，可以通过自定义夹点或自定义特性来操作动态块参照中的几何图形，这使得用户可以根据需要再微调整块，而不用搜索另一个块以插入或重定义现有的块。

例如，在图形中插入一个门块参照，用户编辑图形时可能需要更改门的大小。如果该块是动态的，并且定义为可调整大小，那么只需拖动自定义夹点或在"特性"选项板中指定不同的大小就可以修改门的大小，如图 8-7 所示。用户可能还需要修改门的打开角度，如图 8-8 所示。该门块还可能会包含对齐夹点，使用对齐夹点可以轻松地将门块参照与图形中的其他几何图形对齐，如图 8-9 所示。

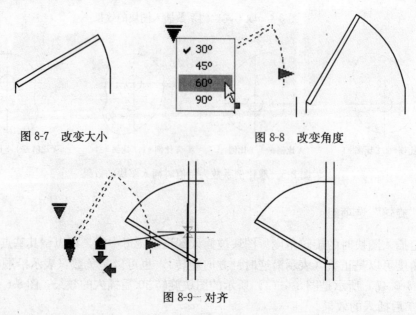

图 8-7　改变大小　　　　　图 8-8　改变角度

图 8-9　对齐

可以使用块编辑器创建动态块。块编辑器是一个专门的编写区域，用于添加能够使块成为动态块的元素。用户可以从头创建块，也可以向现有的块定义中添加动态行为，还可以像在绘图区域中一样创建几何图形。

【执行方式】

命令行：BEDIT

菜单："工具"→"块编辑器"

工具栏："标准"→"块编辑器"

快捷菜单：选择一个块参照。在绘图区域中右击，在弹出的右键快捷菜单中，选择"块编辑器"项。

【操作步骤】

命令：BEDIT

执行上述命令后，系统打开"编辑块定义"对话框，如图 8-10 所示，单击"否"按钮后，系统打开"块编写"选项板和"块编辑器"工具栏，如图 8-11 所示。

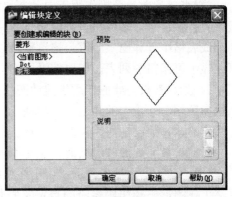

图 8-10　"编辑块定义"对话框

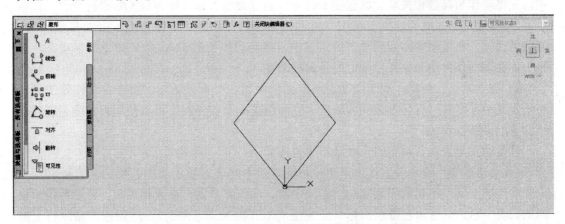

图 8-11　"块编写"选项板和"块编辑器"工具栏

【选项说明】

1. "块编写"选项板

该选项板中有 4 个选项卡：

（1）"参数"选项卡。提供用于在块编辑器中向动态块定义中添加参数的工具。参数用于指定几何图形在块参照中的位置、距离和角度。将参数添加到动态块定义中时，该参数将定义块的一个或多个自定义特性。此选项卡也可以通过命令 BPARAMETER 来打开。

1）点参数：此操作用于向动态块定义中添加一个点参数，并定义块参照的自定义 X 和 Y 特性。点参数定义图形中的 X 方向和 Y 方向的位置。在块编辑器中，点参数类似于一个坐标标注。

2）可见性参数：此操作将用于动态块定义中添加一个可见性参数，并定义块参照的自定义可见性特性。可见性参数允许用户创建可见性状态并控制对象在块中的可见性。可见性参数总是应用于整个块，并且无须与任何动作相关联。在图形中，单击夹点可以显示块参照中的所有可见性状态的列表。在块编辑器中，可见性参数显示为带有关联夹点的文字。

3）查寻参数：此操作用于向动态块定义中添加一个查寻参数，并定义块参照的自定义查寻特性。查寻参数用于自定义查寻特性，用户可以指定或设置该特性，以便从定义的列表或表格中计算出某个值。该参数可以与单个查寻夹点相关联。在块参照中单击该夹点可以显示可用值的列表。在块编辑器中，查寻参数显示为文字。

4）基点参数：此操作用于向动态块定义中添加一个基点参数。基点参数用于定义动态块参照相对于块中的几何图形的基点。基点参数无法与任何动作相关联，但可以属于某个动作的选择集。在块编辑器中，基点参数显示为带有十字光标的圆。

其他参数与上面各项类似，在此不再赘述。

（2）"动作"选项卡。提供用于在块编辑器中向动态块定义中添加动作的工具。动作定义了在图形中操作块参照的自定义特性时，动态块参照中的几何图形将如何移动或变化。应将动作与参数相关联。此选项卡也可以通过命令 BACTIONTOOL 来打开。

1）移动动作：此操作用于在用户将移动动作与点参数、线性参数、极轴参数或 XY 参数关联时，将该动作添加到动态块定义中。移动动作类似于 MOVE 命令。在动态块参照中，移动动作将使对象移动指定的距离或角度。

2）查寻动作：此操作用于向动态块定义中添加一个查寻动作。将查寻动作添加到动态块定义中并将其与查寻参数相关联时，它将创建一个查寻表。可以使用查寻表指定动态块的自定义特性和值。

其他动作与上面各项类似，在此不再赘述。

（3）"参数集"选项卡。提供用于在块编辑器中向动态块定义中添加一个参数和至少一个动作的工具。将参数集添加到动态块中时，动作将自动与参数相关联。将参数集添加到动态块中后，双击黄色警示图标（或使用 BACTIONSET 命令），然后按照命令行上的提示将动作与几何图形选择集相关联。此选项卡也可以通过命令 BPARAMETER 来打开。

1）点移动：此操作用于向动态块定义中添加一个点参数。系统会自动添加与该点参数相关联的移动动作。

2）线性移动：此操作用于向动态块定义中添加一个线性参数。系统会自动添加与该线性参数的端点相关联的移动动作。

3）可见性集：此操作用于向动态块定义中添加一个可见性参数并允许用户定义可见性状态。无需添加与可见性参数相关联的动作。

4）查寻集：此操作用于向动态块定义中添加一个查寻参数。系统会自动添加与该查寻参数相关联的查寻动作。

其他参数集与上面各项类似，在此不再赘述。

（4）"约束"选项卡。应用对象之间或对象上的点之间的几何关系或使其永久保持。将几何约束应用于一对对象时，选择对象的顺序以及选择每个对象的点可能会影响对象彼此间的放置方式。

1）重合：约束两个点使其重合，或者约束一个点使其位于曲线（或曲线的延长线）上。

2）垂直：使选定的直线位于彼此垂直的位置。

3）平行：使选定的直线彼此平行。

4）相切：将两条曲线约束为保持彼此相切或其延长线保持彼此相切。

5）水平：使直线或点对位于与当前坐标系的 X 轴平行的位置。

其他约束与上面各项类似，在此不再赘述。

2. "块编辑器"工具栏

该工具栏提供了用于在块编辑器中使用、创建动态块以及设置可见性状态的工具。

（1）定义属性：打开"属性定义"对话框。

（2）更新参数和动作文字大小：此操作用于在块编辑器中重生成显示，并更新参数和动作的文字、箭头、图标以及夹点大小。在块编辑器中进行对象缩放时，文字、箭头、图标和夹点大小将根据缩放比例发生相应的变化。在块编辑器中重生成显示时，文字、箭头、图标和夹点将按指定的值显示。如图 8-12 所示。

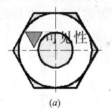 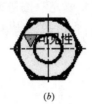

（*a*）　　　　　　　　　（*b*）　　　　　　　　　（*c*）

图 8-12　更新参数和动作文字大小

（*a*）原始图形；（*b*）缩小显示；（*c*）更新参数和动作文字大小后情形

（3）可见性模式：设置 BVMODE 系统变量，此操作可以使在当前可见性状态中不可见的对象变暗或隐藏。

（4）管理可见性状态：打开"可见性状态"对话框，如图 8-13 所示。用户从中可以创建、删除、重命名或设置当前可见性状态。在列表框中选择一种状态，右击，选择右键快捷菜单中"新状态"项，打开"新建可见性状态"对话框，如图 8-14 所示，用户可以从中设置可见性状态。

其他选项与块编写选项板中的相关选项类似，在此不再赘述。

8.1.5　实例——绘制指北针图块

本实例绘制一个指北针图块，如图 8-15 所示。本例应用二维绘图及编辑命令绘制指北针，利用写块命令，将其定义为图块。

（1）单击"绘图"工具栏中的"圆"按钮 ⊘，绘制一个直径为 24 的圆。

图 8-13 "可见性状态"对话框

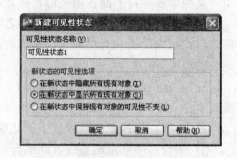

图 8-14 "新建可见性状态"对话框

图 8-15 指北
针图块

(2)单击"绘图"工具栏中的"直线"按钮，绘制圆的竖直直径。结果如图 8-16 所示。

(3)单击"修改"工具栏中的"偏移"按钮，使直径向左右两边各偏移 1.5。结果如图 8-17 所示。

(4)单击"修改"工具栏中的"修剪"按钮，选取圆作为修剪边界，修剪偏移后的直线。

(5)单击"绘图"工具栏中的"直线"按钮，绘制直线。结果如图 8-18 所示。

(6)单击"修改"工具栏中的"删除"按钮，删除多余直线。

(7)单击"绘图"工具栏中的"图案填充"按钮，选择图案填充选项板的"Sol-id"图标，选择指针作为图案填充对象进行填充，结果如图 8-15 所示。

图 8-16 绘制竖直直径

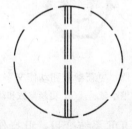

图 8-17 偏移直径

图 8-18 绘制直线

(8)执行 wblock 命令，弹出"写块"对话框，如图 8-19 所示。单击"拾取点"按钮，拾取指北针的顶点为基点，单击"选择对象"按钮，拾取下面的图形为对象，输入图块名称"指北针图块"并指定路径，确认保存。

8.2 图块的属性

图块除了包含图形对象以外，还可以包含非图形信息，例如把一个椅子的图形定义为图块后，还

图 8-19 "写块"对话框

可把椅子的号码、材料、重量、价格以及说明等文本信息一并加入到图块当中。图块的这些非图形信息，叫做图块的属性，它是图块的一个组成部分，与图形对象一起构成一个整体，在插入图块时，AutoCAD将图形对象连同图块属性一起插入到图形中。

8.2.1 定义图块属性

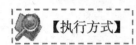 【执行方式】

命令行：ATTDEF
菜单："绘图"→"块"→"定义属性"

 【操作步骤】

命令：ATTDEF

单击相应的菜单项或在命令行输入ATTDEF后按Enter键，系统打开"属性定义"对话框，如图8-20所示。

 【选项说明】

图8-20 "属性定义"对话框

1. "模式"选项组

用于确定属性的模式。

（1）"不可见"复选框：选中此复选框则属性为不可见显示方式，即插入图块并输入属性值后，属性值在图中并不显示出来。

（2）"固定"复选框：选中此复选框则属性值为常量，即属性值在定义属性时给定，在插入图块时，AutoCAD不再提示输入属性值。

（3）"验证"复选框：选中此复选框，当插入图块时，AutoCAD重新显示属性值并让用户验证该值是否正确。

（4）"预设"复选框：选中此复选框，当插入图块时，AutoCAD自动把事先设置好的默认值赋予属性，而不再提示输入属性值。

（5）"锁定位置"复选框：选中此复选框，当插入图块时，AutoCAD锁定块参照中属性的位置。解锁后，属性值可以相对于使用夹点编辑的块的其他部分进行移动，并且可以调整多行属性值的大小。

（6）"多行"复选框：指定属性值可以包含多行文字。选中此复选框后，用户可以指定属性值的边界宽度。

2. "属性"选项组

用于设置属性值。在每个文本框中AutoCAD允许用户输入不超过256个字符。

（1）"标记"文本框：输入属性标签。属性标签可由除空格和感叹号以外的所有字符组成，AutoCAD自动把小写字母改为大写字母。

（2）"提示"文本框：输入属性提示。属性提示是插入图块时 AutoCAD 要求输入属性值的提示，如果不在此文本框内输入文本，则以属性标签作为提示。如果在"模式"选项组中选中"固定"复选框，即设置属性为常量，则不需设置属性提示。

（3）"默认"文本框：设置默认的属性值。可把使用次数较多的属性值作为默认值，也可不设默认值。

3. "插入点"选项组

确定属性文本的位置。可以在插入时由用户在图形中确定属性文本的位置，也可在"X"、"Y"、"Z"文本框中直接输入属性文本的位置坐标值。

4. "文字设置"选项组

设置属性文本的对正方式、文字样式、字高和旋转角度等。

5. "在上一个属性定义下对齐"复选框

选中此复选框表示把属性标签直接放在前一个属性的下面，而且该属性继承前一个属性的文字样式、字高和倾斜角度等特性。

 说 明

在动态块中，由于属性的位置包括在动作的选择集中，因此必须将其锁定。

8.2.2 修改属性的定义

在定义图块之前，可以对属性的定义加以修改，不仅可以修改属性标签，还可以修改属性提示和属性默认值。

 【执行方式】

命令行：DDEDIT
菜单："修改"→"对象"→"文字"→"编辑"

 【操作步骤】

命令：DDEDIT

图 8-21 "编辑属性定义"对话框

选择注释对象或[放弃(U)]：

在此提示下选择要修改的属性定义，AutoCAD 打开"编辑属性定义"对话框，如图 8-21 所示，对话框表示要修改的属性的标记为"文字"，提示为"数值"，无默认值，可在各文本框中对各项进行修改。

8.2.3 图块属性编辑

当属性被定义到图块中，甚至图块被插入到图形中之后，用户还可以对属性进行编

辑。利用 ATTEDIT 命令可以通过对话框对指定图块的属性值进行修改，利用-ATTE-DIT 命令不仅可以修改属性值，而且还可以对属性的位置、文本等其他设置进行编辑。

【执行方式】

命令行：ATTEDIT

菜单："修改"→"对象"→"属性"→"单个"

工具栏："修改Ⅱ"→"编辑属性"

【操作步骤】

命令：ATTEDIT

选择块参照：

执行上述命令后，光标变为拾取框，选择要修改属性的图块，则 AutoCAD 打开如图 8-22 所示的"编辑属性"对话框，对话框中显示出所选图块包含的前 8 个属性的值，用户可对这些属性值进行修改。如果该图块中还有其他的属性，可单击"上一个"或"下一个"按钮对它们进行查看和修改。

当用户通过菜单执行上述命令时，系统打开"增强属性编辑器"对话框，如图 8-23 所示。该对话框不仅可以用来编辑属性值，还可以编辑属性的文字选项和图层、线型、颜色等特性值。

图 8-22　"编辑属性"对话框

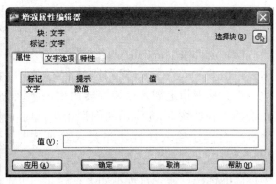

图 8-23　"增强属性编辑器"对话框

另外，用户还可以通过"块属性管理器"对话框来编辑属性，方法是：工具栏：修改Ⅱ→块属性管理器。执行此命令后，系统打开"块属性管理器"对话框，如图 8-24 所示。单击"编辑"按钮，系统打开"编辑属性"对话框，如图 8-25 所示。用户可以通过该对话框来编辑属性。

8.2.4　实例——标注标高符号

标注标高符号如图 8-26 所示。

（1）选择菜单栏中的"绘图"→"直线"命令，绘制如图 8-27 所示的标高符号图形。

（2）选择菜单栏中的"绘图"→"块"→"定义属性"命令，系统打开"属性定义"对话

图 8-24 "块属性管理器"对话框

图 8-25 "编辑属性"对话框

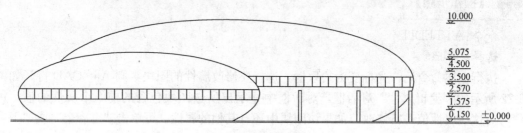

图 8-26 标注标高符号

框，进行如图 8-28 所示的设置，其中模式为"验证"，插入点为粗糙度符号水平线中点，确认退出。

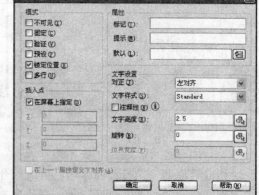

图 8-27 绘制标高符号

（3）在命令行输入 WBLOCK 命令打开"写块"对话框，如图 8-29 所示。拾取图 8-27 图形下尖点为基点，以此图形为对象，输入图块名称并指定路径，确认退出。

（4）选择菜单栏中的"绘图"→"插入块"命令，打开"插入"对话框，如图 8-30 所示。单击"浏览"按钮找到刚才保存的图块，在屏幕上指定插入点和旋转角度，将该图块插入到如图 8-26 所示的图形中，这时，命令行会提示输入属性，并要求验证属性值，此时输入标高数值 0.150，就完成了一个标高的标注。命令行提示如下：

命令：INSERT ✓

指定插入点或[基点(b)/比例(S)/X/Y/Z/旋转(R)/

预览比例(PS)/PX/PY/PZ/预览旋转(PR)]：(在对话框中指定相关参数)

图 8-28 "属性定义"对话框

输入属性值

数值：0.150 ✓

验证属性值

数值<0.150>：✓

（5）继续插入标高符号图块，并输入不同的属性值作为标高数值，直到完成所有标高符号标注。

图 8-29　"写块"对话框　　　　　　　　　　　图 8-30　"插入"对话框

8.3　设　计　中　心

通过使用 AutoCAD 设计中心，用户可以很容易地组织设计内容，并把它们拖动到自己的图形中，同时，用户还可以使用 AutoCAD 设计中心窗口的内容显示框，来观察用 AutoCAD 设计中心的资源管理器所浏览资源的细目，如图 8-31 所示。在图 8-31 中，左边方框为 AutoCAD 设计中心的资源管理器，右边方框为 AutoCAD 设计中心窗口的内容显示框。内容显示框的上面窗口为文件显示框，中间窗口为图形预览显示框，下面窗口为说明文本显示框。

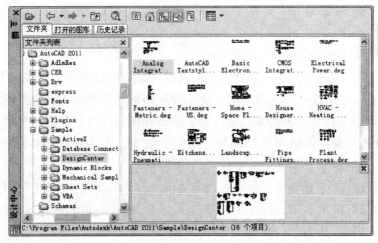

图 8-31　AutoCAD 设计中心的资源管理器和内容显示区

8.3.1　启动设计中心

【执行方式】

命令行：ADCEnter

菜单："工具"→"选项板"→"设计中心"

工具栏："标准"→"设计中心"

快捷键：Ctrl+2

【操作步骤】

命令：ADCEnter

执行上述命令后，系统打开设计中心。第一次启动设计中心时，它的默认打开的选项卡为"文件夹"选项卡。内容显示区采用大图标显示方式显示图标，左边的资源管理器采用 tree view 显示方式显示系统文件的树形结构，浏览资源的同时，在内容显示区显示所浏览资源的有关细目或内容。

可以通过拖动边框来改变 AutoCAD 设计中心资源管理器和内容显示区以及 Auto-CAD 绘图区的大小，但内容显示区的最小尺寸应能显示两列大图标。

如果要改变 AutoCAD 设计中心的位置，可拖动设计中心工具栏的上部到相应位置，松开鼠标后，AutoCAD 设计中心便处于当前位置，到新位置后，仍可以用鼠标改变改变各窗口的大小。也可以通过设计中心边框左边下方的"自动隐藏"按钮来自动隐藏设计中心。

8.3.2 显示图形信息

在 AutoCAD 设计中心中，可以通过"选项卡"和"工具栏"两种方式来显示图形信息。下面分别做简要介绍：

1. 选项卡

AutoCAD 设计中心有以下 4 个选项卡：

（1）"文件夹"选项卡：显示设计中心的资源，如图 8-31 所示。该选项卡与 Windows 资源管理器类似。"文件夹"选项卡用于显示导航图标的层次结构，包括网络和计算机、Web 地址（URL）、计算机驱动器、文件夹、图形和相关的支持文件、外部参照、布局、填充样式和命名对象，包括图形中的块、图层、线型、文字样式、标注样式和打印样式等。

（2）"打开的图形"选项卡：显示在当前环境中打开的所有图形，其中包括已经最小化的图形，如图 8-32 所示。此时选择某个文件，就可以在右边的内容显示框中显示该图形的有关设置，如标注样式、布局块、图层外部参照等。

（3）"历史记录"选项卡：显示用户最近访问过的文件及其具体路径，如图 8-33 所示。双击列表中的某个图形文件，则可以在"文件夹"选项卡中的树状视图中定位此图形文件并将其内容加载到内容区域中。

（4）"联机设计中心"选项卡：通过联机设计中心，用户可以访问数以万计的预先绘制的符号、制造商信息以及集成商站点，当然，前提是用户的计算机必须与网络连接。如图 8-34 所示。

图 8-32　"打开的图形"选项卡

图 8-33　"历史记录"选项卡

2. 工具栏

设计中心窗口顶部是工具栏，其中包括"加载"、"上一页（下一页或上一级）"、"搜索"、"收藏夹"、"主页"、"树状图切换"、"预览"、"说明"和"视图"等按钮。

（1）"加载"按钮📂：打开"加载"对话框，利用该对话框用户可以从 Windows 桌面、收藏夹或 Internet 中加载文件。

（2）"搜索"按钮🔍：查找对象。单击该按钮，打开"搜索"对话框，如图 8-35 所示。

（3）"收藏夹"按钮📷：在"文件夹列表"中显示 Favorites/Autodesk 文件夹中的内容。用户可以通过收藏夹来标记存放在本地磁盘、网络驱动器或 Internet 网页上的内容。如图 8-36 所示。

（4）"主页"按钮🏠：快速定位到设计中心文件夹中，该文件夹位于/AutoCAD 2011/Sample 下，如图 8-37 所示。

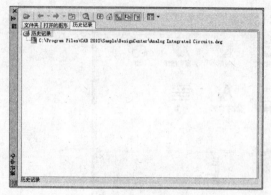

图 8-34 "联机设计中心"选项卡

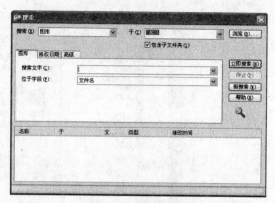

图 8-35 "搜索"对话框

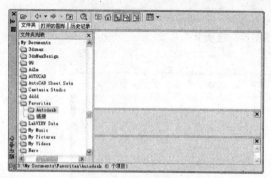

图 8-36 "收藏夹"按钮

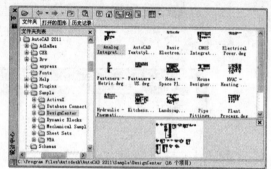

图 8-37 "主页"按钮

8.3.3 查找内容

可以单击 AutoCAD 2011 设计中心工具栏中的"搜索"按钮，弹出"搜索"对话框，寻找图形和其他的内容。在设计中心可以查找的内容有：图形、填充图案、填充图案文件、图层、块、图形和块、外部参照、文字样式、线型、标注样式和布局等。

在"搜索"对话框中有 3 个选项卡，分别给出 3 种搜索方式：通过"图形"信息搜索、通过"修改日期"信息搜索和通过"高级"信息搜索。

8.3.4 插入图块

可以将图块插入到图形中。当将一个图块插入到图形中时，块定义就被复制到图形数据库中。在一个图块被插入图形中后，如果原来的图块被修改，那么插入到图形中的图块也随之改变。

当其他命令正在执行时，不能插入图块到图形中。例如，如果在插入块时，提示行正在执行一个命令，那么光标会变成一个带斜线的圆，提示操作无效。另外，一次只能插入一个图块。

系统根据鼠标拉出的线段的长度与角度确定比例与旋转角度。插入图块的步骤如下：

（1）从文件夹列表或查找结果列表选择要插入的图块，将其拖动到打开的图形中。

此时，选中的对象被插入到当前打开的图形中。利用当前设置的捕捉方式，可以将对象插入到任何存在的图形中。

（2）按下鼠标左键，指定一点作为插入点，移动鼠标，鼠标位置点与插入点之间的距离为缩放比例，单击确定比例。用同样方法移动鼠标，鼠标指定位置与插入点之间的连线与水平线角度所成的为旋转角度。被选择的对象就根据鼠标指定的缩放比例和旋转角度插入到图形当中。

8.3.5 图形复制

1. 在图形之间复制图块

利用 AutoCAD 设计中心用户可以浏览和装载需要复制的图块，然后将图块复制到剪贴板上，利用剪贴板将图块粘贴到图形中。具体方法如下：

（1）在控制板选择需要的图块，右击打开右键快捷菜单，从中选择"复制"命令。

（2）将图块复制到剪贴板上，然后通过"粘贴"命令将图块粘贴到当前图形上。

2. 在图形之间复制图层

利用 AutoCAD 设计中心用户可以从任何一个图形中复制图层到其他图形中。例如，如果已经绘制了一个包括设计所需的所有图层的图形，在绘制另外的新图形的时候，可以新建一个图形，并通过 AutoCAD 设计中心将已有的图层复制到新的图形中，这样不仅可以省时间，而且可以保证图形间的一致性。

（1）拖动图层到已打开的图形中：确认要复制图层的目标图形文件已被打开，并且是当前的图形文件。在控制板或查找结果列表框选择要复制的一个或多个图层。拖动图层到打开的图形文件中。松开鼠标后被选择的图层被复制到打开的图形中。

（2）复制或粘贴图层到打开的图形：确认要复制的图层的图形文件已被打开，并且是当前的图形文件。在控制板或查找结果列表框选择要复制的一个或多个图层。右击打开右键快捷菜单，从中选择"复制到粘贴板"命令。如果要粘贴图层，确认粘贴的目标图形文件已被打开，并为当前文件。右击打开右键快捷菜单，从中选择"粘贴"命令。

8.4 工具选项板

工具选项板可以提供组织、共享和放置块及填充图案等的有效方法。工具选项板还可以包含由第三方开发人员提供的自定义工具。

8.4.1 打开工具选项板

【执行方式】

命令行：TOOLPALETTES

菜单："工具"→"选项板"→"工具选项板窗口"

工具栏："标准"→"工具选项板" 🔲

快捷键：Ctrl＋3

图 8-38 工具选项
板窗口

【操作步骤】

命令：TOOLPALETTES

执行上述命令后，系统自动打开工具选项板窗口，如图 8-38 所示。

【选项说明】

在工具选项板中，系统设置了一些常用图形的选项卡，这些选项卡可以方便用户绘图。

8.4.2 工具选项板的显示控制

1. 移动和缩放工具选项板窗口

用户可以用鼠标按住工具选项板窗口的深色边框，移动鼠标，即可移动工具选项板窗口。将鼠标指向工具选项板的窗口边缘，会出现一个双向伸缩箭头，拖动即可缩放工具选项板窗口。

2. 自动隐藏

在工具选项板窗口的深色边框下面有一个"自动隐藏"按钮，单击该按钮可自动隐藏工具选项板窗口，再次单击，则自动打开工具选项板窗口。

3. "透明度"控制

在工具选项板窗口的深色边框下面有一个"特性"按钮，单击该按钮，打开快捷菜单，如图 8-39 所示。选择"透明度"命令，系统打开"透明"对话框，如图 8-40 所示。通过调节按钮，可以调节工具选项板窗口的透明度。

图 8-39　快捷菜单

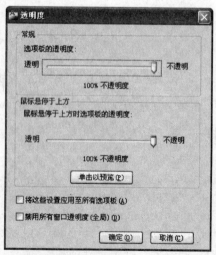

图 8-40　"透明"对话框

8.4.3　新建工具选项板

用户可以建立新工具选项板，这样有利于个性化绘图。也能够满足用户特殊作图的需要。

【执行方式】

命令行：CUSTOMIZE

菜单："工具"→"自定义"→"工具选项板"

快捷菜单：在任意工具栏上右击，然后选择"自定义"项。

工具选项板："特性"按钮→自定义（或新建选项板）

【操作步骤】

命令：CUSTOMIZE ✓

执行上述命令后，系统打开"自定义"对话框，如图 8-41 所示。在"选项板"列表框中右击，打开快捷菜单，如图 8-42 所示，从中选择"新建选项板"项，打开"新建选项板"对话框在对话框，可以为新建的工具选项板命名。单击"确定"按钮后，工具选项板中就增加了一个新的选项卡，如图 8-43 所示。

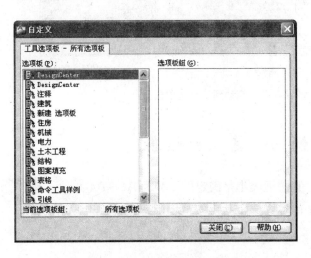
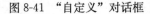

图 8-41　"自定义"对话框　　　图 8-42　快捷键图　　8-43　新增选项卡

8.4.4　向工具选项板添加内容

（1）将图形、块和图案填充从设计中心拖动到工具选项板上。

例如，在 Designcenter 文件夹上右击，系统打开右键快捷菜单，从中选择"创建块的工具选项板"命令，如图 8-44（a）所示。设计中心中储存的图元就出现在工具选项板中新建的 Designcenter 选项卡上，如图 8-44（b）所示。这样就可以将设计中心与工具选项板结合起来，建立一个快捷方便的工具选项板。将工具选项板中的图形拖动到另一个图形中时，图形将作为块插入。

（2）使用"剪切"、"复制"和"粘贴"命令将一个工具选项板中的工具移动或复制到另一个工具选项板中。

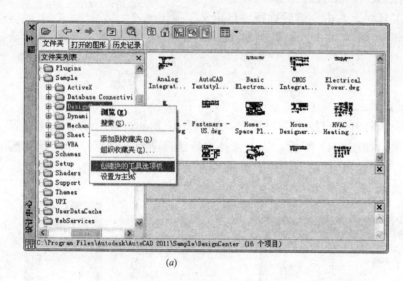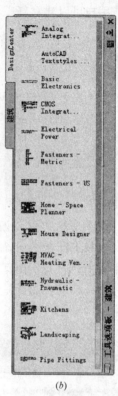

(a)　　　　　　　　　　　　　　　　　　　(b)

图 8-44　将设计中心中的储存图元拖动到工具选项板上

8.5　综合实例——建立图框集

第一章已经介绍过，绘制结构图时，其图框大小是固定的。分为 A0～A4 几种，其形式上一章已有介绍。这一章讲解图框的画法，以便将其作为常用图块存入 AutoCAD 的设计中心图纸库，方便以后绘图调用。

8.5.1　建立文件

首先打开 AutoCAD，单击"标准"工具栏中的"新建"按钮，或选择菜单栏中的"文件"→"新建"命令，以无样板打开的方式建立新文件。单击"保存"按钮，将文件保存为"图框集"，如图 8-45 所示。

8.5.2　绘制图框

1. A0 图框创建

（1）第一章介绍了图框的具体形式，以及图框线所用的线宽情况。绘图时，首先绘制

图 8-45 保存"图框集"

幅面线，线宽保持默认值，单击"绘图"工具栏中的"矩形"按钮 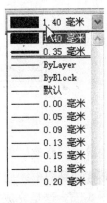，在命令行中输入第一点坐标：0，0，确认后在命令行中输入对角点：1189，841，如图 8-46 所示，创建幅面矩形。单击工具栏中的线宽下拉菜单，选择线宽为 0.4mm，如图 8-47 所示。

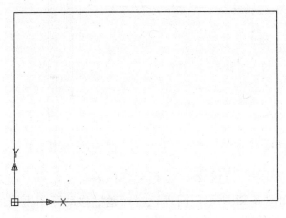

图 8-46 绘制幅面线

图 8-47 选择线宽

命令行提示如下：

命令：_rectang

指定第一个角点或[倒角(C)/标高(E)/圆角(F)/厚度(T)/宽度(W)]：0,0↙

指定另一个角点或[面积(A)/尺寸(D)/旋转(R)]：1189,841↙

（2）再一次单击矩形绘制工具，在命令行中输入：35，10，回车确认后，输入对角点：1179，831，绘制图框线，如图 8-48 所示。单击"标准"工具栏中的"设计中心"按钮 ，

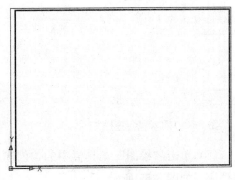

图 8-48 绘制图框线

或在菜单栏中选择"工具→设计中心"命令，如图 8-49 所示，打开设计中心，选择第 6 章创建的常用表格文件，单击块选项，如图 8-50 所示。

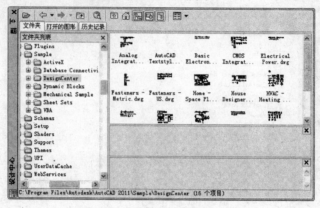

图 8-49　打开常用表格模块库

（3）将常用表格拖入绘图区域内，利用"分解"命令，将图形分解，然后删除材料明细表。单击"修改"工具栏中的"旋转"按钮〇，单击会签栏的角点，在命令行中输入 90，将其顺时针旋转 90°。如图 8-51 所示。

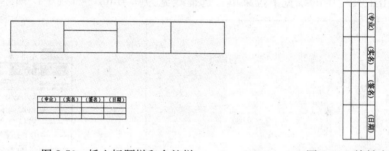

图 8-50　插入标题栏和会签栏　　　　　　　　图 8-51　旋转会签栏

（4）单击"修改"工具栏中的"移动"按钮✛，选择会签栏的右上角点，作为移动点，将其移动到图框线的左上角，如图 8-52 所示。同理，将标题栏移动至图框线的右下角，如图 8-53。这是完成了 A0 图框的绘制，最终效果如图 8-54。

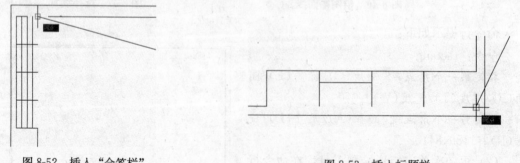

图 8-52　插入"会签栏"　　　　　　　　　　图 8-53　插入标题栏

（5）单击"绘图"工具栏中的"创建块"按钮🔲，选择 A0 图框，将其保存为 A0 图框模块，如图 8-55 所示。

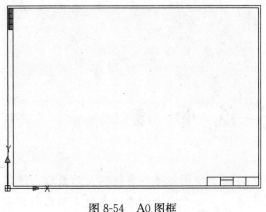

图 8-54　A0 图框

图 8-55　保存模块

2. 其他图框的创建

其他图框线的绘制过程和 A0 图框类似，不再详述，绘制完成后的图框如图 8-56 所示。

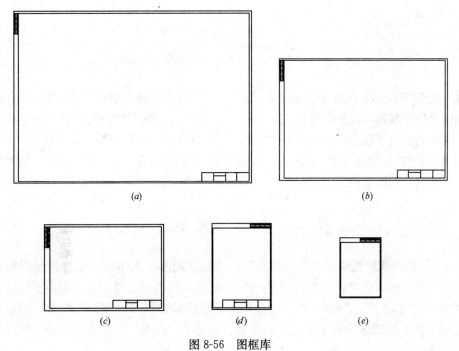

图 8-56　图框库

(*a*) A0 图框；(*b*) A1 图框；(*c*) A2 图框；(*d*) A3 图框；(*e*) A4 图框；

第9章　图纸管理

建筑图形设计完毕后，通常要输出到图纸上，输出绘图纸是计算机制图的最后一道工序，而这个环节往往在其他类似学习书籍中没有讲到。鉴于广大读者对怎样正确出图常常感到非常迷惑，本章将重点介绍 AutoCAD 中图形输出的具体方法与技巧。

学习要点

布图与输出概述
工作空间和布局
打印输出

9.1　概　　述

输出绘图纸包括布图和输出两个步骤。布图就是将不同的图样结合在同一张图纸中，在 AutoCAD 中有两种途径可以实现：一种是在"模型空间"中进行，另一种是在"图纸空间"中进行。对于输出，在设计工作中常用到两种方式：一种是输出为光栅图像，以便在 Photoshop 等图像处理软件中应用；另一种是输出为工程图纸。完成这些操作，需要熟悉模型空间、布局（图纸空间）、页面设置、打印样式设置、添加绘图仪和打印输出等功能。

9.2　工作空间和布局

AutoCAD 为我们提供了两种工作空间：模型空间和图纸空间，来进行图形绘制与编辑。当打开 AutoCAD 时，将自动新建一个 dwg 格式的图形文件，在绘图左下边缘可以看到"模型"、"布局 1"、"布局 2" 3 个选项卡。默认状态是"模型"选项卡，当处于"模型"选项卡时，绘图区就属于模型空间状态。当处于"布局"选项卡时，绘图区就属于图纸空间状态。

9.2.1　工作空间

1. 模型空间

模型空间是指可以在其中绘制二维和三维模型的三维空间，即一种造型工作环境。在这个空间中可以使用 AutoCAD 的全部绘图、编辑和显示命令，它是 AutoCAD 为用户提供的主要工作空间。前面各章节实例的绘制都是在模型空间中进行的。AutoCAD 在运行时自动默认为在模型空间中进行图形的绘制与编辑。

2. 图纸空间

图纸空间是一个二维空间，类似于我们绘图时的绘图纸，把模型空间中的模型投影到图纸空间，我们就可以在图纸空间绘制模型的各种视图，并在图中标注尺寸和文字。图纸空间，则主要用于图纸打印前的布图、排版、添加注释、图框、设置比例等工作。

图纸空间作为模拟的平面空间，对于在模型空间中完成的图形是不可再编辑的，其所有坐标都是二维的，其采用的坐标和在模型空间中采用的坐标是一样的，只是 UCS 图标变为三角形显示。图纸空间主要用于安排在模型空间中所绘制的图形对象的各种视图，以不同比例显示模型的视图以便输出，以及添加图框、注释等内容。同时还可以将视图作为一个对象，进行复制、移动和缩放等操作。

单击"布局"选项卡，进入图纸状态。图纸空间就如同一张白纸蒙在模型空间上面，通过在这张"纸"上开一个个"视口"（就是线条围绕成的一个个开口），透出模型空间中的图形，如果删除视口，则看不到图形。图纸空间又如同一个屏幕，模型空间中的图形通过视口透射到这个"屏幕"上。这张"白纸"或"屏幕"的大小由页面设置确定，虚线范围内为打印区域。

3. 模型空间和图纸空间的切换

在"布局"选项卡中，也可以在图纸空间和模型空间这两种状态之间切换，状态栏中将显示出当前所处状态，单击该按钮可以进行切换，如图 9-1 所示。也可以用"ms"（模型）和"ps"（图纸）快捷命令进行切换。

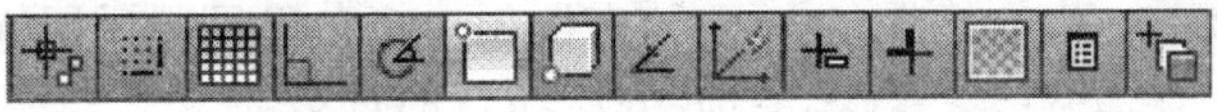

图 9-1　图纸空间状态

图纸空间中创建的视口为浮动视口，浮动视口相当于模型空间中的视图对象，用户可以在浮动视口中处理编辑模型空间的对象。用户在模型空间中的所有操作都会反映到所有图纸空间视口中。如果再浮动视口外的布局区域双击鼠标左键，则回到图纸空间。

当切换到图纸空间状态时，可以进行视口创建、修改、删除操作，也可以将这张"白纸"当做平面绘图板进行图形绘制、文字注写、尺寸标注、图框插入等操作，但是不能修改视口后面模型空间中的图形。而且，在此状态中绘制的图形、注写的文字只是存在于图形空间中，当切换到"模型"选项卡中查看时，将看不到这些操作的结果。当切换到模型空间状态时，视口被激活，即通过视口进入了模型空间，可以对其中的图形进行各种操作。

由此可见，在"布局"选项卡中，就是通过在图纸空间中开不同的视口，让模型空间中不同的图样以需要的比例投射到一张图纸上，从而达到布图的效果。这一过程称为布局操作。

9.2.2　布局功能

1. 布局的概念

AutoCAD 中，"布局"的设定源于几个方面的考虑：

（1）简化两个工作空间之间的复杂操作；

（2）多元化单一的图纸。

我们在"布局"中可以创建并放置视口对象，还可以添加标题栏或其他几何图形。可以在图形中创建多个布局以显示不同的视图，每个布局可以包含不同的打印比例和图纸尺寸。

使用"布局"可以把当前图形转化成两部分：

1）一个是以模型空间为工作空间，也是我们绘制编辑图形对象的视面，即"模型"布局。通常情况下，我们将"模型"与"布局"区分开来对待，而事实上，"模型"是一种特殊的布局。

2）一个是以图纸空间为主的，但可以根据需要随时切换到模型空间，即通常所说的布局。

用户可以通过选择"布局"选项卡区的"布局选项卡"，快速地在"模型空间视面"和"图纸空间视面"之间进行切换。"布局"可以显示出页面的边框和实际的打印区域。

2. 新建布局

（1）创建新布局主要目的是：

1）创建包含不同图纸尺寸和方向的新图形样板文件；

2）将带有不同的图纸尺寸、方向和标题的布局添加到现有图形中。

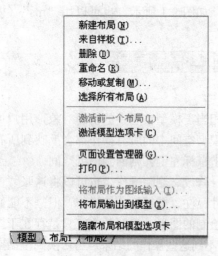

图 9-2　新建空白布局

（2）创建新布局的方法有两种：

1）直接创建新布局

直接创建新布局是通过鼠标右键点击"布局选项卡"，包括两种模式：

① 新建空白布局，如图 9-2 所示，选择"新建布局"选项。

② 从其他图形文件中选用一个布局来新建布局。选择如图 9-2 所示的"来自样板"选项，弹出一个"从文件选择样板"对话框，如图 9-3 所示。从对话框中选择一个图形样板文件，然后单击"打开"按钮，弹出"插入布局"对话框，如图 9-4 所示。然后单击"确定"按钮，就可以完成一个来自样板的布局创建。

2）使用"布局"向导

新建布局最常用的方法是使用"创建布局"向导。一旦创建了布局，就可以替换标题栏并创建、删除和修改编辑布局视口。

① 从菜单栏选择"工具"→"向导"→"创建布局"，启动"layoutwizard"命令，弹出"创建布局-开始"对话框，如图 9-5 所示。在"输入新布局的名称"中输入新布局名称，用户可以自定义，也可以按照默认继续。

② 单击"下一步"按钮，弹出"创建布局-打印机"对话框，如图 9-6 所示。用户可

图 9-3 "从文件选择样板"对话框

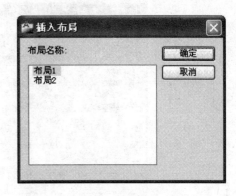

图 9-4 "插入布局"对话框

以为新布局选择合适的绘图仪。

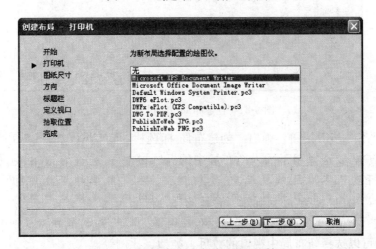

图 9-5 "创建布局-开始"对话框

图 9-6 "创建布局-打印机"对话框

③ 单击"下一步"按钮，弹出"创建布局-图纸尺寸"对话框，如图 9-7 所示。用户可以为新布局选择合适的图纸尺寸，并选择新布局的图形单位。图纸尺寸根据不同的打印

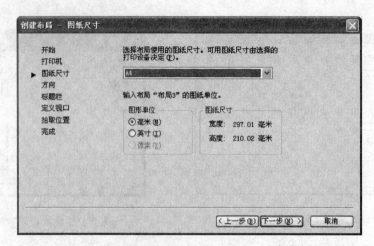

图 9-7 "创建布局-图纸尺寸"对话框

设备可以有不同的选择，图形单位有两种"毫米"和"英寸"，一般以"毫米"为基本单位。

④ 单击"下一步"按钮，弹出"创建布局-方向"对话框，如图 9-8 所示。用户可以在这个对话框中选择图形在新布局图纸上的排列方向。图形在图纸上有"纵向"和"横向"两种方向，用户根据图形大小和图纸尺寸选择合适的方向。

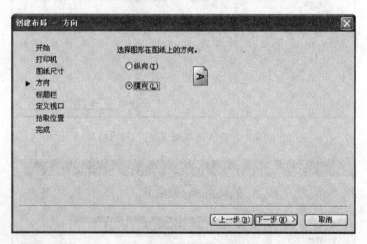

图 9-8 "创建布局-方向"对话框

⑤ 单击"下一步"按钮，弹出"创建布局-标题栏"对话框，如图 9-9 所示。在这个对话框中，用户需要选择用于插入新布局中的标题栏。可以选择插入的标题栏有两种类型：标题栏块和外部参照标题栏。系统提供的标题栏块有很多种，都是根据不同的标准和图纸尺寸定的，用户根据实际情况选择合适的标题栏插入。

⑥ 单击"下一步"按钮，弹出"创建布局-定义视口"对话框，如图 9-10 所示。在对话框中，用户可以选择新布局中视口的数目、类型、比例等。

⑦ 单击"下一步"按钮，弹出"创建布局-拾取位置"对话框，如图 9-11 所示。单击"选择位置"按钮，用户可以在新布局内选择要创建的视口配置的角点，来指定视口配置的位置。

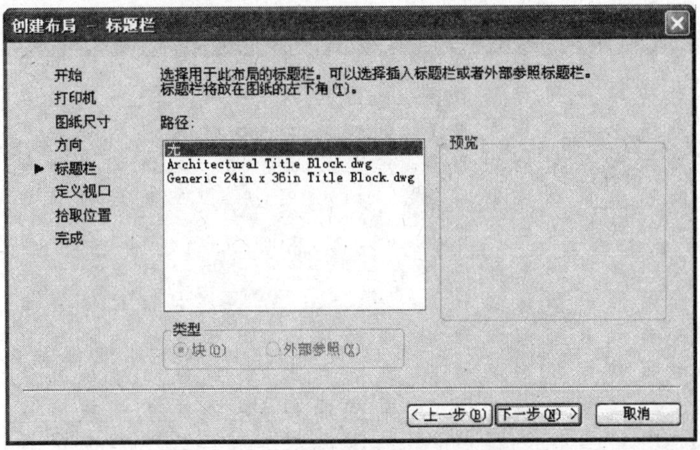

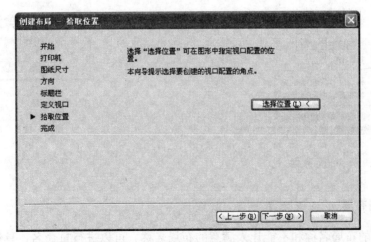

图 9-9 "创建布局-标题栏"对话框

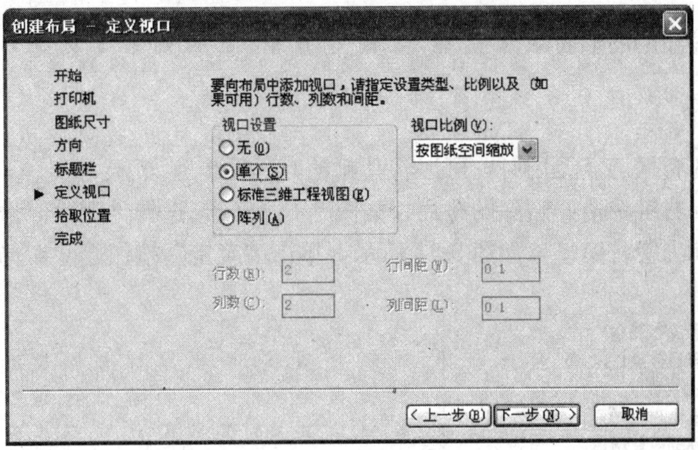

图 9-10 "创建布局-定义视口"对话框

图 9-11 "创建布局-拾取位置"对话框

⑧ 单击"下一步"按钮，弹出"创建布局-完成"对话框，如图 9-12 所示。这样就完成了一个新的布局，在新的布局中包括标题框、视口便捷、图纸尺寸界线以及"模型"布

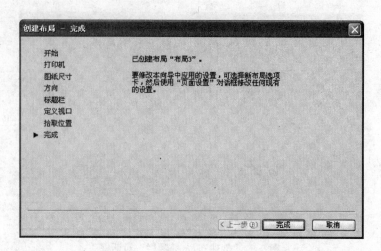

图 9-12 "创建布局-完成"对话框

局中当前视口里面的图形对象。

3. 删除布局

如果现有的布局已经无用时，可以将其删掉，具体步骤如下：

（1）用鼠标右键单击要删除的布局，如图 9-13 所示，选择"删除"选项。

（2）系统弹出警告窗口，如图 9-14 所示，单击"确定"按钮删除布局。

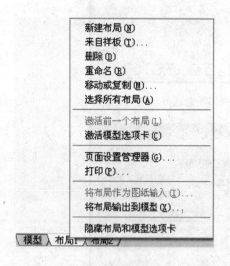

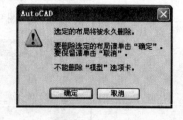

图 9-13 删除布局

图 9-14 删除警告窗口

4. 重命名布局

对于默认的布局名称和不能让人满意的布局名称，可以进行重命名，具体步骤如下：

（1）用鼠标右键单击重命名的布局，如图 9-15 所示，选择"重命名"选项。

（2）布局名称变为可修改状态，如图 9-16 所示，输入布局名，然后单击"Enter"键，完成重命名操作。

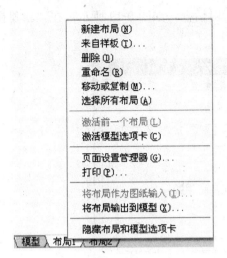

图 9-15 重命名布局

图 9-16 重命名布局对话框

5. 复制和移动布局

在布局安排的时候，有时需要移动某个布局到更适当的地方，或者需要复制某个布局内容，对其稍加修改作为另一个布局，就需要复制或移动布局。具体步骤如下：

（1）用鼠标右键单击要移动的布局，如图 9-17 所示，选择"移动或复制"选项。

（2）系统弹出"移动或复制"对话框，如图 9-18 所示，如果勾选"创建副本"则为复制布局，若不选，则为移动布局。然后单击"确定"按钮完成复制和移动布局的操作。

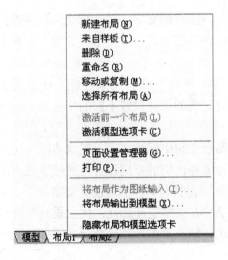

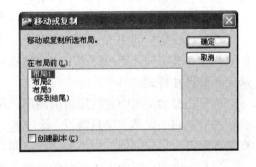

图 9-17 移动或复制布局

图 9-18 复制或移动布局对话框

6. 图纸空间中的视口

在图纸空间中创建视口的方式与在"模型"布局中创建视口的方法一样，都是通过定义视口命令"vports"来执行的。具体有两种方式可以完成：

（1）从菜单栏的"视图"→"视口"选择需要的选项；

（2）在命令行中输入"vports"，弹出"视口"对话框，如图 9-19 所示，在"新建视口"选项卡下面选择需要的选项，完成视口操作。

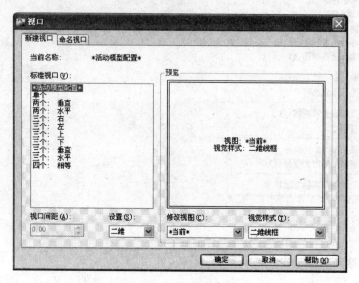

图 9-19 "视口"对话框

9.2.3 布局操作的一般步骤

1. 在"模型"选项卡中完成图形的绘制

在模型空间可以绘制二维和三维图形，也可以进行所有的文字、尺寸标注。在图纸空间中也可以绘制平面图形，也可以进行文字、尺寸标注。那么，在"模型"选项卡中的图形绘制应该进行到何种程度？以下有三种可能：

（1）在模型空间中完成所有的图形、尺寸、文字，图纸空间只用来布图：优点是图形、尺寸、文字均处于模型空间中，缺点是要为不同比例的图样设置不同的字高和不同全局比例的尺寸样式。

（2）在模型空间中完成所有的图形、尺寸，在图形空间中标注文字，完成布图：优点是在图形空间中同类文字只需设一个字高，不会因为图样比例的差别设置不同的字高，缺点是图形与文字分别处于模型和图纸空间，在"模型"选项卡中看不到这些文字。

（3）在模型空间中完成所有的图形，尺寸、文字均在图形空间标注：优点是只要设置一个全局比例的尺寸样式、一种字高的同类文字样式，缺点是图形和尺寸、文字分别处于模型和图纸空间。

明白这些关系以后，读者就可以根据自己的绘图习惯或工作单位的惯例来选择处理方式了。但是，若采用布局功能来布图，图框最好在图纸空间中插入。

2. 页面设置

默认情况下，每个初始化的布局都有一个与其联系的页面设置。通过在页面设置中将图纸定义为非 0×0 的任何尺寸，可以对布局进行初始化。可以将某个布局中保存的命名页面设置应用到另一个布局中。

单击"文件"菜单中的"页面设置管理器"选项进行设置，如图 9-20 所示。选择页面设置管理器，弹出"页面设置管理器"，如图 9-21 所示。

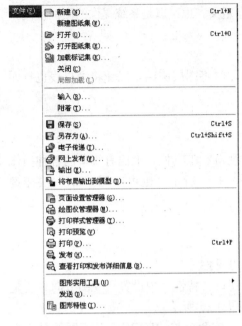

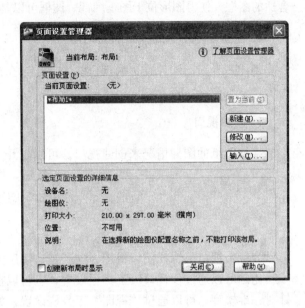

图 9-20 页面设置管理器选项　　　　　　　　　图 9-21 页面设置管理器

单击"新建"按钮，弹出"新建页面设置"对话框，如图 9-22 所示，在"新页面设置名"区域填写新的名称，然后单击"确定"按钮，弹出"页面设置-模型"对话框，如图 9-23 所示。在"页面设置-模型"下，可以同时进行打印设备、图纸尺寸、打印区域、打印比例和图形方向、打印样式等设置。

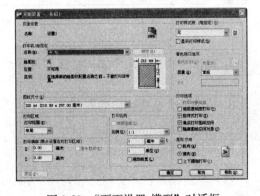

图 9-22 "新建页面设置"对话框　　　　　　　图 9-23 "页面设置-模型"对话框

如果要新建布局，也可以通过命令行进行操作：

命令：layout ✓

输入布局选项[复制(C)/删除(D)/新建(N)/样板(T)/重命名(R)/另存为(SA)/设置(S)/?]<设置>：n✓

输入新布局名<布局 2>：XXX 布局✓

3. 插入图框

将制作好的图框通过"插入块"命令 ，给在绘图区域的合适位置图形插入一个比例合适的图框，使得图形位于图框内部。图框可以是自定义，也可以是系统提供的图框模板。

4. 创建要用于布局视口的新图层

创建一个新图层放置布局视口线。这样，在打印时将图层冻结，以免将视口线也打印出来。

5. 创建视口

根据图纸的图样情况来创建视口。可以打开"视口"工具栏，上面有视口的各种操作

按钮，如图 9-24 所示。也可以用"mv"快捷键命令创建视口。

图 9-24 "视口"工具栏

6. 设置视口

为每个视口设置比例、视图方向、视口图层的可见性等。

比例可以通过"视口"工具栏设置，也可以在视口"特性"中设置。视图方向主要是针对三维模型，可以通过"视图"工具栏设置，如图 9-25 所示。

用"VPLAYER"命令设置视口图层的可见性。该命令与"LAYER"不同的是，它只能控制视口中图层的可见性。比如，用"VPLAYER"命令在一个视口中冻结的图层，在其他视口和"模型"选项卡中同样可以显示，而"LAYER"命令则是全局性地控制图层状态。

图 9-25 "视图"工具栏

7. 根据需要在布局中添加标注和注释

8. 关闭包含布局视口的图层

9. 打印布局

（1）单击菜单栏"文件"→"打印"命令，或者单击"标准"工具栏的"打印"工具按钮 ，打开"打印"对话框，选择已经设置好的打印机以及打印设置。

（2）选择好合适的打印比例。

（3）设置合适的"打印偏移"参数，设置坐标原点相对于可打印区域左下角点的偏移坐标，默认状态是两点重合。一般都选择"居中"打印。

（4）着色视口选项：设置打印质量、精度（DPI）等。

（5）根据出图需要选择图纸方向。

（6）选择合适的打印范围，包括"窗口"、"范围"、"图形界线"、"显示"，根据实际情况选择合适的范围打印。

（7）单击"预览"按钮，预览打印结果。

（8）单击"打印"按钮，打印出图。

9.3 实例——别墅图纸布局

为了说明布局的操作，以前面绘制的别墅图为例。将所有绘制的别墅建筑图放置在不同的图纸中，以便打印出图。

9.3.1 准备好模型空间的图形

以东、西立面图和墙身建筑详图的布局操作为例，现将东、西立面图和墙身建筑详图（不同的绘图比例）排布在一张 A3 图中。并且事先将线型设置好，把确定不显示的图层关闭，为布局操作做好准备。

9.3.2 创建布局、设置页面

1. 创建布局

在命令行中输入"LAYOUT"命令，创建新布局"布局 3"。

2. 页面设置

打开"页面设置管理器"对话框，对新建布局进行页面设置。单击"修改"按钮，弹出"页面设置-布局 3"对话框，如图 9-26 所示，然后按照图示对话框进行打印设备、图纸尺寸、打印区域、打印比例和图形方向、打印样式等设置。

9.3.3 插入图框、创建视口图层

1. 插入图框

调用"插入块"命令🖳，将以前绘制好的"图框"图块插入到布局 3 中，结果如图 9-27 所示。

2. 创建视口图层

创建视口图层，用于视口线放置，如图 9-28 所示。

9.3.4 视口创建及设置

1. 创建视口

首先创建东立面图样视口，在命令行中输入"MV"命令，在图纸上左上方绘制一个矩形视口，模型空间中的图形就会显示出来，结果如图 9-29 所示。

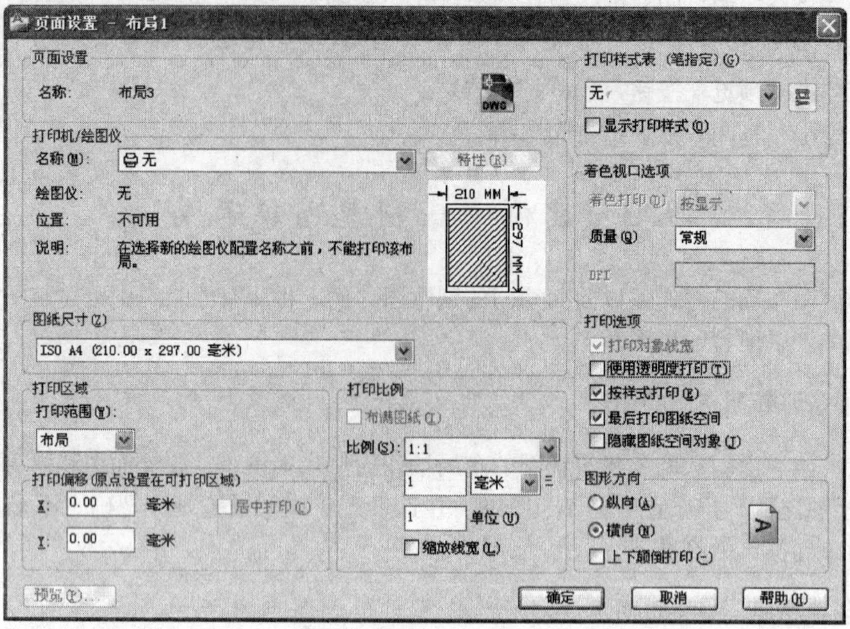

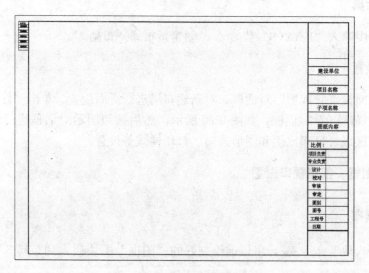

图 9-26 "页面设置-布局 3"对话框

图 9-27 插入图框

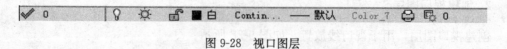

图 9-28 视口图层

2. 设置比例

双击视口内部，进入模型空间，单击"平移"按钮 ，"实时缩放"按钮 等，将东立面图调整到视口内，如图 9-30 所示。也可以通过在视口"特性"中输入比例，以完成比例设置。

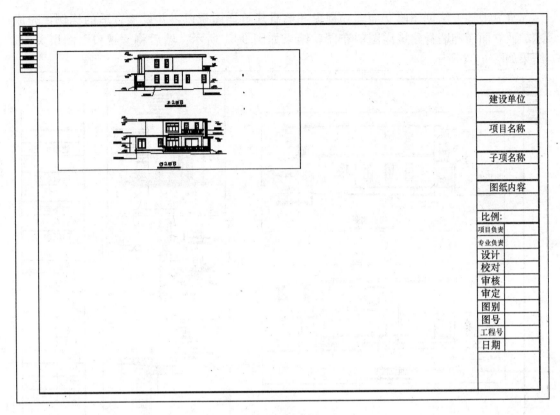

图 9-29　创建视口

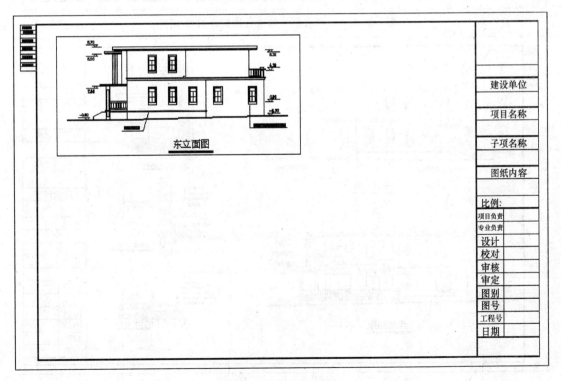

图 9-30　设置比例

　　重复上述方法创建西立面图样视口和墙身建筑详图视口，并设置合适的比例，完成东、西立面图和墙身建筑详图的布图，结果如图 9-31 所示。然后将"视口"图层关闭，结果如图 9-32 所示。

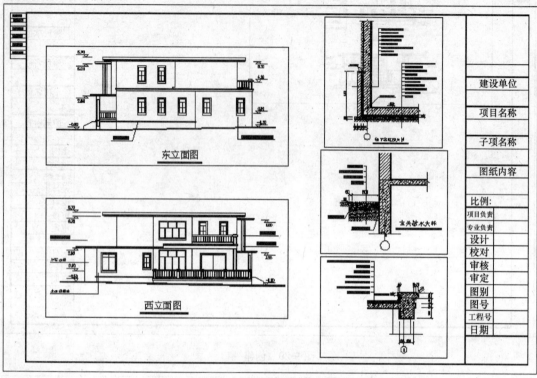

图 9-31　东、西立面图和墙身建筑详图的布图

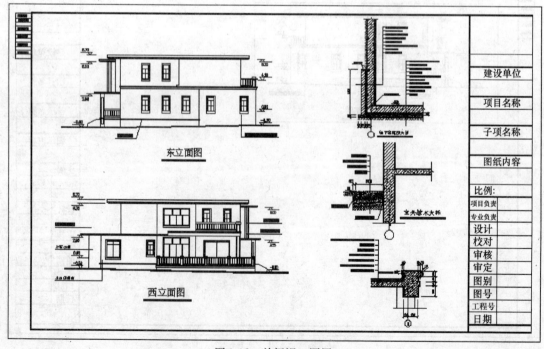

图 9-32　关闭视口图层

9.3.5　其他图纸布图

重复 9.3.1～9.3.4 操作步骤，完成其他图纸的布局，结果如图 9-33～图 9-42 所示。

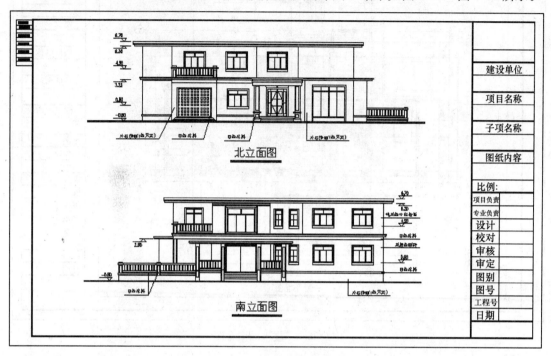

图 9-33　南、北立面图布图

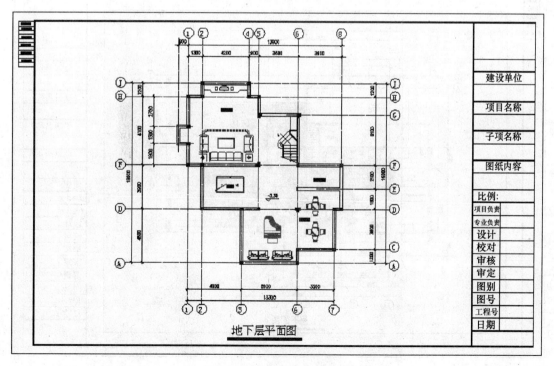

图 9-34　地下层平面图布图

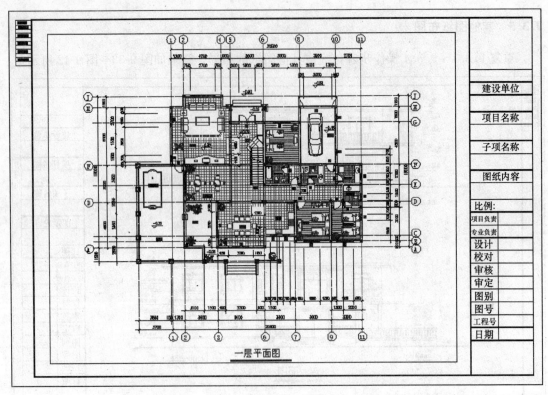

图 9-35　一层平面图布图

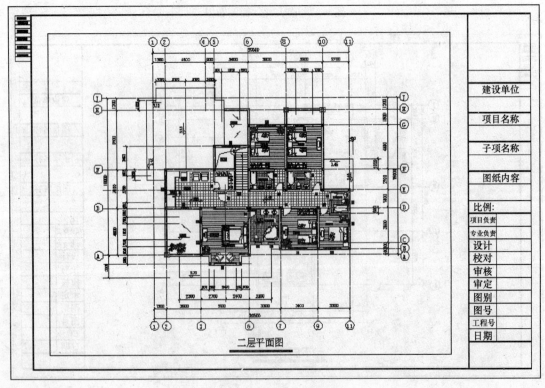

图 9-36　二层平面图布图

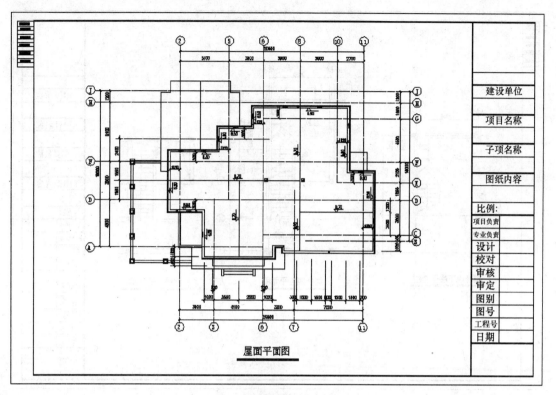

图 9-37　屋面平面图布图

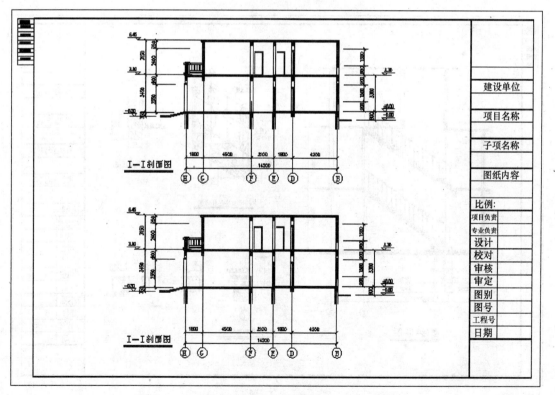

图 9-38　剖面图布图

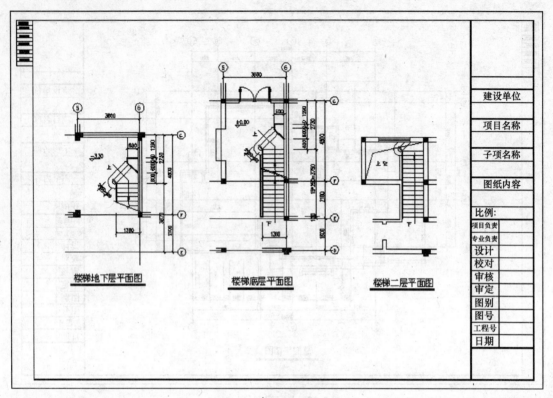

图 9-39　楼梯平面图布图

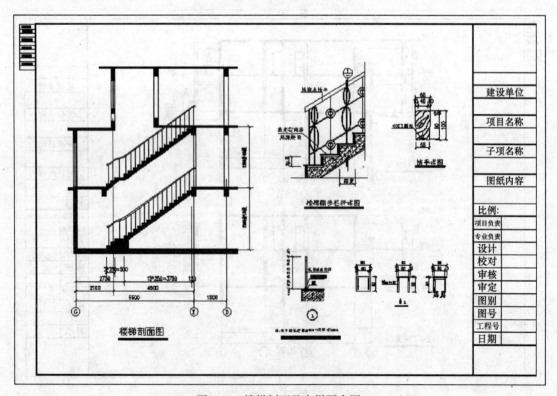

图 9-40　楼梯剖面及大样图布图

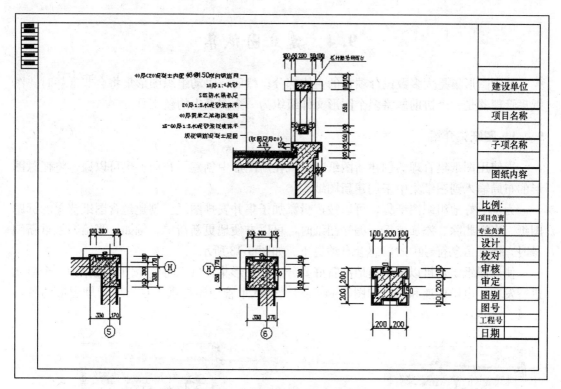

图 9-41 栏杆及装饰柱详图布图

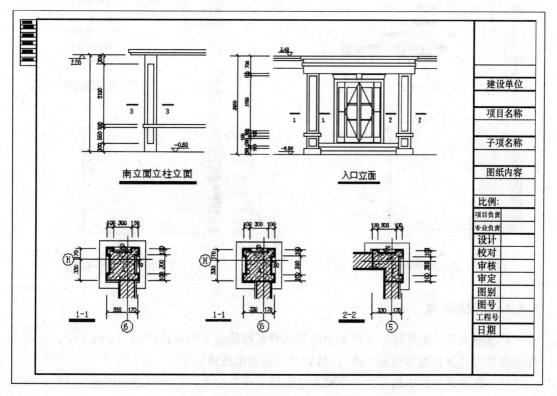

图 9-42 南立面立柱、入口立面详图布图

9.4 建立图纸集

整理图形集是大多数设计项目的主体部分。然而，手动组织图形集将会非常耗时。图纸集管理器是一个协助您将多个图形文件组织为一个图纸集的新工具。

9.4.1 图纸集介绍

当使用图纸集管理器创建新图纸时，就在新图形中创建了布局。也可以通过将任意图形的布局输入到图纸集中来创建新图纸。

为了更好地组织图纸集，可以按逻辑添加子集并安排图纸。创建包含图纸清单的标题图纸。当需删除、添加或重新编号图纸时，可以方便地更新清单。例如，当给图纸重新编号时，详细信息符号中的信息会自动更正。如图 9-43 所示。

使用图纸集，可以更快速地准备好要分发的图形集，可以将整个图纸集作为一个单元进行发布、电子传递和归档如图 9-44 所示。图纸集管理器提供了在组中管理图形的各种工具。

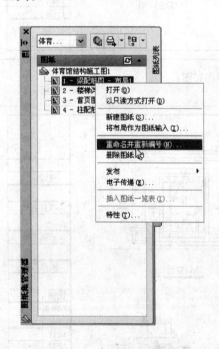

图 9-43　图纸集中符号的更新

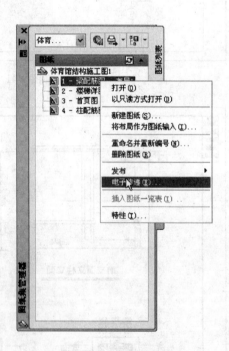

图 9-44　图纸集的功能

9.4.2 创建图纸集

将随书光盘"源文件"文件夹中的某体育馆结构施工图移动到同一文件夹中，并将文件夹命名为"体育馆结构施工图"。然后即可创建图纸集。

（1）选择菜单栏中的"文件"→"新建图纸集…"命令，打开新建图纸集对话框，如图 9-45 所示。

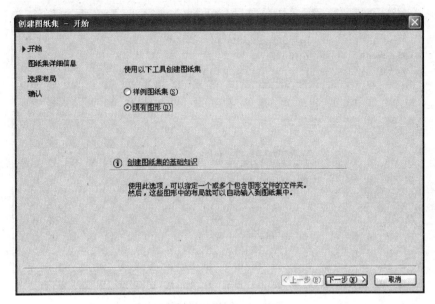

图 9-45　新建图纸集

（2）同时也可以通过单击工具栏中的"图纸集管理器"按钮 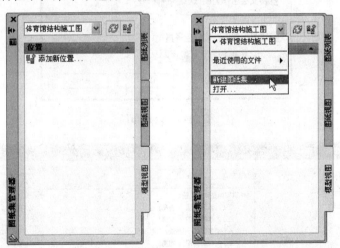，打开"图纸集管理器"对话框，然后在下拉菜单中选择"新建图纸集"命令。如图 9-46 所示。

图 9-46　由图纸集管理器新建图纸集

（3）在新建图纸集对话框中，由于我们已经将图纸绘制完成，所以选择"现有图形"，然后单击下一步，进入图纸集详细信息对话框，将图纸集名称修改为"体育馆结构施工图"，并在下面路径中选择保存图纸集的路径。如图 9-47 所示。

（4）单击下一步，进入选择布局对话框，选择"输入选项"按钮，将复选框全部选中，如图 9-48 所示。

（5）单击确定，并进行下一步，显示了图纸集的详细信息，如图 9-49 所示。单击完成。

建立之后，进入图纸集管理器，进行管理。

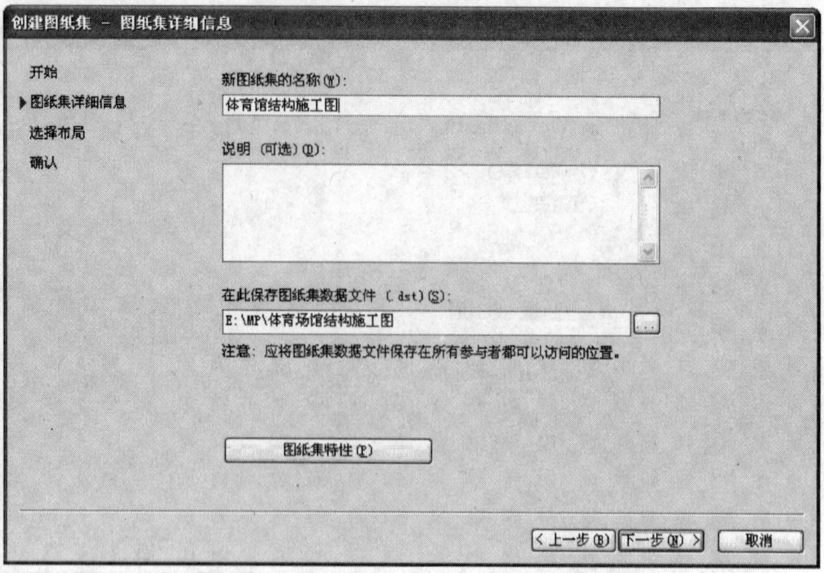

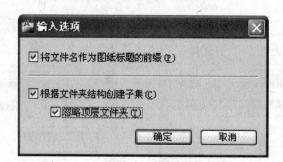

图 9-47　图纸集详细信息

图 9-48　设置布局

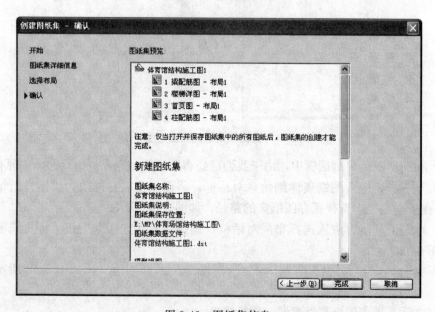

图 9-49　图纸集信息

9.5 管理图纸集

9.5.1 添加图纸资源

首先打开图纸集管理器，将"体育馆结构施工图"图纸集设置为当前，然后单击"模型视图"选项卡，如图 9-50 所示。双击添加新位置，然后将选择事先保存好图形文件的文件夹，确定后如图 9-51 所示。

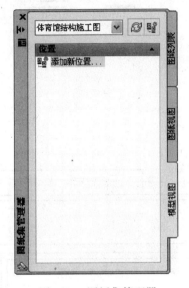

图 9-50　图纸集管理器

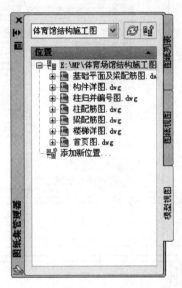

图 9-51　添加图纸

9.5.2 添加视图布局

（1）单击图纸列表及视图列表选项卡，发现其均为空白，这是因为没有向其中添加布局。首先要将图形均创建布局模式。例如打开"首页图"，即在资源列表中双击首页图，打开首页图文件，如图 9-52 所示。

（2）单击绘图区域下面的布局选项卡，创建布局。如图 9-53 所示。

（3）同理，其他文件也同样创建布局。然后回到图纸集管理器，选择"图纸列表"选项卡，在图纸集名称上面单击鼠标右键，在弹出菜单中选择"将布局作为图纸输入"，如图 9-54 所示。打开插入布局对话框，如图 9-55 所示，然后单击"浏览图形"，选择刚刚创建过布局的文件，加入到图纸列表中。

加入之后如图 9-56 所示，图纸集管理器如图 9-57 所示。可以看到，在图纸列表中已经将所绘文件加入，可以直接通过管理器的窗口随时调用。

（4）选择其中一个布局，将显示图纸的详细信息，如图 9-58 所示。

（5）建立完成图纸集，设计人员就可以方便地通过图纸集管理其来管理图纸。并且可以随时通过双击打开图纸集中的图纸。同时，还可以通过新建图纸，随时创建图形，满足了结构设计简化工作的需要，提高了绘图效率，方便了图纸管理。

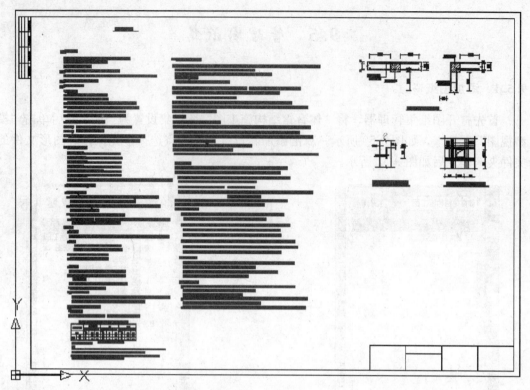

图 9-52　首页图

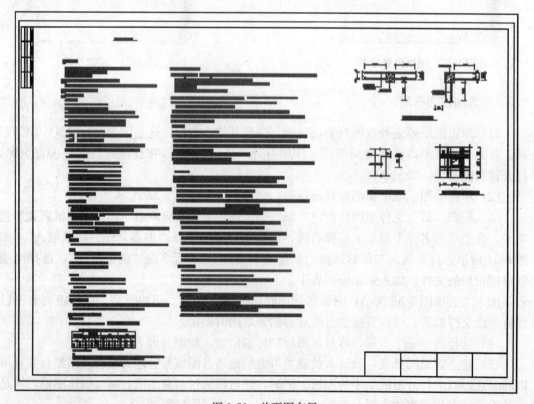

图 9-53　首页图布局

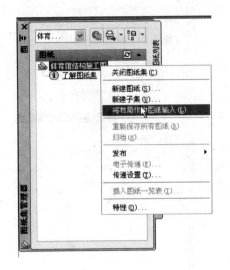

图 9-54 输入布局

图 9-55 选择布局文件

图 9-56 输入布局

图 9-57 管理器

9.5.3 重新编号

（1）在图纸集管理器的图纸列表中，选择一个图纸，然后单击鼠标右键，选择"重命名并重新编号"，如图 9-59 所示。打开重新编号对话框，如图 9-60 所示。

（2）将编号修改为 T1，单击下一步，修改第二幅图纸。依次将图形命名为 T1 到 T4，最后图纸集变为如图 9-61 所示。

（3）建立了图纸集后，可以利用图纸集的布局，生成图纸文件，例如在图纸集中选择一个图布局，单击右键，发布，或者单击图纸集管理器上的发布按钮" "，AutoCAD 将弹出选择文件对话框，新建图纸，如图 9-62 所示。单击选择后，将进行发布工作，同时在屏幕右下角显示发布状态图标" "，将鼠标停留在上面，将显示当前执行操作的状态。

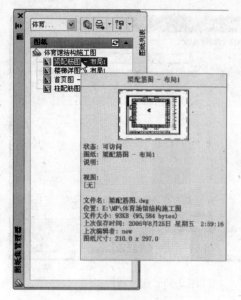

图 9-58　察看详细信息

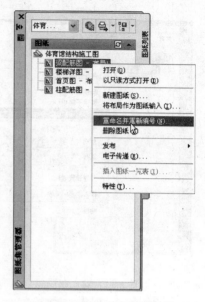

图 9-59　重命名并重新编号

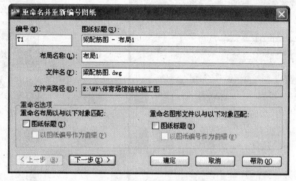

图 9-60　"重命名并重新编号图纸"对话框

图 9-61　重新编号后的图纸集

图 9-62　发布图纸

9.6 打印输出

9.6.1 打印样式设置

打印样式用来控制对象的打印特性。可控制的特性有颜色、抖动、灰度、笔号、虚拟笔、淡显、线型、线宽、线条端点样式、线条连接样式和填充样式。在 AutoCAD 中为用户提供了两种类型的打印样式，一种是颜色相关的打印样式，一种是命名打印样式。

单击"文件"菜单下的"打印样式管理器"，弹出打印样式管理器对话框，如图 9-63 所示。对话框中有"打印样式表文件"、"颜色相关打印样式表文件"和"添加打印样式表向导"。单击"添加打印样式表向导"快捷方式可以选择添加前面两种类型的新样式表。

图 9-63 打印样式管理器

1. 颜色相关的打印样式

颜色相关的打印样式以颜色统领对象的打印特性，用户可以通过打印样式为同一颜色的对象设置一种打印样式。在打印样式管理器中任意打开一个颜色相关的打印样式表文件，即打开了打印样式表编辑器，其中包括常规、表视图、格式视图 3 个选项卡，如图 9-64～图 9-66 所示。"常规"选项卡中列出了一些基本信息，在"表视图"选项卡和"格式视图"选项卡中均可以进行颜色、抖动、灰度、笔号、虚拟笔、淡显、线型、线宽、线条端点样式、线条连接样式和填充样式等各项特性的设置。

也可以通过"添加打印样式表向导"来添加自定义的新样式。双击"添加打印样式表向导"弹出"添加打印样式表"对话框，如图 9-67 所示。

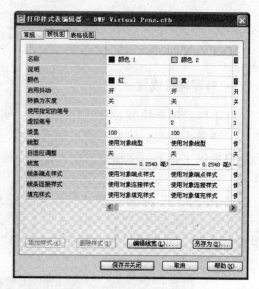

图 9-64 "常规"选项卡　　　　　　　图 9-65 "表视图"选项卡

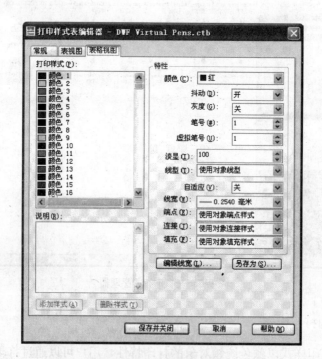

图 9-66 "格式样式"选项卡

单击"下一步"按钮，弹出"添加打印样式表-开始"对话框，如图 9-68 所示。选择"创建新打印样式表"选项，然后单击"下一步"按钮，弹出"选择打印样式表"对话框，如图 9-69 所示。选择"颜色相关打印样式表"选项。

单击"下一步"按钮，弹出"添加打印样式表-文件名"对话框，如图 9-70 所示。填写"文件名"，然后单击"下一步"按钮，弹出"添加打印样式表-完成"对话框，如图 9-71 所示。单击"完成"按钮，完成新样式的添加。

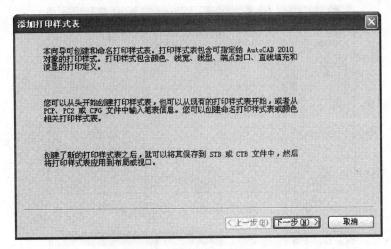

图 9-67　"添加打印样式表"对话框

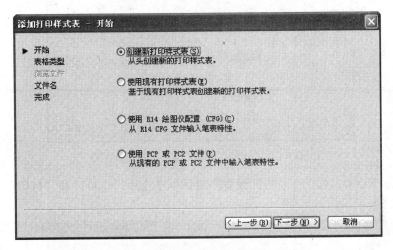

图 9-68　"添加打印样式表-开始"对话框

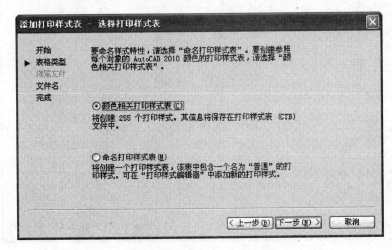

图 9-69　"添加打印式表-选择打印样式表"对话框

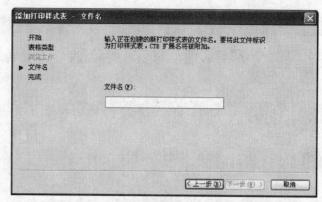

图 9-70 "添加打印样式表-文件名"对话框

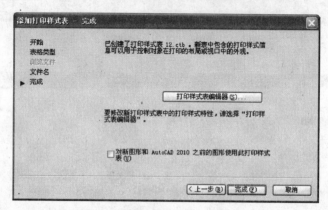

图 9-71 "添加打印样式表-完成"对话框

新添加的打印样式可以在"页面设置"对话框中选用，也可以在"打印"对话框中选用，如图 9-72 所示。

图 9-72 打印样式选用

2. 命名打印样式

命名打印样式是指每个打印样式由一个名称管理。在启动 AutoCAD 时，系统默认新建图形采用颜色相关打印样式。如果要采用命名打印样式，可以在"工具"菜单"选项"中设置。如图 9-73 所示，在"选项"对话框中选择"打印和发布"选项，单击右下角的"打印样式表设置"按钮，弹出"打印样式表设置"对话框，如图 9-74 所示。在"新图形的默认打印样式"区域选择"使用命名打印样式"，然后单击"确定"按钮完成"使用命名打印样式"的设置。

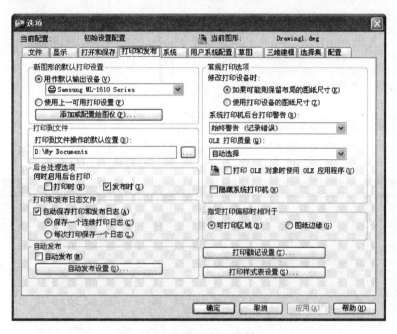

图 9-73 "选项"对话框

设置命名打印样式后，用户可以在同一个样式表中修改、添加命名样式。相同颜色的对象可以采用不同的命名样式，不同颜色的对象也可以采用相同的命名样式，关键在于将样式设定给特定的对象。可以在"特性"窗口、图层管理器、页面设置或打印对话框中进行设置。下面以在页面设置中进行操作为例。

打开工具栏中的"文件"菜单，选择"页面设置管理器"选项，弹出"页面设置管理器"对话框，如图 9-75 所示。单击"新建"按钮，弹出"新建页面设置"对话框，如图 9-76所示，输入新页面设置名，然后选择新建页面设置"模型"，单击"确定"按钮，弹出"页面设置-模型"对话框，如图 9-77 所示。

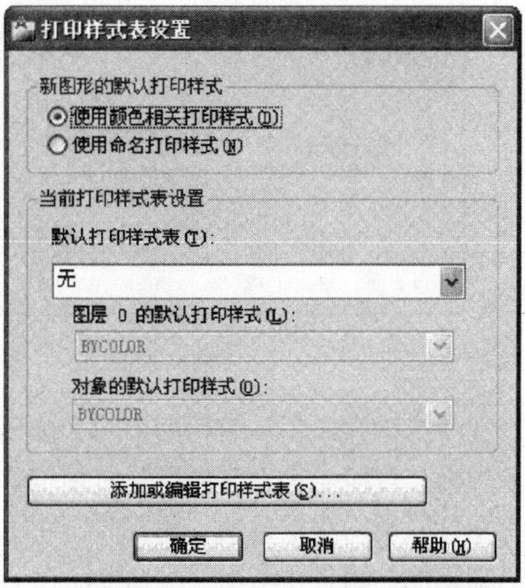

图 9-74 "打印样式表设置"对话框

图 9-75 "页面设置管理器"对话框

图 9-76 "新建页面设置"对话框

图 9-77 "页面设置-模型"对话框

在"打印样式表"区利用下拉菜单选择打印样式表,然后单击右上角的"编辑"按钮,弹出"打印样式表编辑器"对话框,选择"表视图"选项卡,如图 9-78 所示。在选项卡中可以利用左下角的"添加样式"按钮来添加新的样式,然后就可以进行样式的设置,如颜色、线型、线宽等。也可以在"表格视图"选项卡中进行特性的设置,如图9-79所示。

图 9-78　"表视图"选项卡　　　　　图 9-79　"表格视图"选项卡

9.6.2　设置绘图仪

AutoCAD 配置的绘图仪可以连接在本机上打印，也可以是网络打印机，还可以将图形输出为电子文件的打印程序。在打印之前先检查是否连接了打印机，若需要安装，可以在"文件"菜单中，选择"绘图仪管理器"选项，弹出"打印机"对话框，如图 9-80 所示。可以在已有的打印设备中进行选择，若需添加绘图仪，双击"添加绘图仪向导"来添加绘图仪。在连接打印机之后，用户可以在"页面设置"或"打印"对话框中选择并设置其打印特性。

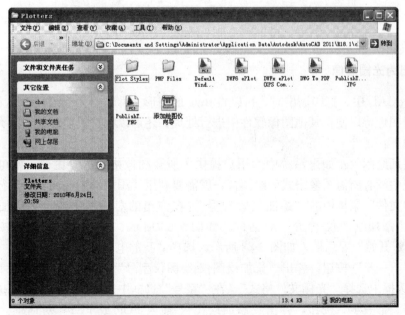

图 9-80　"打印机"对话框

9.6.3 打印输出

打印输出时可以以不同的方式输出，可以输出为工程图纸，也可以输出为光栅图像。

1. 输出为工程图纸

选择"文件"菜单中的"打印"选项，弹出"打印-模型"对话框，如图 9-81 所示。在"打印机/绘图仪"中选择已有的打印机名称，在"打印区域"中选择"窗口"打印范围，"打印比例"设置为"布满图纸"。设置好后，单击"确定"按钮，即可完成打印。

图 9-81 "打印-模型"对话框

2. 输出为光栅图像

在 AutoCAD 中，打印输出时，可以将 dwg 的图形文件输出为 jpg、bmp、tif、tga 等格式的光栅图像，以便在其他图像软件中进行处理，还可以根据需要设置图像大小。具体操作步骤如下：

（1）添加绘图仪：如果系统中为用户提供了所需图像格式的绘图仪，就可以直接选用，若系统中没有所需图像格式的绘图仪，就需要利用"添加绘图仪向导"进行添加。

打开"文件"菜单中的"绘图仪管理器"，在弹出的对话框中双击"添加绘图仪向导"，弹出"添加绘图仪-简介"对话框，如图 9-82 所示。单击"下一步"按钮，弹出"添加绘图仪-开始"对话框，如图 9-83 所示，选择"我的电脑"选项。

单击"下一步"按钮，弹出"添加绘图仪-绘图仪型号"对话框，如图 9-84 所示。在"生产商"选框中选择"光栅文件格式"，在"型号"选框中选择"TIFF Version 6（不压缩）"。单击"下一步"按钮，弹出"添加绘图仪-输入 PCP 或 PC2"对话框。如图 9-85 所示。

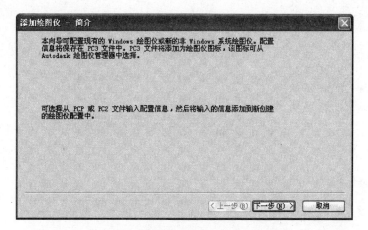

图 9-82 "添加绘图仪-简介"对话框

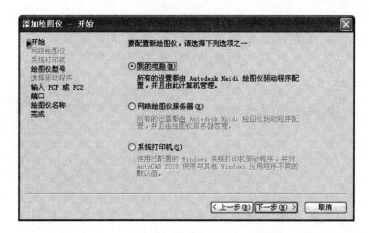

图 9-83 "添加绘图仪-开始"对话框

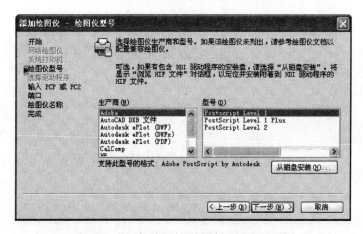

图 9-84 "添加绘图仪-绘图仪型号"对话框

单击"下一步"按钮，弹出"添加绘图仪-端口"对话框，如图 9-86 所示。单击"下一步"按钮，弹出"添加绘图仪-绘图仪名称"对话框，如图 9-87 所示。

单击"下一步"按钮，弹出"添加绘图仪-完成"对话框，如图 9-88 所示。单击"完

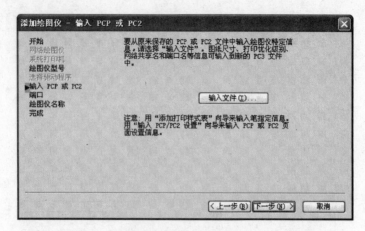

图 9-85 "添加绘图仪-输入 PCP 或 PC2"对话框

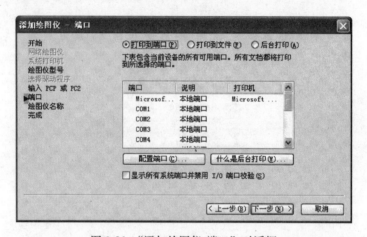

图 9-86 "添加绘图仪-端口"对话框

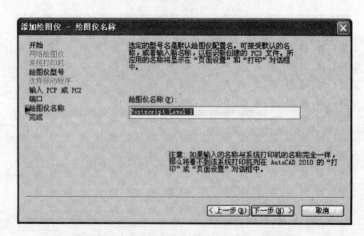

图 9-87 "添加绘图仪-绘图仪名称"对话框

成"按钮,即可完成绘图仪的添加操作。

(2)设置图像尺寸:选择"文件"菜单中的"打印"选项,弹出"打印-模型"对话框,在"打印机/绘图仪"选框中选择"TIFF Version 6(不压缩)"。然后在"图纸尺寸"

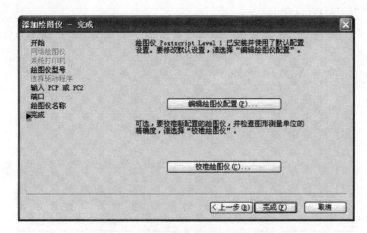

图 9-88 "添加绘图仪-完成"对话框

选框中选择合适的图纸尺寸。如果选项中所提供的体制尺寸不能满足要求，就可以单击"绘图仪"右侧的"特性"按钮，弹出"绘图仪配置编辑器"对话框，如图 9-89 所示。

图 9-89 "绘图仪配置编辑器"对话框

选择"自定义图纸尺寸"，然后单击"添加"按钮，弹出"自定义图纸尺寸-开始"对话框，如图 9-90 所示，选择"创建新图纸"选项。单击"下一步"按钮，弹出"自定义图纸尺寸-介质边界"对话框，如图 9-91 所示，设置图纸的宽度、高度等。

单击"下一步"按钮，弹出"自定义图纸尺寸-图纸尺寸名"对话框，如图 9-92 所示。单击"下一步"按钮，弹出"自定义图纸尺寸-文件名"对话框，如图 9-93 所示。

单击"下一步"按钮，弹出"自定义图纸尺寸-完成"对话框，如图 9-94 所示。单击"完成"按钮，即可完成新图纸尺寸的创建。

（3）输出图像：执行"打印"命令，弹出"打印-模型"对话框，单击"确定"按钮，弹出"浏览打印文件"对话框，如图 9-95 所示。以卫生间大样图为例，在"文件名"中输入文件名，然后单击"保存"按钮后完成打印。

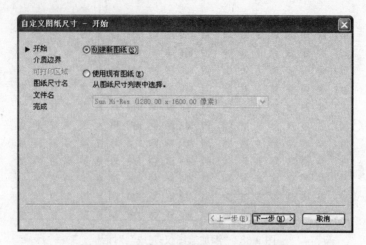

图 9-90 "自定义图纸尺寸-开始"对话框

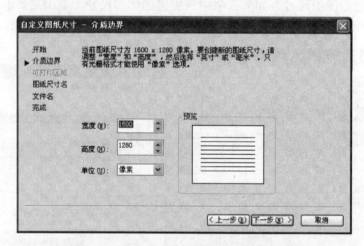

图 9-91 "自定义图纸尺寸-介质边界"对话框

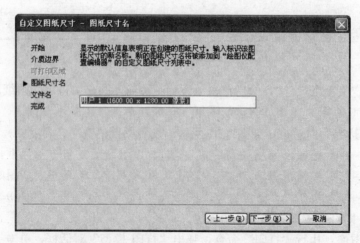

图 9-92 "自定义图纸尺寸-图纸尺寸名"对话框

最终，完成将 dwg 图形输出为光栅图形。

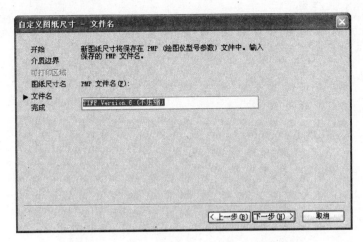

图 9-93　"自定义图纸尺寸-文件名"对话框

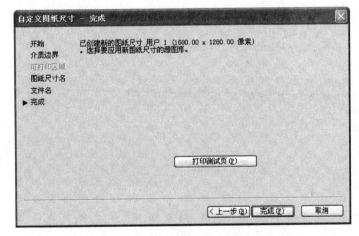

图 9-94　"自定义图纸尺寸-完成"对话框

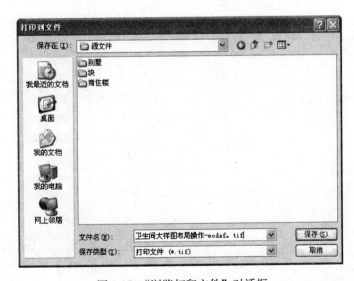

图 9-95　"浏览打印文件"对话框

CHAPTER

结构设计篇

　　本篇共 7 章，结合某住宅楼的实际工程实例讲解建筑结构 CAD 绘图的过程。其中，第 10 章讲述了结构施工图的图纸编排；第 11 章介绍建筑结构的初步设计；第 12 章～第 16 章，讲述的是工程的深入设计，分别讲解了柱、梁、剪力墙、预应力梁以及板的设计过程，并绘制了相应的结构施工图。

　　通过这一篇的学习，读者可以初步了解普通住宅楼结构设计的过程以及需要注意的问题，同时能够对 AutoCAD 的操作方法有深入的理解。

第10章 结构施工图的图纸编排

从本章开始，本书将对施工图的绘制进行详细的讲述，并同时讲述相关的专业结构知识。本章首先介绍一套完整施工图所包含的内容，并对图纸的编排及结构设计总说明进行详细的讲述。

学习要点

施工图纸目录绘制
结构设计总说明图表绘制

10.1 施工图纸目录

对于一套完整的施工图纸而言，在图纸的第一页就是施工图纸目录，目录一般是采用表格格式，在目录中详细表明了各个施工图纸的图号以及图纸的内容。大体的样式见表10-1。

图纸目录

表 10-1

图 号	图 纸 名 称	图 号	图 纸 名 称
结施-1	图纸目录	结施-18	D单元地下一层板配筋图
结施-2	结构设计总说明(一)	结施-19	D单元一层模板平面图
结施-3	结构设计总说明(二)	结施-20	D单元一层板配筋平面图
结施-4	结构设计总说明(三)	结施-21	D单元二层结构平面图
结施-5	结构设计总说明(四)	结施-22	三至二十四层模板平面图
结施-6	D单元基础模板平面图	结施-23	三至二十四板配筋平面图
结施-7	D单元基础配筋平面图	结施-24	二十五层结构平面图
结施-8	D单元地下二层墙体平面图	结施-25	二十六层模板平面图
结施-9	D单元地下一层墙体平面图	结施-26	二十六层板配筋平面图
结施-10	D单元一至二十四层墙体平面图	结施-27	电梯机房层模板平面图
结施-11	D单元二十五层墙体平面图	结施-28	电梯机房层板配筋平面图
结施-12	D单元二十六层墙体平面图	结施-29	水箱间及屋顶模板平面图
结施-13	D单元机房层、水箱墙体平面图	结施-30	水箱间及屋顶板配筋图
结施-14	D单元剪力墙暗柱配筋表(一)	结施-31	D单元楼梯详图
结施-15	D单元剪力墙暗柱配筋表(二)	结施-32	D单元楼梯配筋表
结施-16	D单元墙体和连梁配筋表	结施-33	人防详图及出入口详图
结施-17	D单元地下一层模板平面图		

一般来说，对于图纸目录也应该在 AutoCAD 中绘制，并且加上图纸框，形成正规的图纸，绘制方法如下：

(1) 建立新文件：打开 AutoCAD 2011 应用程序，选择菜单栏中的"文件"→"新建"命令，打开"选择样板"对话框，单击"打开"按钮右侧的 ▼ 下拉按钮，以"无样板打开－公制"（毫米）方式建立新文件；将新文件命名为"目录 . dwg"并保存。

(2) 设置图形界限：选择菜单栏中的"格式"→"图形界限"命令，或命令行输入"LIMITS"回车执行，命令行提示如下：

命令：LIMITS ↙

指定左下角点或[开(ON)/关(OFF)]<0.0000,0.0000>：↙

指定右上角点<420.0000,297.0000>：841,594 ↙（即使用 A1 图纸）

当然，根据需要读者可以自行定义图形的大小。

(3) 插入表格：选择菜单栏中的"绘图"→"表格"命令，如图 10-1 所示。

弹出"插入表格"对话框，并将列设置为 4，列宽设置为 63.5，数据行设置为 17，行高设置为 2，如图 10-2 所示。

图 10-1　"表格"菜单命令

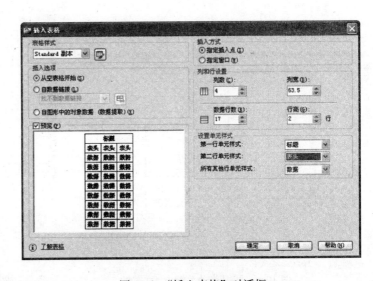

图 10-2　"插入表格"对话框

单击确定，将表格插入到绘图区域，插入后的图形如图 10-3 所示。

(4) 调整表格：从本节开始的样表可以看出，第一列和第三列比较窄，二、四列比较宽，这根据表格内容的多少来决定的。

点击第一列的任一表格，选中表格，并将鼠标放置在右关键点上，如图 10-4 所示。

拖动右关键点，向左移动，则第一列表格的宽度就变小，同理可以将第三列表格宽度变小，第二列和第四列表格宽度变大。

另外，还可以运用表格特性对列宽进行调整：用右键单击要修改的列中的任一表格，从快捷菜单中选择"特性"，如图 10-5 所示。

在弹出的"特性"菜单中，将"单元宽度"选项中的数字输入为 40，回车，则第一

图 10-3　插入后的表格

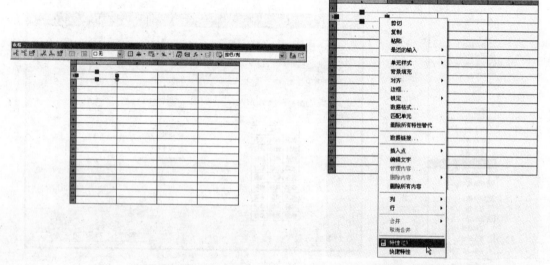

图 10-4　捕捉移动关键点　　　　　　　　　　图 10-5　调整后的表格

列的列宽就变窄，如图 10-6 所示。同理可以将第二列的列宽加大到 120，调整后的表格如图 10-7 所示。

（5）新建文字样式：选择菜单栏中的"格式"→"文字样式"命令，弹出"文字样式"对话框，单击"新建"选项，弹出"新建文字样式"对话框，在对话框中输入新的文字样式的名称，也可以默认为"样式一"，单击确定回到"文字样式"对话框。在"字体名"下拉选项中选择"宋体"，单击应用，退出"文字样式"对话框。

（6）输入文字：双击第一行的表格，弹出"文字格式"对话框，同时，被双击的表格处于编辑状态，在"文字格式"对话框中选择"样式一"，如图 10-8 所示。

根据图纸目录键入文字，文字的大小可以通过图 10-8 所示的"文字格式"对话框中

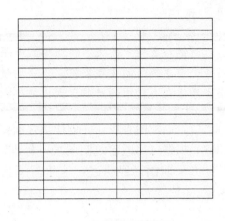

图 10-6　特性表格　　　　　　　　　　　图 10-7　调整后的表格

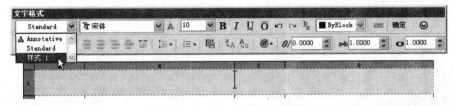

图 10-8　选择字体格式

字体大小进行调整。最终键入后的结果如图 10-9 所示。

目录			
图号	图纸名称	图号	图纸名称
结施-1	图纸目录	结施-18	D 单元地下一层板配筋图
结施-2	结构设计总说明（一）	结施-19	D 单元一层模板平面图
结施-3	结构设计总说明（二）	结施-20	D 单元一层板配筋平面图
结施-4	结构设计总说明（三）	结施-21	D 单元二层结构平面图
结施-5	结构设计总说明（四）	结施-22	三至二十四层模板平面图
结施-6	D 单元基础模板平面图	结施-23	三至二十四板配筋平面图
结施-7	D 单元基础配筋平面图	结施-24	二十五层结构平面图
结施-8	D 单元地下二层墙体平面图	结施-25	二十六层模板平面图
结施-9	D 单元地下一层墙体平面图	结施-26	二十六层板配筋平面图
结施-10	D 单元一至二十四层墙体平面图	结施-27	电梯机房层模板平面图
结施-11	D 单元二十五层墙体平面图	结施-28	电梯机房层板配筋平面图
结施-12	D 单元二十六层墙体平面图	结施-29	水箱间及屋顶模板平面图
结施-13	D 单元机房层、水箱墙体平面图	结施-30	水箱间及屋顶板配筋图
结施-14	D 单元剪力墙暗柱配筋表（一）	结施-31	D 单元楼梯详图
结施-15	D 单元剪力墙暗柱配筋表（二）	结施-32	D 单元楼梯配筋表
结施-16	D 单元墙体和连梁配筋表	结施-33	人防详图及出入口详图
结施-17	D 单元地下一层模板平面图		

图 10-9　键入文字

技巧

对键入表格中的文字排版格式如果不满意，可以统一进行修改，使用鼠标拖曳出矩形框来选中要编辑的文字表格，点击右键，选择"特性"，在"特性"栏里可以修改字体大小，字体在表格中的对齐方式以及字体样式等，如图 10-10 所示。

（7）创建图签块：在创建块之前要先绘制图签，根据本表格图幅的大小，可采用 A2 图签，根据《房屋建筑制图统一标准》GB/T 50001—2010 中规定的参数大小进行绘制，绘制方法前面已经讲述，这里就不再赘述，然后将其创建成块，绘制结果如图 10-11 所示。

图 10-10　编辑表格文字

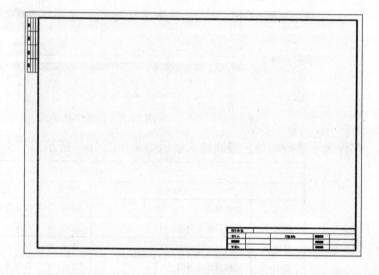

图 10-11　绘制好的图签

📖 说 明

使用"块定义"对话框创建的块其实并未保存到实际的文件夹中，如果本次 Auto-CAD 一直处于运行状态，则可以随时对块进行"插入"操作，但是，如果关闭 Auto-CAD，等到下次运行的时候，此次创建的块已经不存在了，因此，此方法创建的块只供临时使用，对于常用的块，可以采用"写入块"来创建永久模块。

（8）插入图签：单击"绘图"工具栏中的"插入块"按钮🖼，命令行提示如下：

命令：_insert↙

弹出"插入"对话框，如果"名称"选项中不是所需要的图块，可以单击"浏览"选择已创建好的图块，如图 10-12 所示。

单击确定，在绘图区域出现待插入的图块，如图 10-13 所示。

图 10-12　"插入"对话框

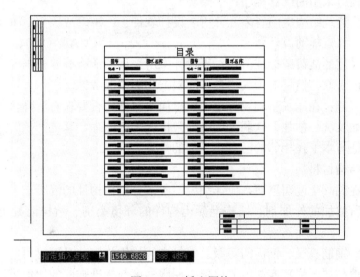

图 10-13　插入图块

 提示

插入的图块是一个整体，要对插入的图块的某部分进行操作，必须先执行修改菜单中的"分解"命令。

至此，施工图纸目录就绘制完毕。

10.2　结构设计总说明

对于设计阶段的施工图，应有详细的结构设计总说明，结构设计总说明应包括以下内容：

（1）工程概况：工程概况介绍一般包括工程的建筑面积及层数、建成后工程的用途、工程的地理位置、工程所采用的基本结构形式，可采用文字说明，也可以采用表格形式。

（2）建筑安全等级和设计使用年限：此项包括建筑结构的安全等级、设计使用年限、建筑抗震设防类别、地基基础设计等级、人防地下室抗力等级。

（3）自然条件：包括基本风压、基本雪压、标准冻深、场地类别、抗震设防烈度、设计基本地震加速度、设计地震分组、建筑耐火等级、地下室防水等级。

（4）建筑标高：例如±0.000相当于绝对高程72.50m。

（5）本工程设计所遵循的标准、规范、规程及技术条件：工程设计所遵循的规范基本上包括第5章中介绍的，其余还包括诸如《建筑工程抗震设防分类标准》（GB 50223—2008）、《地下工程防水技术规范》（GB 50108—2008）、《钢筋混凝土连续梁和框架考虑内力重分布设计规程》（CECS 51：93）、《混凝土结构施工图平面整体表示方法制图规则和构造详图》（现浇混凝土框架、剪力墙、框架-剪力墙、框支剪力墙结构）（03G101—1）等。

（6）本工程所采用的计算程序：

多层及高层建筑结构空间有限元分析与设计软件　　SATWE（2004.3版）

基础工程计算机辅助设计软件　　JCCAD（2004.3版）

（7）设计采用的活荷载标准值：对于设计中所采用的活荷载要根据《建筑结构荷载规范》中的规定值来取，但是对于大型设备应根据实际情况考虑。

（8）地基基础：在地基基础设计总说明里面要包括是否要求对沉降进行观测，在基坑开挖时遇到诸如坟坑、枯井、软弱土层等异常情况怎么处理，基坑开挖时应采取怎样的有效措施，以保证与本工程相邻的已有建筑物的安全等。

（9）主要结构材料：

混凝土：在混凝土说明里面，应详细说明各部分结构构件的混凝土强度等级以及不同构件混凝土中所掺加的外加剂、结构混凝土构件的环境类别、结构混凝土耐久性的基本要求。

钢筋：应对钢筋直径、钢筋的等级及符号进行详细规定，必要时可对纵向受力钢筋的抗拉强度实测值与屈服强度实测值的比值、屈服强度与标准强度的比值进行限制。

型钢、钢板：应对型钢、钢板的型号作出明确规定。

焊条：对于不同等级的钢筋所对应的焊条规格作出明确规定。

砌体（填充墙）：填充墙材料种类应按建筑施工图的要求选用。此项中应包括砌体强度等级、轻质隔墙的质量等。

（10）钢筋混凝土构造：

主筋保护层厚度：为了混凝土耐久性的要求，混凝土的保护层厚度应该符合规范要求，对于不同部位的构件，保护层应满足最小厚度的要求。具体数值可以查看相关规范。

钢筋接头形式及要求：对钢筋接头，有的可采用机械连接接头，有的采取绑扎连接接头，这要根据不同的构件部位及钢筋所用的直径大小来定。同时还要对接头的部位及有接头的受力钢筋截面面积占受力钢筋总截面面积的百分率进行详细说明。

后浇带的设置：根据建筑结构施工及设计的需要，应对不同部位后浇带的设置及防水做法做详细的规定，一般来说应对板、梁、剪力墙等部位后浇带作出详细的施工图。

现浇钢筋混凝土楼板：主要对板上一些特殊构造进行详细说明，例如，板内主筋的接头位置，上筋可在跨度中间三分之一内，下筋可在支座处、当板底与梁底平时，板的下部钢筋深入梁内须弯折后置于梁的下部纵向钢筋之上等。对于楼板上开洞，要根据开洞面积大小及板的形式（例如单向板、双向板等）来配置构造钢筋。现以一工程的楼板说明为例：楼板上的洞均应预留，不得后凿。结构平面图中一般只说明洞口尺寸大于 300mm 的孔洞，施工时必须配合各工种图纸预留全部孔洞。尺寸 300mm 以下的孔洞不另设加强筋，板筋从洞边绕过不得截断。现浇板洞边距梁边小于 200mm 时，该洞边可不设加强筋，但与梁垂直的加强筋应深至梁中心并满足伸过洞边 l_a。现浇板洞口设加强筋时，原有钢筋在洞口处切断并设弯钩搁置在加强筋上，板上部负筋切断后直钩弯到板底。加筋的长度为单向板或双向板的两个方向沿跨度通长，并锚入支座不小于 $5d$，环形筋搭接长度及加强筋伸过洞边长度为 $40d$。单向板的非受力方向洞口加强筋长度为洞宽加两侧各 $40d$。洞口加筋按结构平面图设置，当结构平面图未表示时，一般按如下要求：洞口每侧上下各两根，其截面面积不得小于被洞口截断的板钢筋面积的 $1/2$，且不小于 $2\Phi14$。

钢筋混凝土柱：应对柱中箍筋形式、梁柱连接处钢筋设置形式作详细说明。

钢筋混凝土梁：应对梁内箍筋形式、主次梁的位置、梁上开洞的构造处理、梁的起拱高度等作出规定。

以上是对结构总说明的内容做了概述，下面对如何在 AutoCAD 2011 中绘制设计总说明作进一步的讲述。

（1）建立新文件：打开 AutoCAD 2011 应用程序，选择菜单栏中的"文件"→"新建"命令，打开"选择样板"对话框，单击"打开"按钮右侧的 ▼ 下拉按钮，以"无样板打开－公制"（毫米）方式建立新文件；将新文件命名为"设计总说明.dwg"并保存。

（2）设置图形界限：选择菜单栏中的"格式"→"图形界限"命令，或命令行输入"LIMITS"回车执行，命令行提示如下：

命令：LIMITS ↙

指定左下角点或[开(ON)/关(OFF)]<0.0000,0.0000>：↙

指定右上角点<420.0000,297.0000>：594,420 ↙（即使用 A2 图纸）

（3）新建文字样式：选择菜单栏中的"格式"→"文字样式"命令，弹出"文字样式"对话框，单击"新建"选项，弹出"新建文字样式"对话框，在对话框中输入新的文字样式的名称，也可以默认为"样式 1"，单击确定回到"文字样式"对话框。在"字体名"下拉选项中选择"宋体"，单击应用，退出"文字样式"对话框。

📖 说 明

当新建一个绘图文件的时候，字体样式都是默认的，所以，在输入字体前要重新对字体样式进行设置，如果想省去第三步，可以直接打开以前的绘图文件，可以将其另存为"设计总说明"文件，然后在绘图区域将原有的图形删除，这样可以直接输入文字，而文字样式还保持上次设置的样式。

（4）单击"绘图"工具栏中的"多行文字"按钮 **A**。

命令行提示如下：

命令：↙ _mtext

指定第一角点：（在绘图区域指定第一点）↙

指定对角点或[高度(H)/对正(J)/行距(L)/旋转(R)/样式(S)/宽度(W)/栏(C)]：↙

在绘图区域弹出"文字格式"对话框，并且，出现编辑状态区域，如图 10-14 所示。

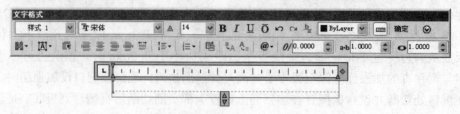

图 10-14 "输入文字"对话框

输入相应的文字，结果如图 10-15 所示。

结构设计总说明

钢筋混凝土构造：

本工程采用混凝土结构平面整体表示方法制图。表示
方法按照国家标准图《混凝土结构施工图平面整体表
示方法制图规则和构造详图》（03G101−1)执行。图
中未表明的构造要求应按照该标准的要求执行。

本工程混凝土主体结构体系类型及抗震等级见下表：

图 10-15 输入文字

（5）插入表格：单击"绘图"工具栏中的"表格"按钮，弹出"插入表格"对话框，单击"表格样式"对话框，如图 10-16 所示。

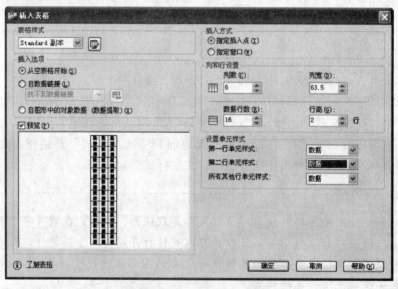

图 10-16 "插入表格"对话框

在弹出的"表格样式"对话框中单击"修改"，如图 10-17 所示。

然后弹出"修改表格样式"对话框，将对齐方式改为"正中"，文字高度改为"6"，如图 10-18 所示。

单击"确定"按钮，回到"插入表格"对话框，列数设置为 6，行数设置为 16。

（6）合并单元格：按 shift 键选中要合并的单元格，然后选择"合并单元"下拉菜单

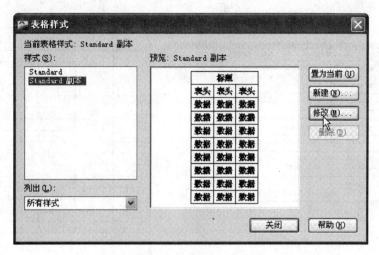

图 10-17　"表格样式"对话框

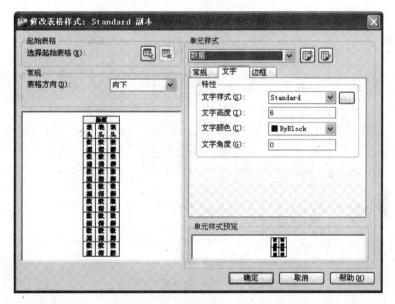

图 10-18　"修改表格样式"对话框

中的"全部"按钮，如图 10-19 所示。

用同样的方法对另外的单元格也进行合并操作，并且调整列的宽度大小，结果如图 10-20 所示。

（7）输入文字：双击要输入文字的表格，进入输入状态，输入相应的文字，并根据需要调整表格大小宽度，最终输入的结果如图 10-21 所示。

（8）绘制楼板开洞加筋做法：对于楼板开洞加筋做法详图可直接在绘图区域的位置进行绘制，标注上必要的尺寸。由于绘制过程只用到了直线的绘制，操作比较简单，因此就不再作详细介绍，打开源文件/图库/楼板开洞加筋详图，将其复制粘贴到图中，结果如图 10-22 所示。

总的结构总说明布置如图 10-23 所示。

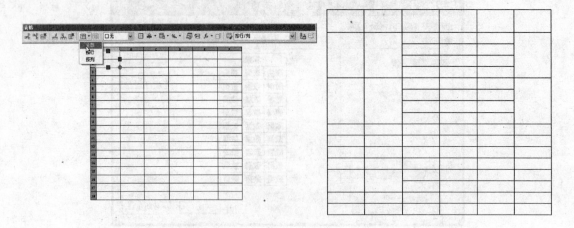

图 10-19　合并单元格　　　　　　　　　　　图 10-20　调整后的单元格

结构类型		范围	剪力墙抗震等级	框架(框支框架)抗震等级	底部加强区范围
A 幢	框支剪力墙	-2 层	三	三	-1～5 层
		-1～5 层	一		
		-1～3 层			
		6 层及以上	三	一	
E 幢	框支剪力墙	-2 层	三	三	-1～6 层
		-1～6 层	一		
		-1～4 层		一	
		7 层及以上	三		
B 幢	剪力墙		三		-1～3 层
C 幢	剪力墙		三		-1～3 层
D 幢	剪力墙		三	三	-1～3 层
商业 1	框架			三	
地下车库和商业 2	框架			三	
				三	
商业 3	框架			三	
商业 3	框架			三	

图 10-21　输入文字后的表格

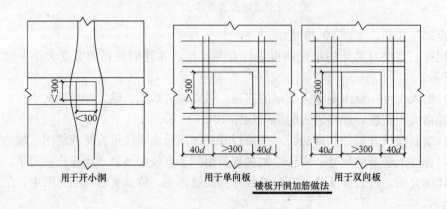

用于开小洞　　　　　　　用于单向板　　　　　　用于双向板

楼板开洞加筋做法

图 10-22　楼板开洞做法详图

结构设计总说明

钢筋混凝土构造：

本工程采用混凝土结构平面整体表示方法制图。表示方法按照国家标准图《混凝土结构施工图平面整体表示方法制图规则和构造详图》(03G101-1)执行。图中未表明的构造要求应按照该标准的要求执行。

本工程混凝土主体结构体系类型及抗震等级见下表：

	结构类型	范围	剪力墙抗震等级	框架(框支框架)抗震等级	底部加强区范围
A幢	框支剪力墙	-2层	三	三	-1～5层
		-1～5层	一		
		-1～3层	一		
		6层及以上	三	一	
E幢	框支剪力墙	-2层	三	三	-1～6层
		-1～6层	一		
		-1～4层	一		
		7层及以上	三	一	
B幢	剪力墙		三		-1～3层
C幢	剪力墙		三		-1～3层
D幢	剪力墙		三		-1～3层
地下车库和商业2	商业1	框架		三	
		框架		三	
	商业3	框架		三	
	商业3	框架		三	

楼板上的洞均应预留，不得后凿。结构平面图中一般只说明洞口尺寸>300mm 的孔洞，施工时必须配合各工种图纸预留全部孔洞。尺寸 300mm 以下的孔洞不另设加强筋，板筋从洞边绕过不得截断。现浇板洞边距梁边<200mm 时，该洞边可不设加强筋，但与梁垂直的加强筋应深至梁中心并满足伸过洞边 l_a。现浇板洞口设加强筋时，原有钢筋在洞口处切断并设弯钩搁置在加强筋上，板上部负筋切断后直钩弯到板底。加筋的长度为单向板或双向板的两个方向沿跨度通长，并锚入支座不小于5d，环形筋搭接长度及加强筋伸过洞边长度为40d。单向板的非受力方向洞口加强筋长度为洞宽加两侧各40d。洞口加筋按结构平面图设置，当结构平面图未表示时，一般按如下要求：洞口每侧上下各两根，其截面面积不得小于被洞口截断之板钢筋面积的1/2，且不小于2Φ14。

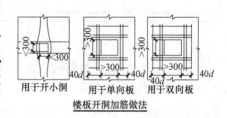

用于开小洞　　用于单向板　　用于双向板
楼板开洞加筋做法

图 10-23　结构设计说明布置图

图 10-24　"插入块"对话框

结构设计总说明

钢筋混凝土构造：

本工程采用混凝土结构平面整体表示方法制图。表示方法按照国家标准图《混凝土结构施工图平面整体表示方法制图规则和构造详图》（03G101-1)执行。图中未表明的构造要求应按照该标准的要求执行。

本工程混凝土主体结构体系类型及抗震等级见下表：

	结构类型	范围	剪力墙抗震等级	框架(框支框架)抗震等级	底部加强区范围
A幢	框支剪力墙	-2层	三	三	-1～5层
		-1～5层	一		
		-1～3层			
		6层及以上	三	一	
E幢	框支剪力墙	-2层	三	三	-1～6层
		-1～6层	一		
		-1～4层		一	
		7层及以上	三		
B幢	剪力墙		三		-1～3层
C幢	剪力墙		三		-1～3层
D幢	剪力墙		三		-1～3层
商业1	框架			三	
地下车库和商业2	框架			三	
商业3	框架			三	
商业3	框架			三	

楼板上的洞均应预留，不得后凿。结构平面图中一般只说明洞口尺寸>300mm的孔洞，施工时必须配合各工种图纸预留全部孔洞。尺寸300mm以下的孔洞不另设加强筋，板筋从洞边绕过不得截断。现浇板边距梁边<200mm时，该洞边可不设加强筋，但与梁垂直的加强筋应深至梁中心并满足伸过洞边 l_a。现浇板洞口设加强筋时，原有钢筋在洞口处切断并设弯钩搁置在加强筋上，板上部负筋切断后直钩弯到板底。加筋的长度为单向板或双向板的两个方向沿跨度通长，并锚入支座不小于 $5d$，环形筋搭接长度及加强筋伸过洞边长度为 $40d$。单向板的非受力方向洞口加强筋长度为洞宽加两侧各 $40d$。洞口加筋按结构平面图设置，当结构平面图未表示时，一般按如下要求：洞口每侧上下各两根，其截面面积不得小于被洞口截断之板钢筋面积的1/2，且不小于2Φ14。

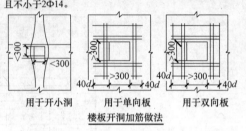

用于开小洞　　用于单向板　　用于双向板
楼板开洞加筋做法

设计单位			
设计人		工程名称	工程号
审核人			图纸号
审定人			日期

图 10-25　插入图块

（9）插入图框：由于绘图前设置的绘图区域为 A2 图纸大小，因此，可以使用以前已经建立的 A2 图块。

单击"绘图"工具栏中的"插入块"按钮，弹出"插入"对话框，如图 10-24 所示。单击"浏览"选项，选择所需要的图块，然后将其插入到图中合适的位置，如图 10-25所示。

插入图块后，调整布局，最终结果如图 10-26 所示。

当然，结构设计总说明中还包括很多其他的构造措施，在此就不一一绘制。但是，总的来说，施工图中的结构设计总说明的形式及绘制方法已经在本章中详细讲述，读者可以通过翻阅实际的施工图纸来加深理解。

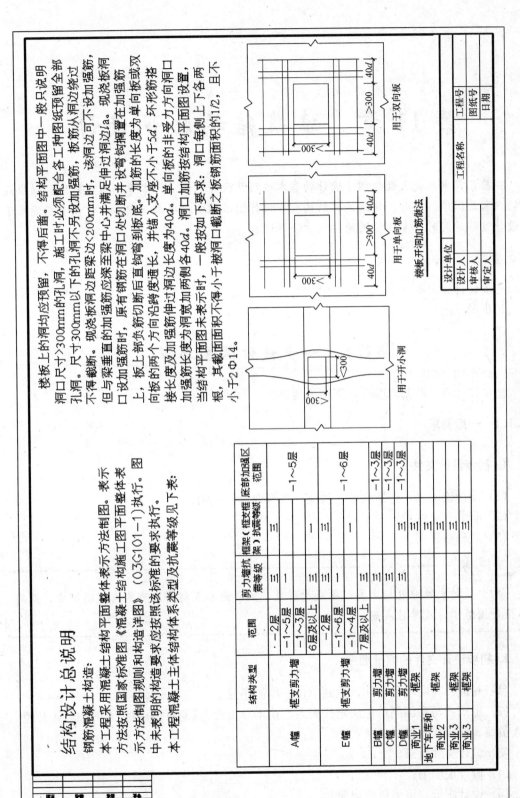

图 10-26 结构总说明整体布局

第11章 建筑结构初步设计

在前几章中只是大致介绍了设计的基本过程及设计的组成，本章介绍建筑结构初步设计的内容及深度。同时，详细讲解结构初步设计图纸的绘制要求及内容，使读者在逐步了解设计过程的同时，掌握绘图的操作方法及过程。

学习要点

初步设计深度要求
初步设计过程

11.1 初步设计深度要求

初步设计有一些基本要求，下面简要讲述。

11.1.1 一般要求

1. 初步设计文件

（1）设计说明书，包括设计总说明、各专业设计说明。
（2）有关专业的设计图纸。
（3）工程概算书。

📖 说 明

初步设计文件应包括主要设备或材料表，主要设备或材料表可附在说明书中，或附在设计图纸中，或单独成册。

2. 初步设计文件的编排顺序

（1）封面：写明项目名称、编制单位、编制年月。
（2）扉页：写明编制单位法定代表人、技术总负责人、项目总负责人的姓名，并经上述人员签署或授权盖章。
（3）设计文件目录。
（4）设计说明书。
（5）设计图纸（可另单独成册）。
（6）概算书（可另单独成册）。

说 明

1. 对于规模较大、设计文件较多的项目，设计说明和设计图纸可按专业成册；

2. 另外单独成册的设计图纸应有图纸总封面和图纸目录，图纸总封面的要求见《建筑工程设计文件编制深度规定》4.1.2 条；

3. 各专业负责人的姓名和签字也可在本专业设计说明的首页上标明。

11.1.2 设计说明书

1. 设计依据

（1）本工程结构设计所采用的主要标准及法规。

（2）相应的工程地质勘察报告及其主要内容，包括：

工程所在地区的地震基本烈度、建筑场地类别、地基液化判别；工程地质和水文地质简况、地基土冻胀性和融陷情况，各种场地的特殊地质条件分别予以说明。

当无勘察报告或已有工程地质勘察报告不能满足设计要求时，应明确提出勘察或补充勘察要求。

（3）采用的设计荷载，包括工程所在地的风荷载和雪荷载、楼（屋）面使用荷载、其他特殊的荷载。

（4）建设方对设计提出的符合有关标准、法规且与结构有关的书面要求。

（5）批准的方案设计文件。

2. 设计说明

（1）建筑结构的安全等级和设计使用年限、建筑抗震设防烈度和设防类别。

（2）地基基础设计等级，地基处理方案及基础形式、基础埋置深度及持力层名称；若采用桩基时，应说明桩的类型、桩端持力层及进入持力层的深度。

（3）上部结构选型。

（4）伸缩缝、沉降缝和防震缝的设置。

（5）地下室的结构做法和防水等级，当有人防地下室时说明人防的抗力等级。

（6）为满足特殊使用要求所作的结构处理。

（7）主要结构构件材料的选用。

（8）高层建筑和大型公共建筑的主要结构特征参数和采用的计算程序及计算模型。

（9）新技术、新结构、新材料的采用。

（10）采用的标准图集。

（11）施工特殊要求。

（12）其他需要说明的内容。

3. 在设计审批时需解决或确定的主要问题

11.1.3 设计图纸（较复杂的工程提供）

（1）标准层、特殊楼层及结构转换层平面结构布置图，注明定位尺寸、主要构件的截面尺寸；条件许可时提供基础平面图。

（2）特殊结构部位的构造简图。

11.1.4 内容作业

（1）与建筑及其他专业配合，确定结构形式及布置。

（2）提出能为编制概算所需的结构简图及附加的文字说明。

（3）对高层建筑、大型公共建筑和复杂的建筑物应进行必要的计算，计算书经校审后保存。

11.2 初步设计工程实例

本节以实际工程的初步设计的部分图纸的绘制过程为例，详细讲述初步设计图纸的包含内容及绘制方法。

11.2.1 建立新文件

（1）建立新文件：打开 AutoCAD 2011 应用程序，选择菜单栏中的"文件"→"新建"命令，打开"选择样板"对话框，单击"打开"按钮右侧的 ▼ 下拉按钮，以"无样板打开—公制"方式建立新文件；将新文件命名为"初步设计.dwg"并保存。

（2）设置图形界限：选择菜单栏中的"格式"→"图形界限"命令，或在命令行中输入"LIMITS"回车执行，命令行提示如下：

命令：LIMITS ✓

指定左下角点或 ［开(ON)/关(OFF)］ <0.0000,0.0000>：✓

指定右上角点 <420.0000,297.0000>：84100,59400 ✓ （即使用 A1 图纸）

> 📖 说 明
>
> 对于在绘图过程使用何种图纸幅面，要根据所绘制的图的尺寸的大小及绘图比例来确定。对于本图采用的是 1：100 的绘图比例，也就是说，在 A1 的图框中可以绘制实际尺寸为 84100mm×59400mm 的图纸，如果图纸的尺寸超出此界限，有两种方法可以解决：一是改变绘图比例；二是增大图框尺寸，例如使用 A0 尺寸或 A1 加长型图框。

11.2.2 创建新图层

图 11-1 打开图层特性管理器

（1）选择菜单栏中的"格式"→"图层"命令，或者用鼠标单击工具栏中的快捷图标，如图 11-1 所示。打开"图层特性管理器"对话框，如图 11-2 所示。

（2）根据图纸的类型可新建不同的图层，单击新建图层，输入图层的名称"轴线",然后进行颜色、线型的设置,单击线型打开"选择线型"对话框,如图 11-3 所示,单击加载进行线型的选择,如图 11-4 所示。对于轴线选择"center"线型。

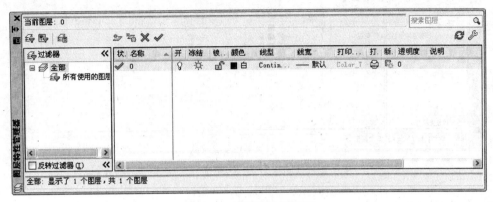

图 11-2　图层特性管理器

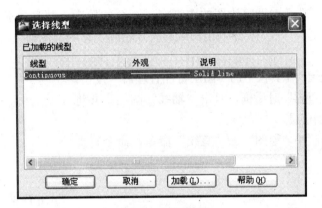

图 11-3　选择线型

图 11-4　加载或重载线型

(3) 同理,可以依次设置其他层的图层性质。最终如图 11-5 所示。

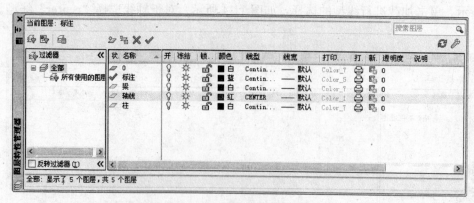

图 11-5　设置图层性质

11.2.3　绘制轴线

在绘图之前，首先要对即将绘图的图纸有一个总的轮廓，并且遵循"先整体，后局部"的原则，也就是说，首先要绘制出图纸的大致轮廓，总的定位轴线，然后绘制细部的图形。

（1）单击"图层"工具栏中的"图层特性管理器"按钮，打开"图层特性管理器"对话框，双击"轴线"图层，并将"轴线"图层设为当前层。

（2）选择菜单栏中"绘图"→"直线"命令，命令行提示如下：

命令：line↙

指定第一点：↙

指定第二点：@55000,0↙

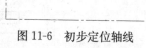

图 11-6　初步定位轴线

同理可以绘制长度为 40m 的竖直的轴线，如图 11-6 所示。

 技巧

对于直线的绘制，为了避免烦琐地输入@ x，y，可打开正交功能，这样在确定第一点后把鼠标放在要画直线的方向上，然后在命令行中可以直接输入直线的长度；或者可以打开"动态输入 DYN"按钮，这样在绘图区域会随时显示鼠标的位置坐标以及直线的长度，如图 11-7 所示。

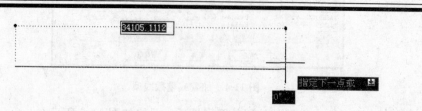

图 11-7　DYN 动态显示

说 明

　　可能有的读者会发现，有的轴线明明定义的线型为虚线，但是在窗口中运用直线命令作出的直线却是实线，这是由于虚线的线型间距不合适所致。为了改变这种情况，可以通过改变全局线型比例因子来达到目的。因为 AutoCAD 是通过调整全局线型比例因子计算线型每一次重复的长度来增加线型的清晰度。线型比例因子大于 1 将导致线的部分加长——每单位长度内的线型定义的重复值较少；线型比例因子小于 1 将导致线的部分缩短——每单位长度内的线型定义的重复值较多。选择菜单栏中的"格式"→"线型"打开如图 11-8 所示对话框，单击"显示细节"弹出具体的细节，如图 11-9 所示。在全局比例因子中设置上适当数值即可。

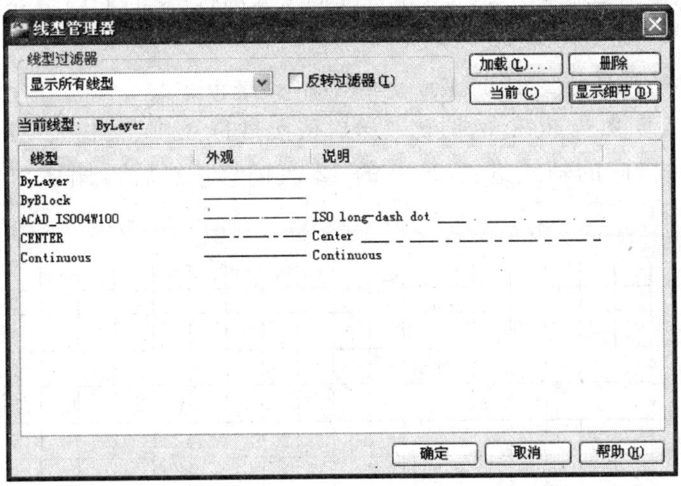

图 11-8　线型管理器

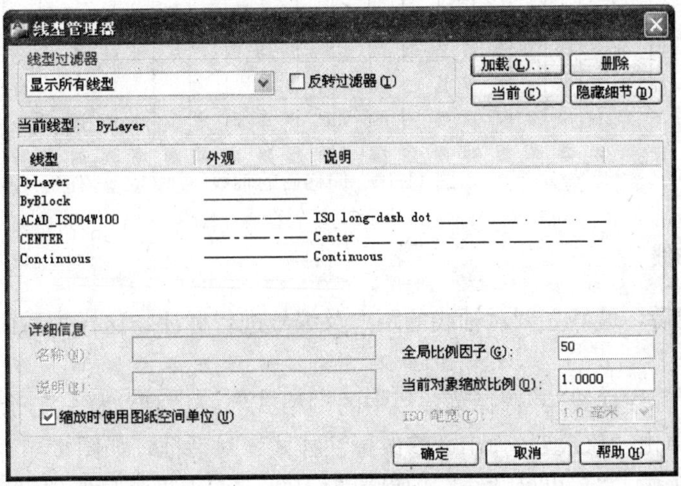

图 11-9　重置全局比例因子

技巧

当采用坐标输入的时候，可能会使直线超出屏幕显示的范围，而通过缩放功能也不能完全显示直线的全部，如果出现这种情况，读者可以将此文件存盘，关闭文件，然后重新启动 AutoCAD，打开文件，此时通过缩放就可以显示图形的全部。

（3）偏移轴线：选择菜单栏中的"修改"→"偏移"命令。命令行提示如下：

命令：_offset↙

当前设置：删除源＝否　图层＝源　OFFSETGAPTYPE＝0

指定偏移距离或［通过（T）/删除（E）/图层（L）］＜通过＞：3000↙

选择要偏移的对象，或［退出（E）/放弃（U）］＜退出＞：选择竖向轴线↙

指定要偏移的那一侧上的点，或［退出（E）/多个（M）/放弃（U）］＜退出＞：根据实际进行选择↙

选择要偏移的对象，或［退出（E）/放弃（U）］＜退出＞：

先进行 12 次距离为 3000 的偏移，然后依次进行 3200、3100、3200、3200、3100、3200 的偏移，对横向的轴线进行 3000 的 12 次偏移，然后再偏移 2000，最终结果如图 11-10 所示。

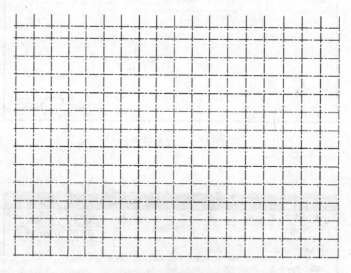

图 11-10　偏移后的轴线

11.2.4　标注轴线

在偏移轴线后，最好立刻对轴线的距离及编号进行标注，这样为后面的绘图定位提供了极大的便利。

（1）设置"标注样式"：选择菜单栏中的"格式"→"标注样式"命令，弹出"标注样式管理器"，单击"修改"，弹出"修改标注样式"对话框，如图 11-11 所示。

"直线"选项中，"超出尺寸线"项设置为 100，"起点偏移量"项设置为 500；

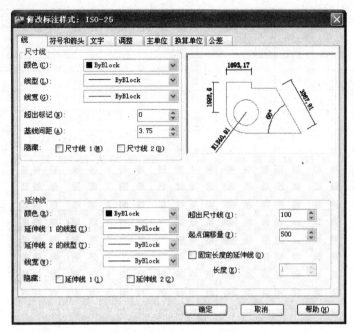

图 11-11　修改标注样式

"符号和箭头"选项中，将"箭头"设置为"建筑标记"，大小为 70；

"文字"选项中，"文字高度"定为 300，"从尺寸线偏移"定为 100。

"主单位"选项中，"精度"设置为"0"。

其余选项默认，单击"确定"回到"标注样式管理器"对话框，单击"置为当前"然后单击"关闭"，回到绘图区域。

（2）选择菜单栏中的"标注"→"线性标注"命令，或单击工具条中的"线性标注"标志，对相邻的轴线进行标注，如图 11-12 所示。

图 11-12　标注相邻轴线

（3）单击"连续标注"标志，同时打开"正交"功能，对轴线进行连续快速标注，最终的标注结果如图 11-13 所示。

（4）标注轴线编号。首先绘制圆：单击"绘图"工具栏中的"圆"按钮 ⊘，可以先在空白区域绘制适当大小的圆；单击"绘图"工具栏中的"多行文字"按钮在圆中写上数字，文字高度设置为 500。

将编辑好的编号放置在对应的位置，如图 11-14 所示。

将已创建好的编号复制到各个轴线处，然后单独编辑其中的文字，最终的轴线编号如图 11-15 所示。

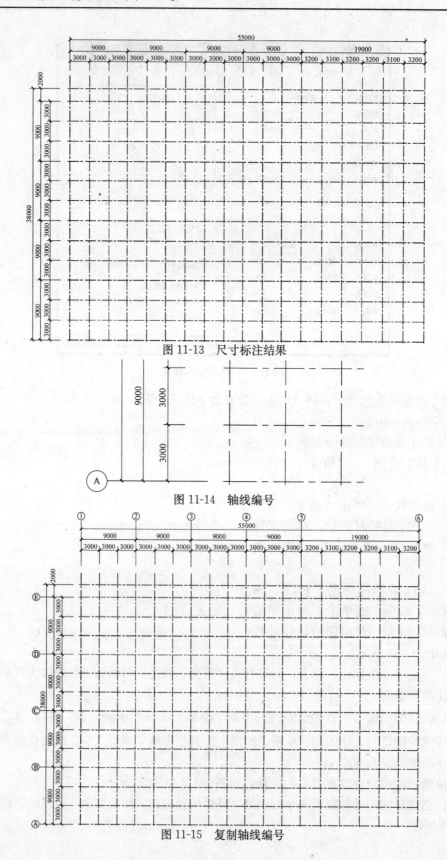

图 11-13　尺寸标注结果

图 11-14　轴线编号

图 11-15　复制轴线编号

说 明

以上的轴线及编号都是根据《房屋建筑制图统一标准》GB/T 50001—2010 中的规定而绘制的。其中，7.0.1 条规定：定位轴线应用细点画线绘制；7.0.2 条规定：定位轴线一般应编号，编号应注写在轴线端部的圆内。圆内应用细实线绘制，直径为 8～10mm。定位轴线圆的圆心，应在定位轴线的延长线上或延长线的折线上。7.0.3 条规定：平面图上定位轴线的编号，宜标注在图样的下方与左侧，横向编号应用阿拉伯数字，从左至右顺序编写，竖向编号应用大写拉丁字母，从下至上顺序编写。

11.2.5 绘制框架梁

在初步方案设计阶段，最主要的一个任务就是确定梁的布置方式及尺寸的大小，根据工程经验，混凝土框架梁截面的跨高比一般为 8～12，梁宽为梁高的 1/2～1/3；对于扁梁来说，梁的宽度大于梁的高度，其跨高比一般可以达到 20～25；对于预应力框架梁来说，梁的高跨比为 12～18。但是对于本工程来说，由于轴线间距离为 9m，因此构成了 9m×9m 的空间楼盖，因此，采取什么样的楼盖形式就成为首要解决的问题，经过初步的计算分析比较，对井字梁楼盖体系、双向密肋梁楼盖体系、无粘结预应力平板结构体系进行经济比较，最终确定为井字梁楼盖体系，即为本图所绘制的轴线布置方式。

(1) 将当前图层设置为"梁"图层。

(2) 绘制主框架梁：经过程序的初步计算，当轴线①～⑤的框架梁截面尺寸取 500mm×600mm，轴线⑤～⑥之间的梁截面尺寸取 500mm×1000mm 并且使用预应力时可以保证两种极限状态满足要求，同时梁沿轴线对称布置。

选择菜单栏中的"绘图"→"多线"命令，命令行提示如下：

命令：ml↙

当前设置：对正 = 上，比例 = 20.00，样式 = STANDARD

指定起点或[对正(J)/比例(S)/样式(ST)]：J↙

输入对正类型[上(T)/无(Z)/下(B)]：Z↙

指定起点或[对正(J)/比例(S)/样式(ST)]：S↙

输入多线比例：500 ↙（梁的宽度）

绘制好的主框架梁如图 11-16 所示。

(3) 绘制次框架梁：绘制的过程同绘制主框架梁，次梁的尺寸分别为 250mm×550mm，300mm×700mm，后者为跨度大区域的纵向次梁。绘制的结果如图 11-17 所示。

(4) 修改梁交叉点：对于结构平面图来说，在图纸上只标注梁的布置图，因此不像建筑平面图那样，有门窗需要绘制，因此无需打断梁及轴线。

修改次梁交叉点：未修改的次梁交叉点如图 11-18 所示。

由于结构平面图从上往下看，次梁的内部交叉看不到，因此，只看到边界交叉。

选择菜单栏中的"修改"→"对象"→"多线"命令，弹出"多线编辑工具"，单击"十字打开"选项，如图 11-19 所示。

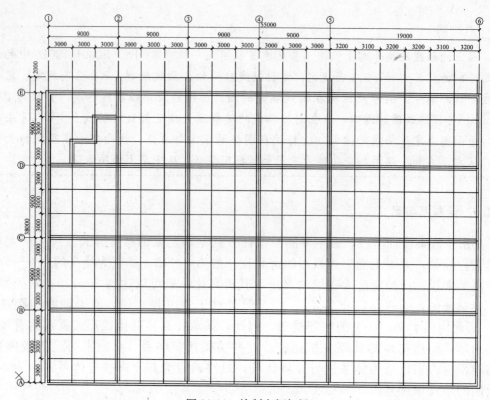

图 11-16　绘制主框架梁

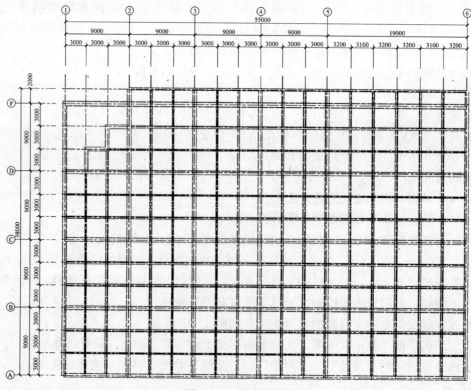

图 11-17　绘制次梁

选择交叉的两条多线，则交叉点处自动修改，然后可以进行下一交叉点的修改，修改后的交叉点如图 11-20 所示。

修改主次梁交叉点：对于主次梁交叉点来说，次梁搭在主梁上，将主梁视为次梁的支座，因此，结构平面图中看到主梁的贯通边线，而次梁的边线被主梁遮盖住，在图上显示不出来，未修改前的主次梁交叉图如图 11-21 所示。

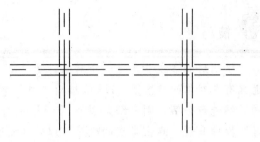

图 11-18　未修改的次梁交叉点

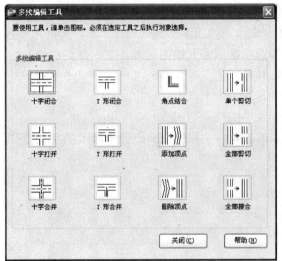

图 11-19　选择"十字打开"选项

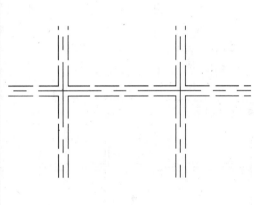

图 11-20　修改后的交叉点

同理，选择菜单栏中的"修改"→"对象"→"多线"命令，弹出"多线编辑工具"，单击"十字闭合"选项，返回到绘图区域，命令行提示如下：

选择第一条多线或［放弃(U)］：单击次梁

选择第二条多线：单击主梁

修改后的结果如图 11-22 所示。

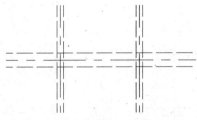

图 11-21　未修改的主次梁交叉点

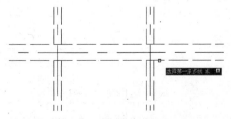

图 11-22　修改后的主次梁交叉点

技巧

绘制好的多线其实是一个对象，是一个整体，不能单独的对一根直线进行编辑操作，也只有在对象的状态下，"多线编辑工具"才是有效的，如果使用"分解"命令，将绘制的多线进行分解，则分解后就成为两根平行线，而不是一个完整的对象。对于"十字打开"操作来说，点击多线的顺序可以是任意的，但是对于"十字闭合"来说，要根据修改的需要确定点击多线的顺序。

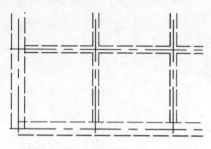

图 11-23　未修改的拐角交叉点

修改梁的拐角交叉点：未修改的拐角交叉点如图 11-23 所示。

同理，选择菜单栏中的"修改"→"对象"→"多线"命令，弹出"多线编辑工具"，单击"十字闭合"选项，返回到绘图区域，命令行提示如下：

选择第一条多线或[放弃(U)]：单击横向多线

选择第二条多线：单击纵向多线

修改后的结果如图 11-24 所示。

修改次梁与边梁的交叉点：未修改的交叉点如图 11-25 所示。

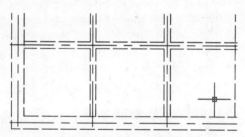

图 11-24　修改后的拐角交叉点

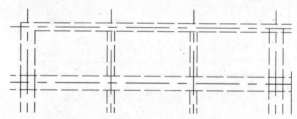

图 11-25　未修改的次梁与边梁交叉点

同理，选择菜单栏中的"修改"→"对象"→"多线"命令，弹出"多线编辑工具"，单击"T 形打开"选项，返回到绘图区域，命令行提示如下：

选择第一条多线或[放弃(U)]：单击次梁

选择第二条多线：单击边梁

修改后的结果如图 11-26 所示。

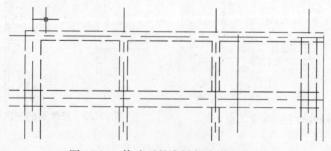

图 11-26　修改后的次梁与边梁交叉点

11.2.6　删除多余框架梁

根据平面图绘制的要求，需要将位于轴线①上、轴⑤～⑥之间的框架梁删除。

选择菜单栏中的"修改"→"分解"命令，或在工具条上单击"分解"按钮，此时在绘图区域鼠标变为小四方块，选择所需要编辑的多线，对多线进行分解。此时多线被分解为两条平行的直线。

选择菜单栏中的"修改"→"修剪"命令，命令行提示如下：

命令：trim(tr)↙

选择剪切边…

选择对象或＜全部选择＞：选择要修剪的直线的剪切边↙（也可以用单击右键来代替Enter）

选择要修剪的对象，或按住 Shift 键选择要延伸的对象，或［栏选(F)/窗交(C)/投影(P)/边(E)/删除(R)/放弃(U)］：可选择要修剪的直线。

同理可以对位于轴线⑥上、轴①～②之间的梁进行修改。修改的结果如图 11-27 所示。

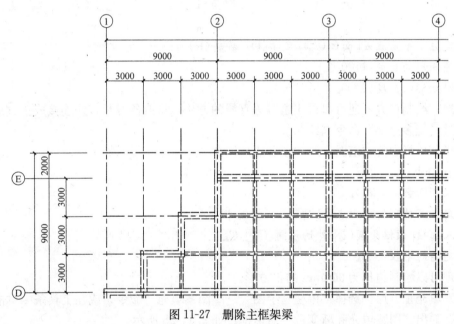

图 11-27　删除主框架梁

11.2.7　布置框架柱

在初步设计阶段，框架柱截面的确定是根据柱的轴压比来确定的，所谓轴压比指考虑地震作用组合的框架柱和框支柱轴向压力设计值 N 与柱全截面面积 A 和混凝土轴心抗压强度设计值 f_c 乘积之比值；对不进行地震作用计算的结构，取无地震作用组合的轴力设计值，用公式来表示为：

$$\lambda = \frac{N}{f_c A}$$

根据现行国家标准《混凝土设计规范》GB 50010 中 11.4.16 条规定，框架柱轴压比限值如表 11-1 所示。

框架柱轴压比限值　　　　　　　　　　　　　　　　　　表 11-1

结构体系	抗震等级		
	一级	二级	三级
框架结构	0.7	0.8	0.9
框架—剪力墙结构、筒体结构	0.75	0.85	0.95
部分框支剪力墙结构	0.6	0.7	—

一般来说，对于边柱其尺寸要大于内柱，因此，本工程边柱尺寸为 1100mm×1100mm，内柱尺寸为 900mm×900mm。

绘制过程如下：

(1) 将"柱"图层置为当前图层。

(2) 选择菜单栏中的"绘图"→"矩形"命令，命令行提示如下：

命令：rec↙

指定第一个角点或[倒角(C)/标高(E)/圆角(F)/厚度(T)/宽度(W)]：在绘图区域指定第一点

指定另一个角点或[面积(A)/尺寸(D)/旋转(R)]：D↙

指定矩形的长度：1100↙

指定矩形的宽度：1100↙

当然，绘制正方形还可以采用绘制等直线的方法，将四条等长直线连接成正方形，也可以通过"正多边形"命令来绘制。

选择菜单栏中的"绘图"→"正多边形"命令，命令行提示如下：

命令：polygon↙

输入侧面数<4>：4↙

指定正多边形的中心点或[边(E)]：指定中心点

输入选项[内接于圆(I)/外切于圆(C)]：C↙

指定圆的半径：550↙

同理可以绘制边长为 900mm 的正方形。

(3) 填充正方形：选择菜单栏"绘图"→"图案填充"命令，或在工具条中单击"图案填充"弹出"图案填充和渐变色"对话框，如图 11-28 所示。

单击"图案"后面的浏览按钮，弹出如图 11-29 所示的"填充图案选项板"对话框，选择"其他预定义"中的"solid"选项，单击"确定"重新回到"图案填充和渐变色"对话框。

在"图案填充和渐变色"对话框的"颜色"选项中选择"颜色 254"。单击"添加：拾取点"按钮，回到绘图屏幕，此时鼠标变成可选择状态，命令行提示如下：

拾取内部点或[选择对象(S)/删除边界(B)]：单击图形内部↙

回车后重新回到"图案填充和渐变色"对话框，单击"确定"，则完成图案填充，填充好的图案如图 11-30 所示。

图 11-28　"图案填充和渐变色"对话框

图 11-29　填充图案选项板

图 11-30　填充好的图案

将填充完毕的柱以块的形式存入文档中，供以备用。

 技巧

柱填充图案以块的形式存入文档，在创建块的时候要注意将"拾取点"定为对角线的交点，即是正方形的中心，这样在插入块的时候直接捕捉轴线的交点就可以准确定位。

（4）布置柱：将填充后的正方形创建成块，然后选择菜单栏中的"插入"→"块"命令，弹出"插入"命令，选择已创建好的块，如图 11-31 所示，单击确定，回到绘图区域，出现插入块，捕捉轴线交点，如图 11-32 所示。

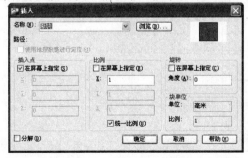 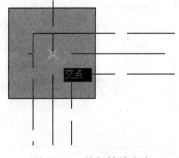

图 11-31　"插入"对话框

图 11-32　捕捉轴线交点

同理，可以布置其他的柱子，在布置其他柱子的时候，可以采用三种方式：一是采用各个"插入"的方法，将绘制好的图块依次插入到相应的位置；二是在已经插入好的块的基础上，使用"复制"的方法，将绘图区域的块复制到相应的位置；三是在创建图块之前，将已经绘制好的柱子根据柱子之间的间距，使用阵列的方式将柱子整体布置好。

使用"复制命令"布置柱子：

选择菜单栏中的"修改"→"复制"命令，或者在工具条中单击"复制"图标，命令行提示如下：

命令:co↙

选择对象:选择已经布置好的柱子(此时鼠标呈小方框选择状态)↙(或单击鼠标右键)

指定基点或[位移(D)]:指定中心点

指定第二个点:捕捉柱子要定位的轴线交叉点

捕捉轴线交叉点如图 11-33 所示。

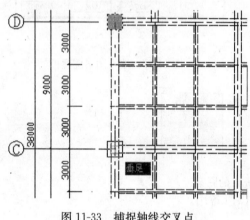

图 11-33　捕捉轴线交叉点

随着 AutoCAD 功能的不断完善，在低版本中，连续复制需要在命令行中多键入命令"M"来执行。而从 AutoCAD2004 以上的版本在键入命令"M"后都是默认的连续复制。

使用"阵列"命令布置柱子：

选择菜单栏中的"修改"→"阵列"命令，或者单击"修改"工具栏中的"阵列"按钮 ，命令行提示如下：

命令:ar↙

弹出"阵列"对话框，在"矩形阵列"的行数及列数中输入"5"，行偏移距离输入"—9000"，列偏移距离输入"9000"，如图 11-34 所示。单击"选择对象"进入绘图区域选择柱图块，单击右键或回车，重新回到"阵列"对话框，单击"确定"完成阵列，阵列出的结果如图 11-35 所示。

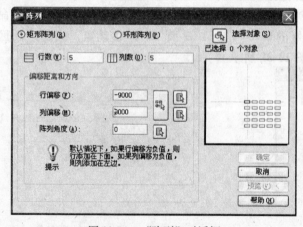

图 11-34　"阵列"对话框

图 11-35　一次阵列结果

将已经阵列好的最右侧一列柱子向右阵列一列，间距为"19000"，结果如图 11-36 所示。

图 11-36 二次阵列结果

将阵列好的柱子移动到图形中即可，移动点可以选取角柱的中心点，这样，控制一个柱子的精确定位就能精确定位所有的柱子，因为柱子与柱子之间的相对距离是根据轴线交叉点之间的距离阵列而成的。

同理，可以采用上述三种方法的任意一种将截面积为 $900mm \times 900mm$ 的柱子放置到轴②、③、④的主梁交叉点上。最终结果如图 11-37 所示。

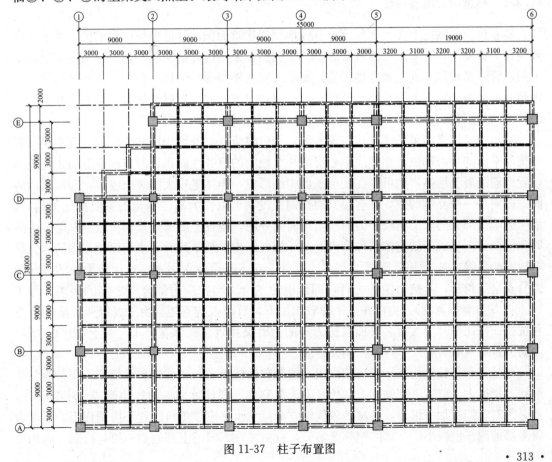

图 11-37 柱子布置图

在放置好柱子后，此时，轴线的交叉点在柱子的范围内都被遮挡住了，因此要调整显示顺序，使穿过柱子的轴线显示出来。

未调整显示顺序前的轴线与柱子交叉处如图 11-38 所示。

选择菜单栏中的"工具"→"绘图顺序"→"前置"命令，进入绘图区域，选择与柱子交叉的两条轴线，编辑完毕回车或单击鼠标右键，编辑后的图形如图 11-39 所示。同理可以编辑其他的交叉点。

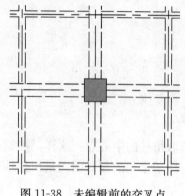　　　　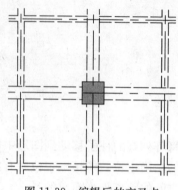

图 11-38　未编辑前的交叉点　　　　　　　　图 11-39　编辑后的交叉点

11.2.8　布置剪力墙及楼梯

随着建筑层数的增多，如何充分有效地利用建筑面积，降低单位面积造价，便成为高楼设计中更加迫切需要解决的重要课题。根据多年来国内外的实践经验，将竖向交通、卫生间、管道系统以及其他服务性用房，集中布置在楼层平面的核心部位，将办公用房及客房布置在外圈，并且外圈柱网尺寸较大，可以在多方面取得良好的效果，是最受欢迎的高层建筑结构形式。国内外 14～60 层的高层房屋常采用这种结构。

高楼的楼层平面采用核心式布置方案，可以将所有服务性用房和公用设施都集中布置与楼层平面的核心部位，在楼层中心形成一个较大的服务性面积，沿着该服务面积的周围设置钢筋混凝土墙体，就可以在楼层平面中心形成一个体量较大的竖向墙筒，即所谓的内筒。内筒是一个立体构件，具有很大的抗侧强度，可以作为高楼结构的主要抗侧力构件，承担起绝大部分的水平荷载，因而楼层平面的外圈，设置主要承担重利荷载的框架。由内筒和框架共同组成的结构体系称为内筒—外框架结构。与单片剪力墙相比较，内筒因为具有较宽的翼缘，抗弯刚度 EI 要大得多。此外，在水平荷载作用下，单片剪力墙的竖向应力分布呈三角形，其抗力矩的力臂，即压应力的合力与拉应力的合理之间的距离，等于 $2B/3$（B 为墙体宽度）。内筒在水平荷载作用下，翼缘抵抗弯矩。由于翼缘所提供的抗压和抗拉面积比单片墙大得多，而且抗力矩的力臂又接近于筒体宽度 B，大于 $2B/3$，所以内筒的抗弯承载力要比单片剪力墙大得多。

单独筒和单独框架在水平荷载作用下的侧移曲线分布为弯曲型和剪切型。两条曲线的形状差别很大，前者上部侧移大，后者下部侧移大。要使这两条曲线协调成为一条曲线，就必须对它们施加一组力，各层楼盖凭借它的巨大水平刚度担负起这一协调作用。要使内筒上部的侧移值减小，下部的侧移值增大，就需要在内筒的上部施加一组与荷载方向相反的力，在框架的下部施加一组与荷载方向相反的力。这样就能满足协调的要求。

根据本工程的结构层数及框架抗震等级，采用了现浇钢筋混凝土内筒—外框架形式。剪力墙定位在②轴～④轴之间，外围墙体厚度为 400mm，内部分隔墙体为 200mm。首先，绘制剪力墙的外墙，如图 11-40 所示。

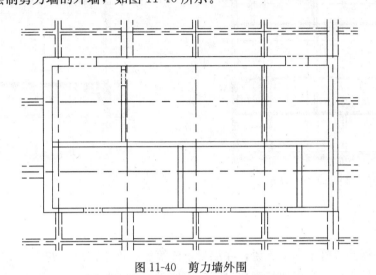

图 11-40　剪力墙外围

填充剪力墙并绘制相应的符号，结果如图 11-41 所示。

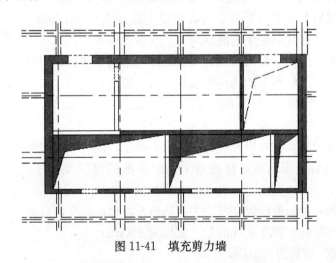

图 11-41　填充剪力墙

由于电梯井为对称布置，因此将已经绘制好的剪力墙进行镜像，可以得到另一侧，如图 11-42 所示。

 技巧

与原来的图形相比，对称后的图形缺少内部的填充符号，这是由于，如果选择原来的填充符号进行对称，对称后的符号会出现颠倒的情况，因此，可以在对称操作的基础上进行符号的另行补充，结果如图 11-43 所示。

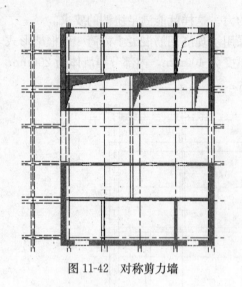

图 11-42　对称剪力墙

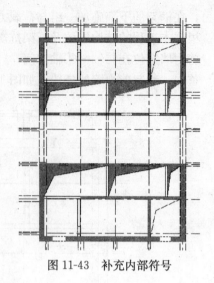

图 11-43　补充内部符号

11.2.9　设置后浇带

对于现浇钢筋混凝土框架来说，在混凝土浇筑后，由于混凝土的收缩、徐变会在构件内部产生一定的应力，当框架长度超过某一限值时，由于收缩、徐变及温度的变化在构件内部产生的内力会使构件产生裂缝，严重的会造成构件的耐久性降低甚至破坏。研究表明，在混凝土浇筑后的 2 个月混凝土的收缩徐变能完成 80%，因此，可以在施工时采取预留后浇带的方法来释放混凝土的前期应力。在本工程中，预留后浇带除了释放应力外还有另外两个重要的作用：一是为预应力大梁的施工留出操作面；同时更重要的是避免预应力大梁在预应力作用下所产生的轴向压缩变形对混凝土的影响，如果不留后浇带，则由于大梁的轴向缩短会使预应力与非预应力的交界处的混凝土拉裂，从而影响结构功能的使用。

对于预留后浇带的宽度可以根据施工要求来确定，还可以根据预留后浇带中未截断钢筋的应力来确定，后浇带越宽，结构对未截断钢筋的拉应变越小，因此钢筋中的应力越小。

对于后浇带的位置一般设置在弯矩为零的地方，也即是反弯点处。本工程根据计算将后浇带设置在距离⑤轴左侧 2075mm 处，宽度为 800mm。

（1）将"0 层"设置为当前层。

（2）以⑤轴与边梁轴线交点为起点，向左绘制长度为 2075mm 直线，如图 11-44 所示。

（3）从步骤（2）中确定的点为起点，绘制竖向直线，终点为Ⓐ轴。

（4）将已经绘制好的竖向直线，向左偏移 800mm。选择菜单栏中的"修改"→"偏移"命令，或者单击"修改"工具栏中的"偏移"按钮 ，命令行提示如下：

命令：offset↙

当前设置：删除源＝否　图层＝源　OFFSETGAPTYPE＝0

指定偏移距离或 [通过(T)/删除(E)/图层(L)] ＜通过＞：800↙

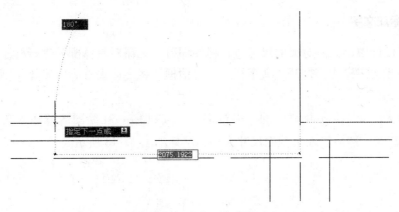

图 11-44　确定后浇带位置

选择要偏移的对象，或［退出(E)/放弃(U)］＜退出＞:选择要偏移的直线

指定要偏移的那一侧上的点，或［退出(E)/多个(M)/放弃(U)］＜退出＞:单击竖向直线的左侧↙

选择要偏移的对象，或［退出(E)/放弃(U)］＜退出＞:

偏移后的后浇带局部图如图 11-45 所示。

图 11-45　偏移后的直线

(5) 填充后浇带:具体填充的操作方法已经详细讲述过，在此就不再赘述。填充的颜色采用"颜色 254"，填充后的结果如图 11-46 所示。

(6) 标注后浇带尺寸及定位尺寸:标注方法在此也不再赘述，标注结果如图 11-47 所示。

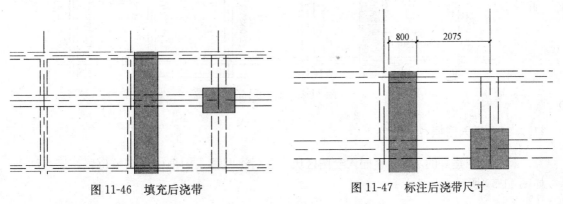

图 11-46　填充后浇带　　　　　　　图 11-47　标注后浇带尺寸

11.2.10 标注文字

在初步设计中，只需对梁的尺寸进行标注即可，无需对具体配筋进行标注。

（1）新建文字样式：打开"文字样式"对话框，将字体设置为"宋体"，单击"应用"关闭对话框。

（2）单击"绘图"工具栏中的"多行文字"按钮 **A**，在绘图区域输入文字，将文字高度设置为 300。然后输入梁截面尺寸大小，结果如图 11-48 所示。

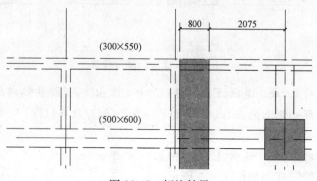

图 11-48　标注结果

 技巧

对于其他的梁的标注，相同的尺寸可以采取复制的方法，不相同的可以先采取复制的方法，然后在原来文字的基础上进行修改。

最终标注完毕的局部图如图 11-49 所示。

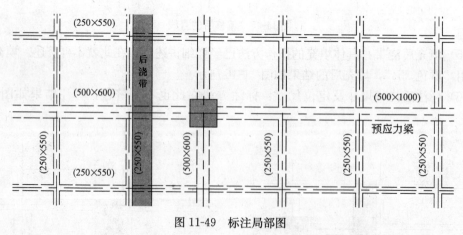

图 11-49　标注局部图

11.2.11　插入图框

将已经创建好的 A1 图签插入绘图区域，然后将图移入图框中，调整位置，最终结果如图 11-50 所示。

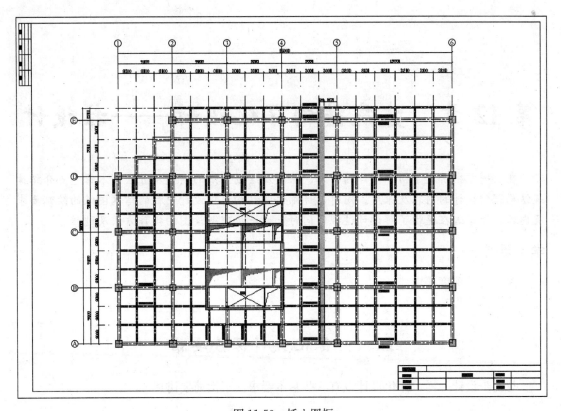

图 11-50 插入图框

第 12 章　建筑结构深化设计——柱设计

在上一章中讲述了初步设计的内容、深度及绘制图纸的要领及方法。本章重点介绍建筑结构深化设计的内容及深度。同时，详细讲解结构深化设计中柱的结构图纸的绘制要求及内容，使读者在逐步了解设计过程的同时，进一步理解绘图的操作方法及过程。

学习要点

深化设计深度要求
柱设计过程

12.1　深化设计深度要求

与初步设计一样，深化设计也有一些基本要求，下面简要讲述。

12.1.1　一般要求

1. 施工图设计文件

（1）合同要求所涉及的所有专业的设计图纸（含图纸目录、说明和必要的设备、材料表，见《建筑工程设计文件编制深度规定》）以及图纸总封面；

（2）合同要求的工程概算书。

 说　明

　　对于方案设计后直接进入施工图设计的项目，若合同未要求编制工程预算书，施工图设计文件应包括工程概算书。

2. 总封面应标明的内容

（1）项目名称；
（2）编制单位名称；
（3）项目的设计编号；
（4）设计阶段；
（5）编制单位法定代表人、技术总负责人和项目总负责人的姓名及其签字或授权盖章；
（6）编制年月（即出图年、月）。

12.1.2　图纸目录

应按图纸序号编排，先列新绘制图纸，后列选用的重复利用图和标准图。

12.1.3　结构设计总说明

每一单项工程应编写一份结构设计总说明，对多子项目工程宜编写统一的结构施工图设计总说明。如为简单的小型单项工程，则设计总说明中的内容可分别写在基础平面图和各层结构平面图上。

结构设计总说明内容见第 1 章。

12.1.4　设计图纸

图纸内容见第 10 章。

12.1.5　结构计算书

(1) 采用手算的结构计算书，应给出构件平面布置简图和计算简图；结构计算书内容宜完整、清楚，计算步骤要条理分明，引用数据有可靠依据，采用计算图表及不常用的计算公式，应注明来源出处，构件编号、计算结果应与图纸一致。

(2) 当采用计算机程序计算时，应在计算书中注明所采用的计算程序名称、代号、版本及编制单位，计算程序必须经过有效审定（或鉴定），电算结构应经分析认可；总体输入信息、计算模型、几何简图、荷载简图和结构输出应整理成册。

(3) 采用结构标准图或重复利用图时，宜根据图集的说明，结合工程进行必要的核算工作，宜应作为结构计算书的内容。

(4) 所有计算书应校审，并由设计、校对、审核人在计算书封面上签字，作为技术文件归档。

12.2　钢　筋　符　号

钢筋是现代建筑结构中必不可少的建筑材料和构件，在建筑结构图中，有各种各样的钢筋符号，下面简要说明。

12.2.1　一般钢筋的表示方法

钢筋混凝土结构中包含各种各样的钢筋，需要用不同的图例来表示，普通钢筋的表示方法如表 12-1 所示。

一般钢筋表示方法　　　　　　　　　　　　　　表 12-1

序号	名　称	图　例	说　明
1	钢筋横断面	●	—
2	无弯钩的钢筋端部	──────	下图表示长、短钢筋投影重叠时，短钢筋的端部用 45°斜画线表示

续表

序号	名　称	图　例	说　明
3	带半圆形弯钩的钢筋端部		—
4	带直钩的钢筋端部		—
5	带丝扣的钢筋端部		—
6	无弯钩的钢筋搭接		—
7	带半圆弯钩的钢筋搭接		—
8	带直钩的钢筋搭接		—
9	花篮螺丝钢筋接头	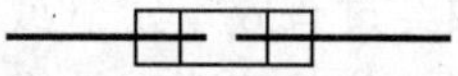	—
10	机械连接的钢筋接头		用文字说明机械连接的方式（如冷挤压或直螺纹等）

预应力钢筋表示方法如表 12-2 所示。

预应力钢筋图例表　　　　　　　　　　表 12-2

序号	名　称	图　例
1	预应力钢筋或钢绞线	
2	后张法预应力钢筋断面 无粘结预应力钢筋断面	
3	预应力钢筋断面	
4	张拉端锚具	
5	固定端锚具	
6	锚具的端视图	

续表

序号	名　　称	图　　例
7	可动连接件	
8	固定连接件	

12.2.2　钢筋焊接接头的表示方法

钢筋焊接接头有特殊的表示方法，如表 12-3 所示。

钢筋焊接接头 表 12-3

序号	名　　称	标 注 方 法
1	单面焊接的钢筋接头	
2	双面焊接的钢筋接头	
3	用帮条单面焊接的钢筋接头	
4	用帮条双面焊接的钢筋接头	
5	接触对焊的钢筋接头(闪光焊、压力焊)	
6	坡口平焊的钢筋接头	
7	坡口立焊的钢筋接头	
8	用角钢或扁钢做连接板焊接的钢筋接头	
9	钢筋或螺(锚)栓与钢板穿孔塞焊的接头	

12.2.3 钢筋在构件中的画法

在结构中，配筋应按照以下规定进行绘制，如表 12-4 所示。

钢筋画法 表 12-4

序号	说　明	图　例
1	在结构楼板中配置双层钢筋时，底层钢筋的弯钩应向上或向左，顶层钢筋的弯钩则向下或向右	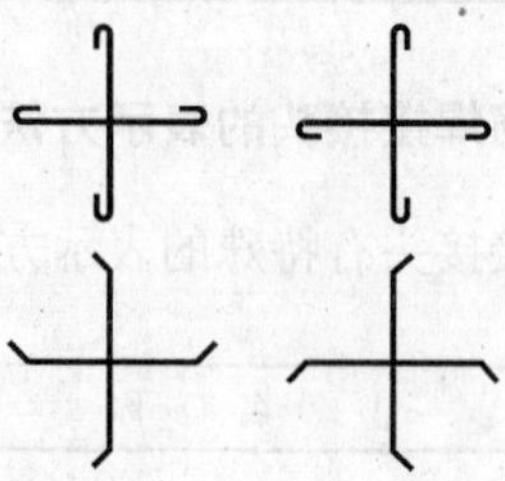
2	钢筋混凝土墙体配双层钢筋时，在配筋立面图中，远面钢筋的弯钩应向上或向左，而近面钢筋的弯钩应向下或向右（JM 近面，YM 远面）	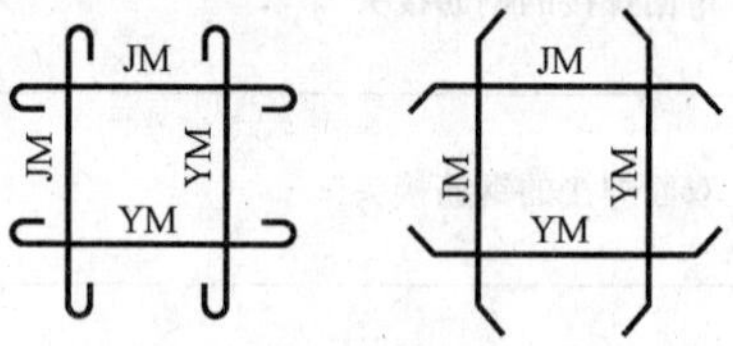
3	若在断面图中不能表达清楚的钢筋布置，应在断面图外增加钢筋大样图（如：钢筋混凝土墙、楼梯等）	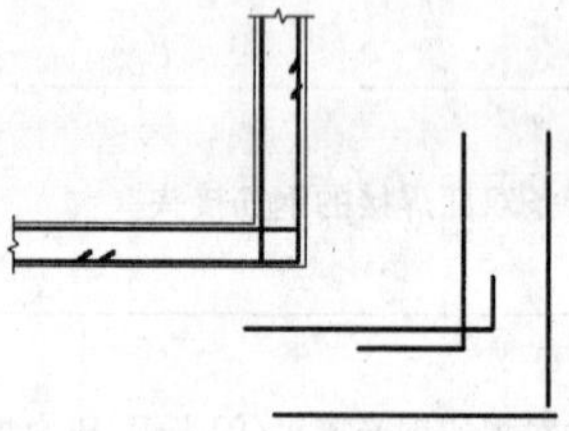
4	图中所表示的箍筋、环筋等若布置复杂时，可加画钢筋大样及说明	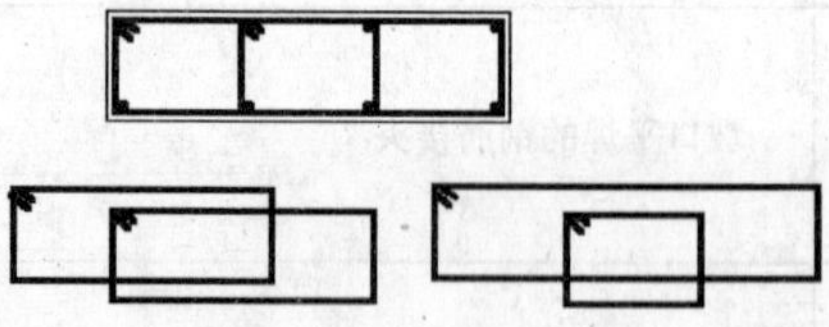
5	每组相同的钢筋、箍筋或环筋，可用一根粗实线表示，同时用一两端带斜短画线的横穿细线，表示其钢筋及起止范围	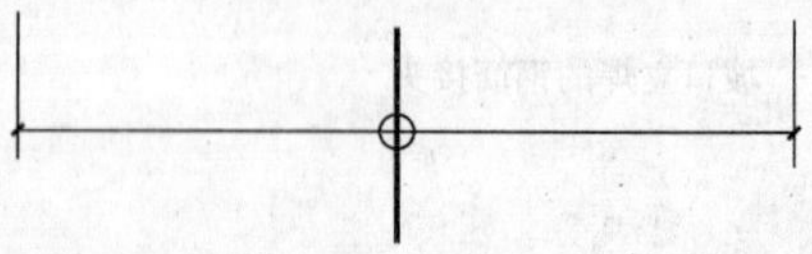

📖 说　明

1. 钢筋、钢丝束的说明应给出钢筋的代号、直径、数量、间距、编号及所在位置，其说明应沿钢筋的长度标注或在相关钢筋的引出线上。

2. 钢筋网片的编号应标注在对角线上。网片的数量应与网片的编号标注在一起。

12.3　深化设计工程实例

本节在初步设计的基础上，对深化设计中的柱平面整体配筋图的绘制进行详细的讲述，并介绍平面配筋图的表示方法。

12.3.1　编辑旧文件

（1）打开旧文件：打开 AutoCAD 2011 应用程序，选择菜单栏中的"文件"→"打开"命令，弹出"选择文件"对话框，选择在初步设计中已经绘制的图形文件"初步设计"；或者在"文件"下拉菜单中最近打开的文档中选择"初步设计"，双击打开文件，将文件另存为"深化设计.dwg"并保存。打开后的图形如图 12-1 所示。

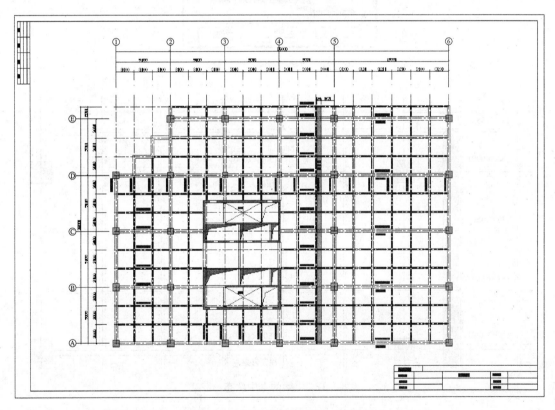

图 12-1　打开"初步设计"施工图

（2）修改图形：删除所有的主次梁，只保留轴线、标注、柱。选择菜单栏中的"工具"→"快速选择"命令，打开"快速选择"对话框，在"特性"中选择"图层"，在"值"中选择"梁"，如图 12-2 所示。此时也就是以图层为选择对象，被选择的对象为图层"梁"，单击"确定"，则选中所有的"梁"，选中后的图形如图 12-3 所示。

删除所有的梁，最终编辑的图形如图 12-4 所示。

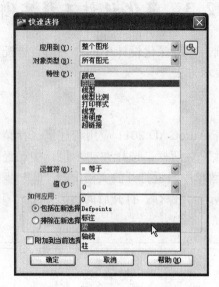

图 12-2 "快速选择"对话框

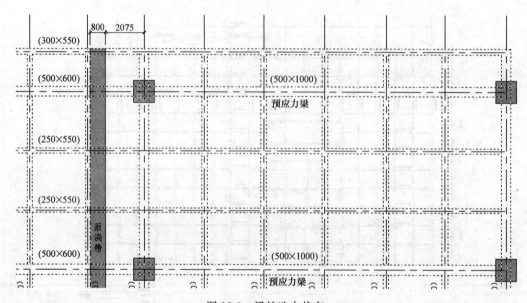

图 12-3 梁的选中状态

 技巧

当然，删除梁的时候也可以直接在图形中使用鼠标边选择边删除。另外，也可以采用编辑图层的方法进行删除，单击"图层特性管理器"，选中"梁"图层，然后单击"删除"，则删除"梁图层"，如图 12-5 所示，则绘图区域中"梁"图层中的所有图形也被随之删除。

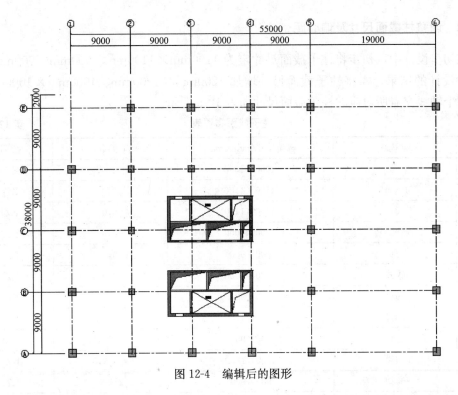

图 12-4　编辑后的图形

如果"梁"图层在后面的绘图中有可能用到，则可不进行删除操作，可以通过编辑梁图层中的"开关"、"冻结"、"锁定"等来控制图层的状态属性。其中：

开关：关闭图层后，该层上的实体不能在屏幕上显示或由绘图仪输出。重新生成图形时，层上的实体仍将重新生成。

冻结：冻结图层后，该层上的实体不能在屏幕上显示或由绘图仪输出。在重新生成图形时，冻结层上的实体将不被重新生成。

锁定：图层上锁后，用户只能观察该层上的实体，不能对其进行编辑和修改，但实体仍可以显示和输出。

根据上述各状态开关的功能，如果想达到图 12-4 所示的图形效果，则直接冻结图层即可。

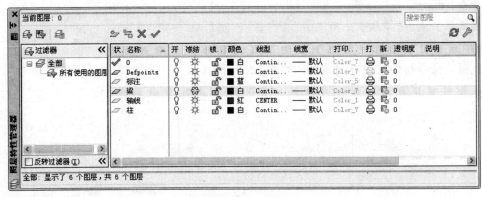

图 12-5　删除"梁图层"

12.3.2 调整柱截面尺寸及偏心距

在初步设计中，初步将柱子截面尺寸定为 1100mm×1100mm、900mm×900mm，根据深化设计的结果，需将柱子截面另外增加 1200mm×1200mm、1000mm×1000mm 两种。各个轴线交点所对应的柱子截面尺寸如表 12-5 所示。

柱子截面布置表   表 12-5

纵轴	横轴	截面尺寸(mm×mm)	偏心距(mm)	编号
①	Ⓐ	1000×1000	0,0	KZ5
①	ⒷⒸⒹ	1100×1100	0,0	KZ4
②	Ⓓ	1100×1100	0,0	KZ4
②	ⒶⒷⒸⒺ	1000×1000	0,0	KZ5
③	Ⓓ	900×900	0,0	KZ3
③	ⒶⒺ	1000×1000	0,0	KZ5
④	Ⓓ	900×900	0,0	KZ3
④	ⒶⒺ	1000×1000	0,0	KZ5
⑤	ⒷⒸ	900×900	−250,0	KZ1
⑤	ⒶⒹⒺ	1200×1200	−300,0	KZ2
⑥	ⒷⒸ	900×900	250,0	KZ1
⑥	ⒶⒹⒺ	1200×1200	300,0	KZ2

📖 **说 明**

偏心距分别用 x，y 轴坐标来表示，当 x 坐标为负值时，柱子中心向左偏，正值向右偏；y 轴坐标为正向上偏，负值向下偏。

在初步设计中，由于对柱子未进行尺寸标准，因此，需要查询柱子的截面尺寸，以便进行确认和修改。

（1）查询柱子截面尺寸：选择菜单栏中的"工具"→"查询"→"距离"命令，命令行提示如下：

命令：dist↙

指定第一点：选择柱子一角点

指定第二点：选择柱子另一角点（如图 12-6 所示）

此时，命令行中出现查询结果，如图 12-7 所示。

图 12-6 捕捉柱子角点

```
距离 = 1100.0000, XY 平面中的倾角 = 0,   与 XY 平面的夹角 = 0
X 增量 = 1100.0000,   Y 增量 = 0.0000,   Z 增量 = 0.0000
命令：
```

图 12-7　查询结果

（2）修改柱子的尺寸大小：根据查询结果可以知道，轴Ⓐ和轴①的交点柱子尺寸应修改为 1000mm×1000mm。

选择菜单栏中的"修改"→"缩放"命令，或单击"修改"工具栏中的"缩放"按钮▣，命令行提示如下：

命令：sc↙

选择对象：选择柱子↙（被选中的柱子如图 12-8 所示）

指定基点：选择柱子的中心↙

指定比例因子或[复制(C)/参照(R)]：10/11↙（如图 12-9 所示）

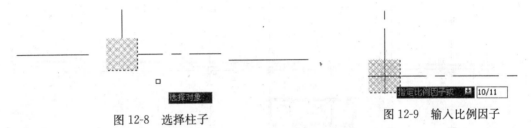

图 12-8　选择柱子　　　　　　　　　　图 12-9　输入比例因子

 技巧

原有的柱子尺寸为 1100mm×1100mm，修改后的柱子尺寸为 1000mm×1000mm，则需要将原来的柱子缩小 10/11，同理，尺寸为 1100mm×1100mm 的柱子修改为 1200mm×1200mm，需输入的缩放因子为 12/11。缩放的结果可以通过距离查询进行确认。

同理，可以修改其他柱子截面尺寸。

（3）修改柱子偏心距：在步骤（2）中已经将所有的柱子的尺寸根据表格所示数据进行了修改。修改柱子偏心距主要通过"移动"命令进行操作。

以轴⑤与轴Ⓔ交点柱的移动为例进行讲解：

选择菜单栏中的"修改"→"移动"命令，或单击"修改"工具栏中的"移动"按钮✥，命令行提示如下：

命令：m↙

选择对象：选择柱子↙

指定基点或[位移(D)]：选择柱子的中心↙

指定第二个点或<使用第一个点作为位移>：−300,0↙

移动前后的图形分别如图 12-10，图 12-11 所示。

图 12-10 移动前的柱子　　　　　　　　　图 12-11 移动后的柱子

 技巧

　　在输入移动距离的时候，可以打开"正交"功能，然后将鼠标放置在将要移动的方向上，然后在命令行中直接输入数字即可，而不需要输入正负号。

　　同理，可以对向右偏移的柱子进行修改，最终修改结果如图 12-12 所示。

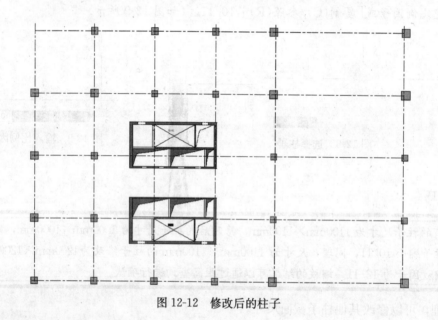

图 12-12 修改后的柱子

12.3.3　绘制柱配筋详图

　　对于截面尺寸相同，配筋也相同的柱子，可以绘制一个扩大图，图中对配筋的形式进行详细绘制，并辅助平面标注，最后对相同的柱子进行统一编号。这样，既详细绘制出了配筋详图，又使图面整洁、美观。

　　（1）新建"钢筋"图层：由于需要绘制的钢筋很多，因此要新建一图层，作为钢筋图层，这样可以对钢筋进行快速选择及编辑操作。

　　打开"图层特性管理器"对话框，新建图层，名称为"钢筋"，线型采用实线，线宽定为 0.3mm，建立的新图层如图 12-13 所示。

　　（2）扩大配筋柱：选择轴Ⓐ与轴①的交点柱，将此柱扩大 3 倍，放缩时以柱的中心为

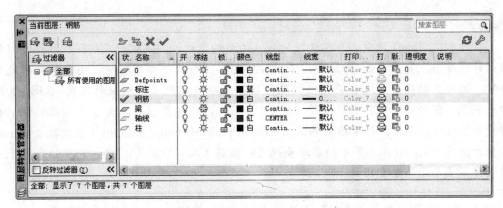

图 12-13　新建"钢筋"图层

基点。放缩前后图形分别如图 12-14，图 12-15 所示。

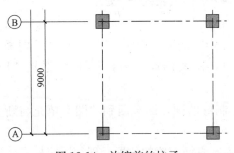

图 12-14　放缩前的柱子

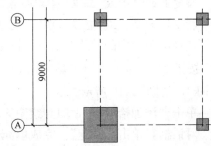

图 12-15　放缩后的柱子

（3）绘制外侧箍筋：将"钢筋"设置为当前层，然后将已经放缩后的柱子的填充删除。绘制边长为 940mm×940mm 的正方形，并在右上角绘制 135°弯钩。绘制好的结果如图 12-16 所示。

将绘制好的正方形以中心为基点，放大 3 倍，如图 12-17 所示。

图 12-16　实际尺寸的箍筋

图 12-17　放大后的箍筋

 技巧

由于原来柱放大了 3 倍，则绘制的箍筋也要随之放大 3 倍，这样才能放置到柱中，大小匹配，但是在绘制的时候仍按照实际尺寸进行绘制，这样有利于尺寸的确定。当然直接绘制边长为 2820mm×2820mm 的正方形也可。

📖 **说 明**

在结构混凝土设计中，考虑构件耐久性的影响，构件要满足一定的保护层厚度（钢筋的外边缘至混凝土表面的距离），保护层厚度不但与构件类别有关，还与构件所处的环境、混凝土的强度等级有关。根据现行国家标准《混凝土结构设计规范》GB 50010 中表 9.2.1 规定对于混凝土强度等级为 C25～C45，环境类别为二类 a 时，柱的保护层厚度为 30mm，因此，表示箍筋的正方形的边长为 940mm×940mm（每侧减去 30mm 的保护层厚度）。10.3.2 条中的第四条规定：箍筋末端应做成 135°弯钩且弯钩末端平直段长度不应小于箍筋直径的 10 倍。

（4）绘制纵筋：单击"绘图"工具栏中的"圆"按钮⊙，命令行提示如下：

命令：c↙

指定圆的圆心或 [三点(3P)/两点(2P)/相切、半径(T)]：指定一点↙

指定圆的半径或 [直径(D)]：60↙

选择菜单栏中的"绘图"→"图案填充"命令，或单击"绘图"工具栏中的"图案填充"按钮▦，弹出"图案填充与渐变色"对话框，图案选择"solid"，样例选择"By-Block"，如图 12-18 所示。

单击"添加拾取点"，回到绘图区域，选择绘制好的圆，回车回到"图案填充与渐变色"对话框，单击"确定"，完成填充。

（5）布置纵筋：布置纵筋前要为纵筋定位，确定纵筋布置的位置。现行国家标准《混凝土结构设计规范》GB 50010 中，10.3.1 条规定：柱中纵向受力钢筋的净间距不应小于 50mm。这是为了保证混凝土浇筑质量而规定的。在本柱中每边配置 6 根直径为 25mm 的 HRB335 级钢，经过计算可以确定，配置后的钢筋的净间距为 138mm，则满足规范要求。

命令行提示如下：

命令：div↙

选择要定数等分的对象：选择箍筋的一边↙

输入线段数目或 [块(B)]：5↙

这样就将正方形的边等分为 5 份，同理可以将相邻的边等分为 5 份。

用右键单击状态栏中的"对象捕捉"，如图 12-19 所示。弹出如图 12-20 所示的"草图设置"对话框，在"对象捕捉"项中，选择"节点"单击"确定"退出对话框。

选择菜单栏中的"修改"→"复制"命令，或单击"修改"工具栏中的"复制"按钮🔲，命令行提示如下：

命令：cp↙

选择对象：选择填充好的圆↙（或单击右键）

指定基点或 [位移(D)]：选择圆的中心

指定第二个点或 <用第一点作为位移>：捕捉平分好的节点（如图 12-21 所示）

同理可以放置其他的纵筋，如图 12-22 所示。

由于柱子的配筋一般都是对称布置，因此，当布置好一侧的纵筋，可以使用"镜像"功能进行对称。

图 12-18　设置填充图例及颜色

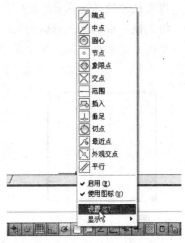

图 12-19　单击对象捕捉设置

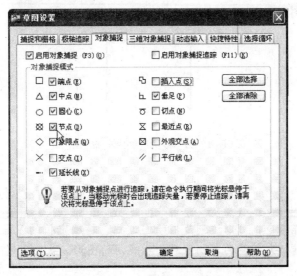

图 12-20　选择对象捕捉

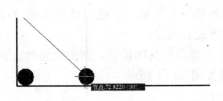

图 12-21　捕捉节点

图 12-22　放置一侧纵筋

选择菜单栏中的"修改"→"镜像"命令，或单击"修改"工具栏中"镜像"按钮，命令行提示如下：

命令：mirror↙

选择对象或 ＜全部选择＞：依次选取第二、三、四、五、六根纵筋（如图 12-23 所示）↙

指定镜像的第一点：选择左下角点

指定镜像第二个点：选择右上角点（如图 12-24 所示）

要删除对象吗？[是(Y)/否(N)]＜N＞：↙

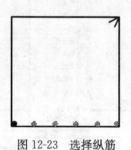

图 12-23 选择纵筋

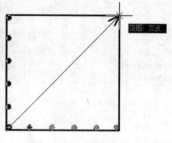

图 12-24 选取镜像点

同理，可以采取"镜像"功能将一侧的纵筋向对侧镜像，镜像点选取另外两条边中点的连线，镜像后的图形如图 12-25 所示。

图 12-25 镜像后的纵筋布置图

 技巧

合理地选择操作命令，可以达到节省绘图过程，精确定位的效果。对于规则的图形，可以通过"镜像"进行大批量的复制；对于非规则的图形，就要通过"复制"或其他命令进行操作了。

（6）绘制复合箍：现行国家标准《混凝土结构设计规范》GB 50010 中，10.3.2 条规定：当柱截面短边尺寸大于 400mm 且各边纵向钢筋多于 3 根时，或当柱截面短边尺寸不大于 400mm 但各边纵向钢筋多于 4 根时，应设置复合箍筋。

本柱两个方向都采用 6 肢箍，因此内部应该设置两个封闭箍筋，两个箍筋的放置从平面上看重合一部分，如图 12-26 所示。从侧面看如图 12-27 所示。

将已经绘制好的复合箍复制一份进行旋转操作。

选择菜单栏中的"修改"→"旋转"命令，或单击"修改"工具栏中"旋转"按钮，命令行提示如下：

命令：rotate↙

选择对象：选择复制好的复合箍↙

指定基点：选择任一点

指定旋转角度，或[复制(C)/参照(R)]：90↙

旋转前后的图形分别如图 12-28、图 12-29 所示。

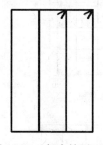

图 12-26　复合箍平面图

图 12-27　复合箍侧面图

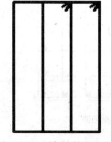

图 12-28　旋转前的图形

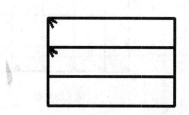

图 12-29　旋转后的图形

　　将已经绘制好的复合箍筋放置在纵筋位置处，可以使用"移动"操作命令，移动后的图形如图 12-30 所示。同理，将已经完全绘制好的柱子配筋移动到柱子中去，结果如图 12-31 所示。

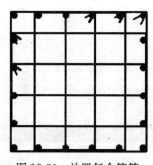

图 12-30　放置复合箍筋

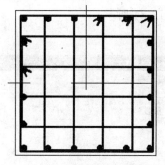

图 12-31　移动整体配筋

　　同理，可以绘制 KZ1、KZ2、KZ3、KZ4 的配筋图，绘制结果如图 12-32 所示。

12.3.4　标注柱子尺寸

　　原来设定的标注样式只能标注 1：1 绘制的实际尺寸，而绘制钢筋的时候，将柱子扩

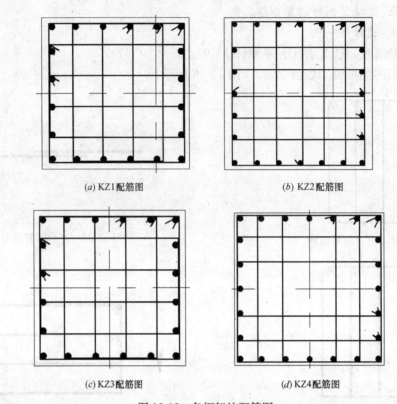

(a) KZ1配筋图　　　　　　　　　　　　(b) KZ2配筋图

(c) KZ3配筋图　　　　　　　　　　　　(d) KZ4配筋图

图 12-32　各框架柱配筋图

大了 3 倍，也就是说，绘图比例为 3 : 1，因此，需要重新建立新的标注样式来标注扩大
后的柱子。

　　选择菜单栏中的"格式"→"标注样式"命令，弹出"标注样式管理器"，单击"新
建"，如图 12-33 所示。弹出"创建新标注样式"对话框，给标注样式命名为"扩大柱"，
如图 12-34 所示。

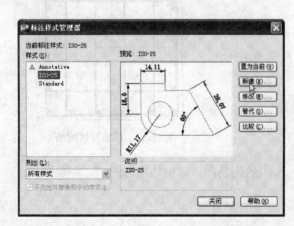

图 12-33　"标注样式管理器"对话框　　　　　图 12-34　"创建新标注样式"对话框

📖 **说 明**

在"创建新标注样式"对话框中，三个选项的功能分别为：

1. 新样式名称：设置新创建的尺寸样式名称。

2. 基础样式：选择该下拉列表框中某一已定义的尺寸标注样式后，AutoCAD 将根据该样式创建新的尺寸标注样式。但往往新的尺寸标注样式在某些特征参数上和原尺寸标注样式有些不同，这也正是要创建新的尺寸标准样式的理由。

3. 用于：利用该下拉表框，用户可选择是要创建全局尺寸标注样式还是特定尺寸标注子样式。选择"所有标准"选项，表明用户将创建全局尺寸标注样式。该尺寸标注样式与原尺寸标注样式的地位是并列的。选择其他选项，表明用户将创建特定尺寸标注子样式，该子样式是从属于原尺寸标注样式的。通常子样式都是相对某一具体的尺寸标注类型而言的，即子样式仅仅适用于某一种尺寸标注类型，而全局尺寸标注样式一般都是应用于较普遍或大部分尺寸变形的设置。设置在全局尺寸标注样式上的参数作用于每一个子样式，而子样式在其尺寸标注样式中设置的参数又优先于全局尺寸标注样式。当标注某一类尺寸时，如果当前样式是全局尺寸标注样式，那么 AutoCAD 将进行搜索，看其下是否有与该类型尺寸相对应的子样式。如果有，AutoCAD 将按照该子样式中设置的模式来标注尺寸；若没有子样式，AutoCAD 将按全局标注样式所设置的模式来标注尺寸。

单击"继续"回到"修改标准样式：扩大柱"窗口，在"主单位"选项中将"比例因子"设置为 1/3，如图 12-35 所示。

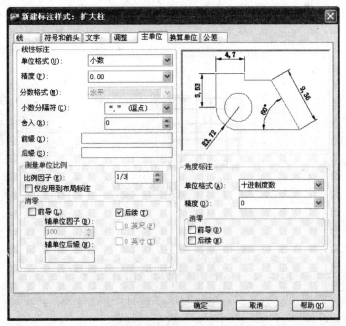

图 12-35　修改比例因子

技巧

比例因子是用来控制线性尺寸的比例的，AutoCAD 规定系统变量 DIMLFAC 来保存该值。如果按 1：10 的比例绘制图形（即图纸上的某线段实际长度为 100，但要标注其尺寸长度为 1000），那么可输入 10。如果用户按 5：1 的比例绘制图形（即图纸上所画的某线段实际长度为 500，但要将其尺寸长度标注为 100），那么可在该增量框中输入 0.2。同理，如果用户按 1：1 绘制图形，那么在该增量框中输入 1。

对于 KZ5 来说，使用不同的比例因子标注出来的效果分别如图 12-36、图 12-37 所示。

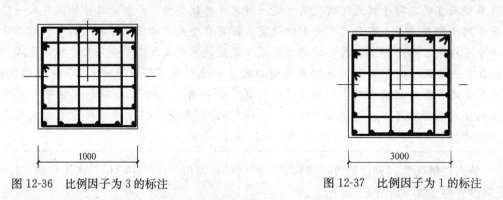

图 12-36　比例因子为 3 的标注　　　　　图 12-37　比例因子为 1 的标注

同理，对于扩大柱使用新建标注样式进行标注，未扩大的柱使用原标注样式进行标注，局部标注结果如图 12-38 所示。

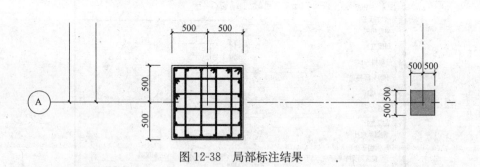

图 12-38　局部标注结果

12.3.5　标注平面配筋

对于施工图来说，应在图形的旁边标注文字说明，来进一步说明配筋的数量及种类；同时，还要对柱子进行编号，对于配筋相同的柱子编号相同。

对于平法表示的规则一般来说，第一行表示构件的编号；第二行为构件的尺寸；第三行为主筋配筋数量；第四行为箍筋的种类、数量及间距。

对于 KZ1、KZ2、KZ3、KZ4、KZ5 平法表示如图 12-39 所示。

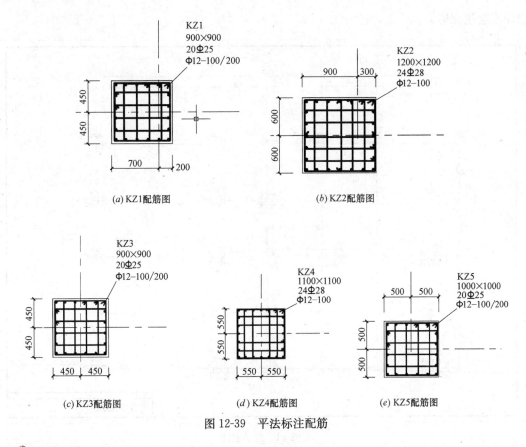

图 12-39　平法标注配筋

📖 说　明

对于平法表示中，Φ12-100/200 表示箍筋为直径 12mm 的 HPB235 级钢，在加密区箍筋间距为 100mm，在非加密区间距为 200mm。20Φ25 表示，配置 20 根直径为 25mm 的 HRB335 级钢。其中，KZ 代表框架柱；KZZ 代表框支柱；XZ 代表芯柱；LZ 代表梁上柱；QZ 代表剪力墙上柱。

对于配筋相同的其他的柱子，可以采用直接编号的方法即可，其局部编号如图 12-40 所示。

图 12-40　局部编号图

12.3.6　插入图签

将绘制好的图签插入到绘图区域，调整布局大小，结果如图 12-41 所示。至此，柱配筋详图绘制完毕。

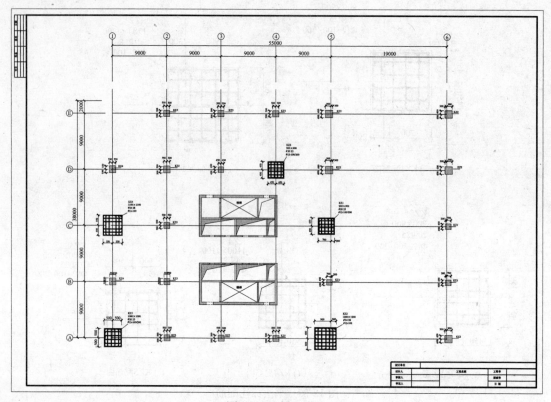

图 12-41   插入图签

第13章 建筑结构深化设计——梁设计

在本章中着重讲述梁的平法标注规则及要求。同时，详细讲解结构深化设计中框架梁的结构图纸的绘制要求及内容，使读者在逐步了解设计过程的同时，进一步理解绘图的操作方法及过程。

学习要点

梁平法标注规则
梁施工图的平法标注

13.1 梁平法标注规则

13.1.1 梁平法施工图的表示方法

（1）梁平法施工图系在梁平面布置图上采用平面注写方式或截面注写方式表达。

（2）梁平面布置图，应分别按梁的不同结构层（标准层），将全部梁和与其相关联的柱、墙、板一起采用适当比例绘制。并且，要按规定注明各结构层的顶面标高及相应的结构层号。对于轴线未居中的梁，应标注其偏心定位尺寸（贴柱边的梁可不注）。

13.1.2 平面注写方式

（1）平面注写方式，系在梁平面布置图上，分别在不同编号的梁中各选一根梁，在其上注写截面尺寸和配筋具体数值的方式来表达梁平法施工图。

平面注写包括集中标注与原位标注，集中标注表达梁的通用数值，原位标注表达梁的特殊数值。当集中标注中的某项数值不适用于梁的某部位时，则该项数值原位标注，施工时，原位标注取值优先（如图13-1、图13-2所示）。

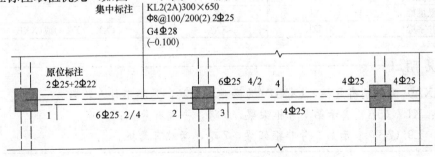

图13-1 平面注写方式示例

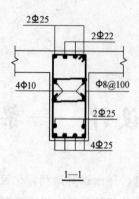

1—1

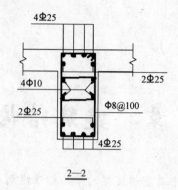

2—2

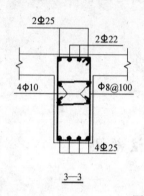

3—3

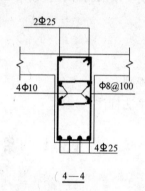

4—4

图 13-2 断面示意图

📖 **说 明**

图 13-2 中的四个梁截面采用传统表示方法绘制，用于对比按平面注写方式表达的同样内容。实际上采用平面注写方式表达时，不需绘制梁截面配筋图和相应的截面号。

（2）梁编号由梁类型代号、序号、跨数及有无悬挑代号几项组成，应符合表 13-1 所示的规定。

梁编号表 表 13-1

梁类型	代号	序号	跨数及是否带有悬挑
楼层框架梁	KL	XX	(XX)、(XXA)或(XXB)
屋面框架梁	WKL	XX	(XX)、(XXA)或(XXB)
框支梁	KZL	XX	(XX)、(XXA)或(XXB)
非框架梁	L	XX	(XX)、(XXA)或(XXB)
悬挑梁	XL	XX	
井字梁	JZL	XX	(XX)、(XXA)或(XXB)

📖 **说 明**

（XXA）为一端有悬挑，（XXB）为两端有悬挑，悬挑不计入跨数。

例：KL7（5A）表示第 7 号框架梁，5 跨，一端有悬挑；

L9（7B）表示第 9 号非框架梁，7 跨，两端有悬挑。

13.1.3 梁集中标注的内容

梁集中标注有五项必注值及一项选注值（集中标注可以从梁的任意一跨引出），规定如下：

(1) 梁编号：见 13.1.2 节中的梁编号表，该项为必注值。

(2) 梁截面尺寸：该项为必注值，当为等截面梁时，用 $b \times h$ 表示；当为加腋梁时，用 $b \times h$ YC$_1 \times$C$_2$ 表示，其中 C$_1$ 为腋长，C$_2$ 为腋高（图 13-3）；当有悬挑梁且根部和端部的高度不同时，用斜线分隔根部与端部的高度值，即为 $b \times h_1/h_2$（图 13-4）。

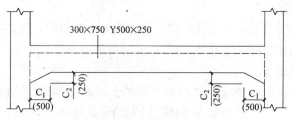

图 13-3 加腋梁截面尺寸注写示意

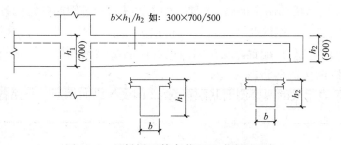

图 13-4 悬挑梁不等高截面尺寸注写示意

(3) 梁箍筋：此项应包括钢筋级别、直径、加密区与非加密区间距及肢数为必注值。箍筋加密区与非加密区的不同间距及肢数需用斜线"/"分隔；当梁箍筋为同一种间距及肢数时，则不需用斜线；当加密区与非加密区的箍筋肢数相同时，则将肢数注写一次；箍筋肢数应写在括号内。加密区范围见相应抗震级别的标准构造详图。

例：Φ10@100/200（4），表示箍筋为 HPB235 级钢筋，直径为 10mm，加密区间距为 100，非加密区间距为 200，均为四肢箍。

Φ8@100/200（2），表示箍筋为 HPB235 级钢筋，直径为 8mm，加密区间距为 100，非加密区间距为 200，为双肢箍。

当抗震结构中的非框架梁、悬挑梁、井字梁及非抗震结构中的各类梁采用不同的箍筋间距及肢数时，也用斜线"/"将其分隔开来。注写时，先注写梁支座端部的箍筋（包括箍筋的箍数、钢筋级别、直径、间距及肢数），在斜线后注写梁跨中部分的箍筋间距及肢数。

例：13Φ10@150/200（4），表示箍筋为 HPB235 级钢筋，直径为 10mm，梁的两端各有 13 个四肢箍，间距为 150mm；梁跨中部分间距为 200mm，为四肢箍。

18Φ12@150（4）/200（2），表示箍筋为 HPB235 级钢筋，直径为 12mm；梁的两端各有 18 个四肢箍，间距为 150mm；梁跨中部分间距为 200mm，为双肢箍。

(4) 梁上部通长筋或架立筋配置：通长筋可为相同或不同直径采用搭接连接、机械连接或对焊连接的钢筋，该项为必注值。所注规格与根数应根据结构受力要求及箍筋肢数等构造要求而定。当同排纵筋中既有通长筋又有架立筋时，应用加号"＋"将通长筋和架立筋相连。注写时须将角部纵筋写在加号的前面，架立筋写在加号后面的括号内，以示不同直径及与通长筋的区别。当全部采用架立筋时，则将其写入括号内。

例：2Φ22 用于双肢箍；2Φ22＋(4Φ12) 用于六肢箍，其中 2Φ22 为通长筋，4Φ12 为架立筋。

当梁的上部纵筋和下部纵筋为全跨相同，且多数跨配筋相同时，此项可加注下部纵筋的配筋值，用分号"；"将上部与下部纵筋的配筋值分隔开来，少数跨不同者，按相关规定处理。

例：3Φ22；3Φ20 表示梁的上部配置 3Φ22 的通长筋，梁的下部配置 3Φ20 的通长筋。

(5) 梁侧面纵向构造钢筋或受扭钢筋配置：该项为必注值。当梁腹板高度 $h_w \geqslant$ 450mm 时，须配置纵向构造钢筋，所注规格与根数应符合规范规定。此项注写值以大写字母 G 打头，注写设置在梁两个侧面的总配筋值，且对称配置。

例：G4Φ12，表示梁的两个侧面共配置 4Φ12 的纵向构造钢筋，每侧各配置 2Φ12。

当梁侧面需配置受扭钢筋时，此项注写值以大写字母 N 打头，接续注写配置在梁两个侧面的总配筋值，且对称配置。受扭纵向钢筋应满足梁侧面纵向构造钢筋的间距要求，且不再重复配置纵向构造钢筋。

例：N6Φ22，表示梁的两个侧面共配置 6Φ22 的受扭纵向钢筋，每侧各配置 3Φ22。

> 📖 **说明**
>
> 1. 当为梁侧面构造钢筋时，其搭接与锚固长度可取为 $15d$。
> 2. 当为梁侧面受扭纵向钢筋时，其搭接长度为 l_l 或 l_{lE}（抗震）；其锚固长度与方式同框架梁梁下部纵筋。

(6) 梁顶面标高高差：此项为选注值。

梁顶面标高高差，系指相对于结构层楼面标高的高差值，对位于结构夹层的梁，则指相对于结构夹层楼面标高的高差。有高差时，须将其写入括号内，无高差时不注。

> 📖 **说明**
>
> 当某梁的顶面高于所在结构层的楼面标高时，其标高高差为正值，反之为负值。例如：某结构层的楼面标高为 44.950m 和 49.250m，当某梁的梁顶面标高高差注写为（－0.050）时，即表明该梁顶面标高分别相对于 44.950m 和 49.250m 低 0.05m。

13.1.4 梁原位标注的内容

1. 梁支座上部纵筋

该部位含通长筋在内的所有纵筋。

(1) 当上部纵筋多于一排时，用斜线"/"将各排纵筋自上而下分开。

例：梁支座上部纵筋注写为 6Φ25 4/2，则表示上一排钢筋为 4Φ25，下一排纵筋为 2Φ25。

（2）当同排纵筋有两种直径时，用加号"＋"将两种直径的纵筋相连，注写时将角部纵筋写在前面。

例：梁支座上部有四根纵筋，2Φ25 放在角部，2Φ22 放在中部，在梁支座上部应注写为 2Φ25＋2Φ22。

（3）当梁中间支座两边的上部纵筋不同时，须在支座两边分别标注；当梁中间支座两边的上部纵筋相同时，可仅在支座的一边标注配筋值，另一边省去不注，如图 13-5 所示。端支座截面示意图如图 13-6 所示。

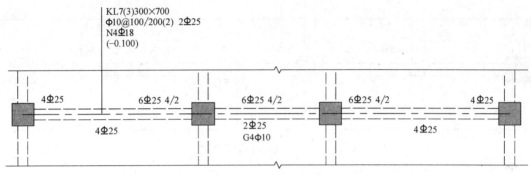

图 13-5 大小跨梁的注写实例

设计时应注意：

（1）对于支座两边不同配筋值的上部纵筋，宜尽可能选用相同直径（不同根数），使其贯穿支座，避免支座两边不同直径的上部纵筋均在支座内锚固。

（2）对于以边柱、角柱为端支座的屋面框架梁，当能够满足配筋截面面积要求时，其梁的上部钢筋应尽可能只配置一层，以避免梁柱纵筋在柱顶处因层数过多、密度过大导致不方便施工和影响混凝土浇筑质量。

2. 梁下部纵筋

（1）当下部纵筋多于一排时，用斜线"/"将各排纵筋自上而下分开。

例：梁下部纵筋注写为 6Φ25 2/4，则表示上一排纵筋为 2Φ25，下一排纵筋为 4Φ25，全部深入支座。

（2）当同排纵筋有两种直径时，用加号"＋"将两种直径的纵筋相连，注写时角部纵筋写在前面。

（3）当梁下部纵筋不全部深入支座时，将梁支座下部纵筋减少的数量写在括号内。

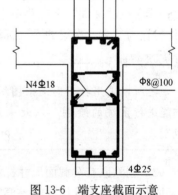

图 13-6 端支座截面示意

例：梁下部纵筋注写为 6Φ25 2（－2）/4，则表示上排纵筋为 2Φ25，且不深入支座；下一排纵筋为 4Φ25，全部深入支座。

梁下部纵筋注写为 2Φ25＋3Φ22（－3）/5Φ25，则表示上排纵筋为 2Φ25 和 3Φ22，其中 3Φ22 不深入支座；下一排纵筋为 5Φ25，全部深入支座。

（4）当梁的集中标注已经按照相应规定分别注写了梁上部和下部均为通长的纵筋值

时，则不需在梁下部重复做原位标注。

3. 附加箍筋和吊筋

将其直接画在平面图中的主梁上，用线引注总配筋值（附加箍筋的肢数注在括号内），如图 13-7 所示。当多数附加箍筋或吊筋相同时，可在梁平法施工图上统一注明，少数与统一注明值不同时，再原位引注。

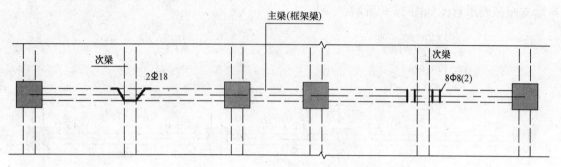

图 13-7　附加箍筋和吊筋的画法实例

13.2　主梁施工图的平法标注

13.2.1　编辑旧文件

（1）打开旧文件：打开 AutoCAD 2011 应用程序，选择菜单栏中的"文件"→"打开"命令，弹出"选择文件"对话框，选择在初步设计中已经绘制的图形文件"初步设计"；或者在"文件"下拉菜单中最近打开的文档中选择"初步设计"，双击打开文件，将文件另存为"主、次梁的平法标注.dwg"并保存。打开后的图形如图 13-8 所示。

> 📖 说明
>
> 之所以采用打开同一张图纸的方法进行绘制，就是想让读者对同一工程的各个部分都能进行系统的绘制，以此来加深对结构施工图的理解，并领会平法标注的内容及规则。

（2）删除原有梁截面尺寸标注：由于在梁的平法标注里面包含梁的截面尺寸一项，因此，原有的截面尺寸标注就需要删除，然后进行集中标注和原位标注。

删除的方法可以采用"快速选择"＋"删除"的方法；也可以采用逐个删除的方法。在前面几章已经详细讲述，在此就不再赘述。

13.2.2　平法标注

在本章第一节中详细讲述了平法标注的内容及规则，在此，结合具体的梁的标注实例来讲解其具体应用。

以ⓒ轴上且介于①～②轴之间的梁为例：

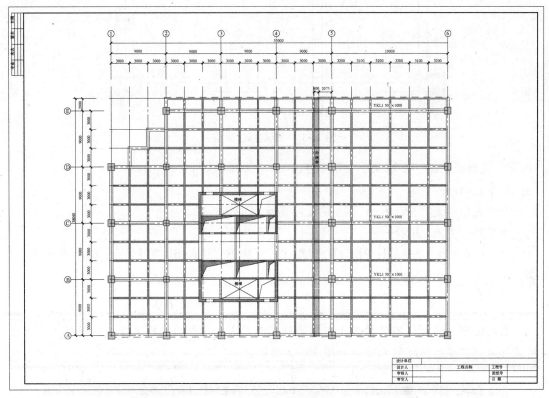

图 13-8　打开旧文件

（1）新建"平法标注"图层：由于需要标注的尺寸很多，因此要新建一图层，作为平法标注图层，这样可以对标注进行快速选择及编辑操作。

（2）打开"图层特性管理器"对话框，新建图层，名称为"平法标注"，线型采用实线，线宽定为默认值，建立的新图层如图 13-9 所示。

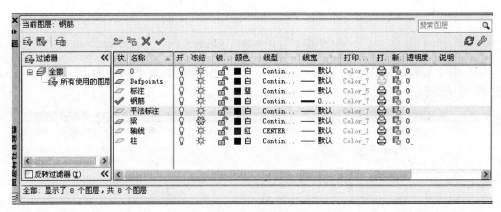

图 13-9　新建"平法标注"图层

（3）在梁的中部绘制引线：使用绘制直线命令"line"，直线的长短根据情况而定，绘制出的引线如图 13-10 所示。

（4）集中标注：选择菜单栏中的"绘图"→"文字"→"多行文字"命令；或单击

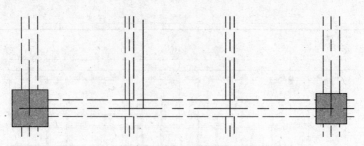

图 13-10　绘制标注引线

"绘图"工具栏中的"多行文字"按钮 **A**；命令行提示如下：

命令：mtext

当前文字样式："Standard"　当前文字高度：0.2000

指定第一角点：选择一点

指定对角点或 [高度(H)/对正(J)/行距(L)/旋转(R)/样式(S)/宽度(W)]：选择另一点

 技巧

在指定角点的时候不必拘泥于固定的位置与大小。在弹出编辑文字框的时候，可以使用鼠标来调整编辑区域的大小，如图 13-11 所示。

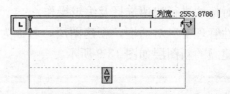

图 13-11　调整编辑区域的大小

（5）由于编辑区域大小的关系，需将图 13-11 中的文字大小调整为 200，调整后的结果如图 13-12 所示。

图 13-12　修改字体大小

在文字编辑区域分别输入以下内容：

梁编号：KL1（2）

梁尺寸：500×600

箍筋：Φ10@100/200（4），即直径为 10mm 的 HPB235 级钢，加密区间距为 100，非加密区间距为 200，均为四肢箍。

主筋：2Φ25＋（2Φ14），其中 2Φ25 为布置在角部的通长筋；2Φ14 为布置在上排中部的架立筋。均为 HRB335 级钢。

标注后的结果如图 13-13 所示。

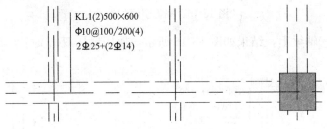

KL1(2)500×600
Φ10@100/200(4)
2Φ25+(2Φ14)

图 13-13　集中标准

（6）原位标注：由图 13-13 中可以看出，集中标注中只标注出了梁上层的通用配筋值，而对于下部配筋及支座处配筋并未有明确的标示，因此还需进行原位标注。

标注的内容如下：

支座处配筋：8Φ25　6/2，即为钢筋双排放置，上层 6 根，下层 2 根。

梁下部配筋：7Φ25，即无论是支座或是跨中，梁下部配筋均为 7Φ25。

在梁上标注的结果如图 13-14 所示。

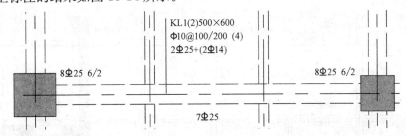

KL1(2)500×600
Φ10@100/200 (4)
2Φ25+(2Φ14)

8Φ25 6/2　　　　　　　　　　8Φ25 6/2

7Φ25

图 13-14　原位标注

（7）由于次梁被剪力墙所隔断，因此是两跨。对于Ⓐ轴上的梁为 4 跨，其余配筋相同，因此，可以将已经编辑好的集中标注复制过去，然后进行少量修改即可。

命令行提示如下：

命令：co↙

选择对象：选择集中标注及引线↙

指定基点，或［位移（D）］：选择引线的一端点（如图 13-15 所示）

 技巧

在复制的过程中，要尽量选择容易控制的点作为复制的基点，这样在容易控制复制的位置，在本次复制中选择引线的一端可以直接捕捉另一条梁的轴线即可定位复制的位置。

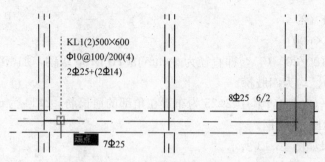

图 13-15　捕捉引线的端点

将其复制到Ⓐ轴梁上，结果如图 13-16 所示，使用鼠标双击文字，则可直接进入文字编辑状态。

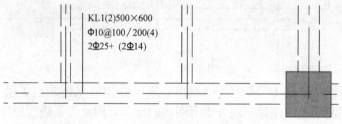

图 13-16　复制集中标注

将梁的编号修改为"KL2"，梁跨修改为"4"，其余不变。

（8）同理，可以复制原位标注，并在复制的基础上进行局部修改。标注好的具体图形如图 13-17 所示。

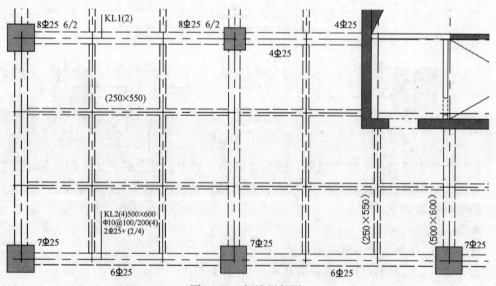

图 13-17　标注局部图

13.3　次梁施工图的平法标注

次梁施工图的平法标注与主梁类似，具体方法如下：

（1）单击"图层"工具栏中的"图层特性管理器"按钮，打开"图层特性管理器"对话框，新建图层名称为"次梁平法标注"，其余不变，结果如图 13-18 所示。

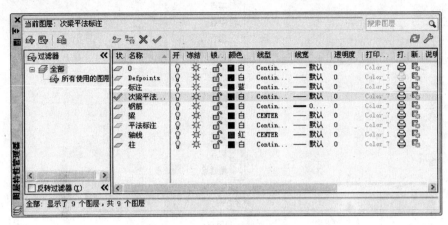

图 13-18　修改图层名称

（2）复制标注：将主梁上原有的标注复制到要标注的次梁上，这样就避免了重复性的文字输入工作，也便于格式的统一。

选择菜单栏中的"修改"→"复制"命令；或单击"修改"工具栏中的"复制"按钮 $\overset{\circ}{\circ}$ ；命令行提示如下：

命令：co✓

选择对象：选择集中标注及引线✓

指定基点，或［位移（D）/模式（O）］

＜位移＞：选择引线的一端点

指定第二点，或＜使用第一个点作为位移＞：捕捉次梁的轴线（如图 13-19 所示）

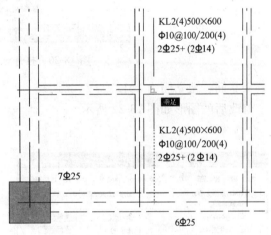

图 13-19　复制集中标注

 技巧

在捕捉轴线的时候，会出现"垂直"的提示，如图 13-19 所示。这首先要在捕捉设置对话框中进行设置。使用右键单击"对象捕捉"选择"设置"，如图 13-20 所示。在弹出的"草图设置"对话框中，选中"垂足"选项即可，如图 13-21 所示。

（3）编辑标注：根据次梁的配筋情况对移动后的标注进行编辑。

修改的内容如下：

次梁编号为：L1；

梁的跨数：4；

箍筋为：Φ10@200（2），即为间距 200，直径为 10 的 HPB235 级钢，为双肢箍；

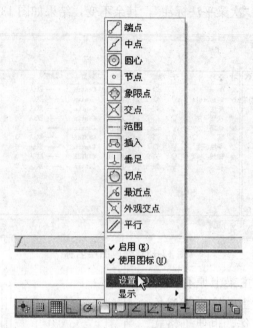

图 13-20　打开对象捕捉设置

架立筋：架立筋为 2Φ12。

修改后的图形如图 13-22 所示。

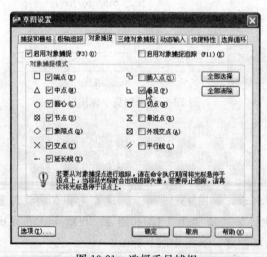

图 13-21　选择垂足捕捉

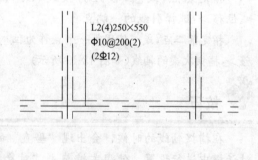

L2(4)250×550
Φ10@200(2)
(2Φ12)

图 13-22　次梁集中标注

　　（4）复制、编辑原位标注：采用同样的方法将部分原位标注，复制到次梁上，并进行相应的修改，具体结果如图 13-23 所示。

　　同理，可以依次编辑其余的标注。对于配筋相同的梁，只需将梁编号标注清楚即可。

　　（5）插入图框：将原有的图框插入绘图区域，至此，主、次梁配筋图亦绘制完毕。

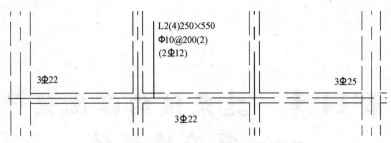

图 13-23 次梁综合标注

📖 **说 明**

从本章的绘制过程来看，AutoCAD 的操作过程十分简单，最主要是要熟练掌握平法标注的规则，同时还要具有细心、全局的把握能力，还要根据绘图的需要选择恰当的操作命令。

第 14 章　建筑结构深化设计
——剪力墙设计

在高层建筑设置中，剪力墙对抗侧移起着至关重要的作用，因此，对于剪力墙的计算配筋及施工图的绘制也显得尤其重要。在本章中着重讲述剪力墙的平法标注规则及要求，同时，详细讲解结构深化设计中剪力墙的结构图纸的绘制要求及内容，使读者在逐步了解设计过程的同时，进一步理解绘图的操作方法及过程。

学习要点

剪力墙平法标注规则
剪力墙平面施工图绘制
剪力墙暗柱配筋表
剪力墙身及连梁配筋表

14.1　剪力墙平法标注规则

剪力墙平法标注需要遵循相关规则，下面进行简要介绍。

14.1.1　剪力墙平法施工图的表示方法

（1）剪力墙平法施工图系在梁平面布置图上采用平面注写方式或截面注写方式表达。

（2）剪力墙平面布置图可采用适当比例单独绘制，也可与柱或梁平面布置图合并绘制。当剪力墙较复杂或采用截面注写方式时，应按标准层分别绘制剪力墙平面布置图。

（3）在剪力墙平法施工图中，应按相应规定注明各结构层的楼面标高、结构层高及相应的结构层号。

（4）对于轴线为居中的剪力墙（包括端柱），应标注其偏心定位尺寸。

14.1.2　列表注写方式

为表达清楚、简便，剪力墙可视为由剪力墙柱、剪力墙身和剪力墙梁三类构件构成。

列表注写方式系分别在剪力墙柱表、剪力墙身表和剪力墙梁表中，对应于剪力墙平面布置图上的编号，用绘制截面配筋图并注写几何尺寸于配筋具体数值的方式，来表达剪力墙平法施工图。

编号规定：将剪力墙按剪力墙柱、剪力墙身、剪力墙梁（简称为墙柱、墙身、墙梁）三类构件分别编写。

（1）墙柱编号，由墙柱类型代号和序号组成，表达形式应符合表 14-1 中的规定。

墙柱编号表　　　　　　　　　　　　表 14-1

墙柱类型	代　号	序　号
约束边缘暗柱	YAZ	XX
约束边缘端柱	YDZ	XX
约束边缘翼墙（柱）	YYZ	XX
约束边缘转角墙（柱）	YJZ	XX
构造边缘端柱	GDZ	XX
构造边缘暗柱	GAZ	XX
构造边缘翼墙（柱）	GYZ	XX
构造边缘转角墙（柱）	GJZ	XX
非边缘暗柱	AZ	XX
扶壁柱	FBZ	XX

具体各种构件的截面形状如图 14-1～图 14-10 所示。

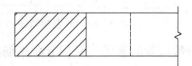

图 14-1　约束边缘暗柱 YAZ

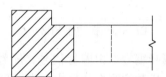

图 14-2　约束边缘端柱 YDZ

图 14-3　构造边缘暗柱 GAZ

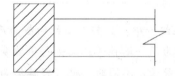

图 14-4　构造边缘端柱 GDZ

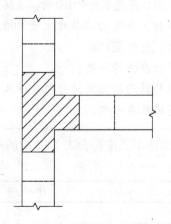

图 14-5　约束边缘翼墙（柱）YYZ

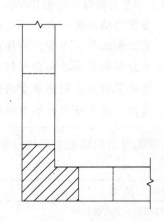

图 14-6　约束边缘转角墙（柱）YJZ

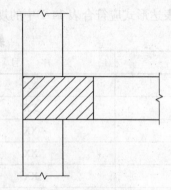

图 14-7 构造边缘翼墙（柱）GYZ

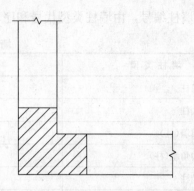

图 14-8 构造边缘转角墙（柱）GJZ

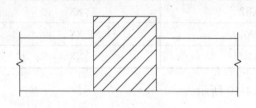

图 14-9 扶壁柱 FBZ

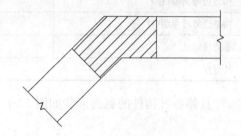

图 14-10 非边缘暗柱 AZ

（2）墙身编号，由墙身代号、序号以及墙身所配置的水平与竖向分布钢筋的排数组成，其中，排数注写在括号内。表达形式为：

QXX（X 排）

📖 说 明

1. 在编号中：如若干墙柱的截面尺寸与配筋均相同，仅截面与轴线的关系不同时，可将其编为同一墙柱号；又如若干墙身的厚度尺寸和配筋均相同，仅墙厚与轴线的关系不同或墙身长度不同时，也可将其编为同一墙身号。

2. 对于分布钢筋网的排数规定：

非抗震：当剪力墙厚度大于 160 时，应配置双排；当其厚度不大于 160 时，宜配置双排。

抗震：当剪力墙厚度不大于 400 时，应配置双排；当剪力墙厚度大于 400，但不大于 700 时，宜配置三排；当剪力墙厚度大于 700 时，宜配置四排。

各排水平分布钢筋和竖向分布钢筋的直径与间距应保持一致。

当剪力墙配置的分布钢筋多于两排时，剪力墙拉筋两端应同时勾住外排水平纵筋和竖向纵筋，还应与剪力墙内排水平纵筋和竖向纵筋绑扎在一起。

（3）墙梁编号，由墙梁类型代号和序号组成，表达形式应符合表 14-2 中的规定。

墙梁编号表 表 14-2

墙梁类型	代　号	序　号
连梁（无交叉暗撑及无交叉钢筋）	LL	XX
连梁（有交叉暗撑）	LL(JC)	XX

续表

墙梁类型	代　　号	序　　号
连梁(有交叉钢筋)	LL(JG)	XX
暗梁	AL	XX
边框梁	BKL	XX

📖 说　明

　　在具体工程中，当某些墙身需设置暗梁或边框梁时，宜在剪力墙平法施工图中绘制暗梁或边框梁的平面布置简图并编号，以明确其具体位置。

14.1.3　剪力墙洞口的表示方法

　　剪力墙洞口的具体表示方法如下：

　　(1) 在剪力墙平面布置图上绘制洞口示意，并标注洞口中心的平面定位尺寸。

　　(2) 在洞口中心位置引注：洞口编号；洞口几何尺寸；洞口中心相对标高；洞口每边补强钢筋，共四项内容。具体规定如下：

　　洞口编号：矩形洞口为 JDXX（XX 为序号）

　　　　　　　圆形洞口为 YDXX（XX 为序号）

　　洞口几何尺寸：矩形洞口为洞宽×洞高（$b \times h$）

　　　　　　　　　圆形洞口为洞口直径 D

　　洞口中心相对标高，系相对于结构层楼（地）面标高的洞口中心高度。当其高于结构层楼面时为正值，低于结构层楼面时为负值。

　　洞口每边补强钢筋，分以下几种不同情况：

　　1) 当矩形洞口的洞宽、洞高均不大于 800 时，如果设置构造补强纵筋，即洞口每边加钢筋≥2Φ12 且不小于同向被切断钢筋总面积的 50%，本项免注。

　　例：JD3 400×300 +3.100，表示 3 号矩形洞口，洞宽 400，洞高 300，洞口中心距本结构层楼面 3100，洞口每边补强钢筋按构造配置。

　　2) 当矩形洞口的洞宽、洞高均不大于 800 时，如果设置补强纵筋大于构造配筋，此项注写洞口每边补强钢筋的数值。

　　例：JD2 400×300 +3.100 3Φ14，表示 2 号矩形洞口，洞宽 400，洞高 300，洞口中心距本结构层楼面 3100，洞口每边补强钢筋为 3Φ14。

　　3) 当矩形洞口的洞宽大于 800 时，在洞口的上、下需设置补强暗梁，此项注写为洞口上、下每边暗梁的纵筋与箍筋的具体数值（在标准构造详图中，补强暗梁梁高一律定为 400，施工时按标准构造详图取值，设计不注；当设计者采用与该构造详图不同的做法时，应另行注明）；当洞口上、下边为剪力墙连梁时，此项免注；洞口竖向两侧按边缘构件配筋，亦不在此项表达。

　　例：JD5 1800×2100 +1.800 6Φ20Φ8@150，表示 5 号矩形洞口，洞宽 1800，洞高 2100，洞口中心距本结构层楼面 1800，洞口上下设补强暗梁，每边暗梁纵筋为 6Φ20，箍筋为 Φ8@150。

4）当圆形洞口设置在连梁中部 1/3 范围（且圆洞直径不应大于 1/3 梁高）时，需注写在圆洞上下水平设置的每边补强纵筋与箍筋。

5）当圆形洞口设置在墙身或暗梁、边框梁位置，且洞口直径不大于 300 时，此项注写洞口上下左右每边布置的补强纵筋的数值。

6）当圆形洞口直径大于 300 但不大于 800 时，其加强钢筋在标注构造详图中系按照圆外切正六边形的边长方向布置（请参考对照相应图集中相应的标准构造详图），设计仅需注写六边形中一边补强钢筋的具体数值。

14.2　剪力墙平面施工图绘制

在上节讲述了剪力墙的平面标注规则，在本节将结合平法标注标准，讲述施工图的绘制方法。

14.2.1　编辑旧文件

（1）打开旧文件：打开 AutoCAD 2011 应用程序，选择菜单栏中的"文件"→"打开"命令，弹出"选择文件"对话框，选择在初步设计中已经绘制的图形文件"初步设计"；或者，在"文件"下拉菜单中最近打开的文档中选择"初步设计"，双击打开文件，将文件另存为"剪力墙深化设计.dwg"并保存。打开后的图形如图 14-11 所示。

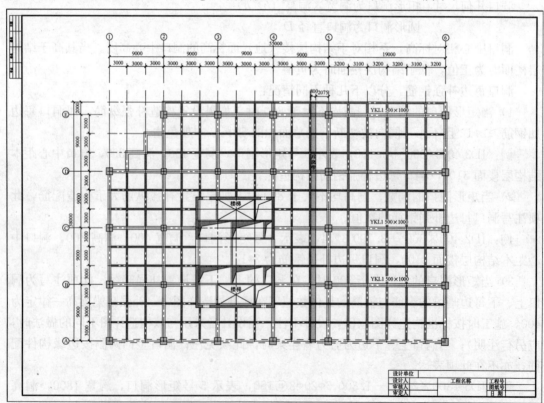

图 14-11　打开旧文件

（2）删除梁柱：由于在其他的施工图中已经详细标注出了梁、柱的截面尺寸及配筋，因此在本图中只保留剪力墙部分，其他的无需保留。

选择菜单栏中的"修改"→"修剪"命令；或单击"修改"工具栏中的"修剪"按钮 ；命令行提示如下：

命令：trim(tr)↙

选择剪切边...

选择对象或 ＜全部选择＞：选择剪力墙的外边线↙

选择要修剪的对象，或按住 Shift 键选择要延伸的对象，或［栏选（F）/窗交（C）/投影（P）/边（E）/删除（R）/放弃（U）］：选择剪力墙外梁的轴线（修剪后如图 14-12 所示）

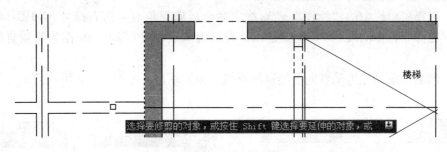

图 14-12 修剪轴线

（3）同理，可以将与剪力墙相交的轴线依次修剪。选择外围轴线及梁、柱，进行删除，删除整理后的图形如图 14-13 所示。

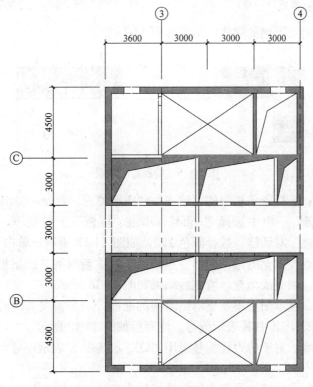

图 14-13 编辑后的图形

技巧

在删除梁、柱及轴线之前的修剪操作，因为打断轴线之后，可以使剪力墙与外部完全脱离，这样，在选择外部梁柱的时候可以不涉及剪力墙的部分，进而可以加快操作进程。

14.2.2 绘制剪力墙柱

由于绘制剪力墙平面图的同时还需列表具体表示出剪力墙柱的配筋及具体尺寸，因此在平面图上只示意性标出墙柱的编号。

（1）选择菜单栏中的"绘图"→"直线"命令，捕捉角点，向右拉伸，如图 14-14 所示，同时在命令行中输入 200，也就是以捕捉点为基点，向右 200mm 作为绘制直线的第一点。

（2）然后以第一点为基点向上绘制短直线，捕捉垂足，如图 14-15 所示。

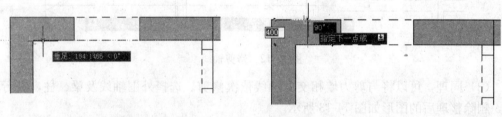

图 14-14　确定第一点　　　　　　　　　　图 14-15　绘制第二点

（3）同理，绘制角下侧的端线，结果如图 14-16 所示。

图 14-16　绘制封闭端线

（4）填充角柱：选择菜单栏中的"绘图"→"图案填充"命令，弹出"图案填充和渐变色"对话框。"图案"一项中选择"solid"；单击"样例"下拉菜单，选择"选择颜色"项，弹出"选择颜色"对话框，选择颜色 252，如图 14-17 所示。单击"添加：拾取点"，进入绘图区域，拾取要填充的角柱内部一点，回车，重新回到"图案填充与渐变色"，单击"确定"或回车，则完成填充。填充后结果如图 14-18 所示。

（5）标注暗柱：在本图上不能显示出暗柱的配筋，但是需要对暗柱进行明确的编号，对暗柱需用字母 AZX，其中 X 表示编号。注写后如图 14-19 所示。

（6）标注剪力墙：对于剪力墙编号采用"QX"，其中 X 表示序号，标注后如图 14-20 所示。

（7）同理，绘制其他暗柱及剪力墙并进行标注编号，结果如图 14-21 所示。

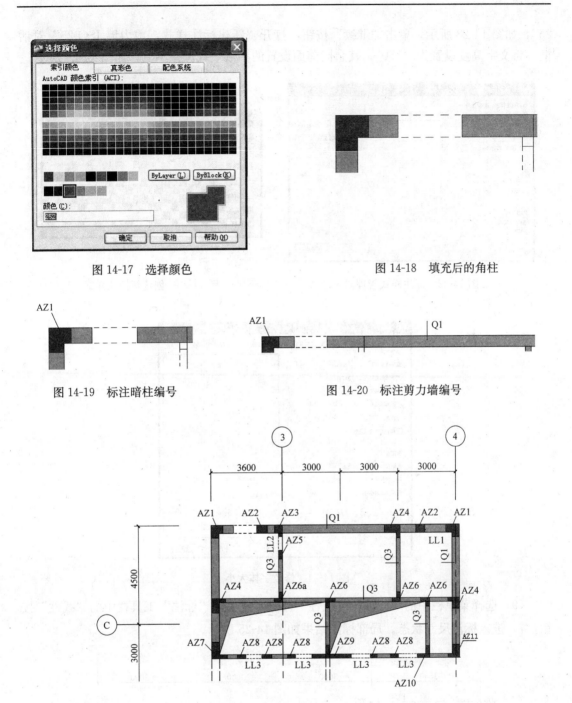

图 14-17 选择颜色

图 14-18 填充后的角柱

图 14-19 标注暗柱编号

图 14-20 标注剪力墙编号

图 14-21 剪力墙、暗柱的标注

（8）标注剪力墙各构件尺寸：在其他的结构施工图中，只是示意性地绘出剪力墙各个构件的尺寸大小，却未做具体的尺寸标注，在剪力墙施工图中要对各个构件进行详细定位。

选择菜单栏中的"格式"→"标注样式"命令，弹出"标注样式管理器"，如图 14-22 所示，单击"新建"，弹出"创建新标注样式"对话框，将新样式名定为"剪力墙 ISO-

25",如图 14-23 所示,单击"继续"按钮,打开"新建标注样式:剪力墙 ISO-25"对话框,将文字高度设置为"150",其余同前面设置的参数一致保持不变,如图 14-24 所示。

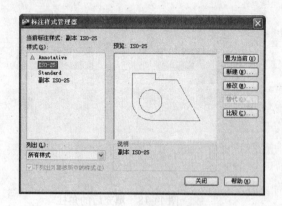

图 14-22　标注样式管理器

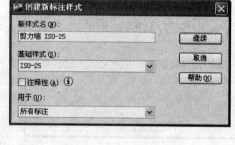

图 14-23　创建新标注样式

图 14-24　修改字体大小

（9）选择菜单栏中的"标注"→"线性"命令,或单击"标注"工具栏中的"线性"按钮 ┝┥,进入标注尺寸状态。局部标注结果如图 14-25 所示。

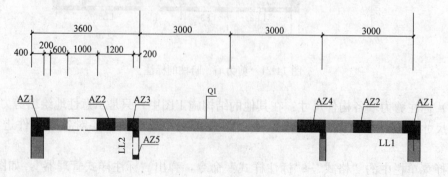

图 14-25　线性标注

（10）同理，可以对其余部分进行标注，标注结果如图 14-26 所示。

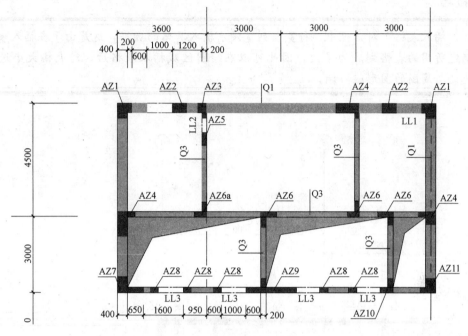

图 14-26　尺寸标注结果

14.2.3　标注楼层结构标高

根据第一节所讲述的平法标注规则，对于采用列表标注的剪力墙，在平面布置图旁需附注楼层结构标高及层高。

（1）选择菜单栏中的"绘图"→"表格"命令，弹出"插入表格"对话框，如图 14-27 所示。然后，将其插入到图中合适的位置，如图 14-28 所示。

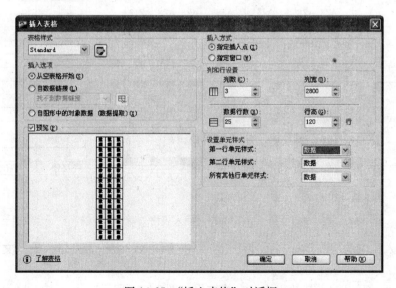

图 14-27　"插入表格"对话框

技巧

　　在"插入表格"对话框中，行宽与列宽没有输入具体的数据，这是由于在插入表格之前不确定所用的表格到底为多大，因此可以在绘图区域插入表格后，对表格大小进行调整，使之与周围的图形相协调。

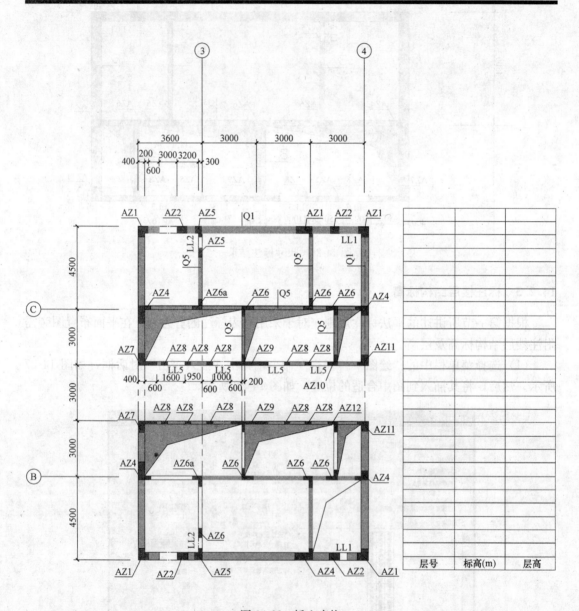

图 14-28　插入表格

　　（2）输入相应的层高及标高：使用鼠标双击要输入的表格，则进入输入文字状态，然后输入文字。

　　（3）同理，可以输入其他表格，最终结果如图 14-29 所示。

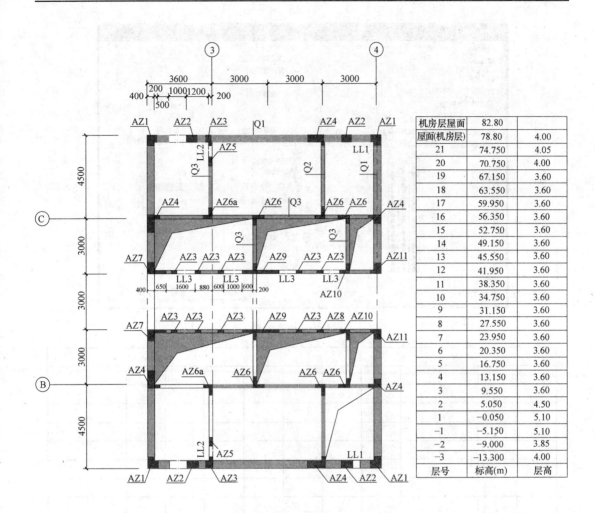

图 14-29　输入层高及标高

14.3　剪力墙暗柱配筋表

根据平法标注规则，需要单独列表对暗柱进行配筋标注，在表中给出断面配筋图及文字说明。

从剪力墙配筋平面图中可以看出，暗柱尺寸类型共分为 11 种，并且根据不同的标高，配筋也会有所区别，因此在绘制断面图的同时还要注明所适用的标高。

14.3.1　编辑表格

（1）选择菜单栏中的"绘图"→"表格"命令，弹出"插入表格"对话框，表格样式名称为：standard；列数定 13；行数定为 9，结果如图 14-30 所示。

（2）单击"确定"，在绘图区域插入表格，如图 14-31 所示。

（3）合并表格：选择第二行中的任一表格，然后右键单击选择特性，打开"特性"对话框，在"单元高度"中设置为"3000"，则表格变为如图 14-32 所示。

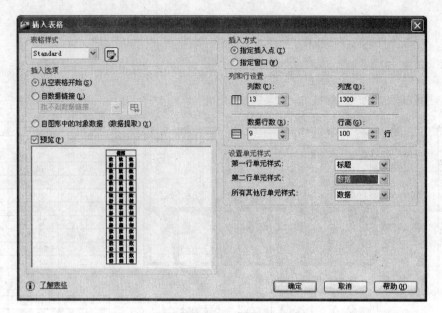

图 14-30　插入表格

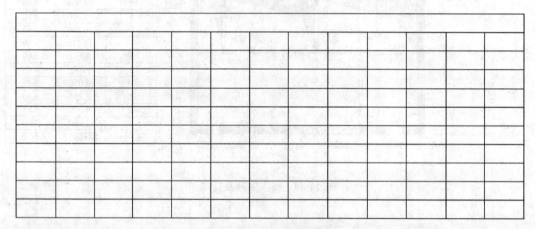

图 14-31　插入后的表格

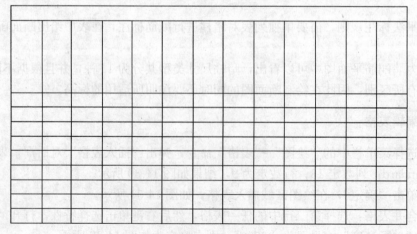

图 14-32　调整表格

（4）选择位于第三行、第二列与第三列的表格，然后利用前面所讲述的方法将其合并，如图 14-33 所示。

（5）同理，可以将第三行的单元格依次相邻合并。合并后总的效果如图 14-34 所示。

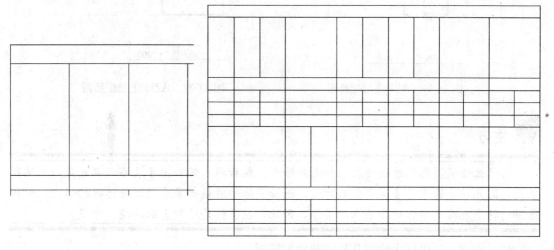

图 14-33　合并单元格　　　　　　　　　　图 14-34　编辑单元格

14.3.2　绘制断面图

（1）输入标题：在相应的表格中输入配筋编号、标高、纵筋及箍筋。如图 14-35 所示。

剪力墙暗柱配筋表					
截面					
编号	AZ1	AZ1a	AZ2	AZ3	AZ4	AZ5
标高					
纵筋					
箍筋					
截面					
编号	AZ6	AZ7	AZ8	AZ9	AZ10	AZ11
标高					
纵筋					
箍筋					

图 14-35　输入表格内容

（2）绘制配筋：绘制断面配筋的方法在前几章已经详细讲述过，在此就不再赘述，绘制的 AZ1 不同标高的配筋如图 14-36、图 14-37 所示，打开源文件/图库/截面配筋图，利用"复制"和"粘贴"命令将其粘贴到表格中，如图 14-38 所示。

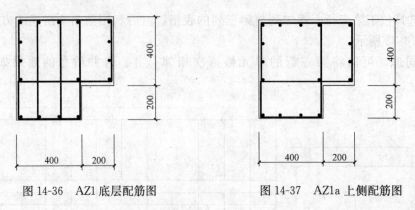

图 14-36　AZ1 底层配筋图
图 14-37　AZ1a 上侧配筋图

 技巧

为什么绘制图形的时候要在表格之外绘制，然后移入呢？由于表格本身也是一个编辑单元，因此在表格内容绘制实体的时候，选择实体的时候如果采用方框选择的话，此时被选择的将是表格，而非所要选取的实体，因此，在表格外绘制更加快捷、方便。

（3）同理，可以依次绘制其他的截面配筋图。

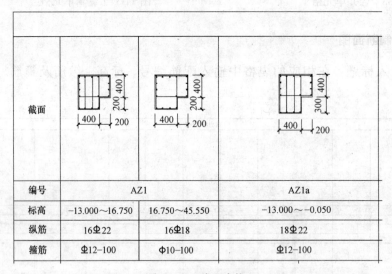

截面			
编号	AZ1		AZ1a
标高	−13.000～16.750	16.750～45.550	−13.000～−0.050
纵筋	16Φ22	16Φ18	18Φ22
箍筋	Φ12−100	Φ10−100	Φ12−100

图 14-38　移入表格

14.4　剪力墙身及连梁配筋表

14.4.1　剪力墙连梁配筋表

（1）绘制表格：选择菜单栏中的"绘图"→"表格"命令，弹出"插入表格"对话框，表格样式名称为：standard；列数为 7，行数为 24，列宽为 3000，行高为 100；对插入后的表格进行部分合并，如图 14-39 所示。

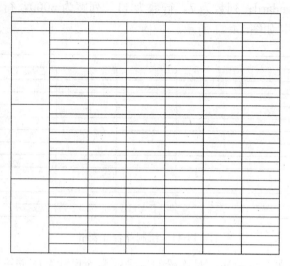

图 14-39　插入并合并表格

（2）输入相应的文字及配筋：对连梁的编号、截面尺寸及配筋进行文字标注。结果如图 14-40 所示。

剪力墙连梁配筋表						
编　号	所在楼层号	相对标高高差	梁截面	上部纵筋	下部纵筋	箍　筋
LL1	-2	(0.150)	400×1750	4Φ25	4Φ25	Φ10-100(4)
	-1		400×1550	4Φ25	4Φ25	Φ10-100(4)
	1.2		400×2950	4Φ25	4Φ25	Φ10-100(4)
	3		400×2350	4Φ25	4Φ25	Φ10-100(4)
	4~13		400×1450	4Φ25	4Φ25	Φ10-100(4)
	14~20		400×1450	3Φ25	3Φ25	Φ12-100(2)
	21		400×1850	3Φ25	3Φ25	Φ12-100(2)
	屋面		400×1950	3Φ25	3Φ25	Φ12-100(2)
LL2	-2	(0.150)	200×1750	2Φ25	2Φ25	Φ10-100(2)
	-1		200×1550	2Φ25	2Φ25	Φ10-100(2)
	1.2		200×2950	2Φ25	2Φ25	Φ10-100(2)
	3		200×2450	2Φ25	2Φ25	Φ10-100(2)
	4~20		200×1450	2Φ25	2Φ25	Φ10-100(2)
	21		200×1850	2Φ25	2Φ25	Φ10-100(2)
	屋面		200×1900	2Φ25	2Φ25	Φ10-100(2)
	机房层屋面		200×1250	2Φ25	2Φ25	Φ10-100(2)
LL3	-2	(0.150)	250×1680	3Φ25	3Φ25	Φ12-100(2)
	-1		250×1480	3Φ25	3Φ25	Φ12-100(2)
	1		250×2685	3Φ25	3Φ25	Φ12-100(2)
	2		250×2685	3Φ25	3Φ25	Φ12-100(2)
	3		250×2280	3Φ25	3Φ25	Φ12-100(2)
	4~20		250×1380	3Φ25	3Φ25	Φ12-100(2)
	21	(1.150)	250×1780	3Φ25	3Φ25	Φ12-100(2)
	屋面	(1.100)	250×2390	3Φ25	3Φ25	Φ12-100(2)

图 14-40　输入表格内容

14.4.2　剪力墙墙身配筋表

（1）绘制表格：选择菜单栏中的"绘图"→"表格"命令，弹出"插入表格"对话框，表格样式名称为：standard；列数为 7，行数为 11，列宽为 3000，行高为 100；对插入后的表格进行部分合并，如图 14-41 所示。

图 14-41　绘制并合并表格

（2）输入相应的文字及配筋：对连梁的编号、截面尺寸及配筋进行文字标注。结果如图 14-42 所示。

剪力墙墙身配筋表						
编　号	标　高	墙　厚	水平分布筋	垂直分布筋	拉筋	
Q1	-13.000~-9.000	400	Φ16@200	Φ16@200	Φ6@400	
	-9.000~-5.150	400	Φ14@200	Φ14@200	Φ6@400	
	-5.150~16.750	400	Φ14@200	Φ14@200	Φ10@100	
	16.750~45.550	400	Φ14@200	Φ14@200	Φ6@600	
	45.550~82.800	300	Φ12@200	Φ12@200	Φ6@600	
Q2	-13.000~5.150	250	Φ12@200	Φ12@200	Φ6@600	
	-5.150~16.750	250	Φ12@200	Φ12@200	Φ8@100	
	16.750~45.550	250	Φ12@200	Φ12@200	Φ6@600	
Q3	-13.000~5.150	200	Φ10@200	Φ10@200	Φ6@600	
	-5.150~16.750	200	Φ10@200	Φ10@200	Φ8@100	
	16.750~45.550	200	Φ10@200	Φ10@200	Φ6@600	

图 14-42　输入墙身配筋

（3）插入图签：插入已经存成块的图签，则墙身配筋表格绘制完毕。

 技巧

从以上绘制过程可以看出，即使没有绘制复杂的断面图，利用表格也能将各个构件的配筋绘制得很清楚，这需要一定的专业知识来配合；同时，也可以看出，AutoCAD2011中，表格的功能十分强大，其中很多功能和 Word 中的编辑方法一样，合理地运用表格能提高绘图效率。

第 15 章　结构深化设计——预应力梁设计

对于大跨度梁来说，施加预应力可以降低梁的高度，减少梁的挠度，保证了梁的适用性。同时，与其他结构形式相比，造价上也具有一定的优势。在本章中着重讲述：预应力梁施工图纸的绘制；同时，还涉及预应力工程的部分概念，使读者在逐步了解设计过程的同时，进一步理解绘图的操作方法及过程。

学习要点

预应力筋布置平面图
预应力筋波形图
预应力端部构造图
预应力管道灌浆布置图
非预应力筋配筋图

15.1　预应力筋布置平面图

预应力筋布置平面图可以在旧文件的基础上编辑绘制，下面进行具体介绍。

15.1.1　编辑旧文件

（1）打开旧文件：打开 AutoCAD 2011 应用程序，选择菜单栏中的"文件"→"打开"命令，弹出"选择文件"对话框，选择在初步设计中已经绘制的图形文件"初步设计"；或者在"文件"下拉菜单中最近打开的文档中选择"初步设计"，双击打开文件，将文件另存为"预应力设计.dwg"并保存。打开后的图形如图 15-1 所示。

> 📖 **说明**
>
> 　　根据工程设计经验，对于非预应力梁，其高跨比介于 1/8～1/12，而预应力梁可以达到 1/16～1/20。从图 15-1 可以看出，对于预应力梁其高跨比为 1/19。同时，根据现行国家标准《混凝土结构设计规范》GB 50010 中 11.8.2 条规定：框架梁宜采用后张有粘结预应力钢筋和非预应力钢筋的混合配筋方式。这是为了结构框架梁抗震的需要。对于非框架梁，可以采用无粘结预应力钢筋。在某些特殊工程中可以采取缓粘结预应力钢筋，所谓缓粘结即在施工阶段为无粘结，因此可以省去孔道灌浆的步骤；在使用阶段为有粘结的预应力钢筋，这样对结构的抗震也有利。但是，缓粘结现在发展的还不成熟，在使用前须针对结构进行相应的专门试验。

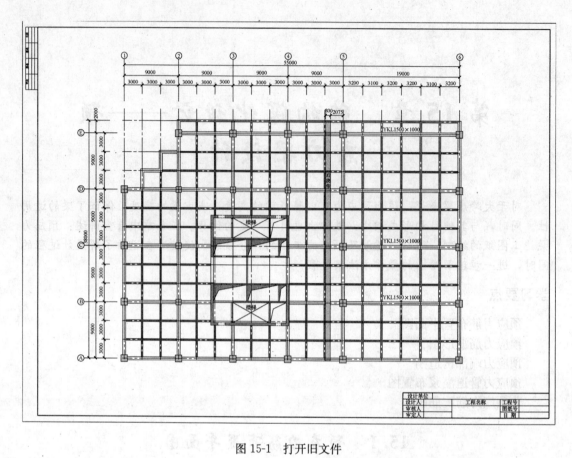

图 15-1　打开旧文件

（2）删除尺寸标注：由于预应力梁在非预应力筋配筋的时候会根据平法标注规则将尺寸标出，因此可以将预应力梁上的尺寸删除。

注：对于一般的框架梁来说，在正常使用状态下，梁下部受拉、上部受压。当超过一定的荷载时，会使梁挠度增大，下部裂缝增多，严重时会影响结构的使用。而施加预应力之后，等于在梁下部加上一反向荷载，这样梁在未进入工作状态之前会使梁上部受拉、下部受压，在施加使用荷载之后会抵消预应力产生的反向荷载。因此，尽管施加预应力不增大构件的承载能力，却能很好地改善构件的使用性能。

15.1.2　设置图层

对于预应力筋需另设图层进行绘制。

（1）单击"图层"工具栏中的"图层特性管理器"按钮，打开"图层特性管理器"对话框，新建图层，名称为"预应力筋"，如图 15-2 所示。

（2）单击"线型"，弹出"选择线型"对话框，单击加载，如图 15-3 所示。弹出"加载或重载线型"对话框，选择"PHANTOM"即双点画线，如图 15-4 所示。

（3）单击"确定"退出"加载或重载线型"对话框。在"选择线型"对话框中选择刚加载的线型，单击"确定"回到"图层特性管理器"，将线宽设置为 0.35，单击"确定"退出"图层特性管理器"。

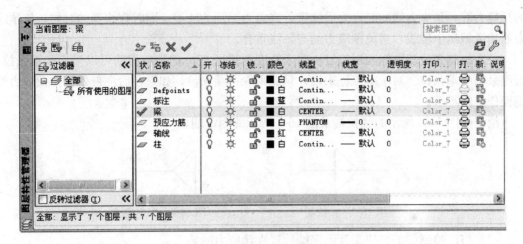

图 15-2　新建预应力筋图层

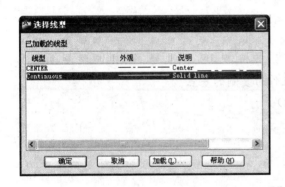

图 15-3　加载线型

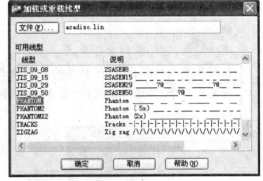

图 15-4　选择双点画线

说　明

　　由于预应力筋是特殊的线条，因此，结构绘图规定，预应力筋使用双点画线来绘制，并且使用粗线条。

15.1.3　绘制预应力筋

（1）将"预应力筋"图层设置为当前图层。

（2）单击"绘图"工具栏中的"直线"按钮 ，在预应力梁上绘制出如图 15-5 所示

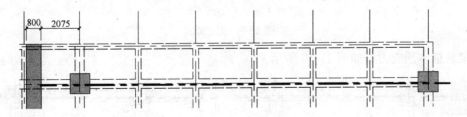

图 15-5　绘制预应力筋

的预应力筋，预应力筋的起点为后浇带，终点为梁端的柱子。同时在绘制的时候，使预应力筋稍微偏出中轴线，避免预应力筋与轴线重合。

（3）绘制张拉端及锚固端符号：对于跨度不超过 25m 的预应力筋可以采用一端张拉，否则采用两端张拉。对于本工程来说，只能采取一端张拉，如果在后浇带处张拉预应力筋则操作空间不够。

绘制如图 15-6 所示的张拉端及图 15-7 所示的固定端。

图 15-6　张拉端　　　　　　　图 15-7　固定端

（4）将已绘制好的张拉端及固定端放置在预应力的端头。

选择菜单栏中的"修改"→"复制"命令；或单击"修改"工具栏中的"复制"按钮；命令行提示如下：

命令：cope(co)

选择对象：选择张拉端符号

指定基点或位移：选择张拉端的直角顶点作为复制的基点

指定第二个点：选择柱边(如图 15-8 所示)

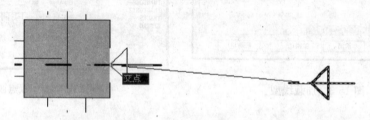

图 15-8　复制张拉端

（5）同理，可以将固定端放置在后浇带处，结果如图 15-9 所示。

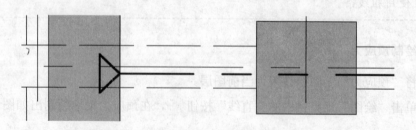

图 15-9　固定端

梁的总体预应力筋如图 15-10 所示。

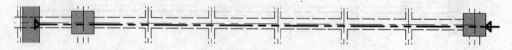

图 15-10　预应力筋总体视图

（6）整体复制预应力筋：由于此组梁的跨度及尺寸均相同，因此预应力筋的平面布置图完全相同，因此可以采取整体复制的方法进行绘制其他梁的预应力筋。

选择已绘制好的梁的预应力筋、锚固端及张拉端，复制到其他梁上，如图 15-11 所示。

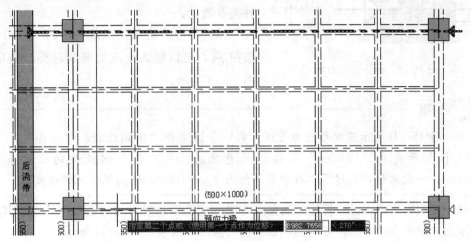

图 15-11　整体复制预应力筋

最终复制的结果如图 15-12 所示。

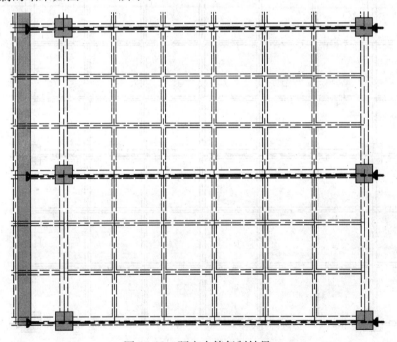

图 15-12　预应力筋复制结果

📖 **说　明**

对于有粘结预应力筋来说，通常在施工的时候将几束预应力筋穿入同一管道中，然后集体张拉。因此，从平面图上来看，只能示意性地看出预应力筋的布置图，同时还须标注出所需预应力筋的根数及种类。

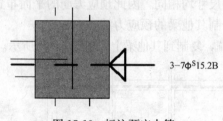

图 15-13　标注预应力筋

15.1.4　标注预应力筋

对于预应力筋可以在张拉端注明预应力筋的种类及数量。

（1）单击"绘图"工具栏中的"多行文字"按钮 **A**，可以输入预应力筋的种类及数量，如图 15-13 所示。

> **说　明**
>
> $3-7\phi^S15.2B$ 表示三束预应力管道，每一管道中穿 7 根钢绞线，即一共为 21 根钢绞线；B 表示英文"bonded"有粘结的意思；$\phi^S15.2$ 表示钢绞线的公称直径为 15.2mm。一般来说，在建筑工程中采用的为 $f_{ptk}=1860MPa$ 的低松弛钢绞线。

（2）复制标注：将已经标注好的预应力梁的配筋数量及种类进行复制，对于其他梁，如果配筋数量有变动可以在复制的基础上进行修改，结果如图 15-14 所示。

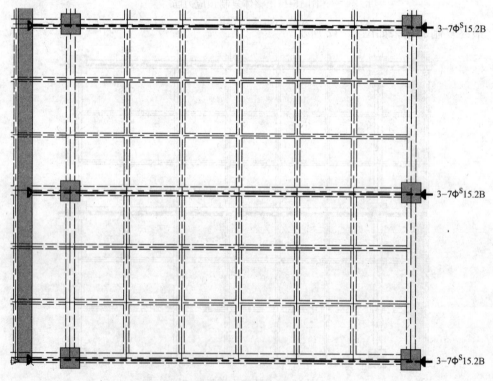

图 15-14　复制标注

至此，预应力筋平面图绘制完毕。

15.2　预应力筋波形图

在预应力筋平面图中，只能看出配筋的数量及束数，不能显示出具体的波形图，对于预应力施工图，除了平面图外，还需绘制配套的波形图及构造措施图。

15.2.1　绘制梁剖面

预应力大梁的截面尺寸为 600mm×1000mm，跨度为 19m，绘制出的结果如图 15-15 所示。

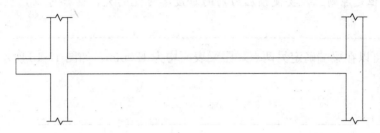

图 15-15　梁立面图

在绘制梁立面图的时候，可以采用直线命令，但是要注意"正交"与"对象捕捉"的综合运用。同时，看似简单的绘制过程中，还要用到"修剪"、"镜像"等命令，由于在前几章已经详细讲述过，在此就不再赘述。

15.2.2　绘制预应力筋波形图

由于框架梁一般承受均布荷载，而预应力筋所产生的反向荷载也应该为均布荷载，因此，预应力筋应布置成抛物线状。根据数值验证，在曲率半径很大的时候，由二次抛物线确定的曲线与同半径的圆的曲线几乎重合，因此在绘制波形的过程中，可以采用绘制圆弧的方法来绘制抛物线，其中所造成的误差在工程的允许误差范围之内。

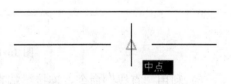

图 15-16　捕捉梁中点

（1）绘制定位线：对于圆弧需要三点来确定，因此要首先确定定位点。

1）将图层转化为 0 层，启动"直线"命令，捕捉框架梁的中点，但是不单击鼠标，如图 15-16 所示。

2）启动"正交"命令，将鼠标向上拖曳，并在命令行中输入 120，绘制出如图 15-17 所示直线。也即短直线的下端点距梁边的距离为 120mm。

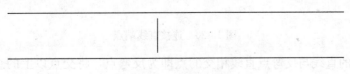

图 15-17　绘制短直线

📖 说 明

  上述的 120mm 是波纹管的中心距梁底的距离，并且，波纹管要放置在非预应力筋的内部。此数值的计算方法为：保护层厚度＋非预应力筋所占空间＋波纹管的半径。按此确定的数值能满足施工及耐久性的需要。如果非预应力钢筋是按双排放置，则可增大至 150mm，但是原则上，要使预应力筋的垂度尽可能的大，这样可以产生较大的均布荷载。

  3）同理可以在梁端确定另两点，距梁表面均为 120mm，如图 15-18 所示。

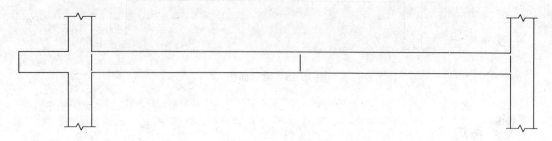

图 15-18 确定梁端定位点

  对于框架梁来说，在靠近端部设计成反向抛物线，反弯点介于（0.1～0.15）L，其中 L 为梁的跨度。

  4）从柱边向右 2m 处绘制反弯点直线，如图 15-19 所示。

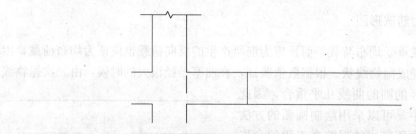

图 15-19 确定反弯点直线

  5）利用"直线"命令，连接梁端直线上端与中间线的下端，如图 15-20 所示。

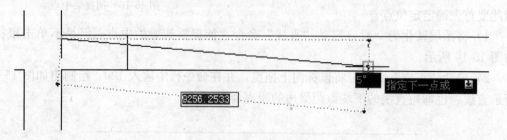

图 15-20 连接直线端点

  6）所连接的直线与反弯点直线相交的点即为反弯点，将交点以上的直线修剪掉，并且删除已连接的直线。至此，绘制圆弧所需的定位点均已确定。如图 15-21 所示。

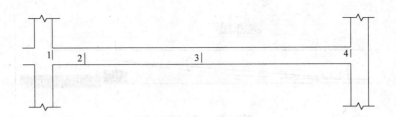

图 15-21　圆弧定位点

（2）镜像反弯点：在图 15-21 中，从左至右小短直线编号分别为 1、2、3、4。将 2 号线以 1 号线为对称点向左镜像，然后将 2 号线以 3 号为镜像点向右镜像，结果如图 15-22 所示。

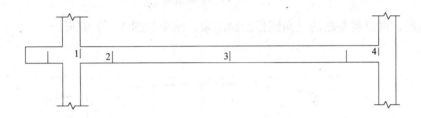

图 15-22　镜像反弯点

（3）绘制圆弧：将"预应力筋"图层置为当前图层。

1）选择菜单栏中的"绘图"→"圆弧"→"三点"命令；或单击"绘图"工具栏中的"圆弧"按钮 ；命令行提示如下：

命令：arc ↙

指定圆弧的起点或[圆心(C)]：选择左边反弯点(如图 15-23 所示)

指定圆弧的第二个点或[圆心(C)/端点(E)]：指定 3 号线下端(如图 15-24 所示)

指定圆弧的端点：选择对称后的反弯点(如图 15-25 所示)

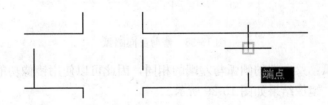

图 15-23　确定第一点

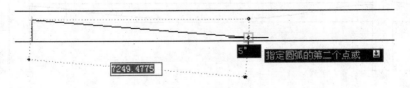

图 15-24　确定第二点

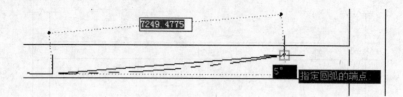

图 15-25　确定第三点

绘制的结果如图 15-26 所示。

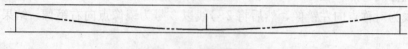

图 15-26　绘制结果

2）同理，可以将左侧的反向圆弧绘制出来，结果如图 15-27 所示。

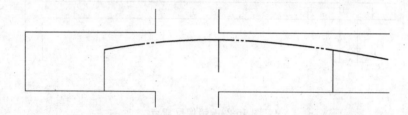

图 15-27　绘制反向圆弧

3）将左侧反向圆弧修剪掉，结果如图 15-28 所示。

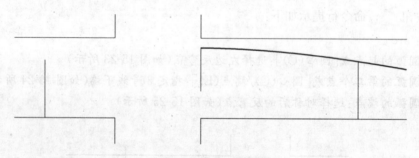

图 15-28　修剪反向圆弧

（4）镜像圆弧：梁右端的圆弧与左端的相同，因此可以使用镜像功能进行复制。镜像点为中间 3 号线。镜像结果如图 15-29 所示。

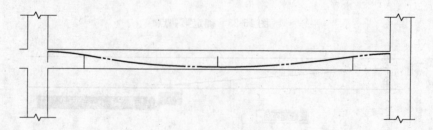

图 15-29　镜像圆弧

（5）绘制端部波形：对于中间的波形为抛物线，而对于穿过柱子的及左端悬臂梁内部的预应力筋为直线形。

对于左端的悬臂梁，预应力筋要穿过梁端的中心，如图 15-30 所示。

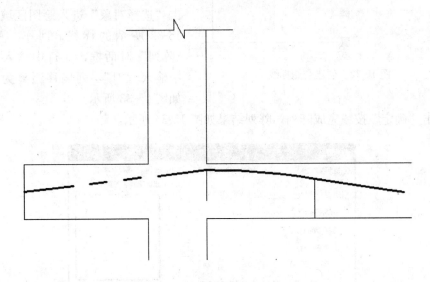

图 15-30　悬臂梁内部预应力筋

对于右端的预应力筋，如图 15-31 所示。

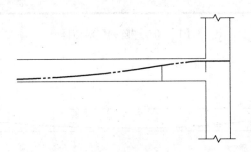

图 15-31　右端的预应力筋

说　明

对于左侧悬臂梁的预应力筋要穿过梁端的中心，这样在张拉预应力筋后，由于不存在偏心，因此轴向拉力不会在梁端产生弯矩，同时，在悬臂梁内部预应力筋为直线形，因此也不产生反向荷载，这样对悬臂梁不会产生不利作用。对于右端通过柱子的预应力筋可以直接水平过去，这样即使在柱子产生一定的弯矩也会由刚度很大的柱子来承担。

15.2.3　标注预应力筋定位尺寸

尽管已经绘制出波形图，但是要在施工中准确定位，还需要标注波形定位尺寸，即预应力筋距梁底的距离，一般来说，每隔 1m 标注一次比较合理。

（1）阵列标线：选择如图 15-32 所示的标线进行阵列。

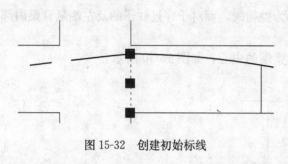

图 15-32　创建初始标线

选择菜单栏中的"修改"→"阵列"命令；或单击"修改"工具栏中的"阵列"按钮 ⊞⊞；弹出"阵列"对话框，单击"选择对象"进入绘图区域，选择图 15-32 所示的标线，回车，重新回到"阵列"对话框，在行中输入"1"，列中输入"21"，列偏移距离为"1000"，如图 15-33 所示。

单击"确定"按钮完成阵列，阵列结果如图 15-34 所示。

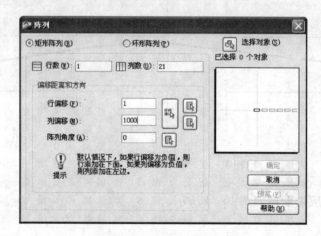

图 15-33　"阵列"对话框

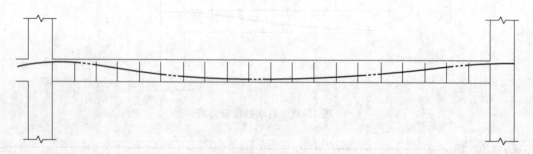

图 15-34　阵列标线

（2）修剪标线：以预应力筋为修剪边线，对预应力筋以上的标线进行修剪，修剪结果如图 15-35 所示。

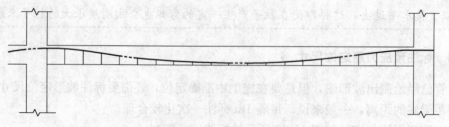

图 15-35　修剪标线

（3）新建标注样式：选择菜单栏中的"格式"→"标注样式"命令，弹出"标注样式管理器"，单击"新建"，弹出"创建新标注样式"，名称定为：预应力标注 ISO—25，如图 15-36 所示。

单击"继续"按钮，打开"新建标注样式：预应力标注 ISO—25"对话框，然后对各个选项卡进行参数设置。

（4）将当前图层设置为"标注"图层，选择菜单栏中的"标注"→"线性"命令，或单击"标注"工具栏中的"线性"按钮 ⊢⊣。同时，启用"正交"与"捕捉"功能，标注出第一个间距，如图 15-37 所示。

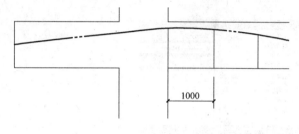

图 15-36　新建标注样式　　　　　　　　　　　图 15-37　线性标注

（5）选择菜单栏中的"标注"→"连续"命令，或单击"标注"工具栏中的"连续"按钮 ⊢⊢⊣，此时，绘图区域自动默认上次线性标注，如图 15-38 所示。

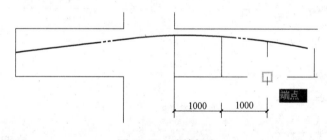

图 15-38　连续标注

 技巧

根据绘图经验，连续标注特别适合标注基线尺寸、连续尺寸以及一系列圆的半径、直径。建议读者尽量使用快速标注来取代现有的部分常规尺寸标注命令。

依次选取各个连续标注的基点，标注结果如图 15-39 所示。

（6）标注定位标高：选择菜单栏中的"工具"→"查询"→"距离"命令，如图 15-40 所示；命令行提示如下：

命令：dist ↙

指定第一点：选择标线的一端点

指定第二点：选择标线与预应力筋的交点（如图 15-41 所示）

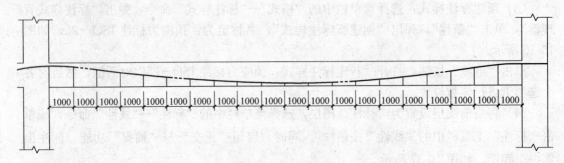

图 15-39　连续标注

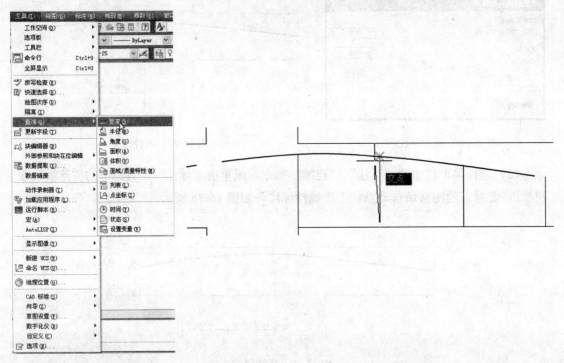

图 15-40　启动查询距离命令　　　　　　图 15-41　捕捉查询点

此时，在命令行中出现所查询的距离，如图 15-42 所示。

```
距离 = 838.9952, XY 平面中的倾角 = 90,    与 XY 平面的夹角 = 0
X 增量 = 0.0000,    Y 增量 = 838.9952,    Z 增量 = 0.0000

命令:
```

图 15-42　查询结果

因此，可以将此标线下方的定位尺寸定为 840。

（7）选择菜单栏中的"绘图"→"文字"→"多行文字"命令，命令行提示如下：

命令：mtext(mt)↙

指定第一角点：在绘图区域指定一点

指定对角点或[高度(H)/对正(J)/行距(L)/旋转(R)/样式(S)/宽度(W)/栏(C)]:R↙

指定旋转角度:90

指定对角点:在绘图区域指定另一点

此时，弹出文字编辑对话框，将字体大小设置为 200，如图 15-43 所示。

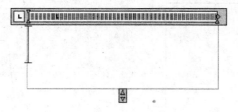

图 15-43　文字编辑

在对话框中输入 840，并且置于标线之下，如图 15-44 所示。

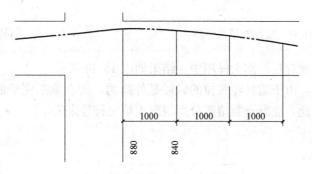

图 15-44　输入定位尺寸

（8）同理，可以将其他的定位尺寸经过"查询距离"+"文字标注"来置于标线之下，结果如图 15-45 所示。

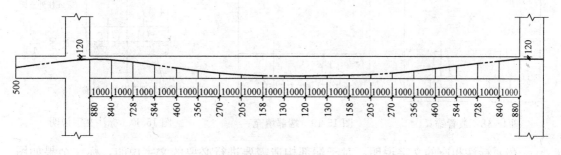

图 15-45　标注定位尺寸

15.3　预应力端部构造图

对于预应力工程来说，端部的构造至关重要。对于张拉后的预应力筋，会产生上千吨的压力。如果局部构造不合理，则会引起混凝土的局部破坏，进而会引起整个预应力的失效。

15.3.1 绘制端部平面图

（1）将 0 层设置为当前层，使用直线绘制命令，绘制出如图 15-46 所示的图形。

（2）绘制锚具大样图：使用直线命令，绘制结果如图 15-47 所示。

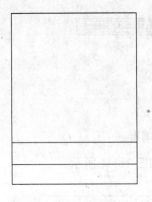

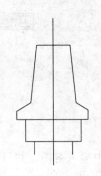

图 15-46　绘制端部大样图　　　　　　图 15-47　锚具大样图

将锚具大样图放置在端部大样图中，结果如图 15-48 所示。

（3）端部填充：由于锚具在张拉的时候是外露的，而在施工完毕需要用混凝土封堵，以防锚具锈蚀，因此，混凝土封堵部分用混凝土填充符号来表示。

填充结果如图 15-49 所示。

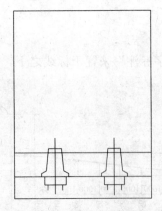

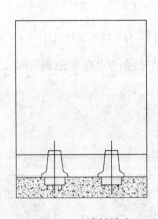

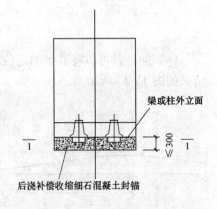

图 15-48　放置锚具　　　　图 15-49　端部填充　　　　图 15-50　标注文字说明

（4）标注相应的文字说明：对于端部构造需要进行必要的文字说明，标注结果如图 15-50 所示。

15.3.2 绘制 1—1 断面图

（1）绘制断面大样图，结果如图 15-51 所示。

（2）绘制锚具断面图，并且移入断面大样图中，结果如图 15-52 所示。

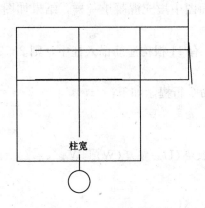

图 15-51　断面大样图

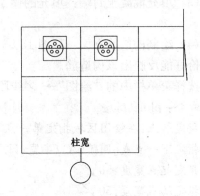

图 15-52　锚具断面图

（3）配置附加钢筋：为了抵抗局部的应力，需要配置附加钢筋，如图 15-53 所示。

（4）标注断面符号：结果如图 15-54 所示。

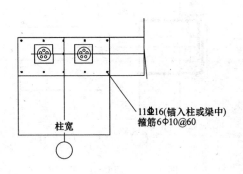

11Φ16(锚入柱或梁中)
箍筋6Φ10@60

图 15-53　配置附加钢筋

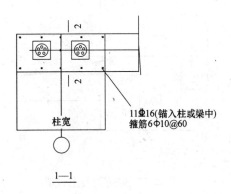

11Φ16(锚入柱或梁中)
箍筋6Φ10@60

1—1

图 15-54　断面符号

15.3.3　绘制 2—2 断面图

（1）绘制框架梁及柱子大样图：结果如图 15-55 所示。

（2）放置锚具大样图：可以将平面图中的锚具旋转 90°得到水平放置的锚具，将其移入框架大样图中，如图 15-56 所示。

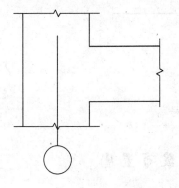

图 15-55　框架大样图

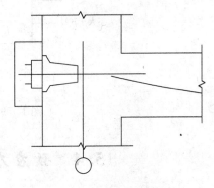

图 15-56　放置锚具大样图

（3）填充混凝土封端：填充的操作方法与平面图中填充混凝土一样，结果如图 15-57 所示。

（4）绘制构造筋立面：从图 15-53 可以看出，有 11 根构造筋锚入柱中，则 2—2 断面图中恰好能反映出该构造筋。

选择菜单栏中的"绘图"→"多线段"命令；命令行提示如下：

命令：pline(pl)↙

指定起点：在绘图区域指定第一点

指定下一点或 [圆弧(A)/半宽(H)/长度(L)/放弃(U)/宽度(W)]：W↙

指定起点宽度：50↙

指定端点宽度：50↙

指定下一点或 [圆弧(A)/半宽(H)/长度(L)/放弃(U)/宽度(W)]：指定线段另一点

绘制出的构造筋如图 15-58 所示。

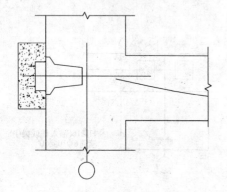

图 15-57　填充混凝土封端

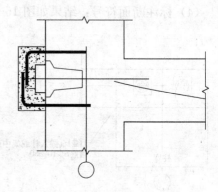

图 15-58　绘制构造筋立面

（5）标注断面符号：结果如图 15-59 所示。

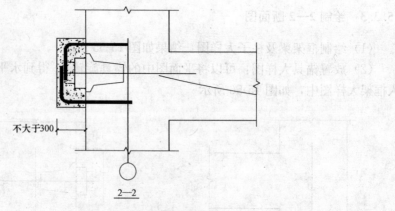

图 15-59　标注断面符号

15.4　预应力管道灌浆布置图

预应力灌浆是将水泥浆注入预留的预应力混凝土孔道中，水泥浆充分包裹预应力筋。

对于有粘结预应力来说，灌浆是最后的一道施工工序。

预应力的灌浆其作用主要有三点：一是保护预应力钢材不外露而遭锈蚀，保证预应力混凝土结构或构件的安全寿命；二是使预应力钢材与混凝土良好结合，保证它们之间预应力的有效传递，使预应力钢材与混凝土共同工作；三是消除预应力混凝土结构或构件在反复荷载作用下，由于应力变化对锚具造成的疲劳破坏，提高了结构的可靠度和耐久性。

因此，在预应力施工图中还要对预应力灌浆孔道的具体布置作出详细的规定。

（1）打开预应力筋波形图：绘制灌浆孔道可以在预应力筋波形图的基础上进行绘制，打开波形图如图 15-60 所示。

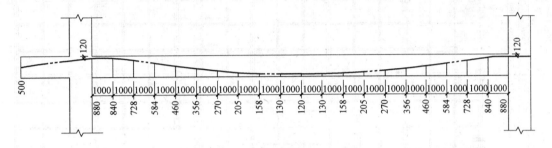

图 15-60　打开预应力筋波形图

（2）绘制孔道：预应力灌浆孔道一般为直径 20mm 的塑料管，预先与金属波纹管接通，并采取一定的密封措施，使浇筑的混凝土不能进入预应力管道。绘制好的预应力管道如图 15-61 所示。

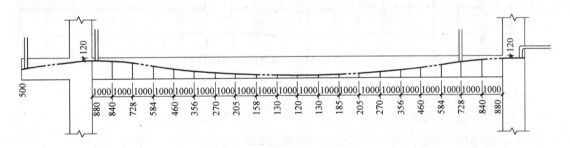

图 15-61　预应力灌浆管道

15.5　非预应力筋配筋图

根据《混凝土结构设计规范》GB 50010—2002 第 11.8.2 条规定：框架梁宜采用后张有粘结预应力钢筋和非预应力钢筋的混合配筋方式。并且在 11.8.4 条中，根据抗震等级不同，将非预应力筋的含筋率也做了相应的规定。

（1）打开旧文件：打开预应力平面配筋图，并将预应力筋删除，结果如图 15-62 所示。

（2）标注非预应力筋：标注的方法采用集中标注与原位标注相结合的方法，所配非预应力筋要满足规范的相关要求，配筋标注结果如图 15-63 所示。

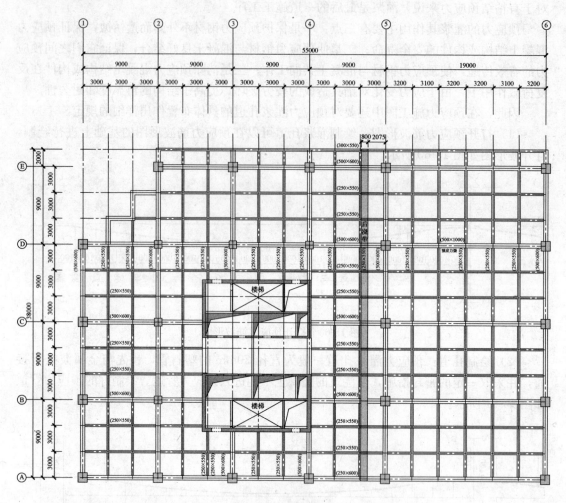

图 15-62　编辑旧图

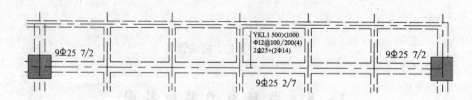

图 15-63　标注非预应力筋

📖 说　明

从标注结果可以看出，对于预应力框架梁其字母名称为：YKL；而对于预应力非框架梁其字母为：YL。

（3）将其他的预应力梁进行编号，编号结果如图 15-64 所示。

至此，预应力施工图部分全部绘制完毕。

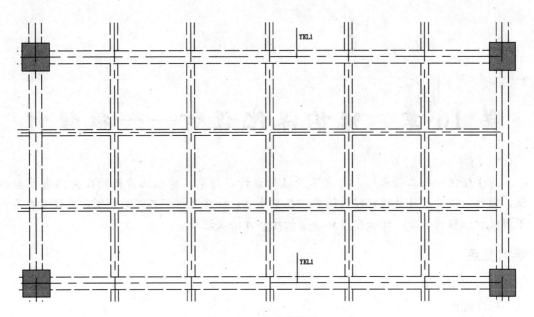

图 15-64　预应力梁编号

第 16 章　结构深化设计——板设计

对于任何一项工程来说，都离不开板的设计，与梁、柱相比，板的安全储备系数较低，因此，板的设计过程也较为简单。在本章中详细讲述板施工图的绘制，使读者在逐步了解设计过程的同时，进一步理解绘图的操作方法及过程。

学习要点

板布置平面图
标注配筋

16.1　板布置平面图

板布置平面图可以在旧文件的基础上编辑绘制，下面进行具体介绍。

16.1.1　编辑旧文件

（1）打开旧文件：打开 AutoCAD 2011 应用程序，选择菜单栏中的"文件"→"打开"命令，弹出"选择文件"对话框，选择在初步设计中已经绘制的图形文件"初步设计"；或者，在"文件"下拉菜单中最近打开的文档中选择"初步设计"，双击打开文件，将文件另存为"板设计.dwg"并保存。打开后的图形如图 16-1 所示。

> 📖 **说　明**
>
> 从板的受力形式来看，板可以分为单向板和双向板。当板的长边与短边的比大于 2 时，此板为单向板，单向板的传力途径为短边方向；当板的长边与短边的比小于 2 时，此板为双向板，双向板的传力途径为四周梯形传递。对于单向板来说，短边为主受力方向，因此在短边方向配主筋，而在长边方向配构造筋；对于双向板来说，两方向均为主受力方向，均应配置主筋。

（2）删除尺寸标注：在配置板筋的时候，梁的尺寸均属于次要标注，为了图面的整洁，应将梁尺寸标注删除。

16.1.2　设置图层

对于板配筋需另设图层进行绘制。
（1）单击"图层"工具栏中的"图层特性管理器"按钮，打开"图层特性管理器"对话框，新建图层，名称为"板"，如图 16-2 所示。

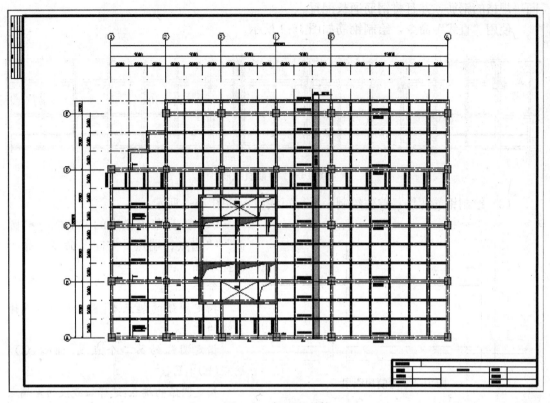

图 16-1 打开旧文件

（2）单击"线宽"，弹出"线宽"对话框，如图 16-3 所示，选择线宽"0.3"，单击"确定"退出"线宽"对话框回到"图层特性管理器"对话框，单击"确定"回到绘图区域。

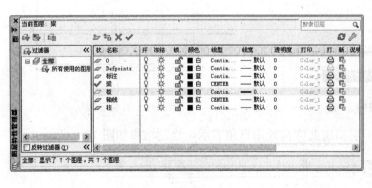

图 16-2 新建板图层

图 16-3 选择线宽

16.1.3 绘制主配筋

（1）将板图层置为当前图层。

（2）绘制板底筋：对于普通的板，为了施工的方便，通常对配筋进行归并，尽量采用同一规格的钢筋，并且将钢筋通长配置。

使用"直线"命令，绘制钢筋如图 16-4 所示。

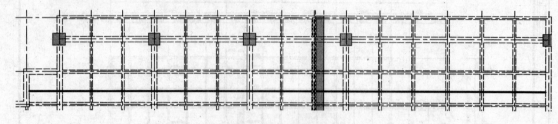

图 16-4　绘制直线筋

（3）绘制钢筋弯钩：首先绘制一平行短线段，如图 16-5 所示。

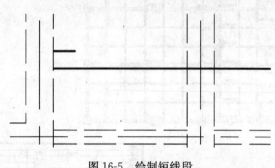

图 16-5　绘制短线段

（4）选择菜单栏中的"绘图"→"圆弧"→"起点、端点、方向"命令，命令行提示如下：

命令：arc↙

指定圆弧的起点或[圆心(C)]：选择长线的端点

指定圆弧的第二个点或[圆心(C)/端点(E)]：E↙

指定圆弧的端点：选择短线段的左端点

指定圆弧的圆心或[角度(A)/方向(D)/半径(R)]：D↙

指定圆弧的起点切向：将鼠标沿起点端点向左拖曳(如图 16-6 所示)↙

（5）同理可以绘制右端的弯钩，结果如图 16-7 所示。

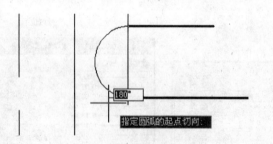

图 16-6　指定圆弧切向方向

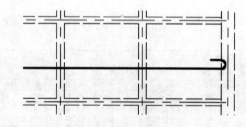

图 16-7　右端弯钩

（6）绘制上层横向筋：上层横向筋弯钩处用直角表示，绘制结果如图 16-8 所示。

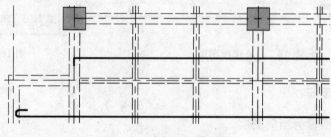

图 16-8　绘制上层横向筋

> 📖 **说明**
>
> 　　对于板平面配筋来说，横向的配筋，弯钩朝上的为板底配筋，弯钩朝下（或用直角表示）为板顶配筋；纵向的配筋，弯钩朝左的为板底配筋，弯钩朝右（或用直角表示）的为板顶配筋。在图 12-7、图 12-8 中所示的弯钩均代表板的配筋。

　　(7) 绘制纵筋：绘制方法同绘制横向筋，结果如图 16-9 所示。

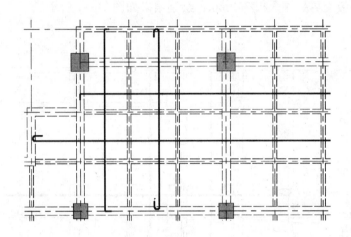

图 16-9　绘制横向筋

　　(8) 同理，可以绘制其他区域的配筋，结果如图 16-10 所示。

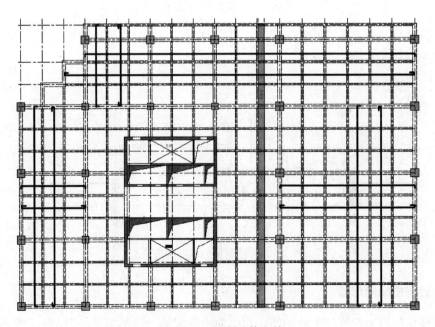

图 16-10　绘制总体配筋

16.1.4 绘制构造配筋

对于梁板交界处，由于是整体现浇，因此，板端承受负弯矩，因此要构造配置抗负弯矩的钢筋，尤其是和剪力墙交界的板，其所承受的负弯矩很大，要配置较密的负弯矩筋。

（1）绘制梁板交界处构造筋：对于构造配筋的长度可以根据现行国家标准《混凝土结构设计规范》GB 50010 中的规定。在次梁与板的交界处配筋的长度为分别伸入一侧板中900mm，边梁与板交界处深入板 750mm，绘制结果如图 16-11 所示。

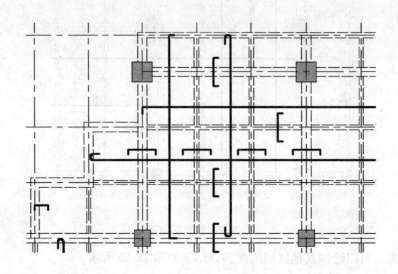

图 16-11　绘制板构造配筋

（2）绘制板与剪力墙交界处构造筋：对于与剪力墙连接的板需配置较密的钢筋。绘制结果如图 16-12 所示。

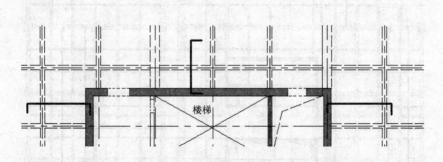

图 16-12　绘制剪力墙处构造筋

16.1.5 绘制楼梯间配筋

对于楼梯间短边配置较密的钢筋，长边为构造配筋。绘制结果如图 16-13 所示。

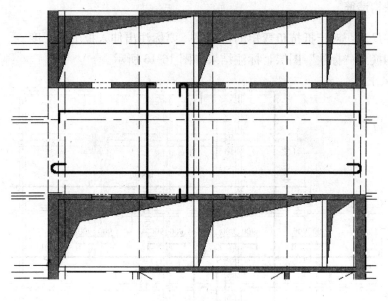

图 16-13 楼梯间配筋

16.2 标注配筋

在第一节中绘制的配筋只是示意性地给出配筋，在本节要详细标注配筋的数量、种类及间距。

16.2.1 标注主筋

对于板中主筋都采用了直径为 8mm 的 HPB235 级钢，间距为 150mm，标注结果如图 16-14 所示。

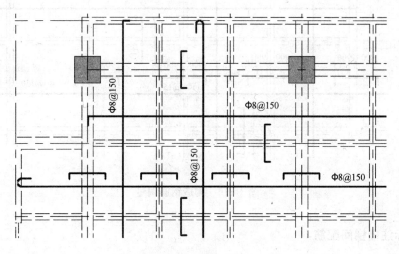

图 16-14 标注主筋

16.2.2 标注构造筋

（1）标注尺寸：对于抵抗负弯矩的构造筋，要标注出伸入板中的长度。

将图层切换到"标注"图层，标注结果如图 16-15 所示。

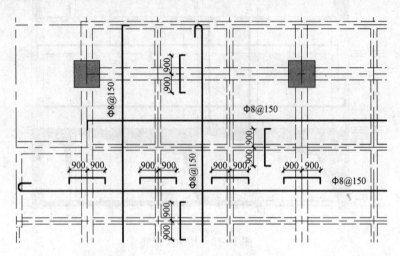

图 16-15　标注构造筋尺寸

（2）标注构造筋种类及数量：伸入板中长度为 900mm 的构造筋间距为 150mm，HPB235 级钢。同时，对于相同的构造筋进行编号，然后在其他相同的构造筋上只需注明编号即可。

标注结果如图 16-16 所示。

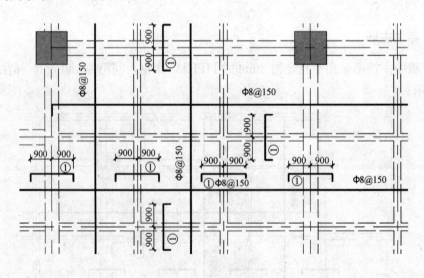

图 16-16　构造钢筋编号

16.2.3 标注楼梯间配筋

楼梯间配筋为：下层均为直径 10mm 的 HPB235 级钢，短边方向间距 150mm，长边方向间距 200mm；板顶均为直径 12mm 的 HPB235 级钢，短边方向间距 150mm，长边方向间距 200mm。标注结果如图 16-17 所示。

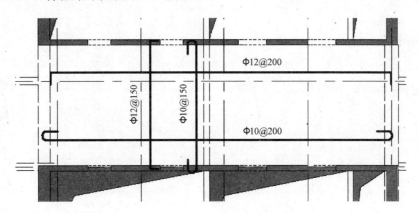

图 16-17 标注楼梯间钢筋

至此，板的配筋绘制完毕。

CHAPTER ③

综合实例篇

前面介绍了 AutoCAD 的基本操作方法及建筑结构施工图的绘制要求，并结合基础知识绘制了住宅建筑施工图。本篇从第 17 章开始，介绍某体育馆结构设计施工图的绘制过程。

体育馆属于大跨空间结构，应用的建筑结构形式同普通小跨度住宅建筑是有区别的，多采用框架、港结构、网壳等结构形式。由于体育馆跨度大，荷载重，因此，在进行结构设计时，要充分考虑其受力特点、设计合理的结构形式及构件截面，达到最佳的受力状态，同时还要考虑节材、节能的要求。

第 三 篇

第17章 体育馆结构设计总说明及首页图

前面讲解了结构设计的基本知识，并通过住宅结构设计实例阐述了结构设计施工图绘制的过程。从这一章开始，介绍大型结构设计施工图的绘制过程。以某地区体育馆为例，进行整套结构施工图的绘制。大型结构与普通民用建筑不同，其跨度较大，承受荷载较多，因此构件的截面一般较大，配筋较密集。随着现代建筑结构形式不断创新，各种独特的结构形式不断出现，为结构设计带来了新的问题。结构设计时需要综合考虑安全、使用、节材等内容。本章的内容主要是对某地区体育馆结构设计的总体简介，并讲解了结构设计图首页图的绘制过程。

学习要点

结构设计总说明
结构构造说明图

17.1 体育馆结构设计简介

在进行体育馆结构设计前，要对有关基本问题进行必要的了解或准备，包括自然条件、设计依据、材料、地基和基础、钢筋混凝土结构构造和网架相关事项等。下面分别介绍。

17.1.1 自然条件

体育馆设计要根据地形、地质条件、功能要求等各个方面确定结构设计方案。此体育馆采用了钢筋混凝土框架结构。共两层，首层层高为5.35m，二层层高为7.65m，室内外高差0.45m。建筑物的设计使用年限为50年。

17.1.2 体育馆设计依据

（1）结构设计参考了以下规范：
《建筑结构荷载规范（2006版）》GB 50009—2001；
《建筑地基基础设计规范》GB 50007—2002；
《建筑抗震设计规范》GB 50011—2010；
《混凝土结构设计规范》GB 50010—2010；
《混凝土结构工程施工质量验收规范》GB 50204—2002；

《河北省建筑结构设计统一技术措施（参考）》。

（2）本设计所采用的荷载标准值有：

风荷载（基本风压按本地区风荷载标准值）	0.4kN/m^2；
雪荷载（基本雪压）	0.25kN/m^2；
不上人钢筋混凝土屋面、雨篷、挑檐活荷载	0.7kN/m^2；
上人钢筋混凝土屋面活荷载	1.5kN/m^2。

楼面均布活荷载：

看台活荷载	3.5kN/m^2；
二层回廊活荷载	3.5kN/m^2；
二层房间活荷载	3.5kN/m^2；
楼梯间活荷载	3.5kN/m^2；
网架下悬荷载（包括吊顶）	1.0kN/m^2；
网架屋顶活荷载	0.7kN/m^2。

使用及施工堆料重量均不得超过以上值，其他未注明者均按荷载规范取值。

（3）最大冻土深度 0.60m。

（4）抗震设计依据：

1）根据《建筑抗震设计规范》GB 50011—2010，本建筑为丙类建筑；

2）本地区抗震烈度 7，近震建筑场地按地质勘察部门提供为Ⅲ类，场地土类型为中软土；

3）安全等级为二级，结构重要性系数为1.0；

4）抗震等级为二级，本工程采用中国建筑科学研究院编制的 PM、SATWE 软件，计算用 TAT 校核，地基部分用 EF 计算。

17.1.3　材料

（1）混凝土。垫层混凝土 C10，框架柱及室外地面以下所有混凝土 C30，其余混凝土 C25。

（2）钢筋。HPB235 级钢：设计强度 210kN/mm^2；HRB335 级钢：设计强度为 360kN/mm^2。

（3）预埋件采用型钢及钢板 Q235。

（4）焊缝的焊脚尺寸不小于 6mm。

（5）填充墙：

1）围护墙：±0.000 以下 MU10 砖 M5 水泥砂浆，±0.000 以上墙采用厚 250mm 的 MU4 轻质砌块墙，M5 混合砂浆。

2）防潮层用 1∶2 水泥砂浆加 5% 防水粉 20mm 厚。

（6）砌筑砂浆采用 M5 混合砂浆。

17.1.4　地基和基础

（1）本工程地基承载力按 $f_k = 100 \text{kPa}$ 设计，基础持力层为第二层粉质黏土。

（2）基槽开挖后应会同勘察设计等有关部门组织验槽。

17.1.5 钢筋混凝土结构构造

1. 一般规定

混凝土保护层最小厚度，从钢筋的最外边缘算起，见表 17-1 中的规定。

一般规定 表 17-1

环境类别		板、墙、壳			梁			柱		
		≤C20	C25～C45	≥C50	≤C20	C25～C45	≥C50	≤C20	C25～C45	≥C50
一		20	15	15	30	25	25	30	30	30
二	a	—	20	20	—	30	30	—	30	30
	b	—	25	20	—	35	30	—	40	35

一类：室内正常环境（沧州地区位于寒冷地区）。

二类：a）室内潮湿环境，非严寒和非寒冷地区的露天环境与无侵蚀性的水或土壤直接接触的环境；

b）严寒和寒冷地区的露天环境与无侵蚀性的水或土壤直接接触的环境。

 说 明

基础中纵向受力钢筋的最小保护层厚度不应小于 40mm；当无垫层时不应小于 70mm。地下部分柱可与柱上部同另加 20mm 厚的 1：2 水泥砂浆。

2. 现浇板

（1）本工程采用现浇钢筋混凝土板。

（2）现浇钢筋混凝土楼板的板内下部钢不得在跨中搭接，应伸至梁的中心线且锚固长度不小于 10D，板内边跨负筋伸至梁外缘处，板内负筋不得在支座处搭接，钢筋伸入梁内长度不小于 30D。所有板钢筋需要搭接时，在同一接头区段内受力钢筋接头面积不应超过受力钢筋总截面面积的 25%，受力钢筋接头间距应大于 500。

（3）双向板的底筋短向筋放在底层长向筋置于短向筋上。

（4）图中未注明的楼板分布筋均为 $\phi6@200$。

（5）楼板上的孔洞应预留，当孔洞尺寸不大于 250mm 时将板筋由洞边绕过，不得截断。

3. 框架梁柱

（1）梁柱内均采用封闭箍筋，箍筋末端弯钩 135°，弯钩端头平直端长度不小于 10D；

（2）本设计采用平面整体表示法制图，具体各部位表示含义见图集 00G101；

其中，框架柱梁的构造措施除满足 00G101 的要求外，还应满足 97G329-1 的要求；

（3）梁柱内均采用封闭箍筋。箍筋末端弯钩 135°，弯钩端头平直端长度不小于 10D。

17.1.6 网架说明

（1）本工程中未涉及网架，由网架厂家二次设计，梁顶柱顶埋件由网架设计方确定。

（2）网架及复合板自重根据有关资料初估为 50kg/m²。

（3）网架传力按板模型传至梁，待网架支点荷载确定后对梁另行复核。

（4）网架支撑形式采用下悬支撑，高度初定为 3m。

17.2 结构设计总说明

结构设计总说明图一般在 AutoCAD 中绘制，下面对具体方法进行介绍。

17.2.1 建立新文件

任何单项工程都应在图纸中包含结构设计总说明，首先在 AutoCAD 中以无样板打开-公制方式建立新文件，并保存在相应的文件夹中，命名为"首页图"。如图 17-1 所示。

图 17-1 建立首页图文件

17.2.2 设置图层

单击"图层"工具栏中的"图层特性管理器"按钮，打开"图层特性管理器"对话框，设置图层，如图 17-2 所示。分别创建图框、文字、表格、详图、标注几个图层，

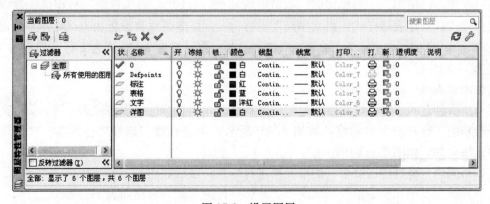

图 17-2 设置图层

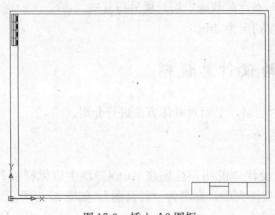

图 17-3　插入 A2 图框

具体颜色及线型设置见图 17-2。

17.2.3　插入图框

由于总说明绘图部分较少，可直接先插入图框在输入结构设计总说明及其他部分。首页图采用 A1 图幅，因此可以插入 A1 图框模块。

打开源文件/图库/A2 图框，利用"插入块"命令，将 A2 图框插入到图中适当的位置。如图 17-3 所示。

17.2.4　编写结构设计总说明

（1）将文字图层设置为当前层，如图 17-4 所示。选择菜单栏中的"格式"→"文字样式"命令，打开"文字样式"对话框，分别建立"标题"、"内容"两种新的文字样式，字体及字符高度如表 17-2 所示。

新建文字样式表　　表 17-2

文字样式	字　　体	字符高度
标题	仿宋_GB 2312	5
内容	仿宋_GB 2312	4

图 17-4　设置图层

（2）在命令行中输入"text"命令，输入结构设计总说明到图幅的左上部分。

（3）单击"绘图"工具栏中的"多行文字"按钮 **A**，输入结构设计总说明的内容，结果如图 17-5 所示。

（4）将线宽设置为 0.35mm，用"line"命令在标题"结构设计总说明"下面绘制一条下画线，如图 17-6 所示。

17.2.5　绘制表格

在结构设计总说明中有时会包含一些表格，可以利用 AutoCAD 中的表格进行绘制。

（1）单击"绘图"工具栏中的"表格"按钮 ▦，打开"插入表格"对话框，修改当前表格样式或新建表格样式，将文字高度设置为 4，页边距垂直设置为 0，对齐方式设置为正中，其余默认，如图 17-7 所示。新建表格，行数设置为 3，行高为 1 行，列数为 11，列宽 15，如图 17-8 所示。

创建后表格如图 17-9 所示。

（2）所创建的表格可以在绘图过程中进行修改。用鼠标选择表格的第一列和第二列的第一行和第二行共四个单元格，如图 17-10 所示，单击右键，选择"合并"—"全部"，将单元格合并，如图 17-11 所示。

（3）同理，将其他需要合并的单元格进行合并，最后如图 17-12 所示。

（4）依次在单元格中填入相应文字，并调整行距，最终表格如表 17-3 所示。

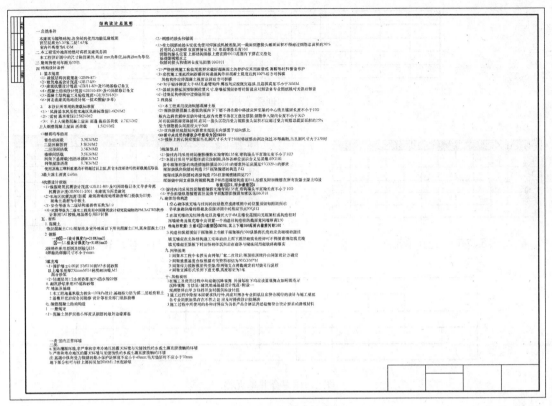

图 17-5　结构设计总说明

结构设计总说明

图 17-6　绘制下画线

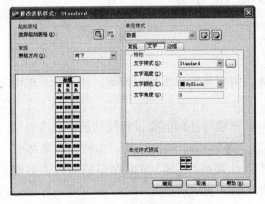

图 17-7　修改表格样式

图 17-8　创建表格

图 17-9　创建表格

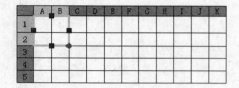

图 17-10　选择单元格

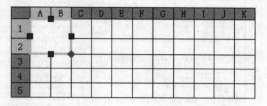

图 17-11　合并单元格

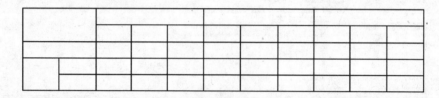

图 17-12　合并单元格

表格的绘制　　　　　　　　　　　　　　　　　　　　　　　　　　表 17-3

环境类别		板、墙、壳			梁			柱		
		≤C20	C25～C45	≥C50	≤C20	C25～C45	≥C50	≤C20	C25～C45	≥C50
一		20	15	15	30	25	25	30	30	30
二	a	—	20	20	—	30	30	—	30	30
	b	—	25	20	—	35	30	—	40	35

17.3　绘制构造说明图

17.3.1　绘制填充墙拉结筋做法

在结构设计总说明中包含具体结构构造措施，需要另附详图加以说明，往往首页图中也包含这部分内容。

本设计包含砌体结构部分，依据规范规定，填充墙与柱间需要设置拉结筋，以增强结构的整体性，提高抗震性能。墙与构造柱中配置了 2ϕ6@500 的拉结筋，由柱伸入墙体长度为 1000mm。根据现行国家标准《混凝土结构设计规范》GB 50010 粘结锚固方面的规定，足以达到其粘结锚固强度，因此，可以按此进行配置。

其具体的设置方式需要附加详图说明。

1. 绘制详图

（1）首先将当前图层设置为"详图"。由于图幅较小，采用 1∶10 的比例进行绘制。

（2）选择矩形工具，在图中绘制一个 30×30 的矩形，为构造柱的截面，如图 17-13 所示。单击直线按钮"＿"，在矩形上部绘制一条水平长度为 150 的直线，并利用捕捉工具将其中点与矩形上边的中点重合，如图 17-14 所示。

图 17-13　绘制柱截面　　　　　　　　　　　　　图 17-14　绘制墙线

（3）利用"复制"命令将直线复制，并粘贴到向下距离 20 的位置；然后，利用"修剪"命令，将矩形中间的线段修剪，如图 17-15 所示；最后，利用"直线"命令在墙线两端绘制截断线，如图 17-16 所示。

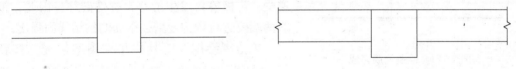

图 17-15　绘制另一条墙线　　　　　　　　　　图 17-16　绘制截断线

命令行提示如下：

命令：_copy 找到 1 个(选择直线)

指定基点或 [位移(D)] ＜位移＞：

指定第二个点或 ＜使用第一个点作为位移＞：@0，－20 ✓

指定第二个点或 [退出(E)/放弃(U)] ＜退出＞：✓

命令：_trim

当前设置：投影＝UCS，边＝无

选择剪切边 …

选择对象或 ＜全部选择＞：　找到 1 个(选择矩形)

选择对象：✓

选择要修剪的对象，或按住 Shift 键选择要延伸的对象，或

[栏选(F)/窗交(C)/投影(P)/边(E)/删除(R)/放弃(U)]：(选择矩形中间的线段)

选择要修剪的对象，或按住 Shift 键选择要延伸的对象，或

[栏选(F)/窗交(C)/投影(P)/边(E)/删除(R)/放弃(U)]：✓

（4）利用"多段线"命令绘制配筋。本结构配置的拉结筋为 2φ6@500，单击"绘图"工具栏中的"多段线"按钮，或者在命令行中输入"pline"命令，单击柱子矩形的左上角点，输入"w"，将线宽设置为 1，在下一点中依次输入"@0，－3"，"@－55，0"，

"@0，－3"，"@2，0"，绘制完成时如图 17-17 所示。用同样方法，将另一侧的钢筋绘制出来，并删除初始定位的线段，如图 17-18 所示。

图 17-17　绘制钢筋　　　　　　　　　　　图 17-18　绘制另一侧钢筋

（5）利用"直线"命令在墙线之间绘制一条垂直线，任意位置，作为辅助线，如图 17-19 所示。利用"镜像"命令将钢筋镜像到墙线另一侧，如图 17-20 所示。

图 17-19　绘制辅助线　　　　　　　　　　图 17-20　镜像钢筋

（6）删除辅助线，如图 17-21 所示。

（7）钢筋由于是光圆钢筋，其粘结锚固强度很差，与混凝土的握裹力相对较弱。在承载受力时，钢筋与混凝土之间仅仅通过摩擦力传递受力，极容易发生滑移，构件破坏。因此，钢筋两端要进行弯钩，增强钢筋的粘结锚固强度。

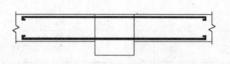

图 17-21　绘制钢筋完成

单击"绘图"工具栏中"图案填充"按钮，打开图案填充对话框，如图 17-22 所示。选择填充图案为 ANSI31，如图 17-23 所示。

单击选择对象按钮，将构造柱的矩形选中，回车键确认，单击确定，将柱子截面填

图 17-22　图案填充和渐变色

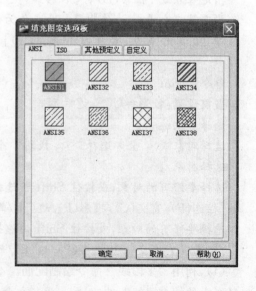

图 17-23　选择填充图案

充，如图 17-24 所示。

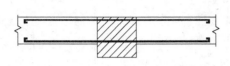
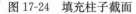

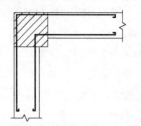

图 17-24　填充柱子截面　　　　　　　图 17-25　转角处拉结筋构造详图

（8）依照同样的方法，绘制转角处拉结筋构造详图，如图 17-25 所示。

2. 尺寸标注及文字标注

（1）详图的基本图形绘制完成，将当前图层设置为"标注"层，进行尺寸标注。首先，选择菜单栏中的"格式"→"标注样式"，打开"标注样式管理器"对话框，单击修改按钮，设置标注样式。如图 17-26 所示。在直线选项卡中，设置超出尺寸线为 2，起点偏移量为 6，如图 17-27 所示。在符号和箭头选项卡中选择箭头符号为建筑标记，箭头大小设置为 4，如图 17-28 所示。文字设置如图 17-29 所示。

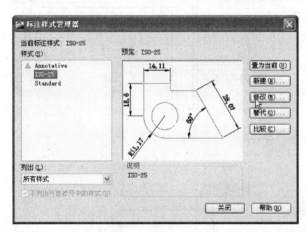

图 17-26　修改标注样式　　　　　　　图 17-27　修改尺寸线

（2）修改后对详图中的距离进行标注，尺寸标注后可依据实际尺寸将标注文字进行修改，如图 17-30 所示。

（3）将图层设置为"文字"，在图下方添加详图名称，并绘制下画线，如图 17-31 所示。

17.3.2　柱上沉降观测点做法详图

随着社会的不断进步，物质文明的极大提高及建筑设计施工技术水平的日臻成熟完善，同时，也因土地资源减少与人口增长之间日益突出的矛盾，高层及超高层建（构）筑物越来越多。为了保证建构筑物的正常使用寿命和建（构）筑物的安全性，并为以后的勘察设计施工提供可靠的资料及相应的沉降参数，建（构）筑物沉降观测的必要性和重要性愈加明显。

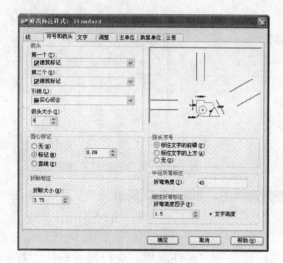

图 17-28　修改箭头

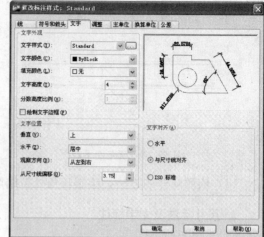

图 17-29　修改文字高度

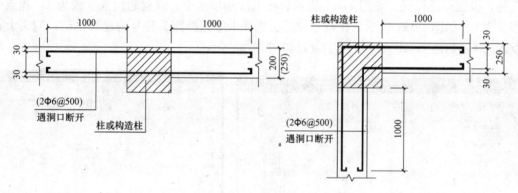

图 17-30　尺寸标注

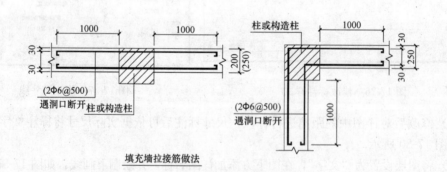

填充墙拉接筋做法

图 17-31　插入详图标题

　　现行规范规定，高层建筑物、高耸构筑物、重要古建筑物及连续生产设施基础、动力设备基础、滑坡监测等均要进行沉降观测。

　　特别在高层建筑物施工过程中应用沉降观测加强过程监控，指导合理的施工工序，预防在施工过程中出现不均匀沉降，及时反馈信息为勘察设计施工部门提供详尽的一手资料，避免因沉降原因造成建筑物主体结构的破坏或产生影响结构使用功能的裂缝，造成巨大的经济损失。

本工程为体育馆框架结构，其沉降对结构的安全、整体性及使用功能都会造成严重的影响，因此，对其沉降需要进行严格的观测。

为了能够反映出建构筑物的准确沉降情况，沉降观测点要埋设在最能反映沉降特征且便于观测的位置。一般要求建筑物上设置的沉降观测点纵横向要对称，且相邻点之间间距以 15～30m 为宜，均匀地分布在建筑物的周围。

（1）首先将当前图层切换到"详图"图层，线宽设为默认值，绘制两条长 150mm、间距 50mm 的垂直平行线，如图 17-32 所示。同上一小节拉结筋中的画法，在平行线两端绘制截断线，如图 17-33 所示。

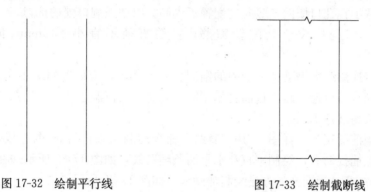

图 17-32　绘制平行线　　　　　　　　图 17-33　绘制截断线

（2）同样单击"绘图"工具栏中的"多段线"按钮 ⌐，在平行线之间绘制钢筋，线宽为 1mm，水平和垂直方向的长度均为 50mm，如图 17-34 所示。

（3）尺寸标注的样式和拉结筋绘制时设置相同，标注之后将标注文字进行修改，绘制完成后如图 17-35 所示。

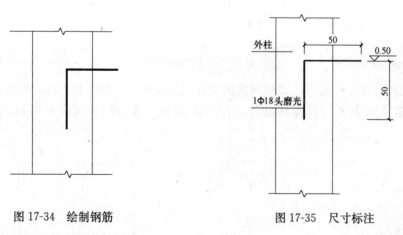

图 17-34　绘制钢筋　　　　　　　　　图 17-35　尺寸标注

（4）最后添加详图标题，完成绘制。

17.3.3　绘制留洞做法详图

由于建筑设计的原因，在结构的墙或楼板等部位需要开孔留洞。但由于洞口的影响，其传力途径和受力状态均会改变，因此要加强构造措施抵消这种影响。我国现行国家标准《混凝土结构设计规范》GB 50010 中对剪力墙上开孔留洞作了具体的规定。洞口上方要设置连梁，连梁的正截面受弯承载力计算方法同普通钢筋混凝土梁正截面受弯承载力计算方法相同。

剪力墙墙肢两端应配置竖向受力钢筋，并与墙内的竖向分布钢筋共同用于墙的正截面受弯承载力计算。每端的竖向受力钢筋不宜少于 4 根直径为 12mm 的钢筋或 2 根直径为 16mm 的钢筋；沿该竖向钢筋方向宜配置直径不小于 6mm、间距为 250mm 的拉结筋。

剪力墙洞口上、下两边的水平纵向钢筋除应满足洞口连梁正截面受弯承载力要去外，尚不应少于 2 根直径不小于 12mm 的钢筋；钢筋截面面积分别不宜小于洞口截断的水平分布钢筋总截面面积的一半。纵向钢筋自洞口边伸入的长度不应小于规范规定的受拉钢筋锚固长度。本工程中在孔口横向及竖向均配置了钢筋，以增强洞口处的抗力。

同时，剪力墙洞口应全长配置箍筋，箍筋直径不宜小于 6mm，间距不宜大于 150mm。

在顶层洞口连梁纵向钢筋伸入墙内的锚固长度范围内，应设置间距不大于 150mm 的箍筋，箍筋直径宜与该连梁跨内箍筋直径相同。同时，门窗洞边的竖向钢筋应按受拉钢筋锚固在顶层连梁高度范围内。

（1）设置当前图层为"详图"，用"直线"命令绘制四条长为 80 的直线，如图 17-36 所示。利用中点捕捉命令，绘制垂直和水平两条辅助线，如图 17-37 所示。在空白处绘制以边长为 20 的矩形，用同样的方法绘制辅助线，如图 17-38 所示。

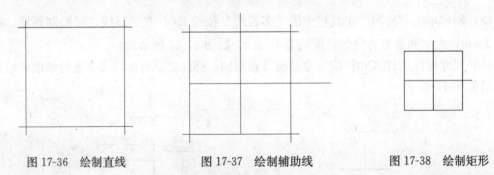

图 17-36　绘制直线　　　　　　图 17-37　绘制辅助线　　　　　　图 17-38　绘制矩形

（2）利用"移动"命令，以辅助线的交点为移动基点，将小矩形移动到大矩形的中心位置，如图 17-39 所示。删除辅助线，在小矩形的内部绘制斜线表示留洞，如图 17-40 所示。

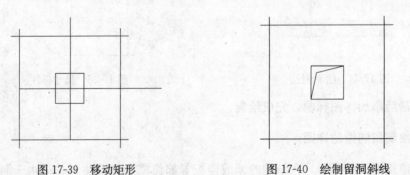

图 17-39　移动矩形　　　　　　　　　　图 17-40　绘制留洞斜线

（3）利用"多段线"命令，在距离外轮廓线左上角点 20 的位置单击，绘制一条水平直线，为钢筋，如图 17-41 所示。选择钢筋线，单击"修改"工具栏中的"阵列"按钮，设置阵列为 1 列 3 行，同时行偏移为 5，确定后如图 17-42 所示。

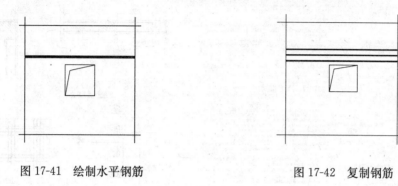

图 17-41　绘制水平钢筋　　　　　　图 17-42　复制钢筋

（4）选择三条钢筋线，单击"修改"工具栏中的"镜像"按钮，利用捕捉中点工具捕捉洞口的垂直两边中点作为基准线，将钢筋镜像到洞口另一侧，如图 17-43 所示。垂直方向上同上方法进行绘制，绘制结果如图 17-44 所示。

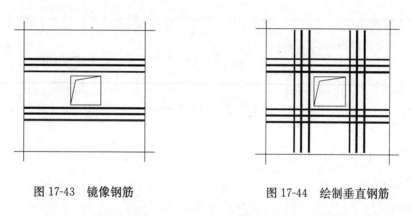

图 17-43　镜像钢筋　　　　　　图 17-44　绘制垂直钢筋

（5）同上一节中的标注样式设置，进行尺寸标注。并移动到图中合适的位置。如图 17-45 所示。

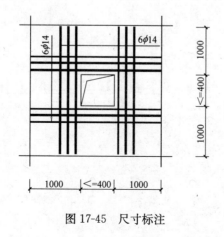

图 17-45　尺寸标注

（6）绘制完成后首页图绘制完成，如图 17-46 所示。

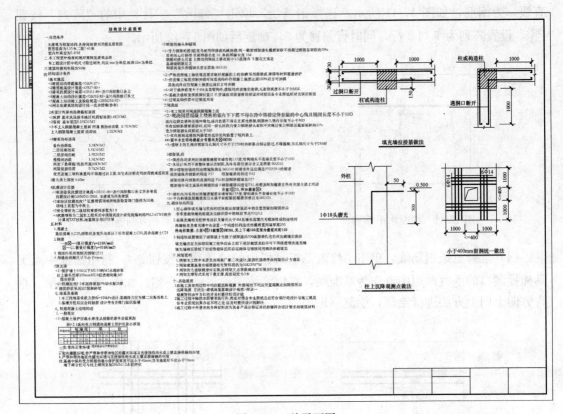

图 17-46　总平面图

第18章　体育馆基础平面及梁配筋图

体育馆基础采用连续条形基础，基础由柱和连梁组成，这一章中将绘制其基础平面及梁的配筋图。在结构施工过程中，首先要放线，挖基坑和砌筑基础。这些工作都要根据基础平面和基础详图来进行。基础平面图是假想用一个平面沿房屋的地面与基础之间把房屋断开后，移去上层的房屋和泥土（基坑没有填土之前）所作出的基础水平投影。

学习要点

柱子的绘制
梁的绘制

18.1　建立新文件

在正式设计前应该进行必要的准备工作，包括建立文件和设置图层等，下面简要介绍。

18.1.1　建立文件

在 AutoCAD 中以无样板打开-公制形式建立新文件，并保存为"基础平面及梁配筋图"，如图 18-1 所示。

图 18-1　建立文件

18.1.2 设置图层

单击图层管理器按钮，打开图层管理器，分别创建：基础梁、柱、轴线、尺寸标注、文字标注几个新的图层，并以不同的颜色进行区分。图层设置如图 18-2 所示。

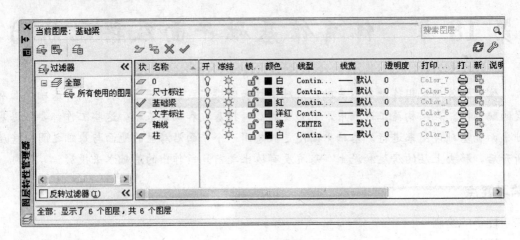

图 18-2 设置图层

18.2 绘制轴线

轴线是设计的基准线，一般设计的第一步工作就是绘制轴线。下面介绍体育馆基础平面轴线绘制方法。

图 18-3 修改线型比例

18.2.1 绘制轴线的直线部分

（1）将"轴线"图层设为当前层，利用"直线"命令，绘制一条长为 30 的垂直直线，选择该直线右击打开"特性"对话框，设置"线型比例"为 0.2，如图 18-3 所示。

（2）单击"修改"工具栏中的"复制"按钮，或者在命令行内直接输入"copy"命令，选择直线，打开状态栏中的"极轴"功能项，将直线水平复制，间距分别为：30，60，40，20，10，50，60，60，60，60，50，10，20，40，60，如图 18-4 所示。

在使用"copy"命令时，在命令行中输入的第二点值可利用相对距离输入，如第一条直线可输入"@30，0"，接着输入"@90，0"，以此类推，得到轴线结果。

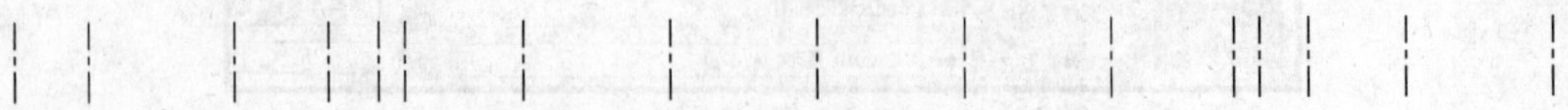

图 18-4 绘制定位轴线直线部分

18.2.2　绘制轴线编号

依据结构图绘制的一般规定，轴线编号的外轮廓圆直径应为 8～10mm。

（1）单击"绘图"工具栏中的"圆"按钮 ⌀，在空白处绘制一个直径为 8 的圆，如图 18-5 所示。然后单击"绘图"工具栏中的"多行文字"按钮 **A**，输入文字 1，这里文字样式根据需要进行设置，设置方法可以参考前面几章关于文字样式设置的方法。输入后将文字高度设置为 6，移动到圆的中心处，如图 18-6 所示。

（2）打开状态栏中的对象捕捉按钮以及工具栏中的捕捉工具栏，单击"修改"工具栏中的"移动"按钮 ✛，选择编号外轮廓的上方 1/4 切点处，如图 18-7 所示。将其移动至第一条垂直轴线的下端，如图 18-8 所示。

图 18-5　绘制圆　　　图 18-6　插入编号文字　　　图 18-7　选择编号　　　图 18-8　移动编号

（3）同样的方法，绘制其他编号图标，并移动至相应的位置，如图 18-9 所示。

图 18-9　插入轴线编号

（4）继续绘制横向的轴线，将线型改为点画线，水平绘制轴线，其间距由下至上分别为：30、40、40、20、10、50、60、60、50、10、20、40、40、30。并插入编号，绘制完成后如图 18-10 所示。

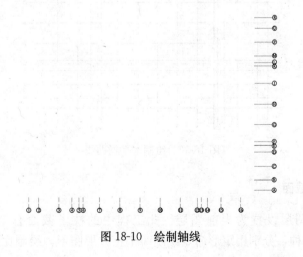

图 18-10　绘制轴线

18.3 绘制柱子

在绘制轴线的基础上可以进行柱子的绘制，下面进行简要介绍。

18.3.1 绘制辅助线

将图层"0 层"设置为当前层，利用"直线"命令在第一条纵轴上绘制一条垂直直线，然后利用"复制"命令将其复制到其他纵轴上，如图 18-11 所示。同样方法绘制横轴辅助线，如图 18-12 所示。

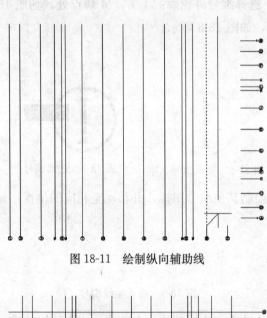

图 18-11 绘制纵向辅助线

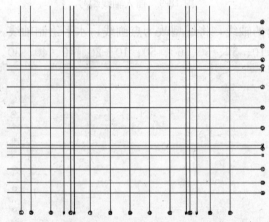

图 18-12 绘制水平辅助线

18.3.2 绘制柱子截面

（1）将"柱"图层设置为当前图层。此工程中的柱子截面有 300mm×300mm 和 400mm×400mm 两种，分别用矩形命令绘制两个正方形图形，绘制比例为 1：100，即绘制边长分别为 3 和 4 的正方形，如图 18-13 所示。单击"绘图"工具栏中的"直线"按钮，打开对象捕捉，选择矩形一边中点，绘制一条矩形的中线，然后利用同样方法，绘制另一个方向的中线，绘制完成后，如图 18-14 所示。

图 18-13　绘制柱子截面　　　　　　　图 18-14　找柱子中心点

（2）利用"图案填充"命令将矩形填充，然后选择复制命令，选择柱子截面矩形，然后将选取点设置为中线交点，依次将其移动至图中的轴线交点，如图 18-15 所示。

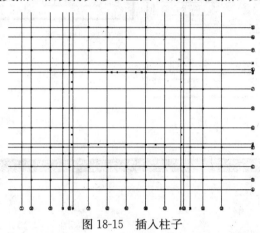

图 18-15　插入柱子

18.4　绘制基础梁

在绘制轴线的基础上可以进一步绘制基础梁，下面进行简要介绍。

18.4.1　设置线型

基础梁分为四种，宽度分别为 1.6m、1.0m、0.8m 和 0.3m，依据 1∶100 的绘图比例，实际绘制宽度分别为 16mm、10mm、8mm 和 3mm。由于梁的图形由平行线组成，因此，可以利用多线功能进行绘制。

（1）选择菜单栏中的"格式"→"多线样式"命令，打开"多线样式"对话框，如图 18-16 所示。单击新建按钮，新建多线样式，命名为梁 1，如图 18-17 所示。

（2）单击继续按钮，进入新建多线样式对话框，将起点和端点勾选，并在右侧元素对话框中将偏移量分别设为 1.5mm 和 -1.5mm，如图 18-18 所示。

（3）利用同样的方法，再创建三种多线样式，分别为：

梁 2：偏移量：4 和 -4；

梁 3：偏移量：5 和 -5；

梁 4：偏移量：8 和 -8。

单击确定，回到绘图区域。

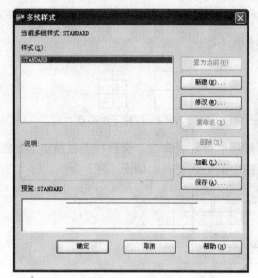

图 18-16　多线样式对话框　　　　　　　图 18-17　新建多线样式

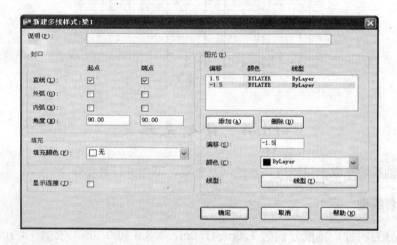

图 18-18　设置新建多线样式

18.4.2　绘制基础梁

（1）利用设置好的多线，绘制基础梁。首先设置图层，单击图层下拉菜单，将基础梁图层设置为当前层，并将柱层设置为不可见，如图 18-19 所示。

（2）选择菜单栏中的"绘图"→"多线"命令，当命令行提示多线样式时，输入"梁1"，选择梁1多线样式作为当前的多线样式，并将比例设置为1，对正设置为无，见命令行说明。设置好后，单击轴线 2 与轴线 B 的交点，输入@0，－15，绘制一小段多线，如图 18-20 所示。再单击轴线 2 与轴线 B 的交点，输入@0，440，如图 18-21 所示。

图 18-19　设置图层

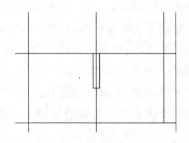

图 18-20　绘制基础梁 1

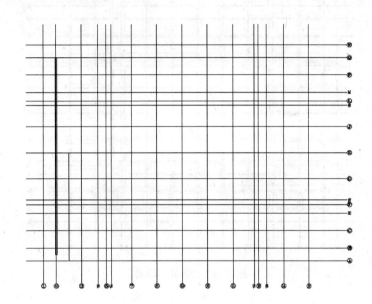

图 18-21　绘制基础梁 2

命令行提示如下：

MLINE↙

当前设置：对正＝无，比例＝1.00，样式＝STANDARD

指定起点或[对正(J)/比例(S)/样式(ST)]：st↙

输入多线样式名或[?]：梁 1↙

当前设置：对正＝无，比例＝1.00，样式＝梁 1

指定起点或[对正(J)/比例(S)/样式(ST)]：j↙

输入对正类型[上(T)/无(Z)/下(B)]＜无＞：z↙

当前设置：对正＝无，比例＝1.00，样式＝梁 1

指定起点或[对正(J)/比例(S)/样式(ST)]：s↙

输入多线比例＜1.00＞：1↙

当前设置：对正＝无，比例＝1.00，样式＝梁 1

指定起点或[对正(J)/比例(S)/样式(ST)]：(选择轴线 2 与轴线 B 的交点)

指定下一点：@0,－15↙

指定下一点或[放弃(U)]：↙

命令：MLINE↙

当前设置：对正＝无，比例＝1.00，样式＝梁1

指定起点或[对正(J)/比例(S)/样式(ST)]：(选择轴线2与轴线B的交点)

指定下一点：@0,440↙

指定下一点或[放弃(U)]：↙

按照上述方法，分别绘制梁1、梁2、梁3、梁4。绘制完成后如图18-22所示。

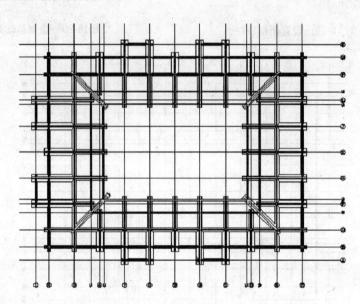

图18-22 绘制基础梁

18.4.3 修改多线交点

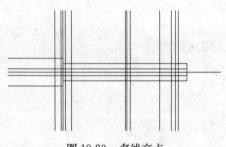

图18-23 多线交点

多线和多线的交叉点处由于多线性质的原因，需要进行修改。例如：图中某处的交点如图18-23所示，需要将其进行截断处理。但是利用修剪工具比较繁琐，利用 AutoCAD 自带的多线编辑工具比较简单易行。

(1) 选择菜单栏中的"修改"→"对象"→"多线…"，打开多线编辑工具栏，如图18-24所示。

选择十字打开工具，回到绘图区域，单击相交的两组多线，如图18-25所示，多线变为十字打开的相交模式。

(2) 继续修改多线交点，其中一个交点为例进行说明，如图18-26所示。将相交的两条多线选中，单击"修改"工具栏中的"分解"按钮🔲，将多线分解。然后单击"修改"工具栏中的"倒角"按钮🔲，输入 d，设置倒角距离为2，单击所要修改的两条交线，修改倒角，如图18-27所示。

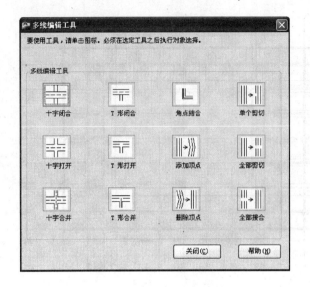

图 18-24　多线编辑工具

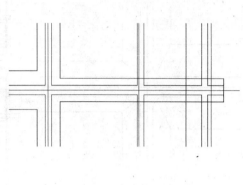

图 18-25　修改多线交点

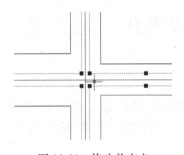

图 18-26　修改前交点

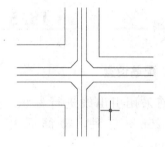

图 18-27　修改后交点

命令行提示如下：

命令：chamfer ↙

（"修剪"模式）当前倒角距离 1＝0.0000，距离 2＝0.0000

选择第一条直线或[放弃(U)/多段线(P)/距离(D)/角度(A)/修剪(T)/方式(E)/多个(M)]：d↙

指定第一个倒角距离＜0.0000＞：2 ↙

指定第二个倒角距离＜2.0000＞：↙

选择第一条直线或[放弃(U)/多段线(P)/距离(D)/角度(A)/修剪(T)/方式(E)/多个(M)]：（选择交线的一条）

选择第二条直线，或按住 Shift 键选择要应用角点的直线：（选择交线另一条）

（3）然后利用"直线"命令绘制基础梁的相交线。画法为选择外层直线的交点，然后利用中点捕捉功能，将其与内层直线倒角的中点相连，绘制完成后如图 18-28 所示。

（4）以此类推，利用上述方法，将其他多线的交点修改成倒角形式，并绘制梁的斜向交线，绘制完成后全图如图 18-29 所示。

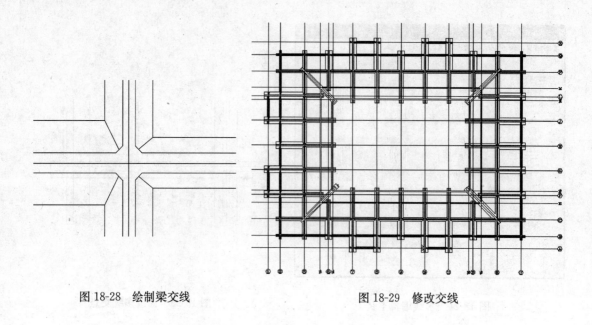

图 18-28　绘制梁交线　　　　　　　　　　图 18-29　修改交线

18.5　绘制梁配筋标注

18.5.1　配筋设置

钢筋采用引出线进行标识。受力主采用 HRB335 级钢筋，直径分别为 18mm、22mm、25mm 三种，箍筋采用直径为 8mm 的 HPB235 级钢筋，间距 100mm 或 200mm。

18.5.2　绘制钢筋标注

（1）以主梁为例，首先，将当前图层设置为"文字标注"，利用"直线"命令，由梁内部引出直线，如图 18-30 所示。利用多行文字编辑工具，在直线右侧输入主梁的配筋标注，如图 18-31 所示。

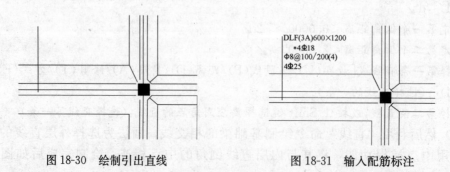

图 18-30　绘制引出直线　　　　　　　　　　图 18-31　输入配筋标注

（2）利用这种方法，将其他主梁及次梁的配筋形式标注到图中，标注完成后如图 18-32 所示。

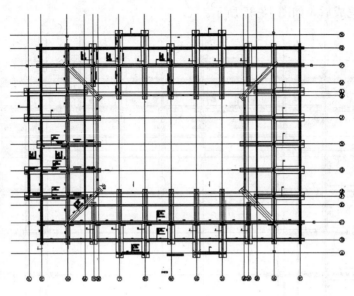

图 18-32 插入配筋标注

18.6 尺 寸 标 注

（1）选择菜单栏中的"格式"→"标注样式"命令，打开"标注样式管理器"对话框，单击修改按钮，打开"修改标注样式：ISO-25"对话框，如图 18-33 和图 18-34 所示。其中将"线"选项卡中的"超出尺寸线"修改为 3，"起点偏移量"设置为 5；"符号与箭头"选项卡中的"箭头"选择为建筑标记，并将其大小设置为 3；"文字"选项卡中文字高度设置为 3。

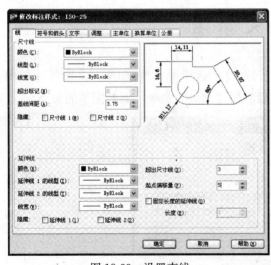

图 18-33 设置直线

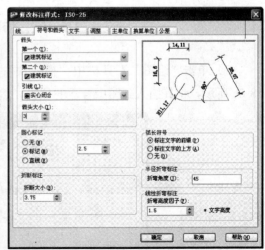

图 18-34 设置箭头

单击确定，确认修改，回到绘图界面，将图中的梁截面以及轴线间距进行尺寸标注。标注方法如前几章所述。

（2）标注完成后，如图 18-35 所示。

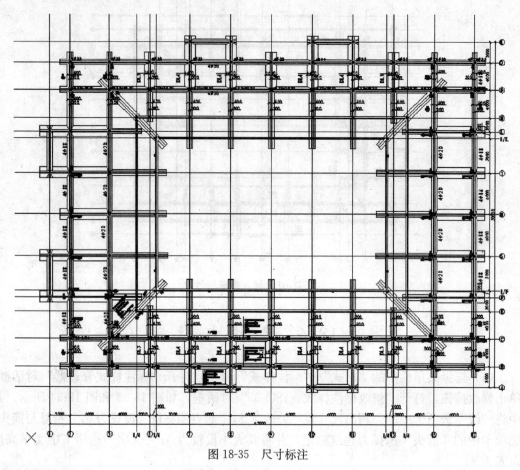

图 18-35　尺寸标注

18.7　插　入　图　框

（1）单击"绘图"工具栏中"插入块"按钮，选择源文件/图库/A2 图签，如图 18-36 所示，将其插入到图中合适的位置，然后利用"缩放"命令，调整图签的大小。

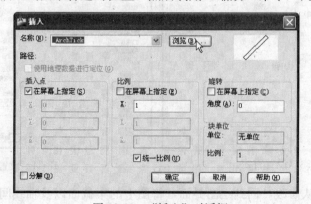

图 18-36　"插入"对话框

（2）关闭辅助线图层，至此体育馆基础平面及梁配筋图绘制完成，如图 18-37 所示。

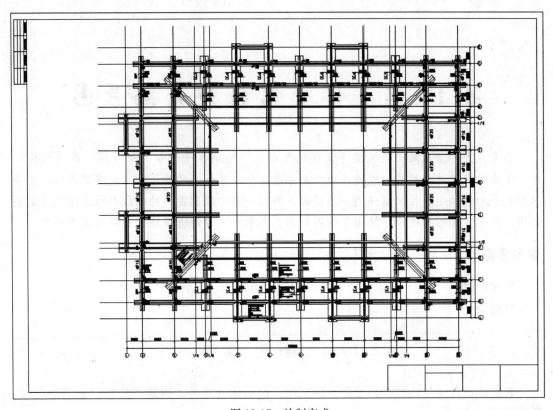

图 18-37　绘制完成

第19章 体育馆柱归并编号图

本章在上一章基础配筋及梁平面图的基础上，绘制柱子的归并编号图。在结构设计时，需要对柱子进行编号，以便在施工时分清各个位置柱子的具体信息；有需要时，还要根据柱子的结构绘制柱配筋详图。绘图时，将上一章中绘制图形的轴线和柱复制到当前图纸中，简化了绘图的过程，提高了绘图效率。本章中主要注意多线的应用及文字标注。

学习要点

连梁的绘制

柱的编号

19.1 绘图准备

在正式设计前应该进行必要的准备工作，包括建立文件、设置图层和绘制辅助线等，下面简要介绍。

19.1.1 建立新文件

首先，打开 AutoCAD 2011 的界面，按新建文件按钮，以无样板打开-公制方式建立新文件，并保存为"柱归并编号图"，如图 19-1 所示。

图 19-1 保存文件"柱归并编号图"

19.1.2 复制图形并设置图层

首先，打开上一章中绘制的基础平面及梁配筋图。只将轴线、尺寸标注、柱几个图层打开，其他图层均设置为关闭，如图 19-2 所示；然后，删除多余的尺寸标注，此时绘图区域仅显示部分内容，如图 19-3 所示。

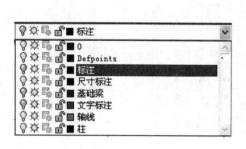

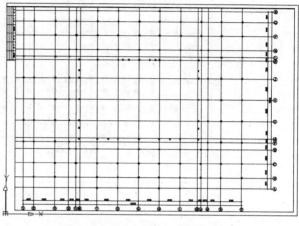

图 19-2　设置图层

图 19-3　隐藏其他部分

利用鼠标，选中所有的图形，按"Ctrl＋C"，复制所有图形；然后，单击菜单栏中的"窗口"，选择刚刚建立的新文件"柱归并编号图"，按"Ctrl＋V"，粘贴图形，此时命令栏中会提示输入插入点，可以输入：0，0，作为插入点。插入后图形将自动复制到新建文件中。

打开图层管理器，可以看到，随着刚才的复制，原文件中的图层也复制到了新文件中，修改图层设置，保留柱、轴线、编号、尺寸标注几个新的图层。最终图层设置如图 19-4 所示。

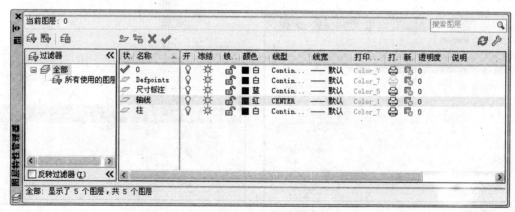

图 19-4　图层设置

19.1.3 绘制辅助线

将 0 层设置为当前图层，依照上一章的方法，绘制水平和垂直的辅助直线。利用"直线"命令和"复制"命令。绘制时注意，水平线和垂直线均应与轴线对齐；否则，绘制梁等图线时将会产生偏移。然后，对图形进行整理修改，绘制完成后图形如图 19-5 所示。

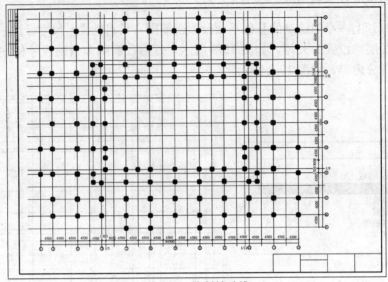

图 19-5 绘制辅助线

19.2 绘图连梁

19.2.1 设置线性

首先将"柱"图层设置为当前层，然后利用多线绘制连梁。选择菜单栏中的"格式"→"多线样式"，打开"多线样式"对话框。如图 19-6 所示。单击新建按钮，新建多线样式，并命名为"梁"，如图 19-7 所示。

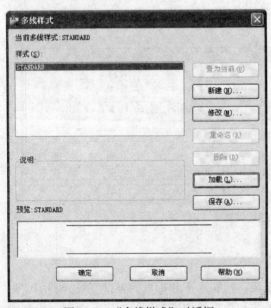

图 19-6 "多线样式"对话框

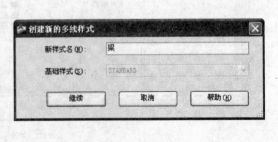

图 19-7 新建"梁"多线样式

"梁"多线样式的设置如图 19-8 所示。默认为两条线，其偏移量分别设置为 1 和－1，其余设置选择默认值。单击确定，回到绘图区域。

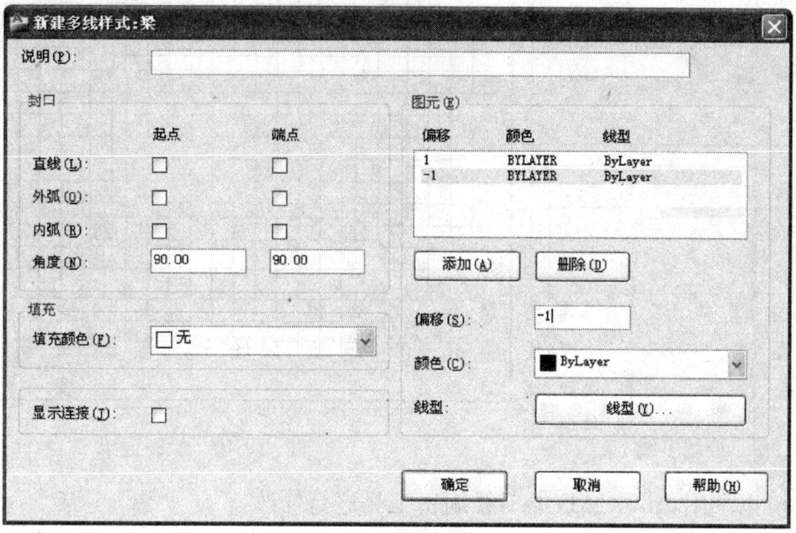

图 19-8　设置多线

19.2.2　绘制连梁

新建"梁"图层，颜色设置为红色，其余默认，并将梁图层设为当前层。连梁是柱之间的梁部分，用多线命令可以简便地将其绘制出来，在绘制前需要对当前的多线样式进行设置。在命令行中输入"mline"，命令行提示如下：

命令：mline ↙

当前设置：对正＝上，比例＝20.00，样式＝STANDARD

指定起点或[对正(J)/比例(S)/样式(ST)]：st ↙

输入多线样式名或[?]：梁 ↙

当前设置：对正＝上，比例＝20.00，样式＝梁

指定起点或[对正(J)/比例(S)/样式(ST)]：j ↙

输入对正类型[上(T)/无(Z)/下(B)]＜上＞：z ↙

当前设置：对正＝无，比例＝20.00，样式＝梁

指定起点或[对正(J)/比例(S)/样式(ST)]：s ↙

输入多线比例＜20.00＞：1 ↙

当前设置：对正＝无，比例＝1.00，样式＝梁

指定起点或[对正(J)/比例(S)/样式(ST)]：

然后选择轴线②与轴线 B 的交点，向上拖至轴线②与轴线 Q 的交点，如图 19-9 所示。

依据上面的方法，绘制其他轴线上的多线。绘制完成后如图 19-10 所示。

19.2.3　修改交点

由于刚刚绘制时多线出现交叉现象，如图 19-11 所示。因此，需要对多个交点进行修

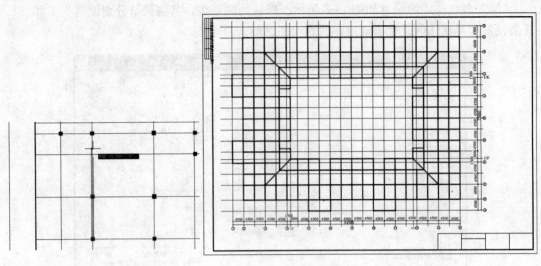

图 19-9　绘制多线　　　　　　　　　　　图 19-10　绘制连梁

正。此时，可以利用 AutoCAD 的多线编辑工具进行修改。

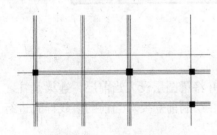

图 19-11　多线的交叉点

选择菜单栏中的"修改"→"对象"→"多线…"命令，打开多线编辑对话框，如图 19-12 所示。

单击十字打开工具，回到绘图区域，单击多线交叉部位。需要说明的是，单击时需要单击两次，第一次为其中一条多线，第二次单击第二条多线。可以看到，多线交叉部位的交叉点变成打开状态，如图 19-13 所示。

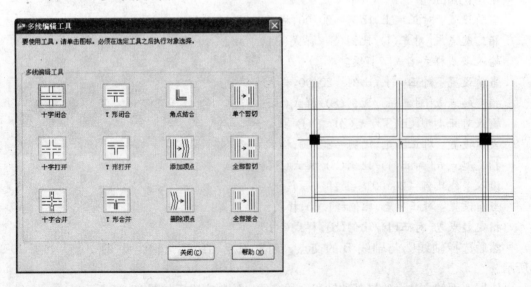

图 19-12　多线编辑工具　　　　　　　　　图 19-13　修改多线交叉点

对于一条多线的端点位于另一条多线上时的交叉点，可以单击"T 形打开"工具，再分别单击交叉的两条直线，如图 19-14 和图 19-15 所示。

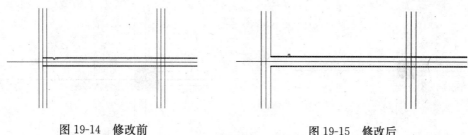

图 19-14　修改前　　　　　　　　　　　图 19-15　修改后

对于其他交点，也利用此方法进行修正。

19.3　输入柱编号

19.3.1　文字样式

首先，在图层下拉菜单中选择编号图层，将其设置为当前层。在菜单栏中，选择菜单栏中的"格式"→"文字样式"命令，打开"文字样式"对话框，将文字高度设置为 4，单击确定，确认修改。如图 19-16 所示。

图 19-16　修改文字高度

19.3.2　绘制编号

（1）首先，利用"直线"命令由柱中心或角点引出一条斜向直线及一条水平直线，如图 19-17 所示；然后，利用"多行文字"命令，在水平直线上方选择输入位置，输入文字："Z-1（2）"。如图 19-18 所示。

（2）依此方法，将柱的编号依次输入到图中，如图 19-19 所示。

（3）在图下方正中位置输入图名"柱归并编号图"，如图 19-20 所示。

（4）最后，关闭辅助线图层，完成绘制，如图 19-21 所示。

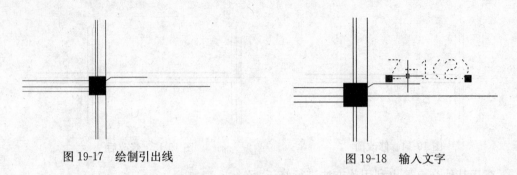

图 19-17　绘制引出线　　　　　　　　　　　图 19-18　输入文字

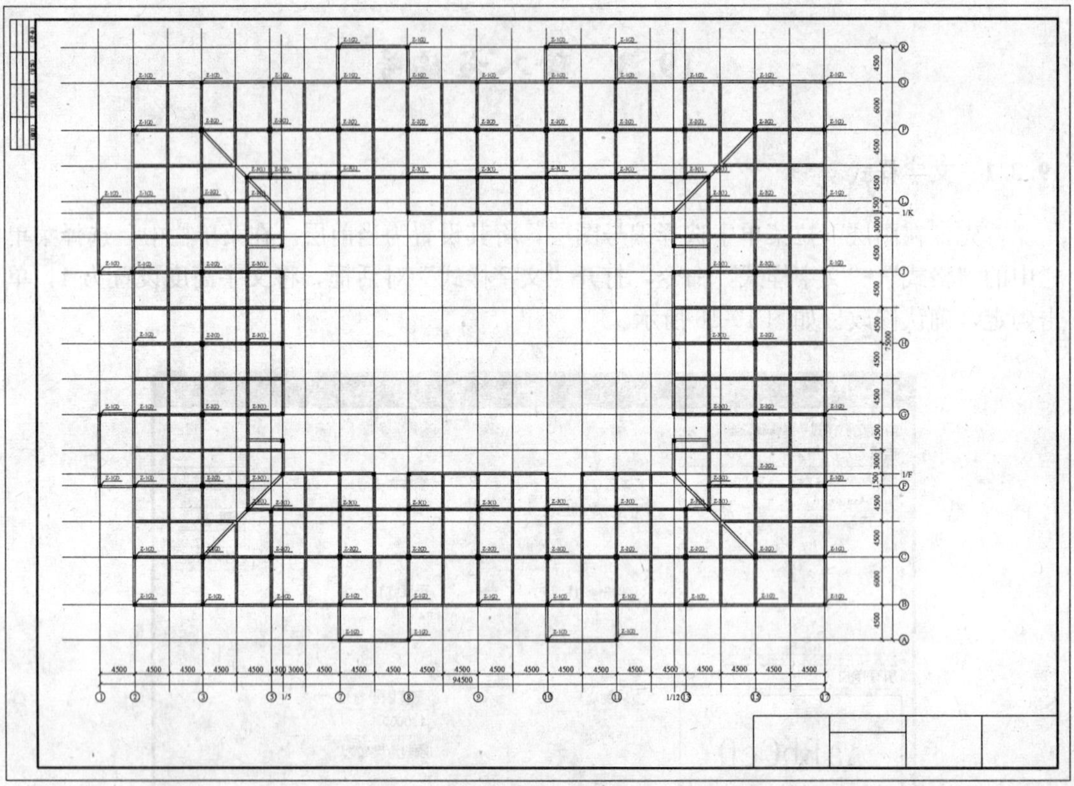

图 19-19　输入编号

图 19-20　输入图名

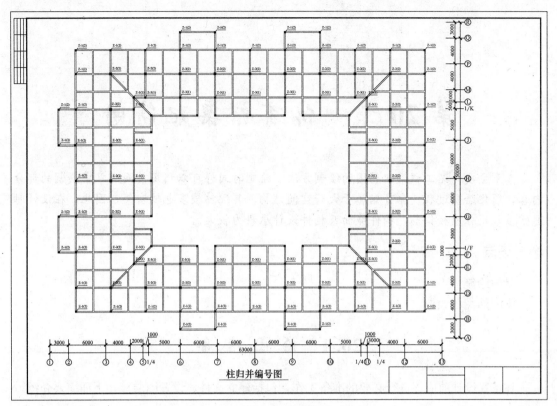

柱归并编号图

图 19-21　绘制完成

第20章 体育馆梁配筋图

本章主要介绍工程梁配筋图的绘制方法。绘制时同样可以利用前面两章中绘制的部分内容，简化绘制过程。体育馆属于大跨空间结构，其配筋较多也较密集，因此，在设计时通常多采用粗直径钢筋，构件截面及构件设计承载力较大。

学习要点

> 梁的绘制
> 梁配筋图的绘制

20.1 绘图准备

在正式设计前应该进行必要的准备工作，包括建立文件、设置图层等，下面简要介绍。

20.1.1 建立新文件

打开 AutoCAD 2011，以无样板打开-公制方式建立新文件，保存为"梁配筋图"，如图 20-1 所示。

图 20-1 新建文件

20.1.2 设置图层

打开图层管理器，在图层中添加：垂直标注、垂直钢筋、水平标注、水平钢筋、梁、轴线、柱图层。并设置图层颜色及线性，设置好后如图 20-2 所示。

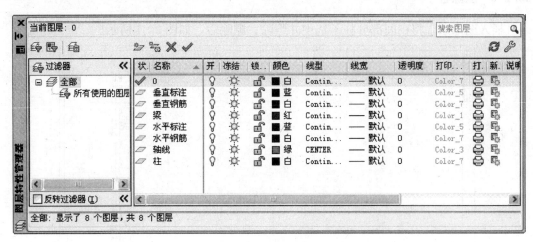

图 20-2　设置图层

20.2　绘　制　轴　线

20.2.1　复制图形

首先，打开第 15 章中绘制的"基础平面及配筋图"，将其轴线、边框及柱子所在图层设置为可见，其余图层设置为隐藏，如图 20-3 所示。

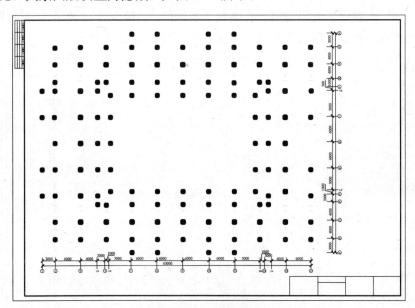

图 20-3　隐藏图层

选中所有显示的图形，按"Ctrl＋C"进行复制，按菜单栏中的"窗口"，在菜单中选择"梁配筋图"文件，切换至新建的文件中，按"Ctrl＋V"进行粘贴，插入点可设置为 0，0 点。

20.2.2 删除柱子

插入图形后，将中间部分柱子选中并删除。删除后，如图 20-4 所示。

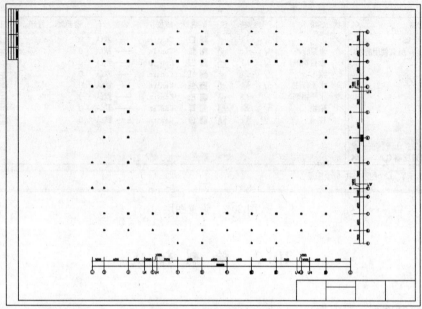

图 20-4　删除多余柱子

20.2.3 补充轴线

将"轴线"图层设置为当前层。在轴线 2 与轴线 3、轴线 3 与轴线 5 等轴线之间补充轴线，利用中点捕捉及复制命令实现。补充后的轴线如图 20-5 所示。

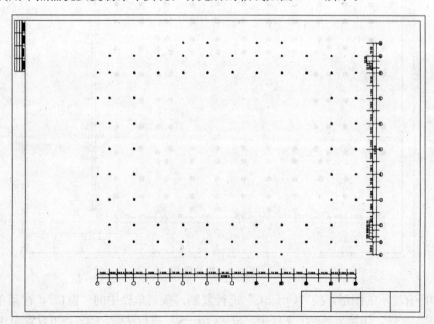

图 20-5　修改轴线

利用"直线"命令，沿垂直轴线绘制一条垂直线，长度充满整个图框为宜。然后，利用"复制"命令将其复制到其他轴线上。同样，水平方向轴线也用此方法绘制水平辅助线。绘制完成后如图 20-6 所示。

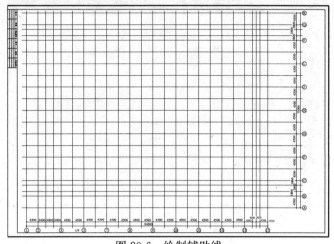

图 20-6　绘制辅助线

20.3　绘　制　梁

20.3.1　设置线型

由于梁在绘图中由平行线组成，因此可以采用多线命令进行绘制。首先要设置多线的样式。选择菜单栏中的"格式"→"多线样式"命令，打开多线样式对话框，如图 20-7 所示。再单击新建，创建一个新的多线样式，如图 20-8 所示，命名为"梁"。

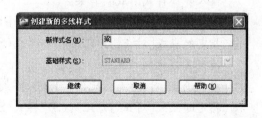

图 20-7　多线样式　　　　　　　　　　　　图 20-8　新建多线样式

单击"继续",进入多线样式设置对话框,将多线的偏移量分别设置为 1.0 和－1.0,即墙线宽度设置为 2,如图 20-9 所示。单击确定,回到绘图界面。

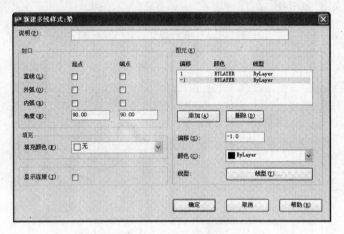

图 20-9 设置多线图

20.3.2 绘制梁

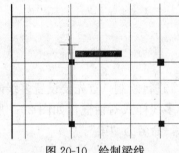

图 20-10 绘制梁线

在图层下拉菜单中,将"柱"图层设置为可见,再将"梁"图层设置为当前图层。由轴线 2 和轴线 B 的交点开始画起。首先,在命令行中输入"mlin"命令,进入多线绘制模式。输入"st",将多线样式改为"梁";然后,输入"s",将比例设置为 1,输入"j",将对中修改为上(输入 t),按图 20-10 的方式,单击柱子左上角,开始绘制。

命令行提示如下:

命令:mline↙

当前设置:对正＝上,比例＝20.00,样式＝STANDARD

指定起点或[对正(J)/比例(S)/样式(ST)]:st↙

输入多线样式名或[?]:梁↙

当前设置:对正＝上,比例＝20.00,样式＝梁

指定起点或[对正(J)/比例(S)/样式(ST)]:s↙

输入多线比例＜20.00＞:1↙

当前设置:对正＝上,比例＝1.00,样式＝梁

指定起点或[对正(J)/比例(S)/样式(ST)]:j↙

输入对正类型[上(T)/无(Z)/下(B)]＜上＞:t↙

当前设置:对正＝上,比例＝1.00,样式＝梁

指定起点或[对正(J)/比例(S)/样式(ST)]:(开始绘制)

绘制完成后修改多线交叉点。选择菜单栏中的"修改"→"对象"→"多线…"命令,打开多线编辑工具。选择十字打开图标,在图中修改多线交叉点,如图 20-11 所示。

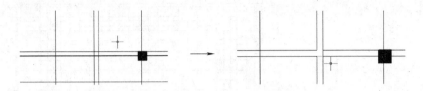

图 20-11　修改多线交点

全部绘制完成后，如图 20-12 所示。

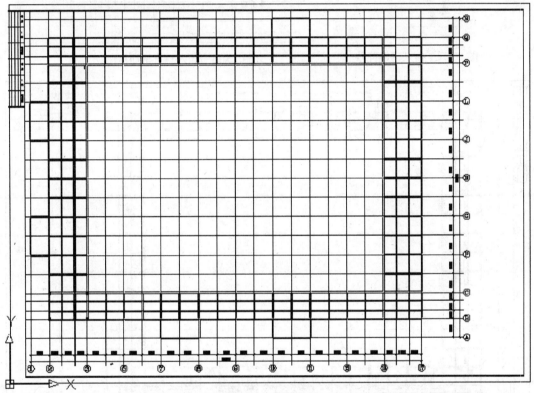

图 20-12　绘制梁线

20.4　插入钢筋标注

20.4.1　插入垂直标注

设置当前图层为"垂直钢筋"，将字体设置为宋体。

插入钢筋符号，如图 20-13 所示。同样，插入垂直钢筋标注的符号，插入完成后如图 20-14 所示。

20.4.2　插入水平标注

水平钢筋及标注插入方法同垂直相同，插入后如图 20-15 所示。

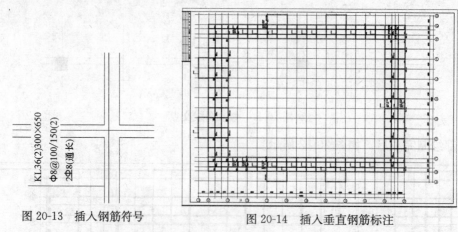

图 20-13　插入钢筋符号　　　　图 20-14　插入垂直钢筋标注

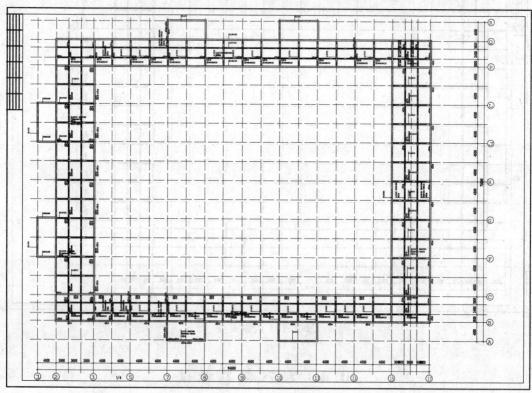

图 20-15　插入水平标注

20.5　绘制梁截面配筋图

20.5.1　绘制截面

　　首先将"梁"层设置为当前图层，将"轴线"图层设置为隐藏。在图中间用矩形命令绘制一 20×38 的矩形，如图 20-16 所示。单击"修改"工具栏中的"偏移"按钮 ，选择矩形，将偏移距离设置为 2，如图 20-17 所示。命令行见下面。

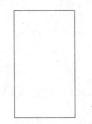

图 20-16　绘制矩形

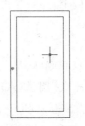

图 20-17　偏移

命令行提示如下：

命令：OFFSET ↙

当前设置：删除源＝否　图层＝源　OFFSETGAPTYPE＝0

指定偏移距离或[通过(T)/删除(E)/图层(L)]＜2.0000＞:2 ↙

选择要偏移的对象，或[退出(E)/放弃(U)]＜退出＞:(选择矩形)

指定要偏移的那一侧上的点，或[退出(E)/多个(M)/放弃(U)]＜退出＞:(在矩形内部单击鼠标左键)

选择要偏移的对象，或[退出(E)/放弃(U)]＜退出＞: ↙

20.5.2　绘制钢筋

由于梁的截面较大，且跨度较长，根据规范规定，需要对梁配置温度钢筋。

依据现行国家标准《混凝土结构设计规范》GB 50010，在温度、收缩应力较大的现浇区域内，钢筋间距宜取为 150～200mm，并应在板的未配筋表面布置温度收缩钢筋。

温度收缩钢筋可利用原有钢筋贯通布置，也可另行设置构造钢筋网，并与原有钢筋按受拉钢筋的要求搭接或在周边构件中锚固。

温度筋的长度计算同负弯矩筋的分布筋计算一样，如图纸上设计有温度钢筋时，可参照分布钢筋的长度进行计算。

1. 绘制箍筋

钢筋混凝土结构中，是钢筋与混凝土共同受力的构件。在受弯构件中，钢筋提供足够的拉力，而混凝土提供压力，组成受弯构件，提供受弯承载力。而当梁承受荷载时，剪力会影响梁的受力性能。因此，可以通过配置箍筋增强构件的抗剪承载力。

我国《混凝土结构设计规范》中规定了配置箍筋的方法，并且限制了最小配箍率。在设计时，要充分考虑剪力的影响，在一些受集中荷载的区域，要将箍筋加密配置。

本工程箍筋采用了直径为 8mm 的光圆钢筋，间距为 300mm。同时在腰筋处还设置了拉结筋，增强截面钢筋对混凝土的约束。

绘制过程如下：

单击多段线命令，将内层矩形绘制成宽度为 0.5mm 的粗实线，如图 20-18 所示。此为梁截面箍筋，用以约束混凝土，提高抗剪承载力。

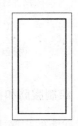

图 20-18　绘制内层矩形

命令行提示如下：

命令：_pline

指定起点：

当前线宽为 0. 0000

指定下一个点或[圆弧(A)/半宽(H)/长度(L)/放弃(U)/宽度(W)]：w✓

指定起点宽度＜0. 0000＞：0. 5✓

指定端点宽度＜0. 5000＞：✓

指定下一个点或[圆弧(A)/半宽(H)/长度(L)/放弃(U)/宽度(W)]：(开始绘制)

指定下一点或[圆弧(A)/闭合(C)/半宽(H)/长度(L)/放弃(U)/宽度(W)]：＊取消＊

2. 绘制纵筋

纵向钢筋是承载受力的主要受力钢筋。在计算构件受弯承载力时，通常不考虑架立筋和腰筋的影响，仅将受压钢筋和受拉钢筋计算其中。

纵向受力钢筋提供了抵抗弯矩，提供了构件的受弯承载力。在设计截面时，首先，要根据标准荷载组合，确定构件的截面及配筋率；然后，选择合适的钢筋进行配置；同时，还要注意钢筋的间距。

我国现代建筑，不断向大跨、重载的方向发展，构件尺寸不断加大。同时，配筋也不断增多。在一些梁柱节点等部位，按照现行规范进行设计的配筋十分密集，这样带来很多的负面影响。比如：在浇筑混凝土时，混凝土骨料不易下落且振捣困难。严重时，还会产生蜂窝、孔洞等混凝土缺陷，影响工程质量。现阶段解决这个矛盾的方法主要是采取粗钢筋及采用分排布置钢筋的方式来保证钢筋间距，但是收效不是很明显。同时，还增加了施工难度和工程造价。因此，在设计时，既要满足承载力的要求，同时还要考虑施工、使用等方面的要求，具体情况具体分析，选择合适的配筋方式进行配置。

继续绘制纵向受力钢筋。在箍筋矩形内部，绘制一个直径为 0.5mm 的圆，用 hatch 命令将其填充为实心，并复制 4 个排列与梁的顶部，如图 20-19 所示。单击镜像命令"⚏"，选择四个实心圆，利用中点捕捉工具，捕捉矩形长边中点作为镜像轴，将其镜像到底层，如图 20-20 所示。

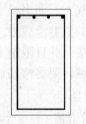

图 20-19　绘制纵筋

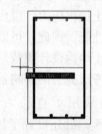

图 20-20　镜像纵筋

3. 绘制腰筋和拉结筋

梁截面的腰筋主要是增加混凝土表面的抗裂性能。体育馆跨度较大，导致梁的截面比较高，混凝土面积较大。由于温度收缩的影响，混凝土表面产生表面张力，当其达到混凝土抗拉强度时，构件表面就会出现裂缝，影响混凝土耐久性及外观，因此，规范规定了构件的尺寸超过一定范围即要配置腰筋。同时，本工程中还采取了拉结筋的方式，增强了拉结筋对混凝土的约束，同时可以有效地固定腰筋的位置。

同样，在截面侧面绘制腰筋，同纵向钢筋的方法一致，如图 20-21 所示。用多段线命令，在最上一排腰筋部位绘制转折线，如图 20-22 所示。本工程梁截面设置了三根拉结筋，因此复制拉结筋，如图 20-23 所示。

图 20-21　绘制腰筋　　　　图 20-22　绘制拉结筋　　　　图 20-23　复制拉结筋

20.5.3　绘制标注

（1）在顶部纵向钢筋的中心处，利用"直线"命令引出 4 条垂直线，如图 20-24（a）所示。然后，用一条水平线，将其相连，并向右引出，如图 20-24（b）所示。利用"多行文字"命令插入文字标注，如图 20-24（c）所示。

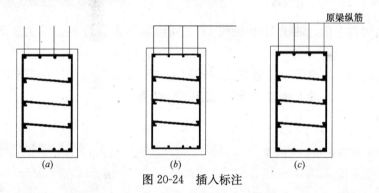

（a）　　　　　　　　（b）　　　　　　　　（c）

图 20-24　插入标注

（2）其余文字标注均按以上方法进行标注，标注完成后如图 20-25 所示。

然后，在图下方添加图名，完成绘制，如图 20-26 所示。

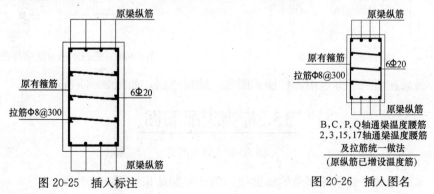

图 20-25　插入标注　　　　　　　　图 20-26　插入图名

20.6 绘制水箱

体育馆东北角处设置水箱，供体育设施及供水使用。水箱用虚线表示。绘制过程如下。

（1）在工具栏中单击线型下拉菜单，选择"其他"，打开线型管理器，如图 20-27 所示。单击加载，选择"ISO dot"线型，单击确定，如图 20-28 所示，加载到线型管理器中，并单击当前，将其设置为当前线型，单击确定回到绘图区域。

图 20-27 线型管理器

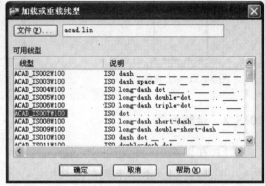
图 20-28 加载线型

（2）在结构右上角，轴线 15 和轴线 17 之间绘制两个长为 60、宽为 7 的矩形，如图 20-29 所示。

（3）单击线型下拉菜单，将当前线型还原为"bylayer"线型，在矩形的上方引出标注线，并注明标注"此梁上放置水箱"。如图 20-30 所示。

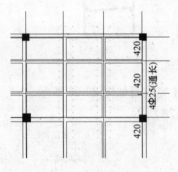
图 20-29 绘制矩形

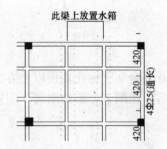
图 20-30 绘制水箱及文字标注

（4）最后在图的下方正中部位插入图名，结束绘制，如图 20-31 所示。

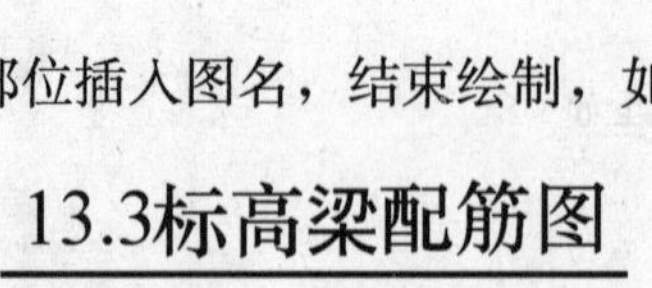

13.3标高梁配筋图

图 20-31 插入图名

（5）关闭轴线，并删除多余的辅助线，最终绘制结果如图 20-32 所示。

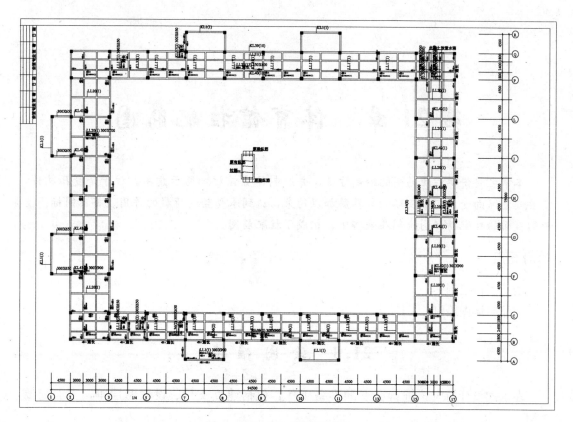

图 20-32　绘制结果

第21章 体育馆柱配筋图

本章主要讲解柱配筋图的绘制方法，并绘制体育馆柱配筋示意图。柱子是受压构件，需要配置纵向受压钢筋及环向的箍筋加以约束，达到承受竖向荷载的作用。将不同标高及不同截面的柱配筋详图绘制在表格中，构成了柱配筋图。

学习要点

钢筋表格绘制

柱配筋详图绘制

21.1 绘图准备

在正式设计前应该进行必要的准备工作，包括建立文件、设置图层等，下面简要介绍。

21.1.1 建立新文件

以无样板打开-公制方式建立新文件，命名为"柱配筋图"，保存至相关目录。如图21-1所示。

图 21-1 建立新文件

21.1.2 设置图层

打开图层管理器，新建图层：轴线、尺寸标注、文字标注、柱截面、配筋、表格几个新图层，如图 21-2 所示。

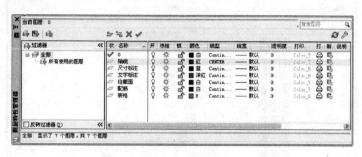

图 21-2 设置图层

21.2 绘制钢筋表格

21.2.1 绘制表格

AutoCAD 开发了表格功能，使工程制图中的表格可以更加简便地绘制出来。这里，将利用表格工具，对钢筋表框进行绘制。

（1）将"表格"图层设置为当前层，单击"绘图"工具栏中的"表格"按钮 ，打开"插入表格"对话框，如图 21-3 所示。

（2）单击表格样式名称后面的按钮 ，进入"表格样式"对话框，如图 21-4 所示。单击新建，将新建表格命名为样式一，单击继续，进入新建表格对话框，如图 21-5 所示。将文字高度设置为 60，页边距水平、垂直均设置为 0。

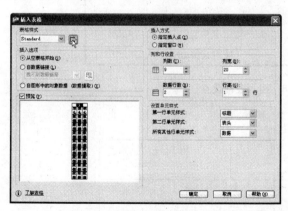

图 21-3 插入表格

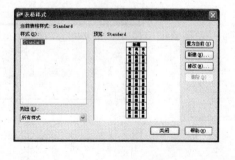

图 21-4 表格样式

（3）单击确定和关闭，返回插入表格对话框，将表格样式选择为样式一，表格列数设为 7，列宽为 90，行设置为 1，行高为 1 行，如图 21-6 所示。单击确定，在屏幕中一点单击，插入表格如图 21-7 所示。

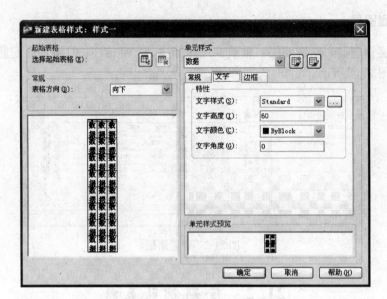

图 21-5 设置表格样式

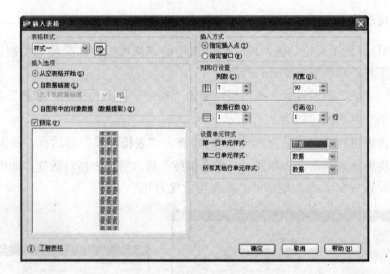

图 21-6 插入表格设置

图 21-7 插入表格

21.2.2　修改表格

（1）选中表格，单击"修改"工具栏中的"分解"按钮 ，回车确认，将表格分解。然后，将表格按照图 21-8 的形式进行修改。

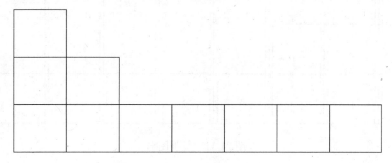

图 21-8　修改表格

（2）单击"绘图"工具栏中的"直线"按钮 ，或在命令行中输入"line"命令，在表格左上角单击；然后，按回车取消绘制直线。这主要是为了确定相对坐标。

（3）单击"绘图"工具栏中的"直线"按钮 ，在命令行中输入"@6，0"；然后，向下拖曳，绘制垂直直线，如图 21-9 所示。单击其与最下边的交点完成绘制。

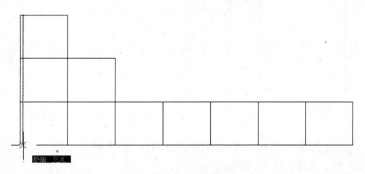

图 21-9　绘制直线 1

（4）利用"直线"命令，输入"@6，0"，向上拖曳，绘制第二条直线，如图 21-10 所示。

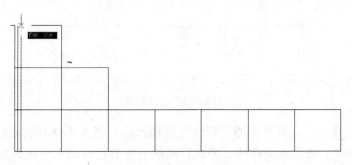

图 21-10　绘制直线 2

（5）选择刚刚绘制的两条垂直线，单击"修改"工具栏中的"复制"按钮 ，以整个表格的左下角为基准点，分别复制到每一列的左侧，如图 21-11 所示。

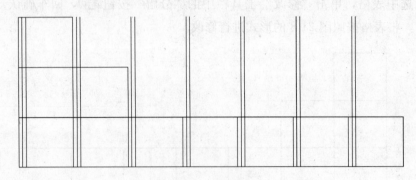

图 21-11　复制图形

（6）单击"修改"工具栏中的"修剪"按钮 ，选择第二排水平线，回车，然后单击出头的垂直线，将其截去，如图 21-12 所示。同样，其他直线也将出头的直线截去，完成后如图 21-13 所示。

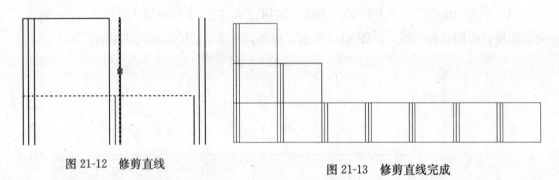

图 21-12　修剪直线

图 21-13　修剪直线完成

（7）利用"直线"命令，首先单击图形左上角，依次输入：@－30，0；@0，－270；@660，0；@0，30，如图 21-14 所示。

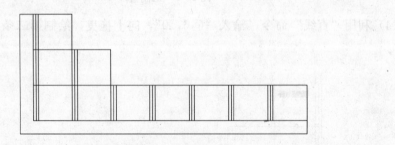

图 21-14　绘制直线

（8）单击"修改"工具栏中的"延伸"按钮 ，将水平线和垂直线分别延伸至最外层的直线。首先，单击左侧竖线，回车，再单击需要延伸的水平线，如图 21-15 所示。全部修改后，表格如图 21-16 所示。

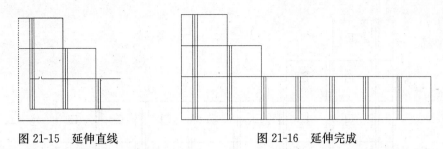

图 21-15　延伸直线　　　　　　　　图 21-16　延伸完成

（9）在第一列组纵向直线和第二组纵向直线上各绘制两条水平短线，如图 21-17 所示。

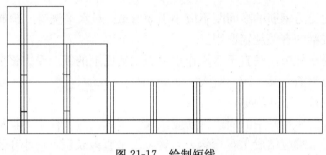

图 21-17　绘制短线

21.3　绘制柱配筋详图

21.3.1　绘制柱截面

（1）打开工具栏中的图层下拉菜单，单击柱截面图层，将"柱截面"图层设置为当前层。

（2）放大图形，在最上方一层表格中绘制柱截面。利用"矩形"命令，在单元格中间绘制一个边长为 25 的正方形，如图 21-18 所示。

（3）复制正方形，在其他单元格进行复制，其中第二列单元格中的柱截面为 300×300，所以，绘制时正方形边长为 30×30，其余均为 25×25 的正方形。绘制完成后，如图 21-19 所示。

图 21-18　绘制柱剖面

21.3.2　绘制钢筋

我国现行国家标准《混凝土结构设计规范》GB 50010 中对柱中的配筋作出了明确的规定。

（1）纵向受力钢筋的直径不宜小于 12mm，全部纵向钢筋的配筋率不宜大于 5%；圆柱中纵向钢筋宜沿周边均匀布置，根数不宜少于 8 根，且不应少于 6 根。

（2）当偏心受压柱的截面高度≥600mm 时，在柱的侧面上应设置直径为 10～16mm 的纵向构造钢筋，并相应设置符合箍筋或拉结筋。

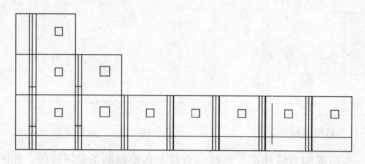

图 21-19　绘制柱剖面

（3）柱中纵向受力钢筋的净间距不应小于 50mm；对水平浇筑的预制柱，其纵向钢筋的最小净间距可按梁的有关规定取用。

（4）在偏心受压柱中，垂直于弯矩作用平面的侧面上的纵向受力钢筋以及轴心受压柱中各边的纵向受力钢筋，其中距不宜大于 300mm。

柱中的箍筋应符合下列规定：

（1）柱及其他受压构件中的周边箍筋应做成封闭式；对圆柱中的箍筋，搭接长度不应小于锚固长度，且末端应做成 135°弯钩，弯钩末端平直段长度不应小于箍筋直径的 5 倍。

（2）箍筋间距不应大于 400mm 及构件截面的短边尺寸，且不应大于 15d，d 为纵向受力钢筋的最小直径。

（3）箍筋直径不应小于 $d/4$，而且不应小于 6mm，d 为纵向钢筋的最大直径。

（4）当柱中全部纵向受力钢筋的配筋率大于 3％时，箍筋直径不应小于 8mm，间距不应大于纵向受力钢筋最小直径的 10 倍，且不应大于 200mm；箍筋末端应做成 135°弯钩，而且弯钩末端平直段长度不应小于箍筋直径的 10 倍；箍筋也可焊成封闭环式。

（5）当柱截面短边尺寸大于 400mm 且各边纵向钢筋多于 3 根时，或当柱截面短边尺寸不大于 400mm 但各边纵向钢筋多于 4 根时，应设置复合箍筋。

（6）柱中纵向受力钢筋搭接长度范围内的箍筋间距应符合规范的规定。

本工程的柱均为正方形截面，箍筋也为方形箍筋。柱钢筋的绘制方法如下：

选择工具栏中的图层下拉菜单，将"配筋"设置为当前图层。以最上方单元格内的钢筋截面为例进行说明。

（1）首先，单击"修改"工具栏中的"偏移"按钮 ，设置偏移量为 1，选中正方形边框，单击正方形内侧，创建内圈箍筋的轮廓线，如图 21-20 所示。单击"绘图"工具栏中的"多段线"按钮 ，沿内圈正方形绘制箍筋，线宽设定为 0.3，如命令行所示。绘制完成后，如图 21-21 所示。

图 21-20　复制正方形

图 21-21　绘制箍筋

命令行提示如下：

1）偏移操作

命令：_offset

当前设置：删除源＝否　图层＝源　OFFSETGAPTYPE＝0

指定偏移距离或［通过(T)/删除(E)/图层(L)］＜1.0000＞：1↙

选择要偏移的对象，或［退出(E)/放弃(U)］＜退出＞：(选择矩形)

指定要偏移的那一侧上的点，或［退出(E)/多个(M)/放弃(U)］＜退出＞：(选择矩形内部某点)

选择要偏移的对象，或［退出(E)/放弃(U)］＜退出＞：↙

2）绘制多段线

命令：_pline

指定起点：(选择矩形一个端点)

当前线宽为 0.0000

指定下一个点或［圆弧(A)/半宽(H)/长度(L)/放弃(U)/宽度(W)］：w↙

指定起点宽度＜0.0000＞：0.3↙

指定端点宽度＜0.3000＞：↙

指定下一个点或［圆弧(A)/半宽(H)/长度(L)/放弃(U)/宽度(W)］：(选择第二个角点)

指定下一点或［圆弧(A)/闭合(C)/半宽(H)/长度(L)/放弃(U)/宽度(W)］：(选择第三个角点)

指定下一点或［圆弧(A)/闭合(C)/半宽(H)/长度(L)/放弃(U)/宽度(W)］：(选择第四个角点)

指定下一点或［圆弧(A)/闭合(C)/半宽(H)/长度(L)/放弃(U)/宽度(W)］：(选择第一个角点)

指定下一点或［圆弧(A)/闭合(C)/半宽(H)/长度(L)/放弃(U)/宽度(W)］：(选择第二个角点)

指定下一点或［圆弧(A)/闭合(C)/半宽(H)/长度(L)/放弃(U)/宽度(W)］：↙

📖 说 明

　　绘制多段线时，由于线宽的原因，若仅绘制到与起始点相接，则接头处转折点会出现间断现象，因此多绘制一段多线，转折点会自然许多。

　　(2) 在箍筋内部，绘制一直径为 1 的圆，并将其填充为实心。如图 21-22 所示。利用"复制"或"镜像"命令，将其复制到箍筋周围纵筋位置，如图 21-23 所示。继续利用"多段线"命令，绘制中间的箍筋及箍筋的弯起部分，如图 21-24 所示。

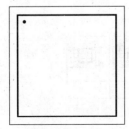

图 21-22　绘制纵筋

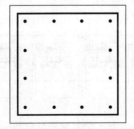

图 21-23　复制纵筋

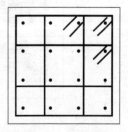

图 21-24　绘制箍筋

（3）将"文字标注"图层设置为当前层。利用"直线"命令，从钢筋引出标注线，如图 21-25 所示。然后，用"多行文字"命令插入文字标注，如图 21-26 所示。

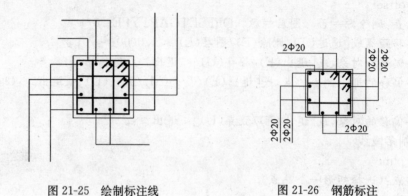

图 21-25　绘制标注线　　　　　　　图 21-26　钢筋标注

（4）在左侧纵向表格中标注箍筋间距，如图 21-27 所示。

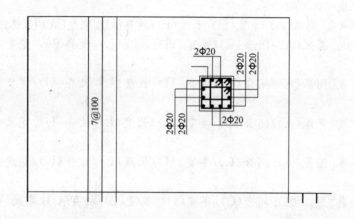

图 21-27　箍筋间距标注

（5）依照上述方法，将其他柱截面分别进行钢筋绘制及钢筋标注。绘制完成后，如图 21-28 所示。

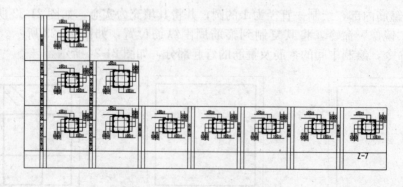

图 21-28　绘制钢筋及钢筋标注

21.4 尺 寸 标 注

（1）将尺寸标注图层设置为当前层。选择菜单栏中"格式"→"标注样式"命令，打开"标注样式管理器"对话框，单击"修改"按钮，打开"修改标注样式 ISO-25"对话框。

（2）文字高度设置为 3，超出尺寸线 2.5，起点偏移量设置为 10，箭头设置为建筑符号，箭头大小为 2.5，此图比例为 1∶20。所以，在主单位选项卡中，将测量比例因子设置为 20，如图 21-29 所示。

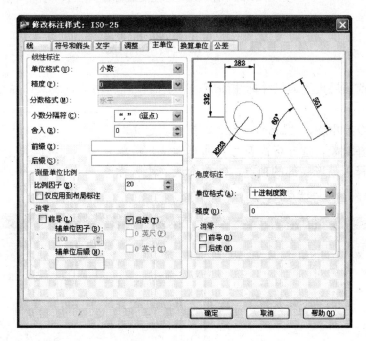

图 21-29 设置比例因子

（3）对柱子截面进行尺寸标注，如图 21-30 所示。

（4）将轴线层设置为当前层，绘制直径为 8 的圆形，插入到柱中心线处，如图 21-31 所示。

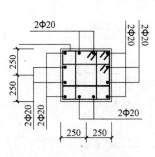

图 21-30 尺寸标注

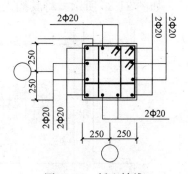

图 21-31 插入轴线

（5）将其他钢筋配筋截面也进行尺寸标注和插入轴线编号。插入后，如图 21-32 所示。

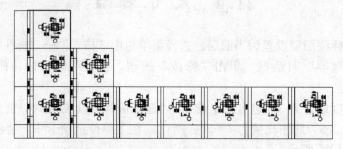

图 21-32　插入尺寸标注及轴线编号

21.5　绘制标高

（1）将当前图层设置为尺寸标注图层。在空白位置利用"直线"命令绘制标高符号，如图 21-33 所示。

（2）在命令行中输入"block"命令，打开块定义对话框，单击选择对象，选择标高符号，回车确认。再单击插入点，选择三角形底部的顶点，回车确认。块名称输入"标高"，如图 21-34 所示。

图 21-33　标高符号

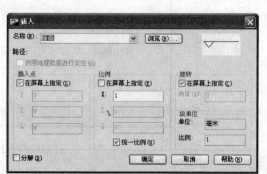

图 21-34　定义标高块　　　　　　　　图 21-35　插入标高块

（3）命令行中输入"insert"命令，打开插入对话框，在块名称内输入"标高"，其他值保持默认，如图 21-35 所示。将其插入到表格中的水平线的位置，如图 21-36 所示。

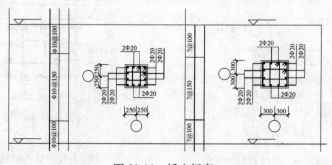

图 21-36　插入标高

（4）在标高线上输入标高数值，如图 21-37 所示。

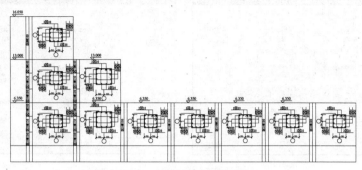

图 21-37　输入标高数值

21.6　插入图框及文字

图形绘制完毕后，需要插入图框和必要的文字，以完成完整的图纸绘制。

21.6.1　插入图框

将"0"层设置为当前层。单击"绘图"工具栏中的"插入块"按钮，将源文件/图库/A2 图框插入到图中，如图 21-38 所示。

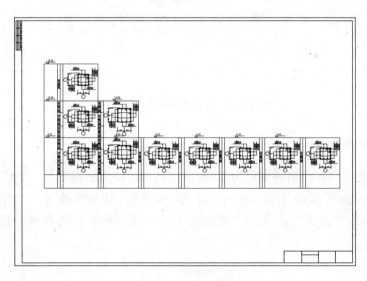

图 21-38　插入图框

21.6.2　插入文字说明

（1）选择菜单栏中的"格式"→"文字样式"命令，打开"文字样式"对话框，如图 21-39 所示，新建样式"样式一"，将字体改为仿宋体，字高设置为 4，如图 21-40 所示。

（2）用字体"样式 1"在表格下方标注出柱子编号名称；然后，在表格外的空白位置编写文字描述，如图 21-41 所示。

图 21-39　文字样式对话框　　　　　　　图 21-40　设置字体

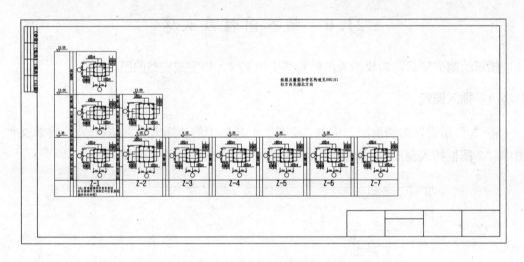

图 21-41　插入文字描述及柱编号

21.6.3　绘制指北针

（1）首先在空白处绘制一直径为 50 的圆，利用圆切点捕捉工具""，在圆的上下切点绘制直线，如图 21-42 所示。然后，在其一端绘制一条倾斜度为 8°左右的斜线，如图 21-43 所示。利用"镜像"命令，将其镜像至另一侧，将多余线条修剪掉，如图 21-44 所示。

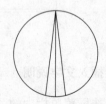

图 21-42　绘制圆形　　　　图 21-43　绘制斜线　　　　图 21-44　绘制箭头

（2）在命令行输入"hatch"命令，打开填充对话框，如图 21-45。填充选择为实

体，填充对象依次选择两条斜线和圆弧，回车确认，将箭头填充起来。如图 21-46
所示。

（3）在指北针的顶部输入"北"字，选择文字单击鼠标右键，选择特征，打开
"特性"对话框，将文字高度修改为 20，如图 21-47 所示。修改后的指北针如图 21-48
所示。

图 21-45　"填充"对话框

图 21-46　填充箭头

图 21-47　"属性"对话框

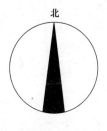

图 21-48　指北针

（4）全图绘制完成，如图 21-49 所示。

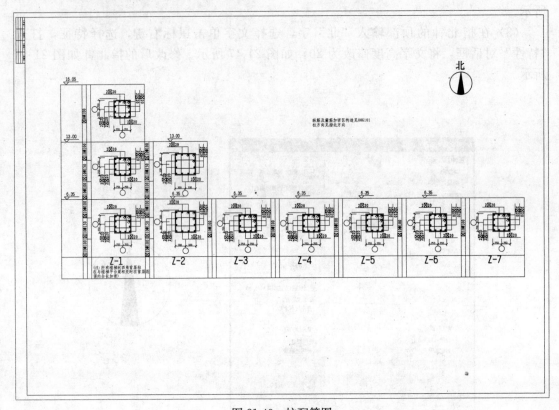

图 21-49　柱配筋图

第22章 体育馆楼梯详图

本章将绘制楼梯详图。楼梯详图主要包括楼梯的平面图、楼梯侧立面图及楼梯的梁板配筋详图。绘制楼梯详图时，首先要注意楼梯的轴线位置，以及楼梯板的配筋情况，要表达清楚。楼梯台阶绘制时，可采用阵列或者复制命令。在绘制楼梯侧立面图时，采用了镜像命令，简化了绘图过程。

学习要点

绘制楼梯平面图及剖面图
绘制梁截面配筋图

22.1 绘图准备

在正式设计前应该进行必要的准备工作，包括建立文件、设置图层等，下面作简要介绍。

22.1.1 建立新文件

以无样板打开-公制方式在 AutoCAD 中建立新文件，并保存为"楼梯详图"。

22.1.2 设置图层

单击"图层"工具栏中的"图层特性管理器"按钮，打开"图层特性管理器"对话框，新建以下图层：楼梯、截面、配筋、标注、文字。如图 22-1 所示。

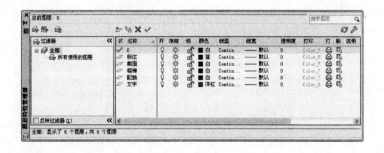

图 22-1 图层设置

22.2 绘制楼梯平面图

22.2.1 绘制辅助轴线

（1）楼梯详图图幅应用 A2 图幅，楼梯平面图的绘制比例为 1：50。为了准确定位楼梯图形的位置以及方便绘图，首先绘制辅助线。将当前图层设置为 0 层。单击工具栏中的线型下拉菜单，选择"其他"，加载新的线型，如图 22-2、图 22-3 所示。

图 22-2　线型管理器

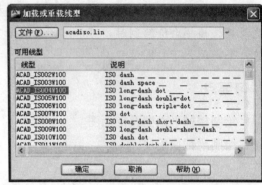

图 22-3　加载新线型

（2）在线型库中选择"ISO long-dash dot"线型，即点画线，单击确定加载到线型管理器中，并选中后单击当前按钮，将其设置为当前线型。

（3）单击"绘图"工具栏中的"直线"按钮✏，在图中分别绘制两条相交的直线，如图 22-4 所示。选择竖直方向的直线，在命令行中输入"copy"命令，选择直线上一点，在命令行中输入"@90，0"，将其复制到另一侧。用同样方法复制水平直线，复制距离为180。绘制完成后如图 22-5 所示。

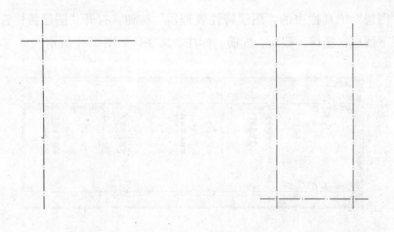

图 22-4　绘制相交线　　　　　　图 22-5　复制轴线

22.2.2　绘制楼梯

1. 绘制边柱

（1）首先，绘制楼梯边柱的平面图。将楼梯图层设置为当前层。单击"绘图"工具栏中的"矩形"按钮 ▢，在空白位置绘制一个边长为 10 的正方形，并利用中点捕捉工具，做出其中心轴线，如图 22-6 所示。单击"修改"工具栏中的"移动"按钮 ✥，选择正方形，将移动点设置为正方形中线的交点，将其移动至轴线的交点位置，如图 22-7 所示。

（2）用同样方法复制其他楼梯边柱的截面，绘制完成后如图 22-8 所示。

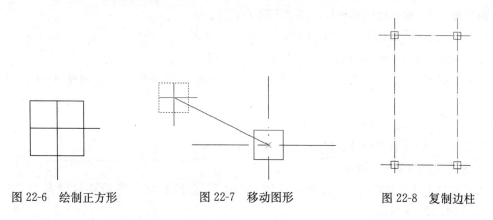

图 22-6　绘制正方形　　　　图 22-7　移动图形　　　　图 22-8　复制边柱

2. 绘制墙线

（1）选择菜单栏中的"格式"→"多线样式"命令，打开"多线样式"对话框，如图 22-9 所示。单击新建按钮，新建多线样式，命名为"louti"，将其偏移设置为 2.5 和 −2.5，其余选项默认，如图 22-10 所示。

图 22-9　多线样式

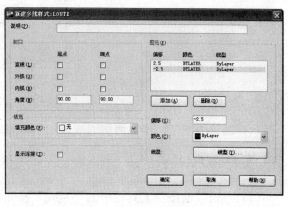

图 22-10　新建多线样式"louti"

（2）在命令行中输入"mline"，绘制多线，命令行提示如下：

命令：mline↙

当前设置：对正＝上，比例＝20.00，样式＝STANDARD

指定起点或[对正(J)/比例(S)/样式(ST)]：st↙

输入多线样式名或[?]：louti↙

当前设置：对正＝上，比例＝20.00，样式＝LOUTI

指定起点或[对正(J)/比例(S)/样式(ST)]：s↙

输入多线比例＜20.00＞：1↙

当前设置：对正＝上，比例＝1.00，样式＝LOUTI

指定起点或[对正(J)/比例(S)/样式(ST)]：j↙

输入对正类型[上(T)/无(Z)/下(B)]＜上＞：z↙

当前设置：对正＝无，比例＝1.00，样式＝LOUTI

指定起点或[对正(J)/比例(S)/样式(ST)]：（选择水平轴线与柱边的交点如图 18-11 所示）

指定下一点：（选择另外一边交点）

指定下一点或[放弃(U)]：回车

绘制过程如图 22-11 所示。

（3）再次打开多线样式对话框，新建"louti2"多线样式，将偏移量设置为 3.0 和 -3.0，如图 22-12 所示。

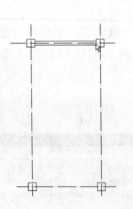

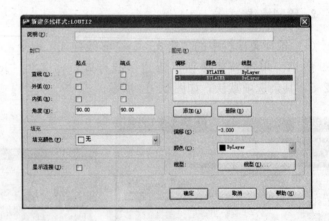

图 22-11　绘制多线　　　　　　　图 22-12　新建多线样式"louti2"

（4）继续绘制竖向楼梯两侧墙线，如图 22-13 所示。

3. 绘制楼梯线

（1）单击"绘图"工具栏中的"直线"按钮，单击左侧墙线的外侧直线与上侧柱子的交点，如图 22-14 所示。然后，在命令行中输入"@0，-34"、"@96，0"，如图 22-15所示。

图 22-13　绘制墙线

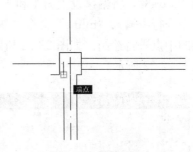

图 22-14　直线插入点

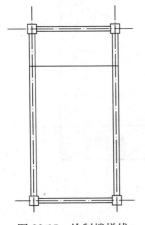

图 22-15　绘制楼梯线

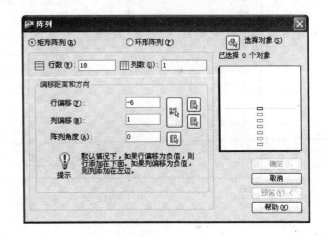

图 22-16　阵列命令

　　(2) 利用"阵列"命令复制楼梯线。单击"修改"工具栏中的"阵列"按钮，打开阵列编辑对话框，如图 22-17 所示。将行设置为 18，列为 1，行偏移为－6，单击"选择对象"按钮，选择刚刚绘制的水平线，单击确定，绘制完成后如图 22-17 所示。利用"修剪"命令，将墙线内多余的楼梯线修剪掉，如图 22-18 所示。修剪后如图 22-19 所示。

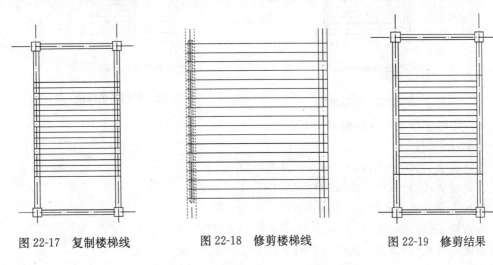

图 22-17　复制楼梯线　　　　　图 22-18　修剪楼梯线　　　　　图 22-19　修剪结果

（3）选择菜单栏中的"格式"→"多线样式"命令，打开"多线样式"对话框，新建多线样式为"louti3"，将偏移设置为1和－1，如图22-20所示。

（4）在命令行中输入"mline"命令，然后设置多线的输入格式，利用中点捕捉工具，选择楼梯线的中点进行绘制。如图22-21所示。绘制完成后用修剪命令将多线内部的线段剪切掉，如图22-22所示。

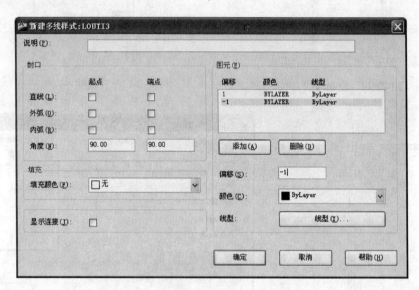

图 22-20　设置多线

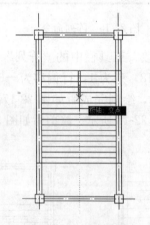

图 22-21　绘制多线

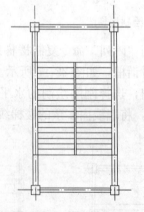

图 22-22　剪切多余线段

（5）绘制多线。命令行提示如下：

命令：mline↙

当前设置：对正＝无，比例＝1.00，样式＝LOUTI

指定起点或[对正(J)/比例(S)/样式(ST)]：st↙

输入多线样式名或[?]：louti3↙

当前设置：对正＝无，比例＝1.00，样式＝LOUTI3

指定起点或[对正(J)/比例(S)/样式(ST)]：j↙

输入对正类型[上(T)/无(Z)/下(B)]＜无＞：z↙

当前设置:对正＝无,比例＝1.00,样式＝LOUTI3

指定起点或[对正(J)/比例(S)/样式(ST)]：s↙

输入多线比例＜1.00＞：1↙

当前设置:对正＝无,比例＝1.00,样式＝LOUTI3

指定起点或[对正(J)/比例(S)/样式(ST)]：_mid 于(选择楼梯线中点)

指定下一点:(选择另一侧中点)

(6)利用第 2 节中加载轴线样式的方法,另外加载虚线"ISO dash"线型,如图 22-23所示。

(7)将虚线设置为当前线型,然后利用"直线"命令,在楼梯线的左侧第一排角点处单击,如图 22-24 所示。接着,在命令行中输入:"@0,5","@96,0",绘制一条水平虚线,如图 22-25 所示。

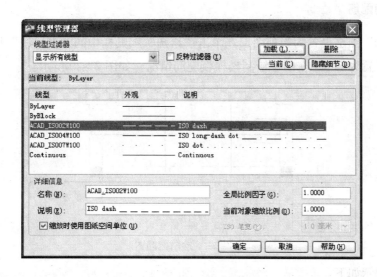

图 22-23 加载虚线

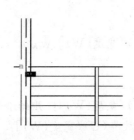
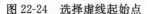

图 22-24 选择虚线起始点

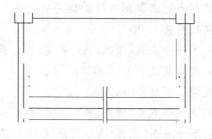

图 22-25 绘制虚线

(8)在楼梯另一侧同样绘制相同直线,起始点为下方楼梯线端点,输入"@0,−5","@96,0",如图 22-26 所示。命令行中输入"solid"命令,依次在图中选中上方虚线与墙线的 4 个交点,如图 22-27 所示,将其填充。填充后如图 22-28 所示。

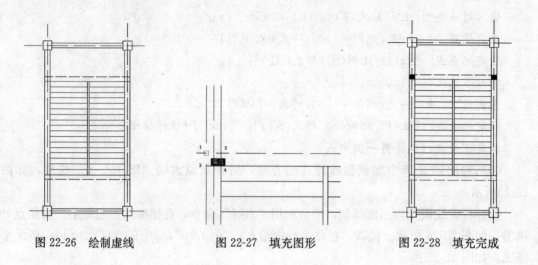

图 22-26　绘制虚线　　　　图 22-27　填充图形　　　　图 22-28　填充完成

22.2.3　绘制配筋

　　将"配筋"图层设置为当前图层，单击"绘图"工具栏中的"多段线"按钮，将多段线宽度设置为 0.5，在图中绘制楼梯板配筋情况。如图 22-29 所示。

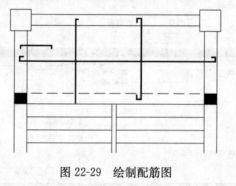

图 22-29　绘制配筋图

命令行提示如下：

命令：PLINE↙

指定起点：(选取图中绘制钢筋的起点)

当前线宽为 0.0000

指定下一个点或[圆弧(A)/半宽(H)/长度(L)/放弃(U)/宽度(W)]：w↙

指定起点宽度<0.0000>：0.4↙

指定端点宽度<0.4000>：↙

指定下一个点或[圆弧(A)/半宽(H)/长度(L)/放弃(U)/宽度(W)]：(开始绘制钢筋)

指定下一点或[圆弧(A)/闭合(C)/半宽(H)/长度(L)/放弃(U)/宽度(W)]：

…

22.2.4　尺寸标注

　　(1) 首先，设置尺寸标注样式。尺寸样式设置注意以下参数：

　　超出尺寸线：2；

起点偏移量：10；

箭头样式：建筑标记；

箭头大小：2.5；

文字高度：2.5；

其余保持默认值。

（2）将图中的边柱及楼板进行尺寸标注，标注完成后如图 22-30
所示。

22.2.5 文字标注

（1）设置文字样式。首先，打开文字样式对话框，如图 22-31 所示，新建文字样式，
将字体设置为仿宋_GB 2312，字符高度为 5，如图 22-32 所示。

图 22-31 文字样式对话框

图 22-32 新建文字样式

（2）设置完成后，单击应用按钮，将其设置为当前文字样式。

（3）利用"多行文字"命令，然后，在屏幕上单击，输入标注文字，关闭轴线后如图
22-33 所示。

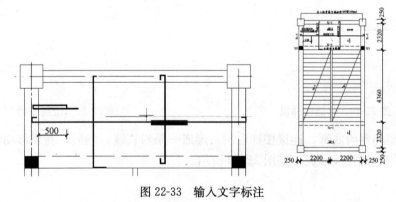

图 22-33 输入文字标注

22.3 绘制 A—A 剖面图

22.3.1 绘制楼梯

（1）首先，将"楼梯"图层设置为当前层，线型为默认。利用"直线"命令，在图

中绘制一条长为 30 的水平直线；然后，在其右端分别绘制垂直和水平两条楼梯线，依次在命令行中输入 "@0，-3"，"@6，0"，如图 22-34 所示。选择刚刚绘制的两条楼梯线，利用"复制"命令；然后，以垂直线的上端点为插入点进行复制，如图 22-35 所示。

共复制 17 次，即楼梯为 18 级台阶。如图 22-36 所示。

图 22-34　绘制楼板及楼梯　　　　　　　　　图 22-35　复制楼梯线

（2）绘制一条楼梯休息平台的楼板线，如图 22-37 所示。

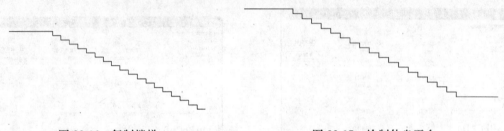

图 22-36　复制楼梯　　　　　　　　　　图 22-37　绘制休息平台

（3）绘制楼梯板。休息平台楼板厚为 3.5，因此，由顶端开始绘制时，首先单击直线命令按钮，然后单击休息平台左端点，在命令行中输入 "0，-3.5"，回车确认，如图 22-38 所示。再在命令行中输入以下坐标，以绘制楼梯板的下表面线。"@23.5，0"，"@0，-8"，"@6.5，0"，"@0，4"，绘制完成楼梯休息平台下端直线。如图 22-39 所示。

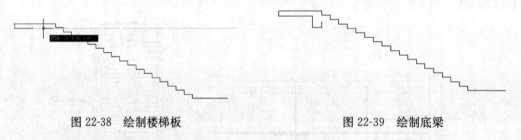

图 22-38　绘制楼梯板　　　　　　　　　　图 22-39　绘制底梁

（4）在楼梯台阶底部，连接楼梯台阶，形成一条斜直线；然后，利用移动命令，将其移动至底梁的右端直线端点，如图 22-40 所示。

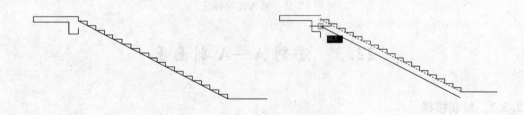

图 22-40　绘制楼梯板底面线

（5）在下层楼梯休息平台右端点处绘制直线，在命令行中输入"0，－3.5"；然后，利用 AutoCAD 的辅助绘图功能，将其与楼梯板的底面斜线相连，如图 22-41 所示。

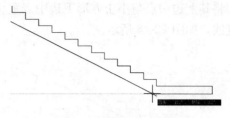

图 22-41　绘制底层休息平台

（6）选择绘制的楼梯所有图形，然后单击"镜像"命令 ⚓，以右侧图形外某一条直线为对称轴，进行镜像复制，如图 22-42 所示。

（7）复制后，选择右侧镜像后的图形，然后单击"修改"工具栏中的"移动"按钮 ✛，以上层楼梯休息平台板的右上顶点为移动点，将其移动至与左侧图形下层休息平台板的右侧顶点重合，如图 22-43 所示。

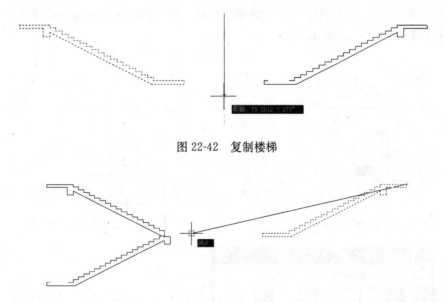

图 22-42　复制楼梯

图 22-43　移动图形

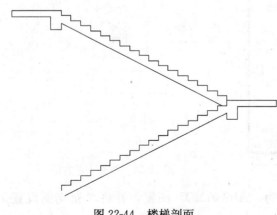

图 22-44　楼梯剖面

（8）绘制完成后，删除底部休息平台以及中层休息平台的多余线段，如图 22-44 所示。

（9）在最下端的楼梯尽头处绘制直线，依次输入"@－7，0"、 "@0，－17"，如图 22-45 所示。单击"绘图"工具栏中的"矩形"按钮 ▢，然后绘制一个边长为 7 的正方形，如图 22-46 所示。

（10）在下方绘制一个尺寸为 20×7 的矩形，利用中点捕捉命令，移动矩形，将其上边中点与小正方形下边中点重合，如图 22-47 所示。连接小正方形与楼梯下端的直线，如图 22-48 所示。

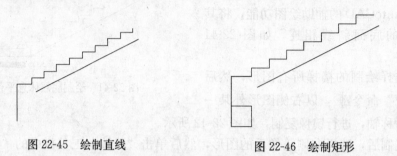

图 22-45　绘制直线　　　　　图 22-46　绘制矩形

　　（11）单击"绘图"工具栏中的"图案填充"按钮，打开"图案填充和渐变色"对话框，单击填充图案，打开填充图案选项板，选择"ANSI"选项卡，选择"ANSI31"图案，如图 22-49 所示。单击确定，回到图案填充对话框，添加选择对象为小正方形，单击确定，进行填充，如图 22-50 所示。

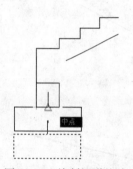

图 22-47　绘制矩形基础

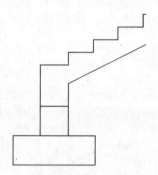

图 22-48　连接基础与楼梯

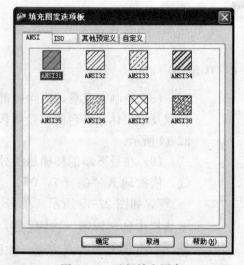

图 22-49　选择填充图案

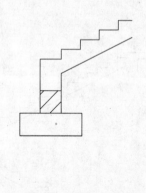

图 22-50　填充小正方形

　　（12）继续选择基础矩形图案，填充为"AR-SAND"图案，并将填充比例设置为0.05，如图 22-51 及图 22-52 所示。

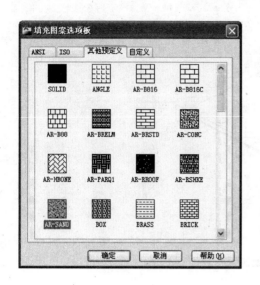

图 22-51　选择填充图案

图 22-52　调整填充比例

（13）在楼梯上层及中层休息平台的端部，绘制截断线，如图 22-53 所示。

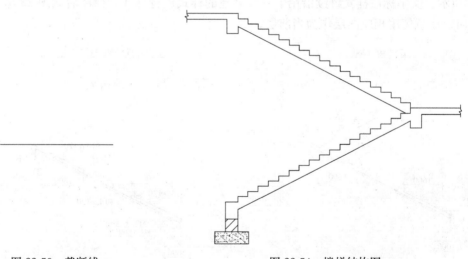

图 22-53　截断线　　　　　　　　　图 22-54　楼梯结构图

完成后，楼梯结构即绘制完成，如图 22-54 所示。

22.3.2　绘制钢筋

将"配筋"图层设置为当前层。楼梯板配筋同普通钢筋混凝土梁类似，由于其承受竖向荷载的作用，也属于受弯构件。其上部受压，底部受拉，因此，在楼梯板底部需配置纵向受拉钢筋，而且横向需要配置横向钢筋，起到短向受拉的作用。配筋如图 22-55 所示。

绘制钢筋时同样使用多段线进行绘制。绘制过程大体相同，不再赘述。

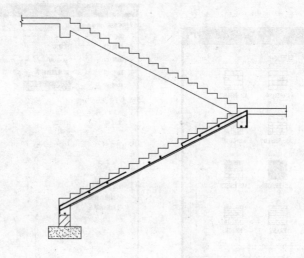

图 22-55　绘制钢筋

22.3.3　尺寸标注及文字标注

尺寸标注的样式同上一节一致，对混凝土楼梯板截面及钢筋进行尺寸标注，如图 22-56所示。文字标注样式继续沿用上一节创建的样式进行标注，标注后如图 22-57 所示。标注时，注意使用相应图层作为当前层。

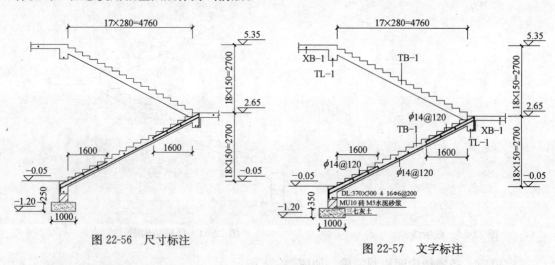

图 22-56　尺寸标注　　　　　　　　　　图 22-57　文字标注

楼梯剖面图绘制完成。

22.4　绘制梁截面配筋图

22.4.1　绘制截面图

将"截面"图层设置为当前图层，单击"绘图"工具栏中的"矩形"按钮，绘制两个矩形，代表梁的截面。由于图纸采用 A1 图幅，截面绘图比例设置为 1 ： 20，因此，矩形尺寸为 12.5×25 和 12.5×12.5，如图 22-58 所示。

22.4.2 绘制钢筋

步骤如下：

（1）将"配筋"图层设置为当前层，单击"绘图"工具栏中的"多段线"按钮 绘制钢筋。首先，利用中点捕捉工具及直线工具绘制矩形中轴线，如图 22-59 所示。

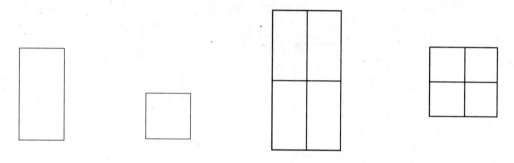

图 22-58　绘制梁截面   图 22-59　绘制轴线

（2）再绘制两个矩形，尺寸分别为 10×22.5 和 10×10，并绘制其中轴线，如图22-60 所示。

（3）将其移动至截面矩形内部，注意中轴线的交点重合，如图 22-61 所示。

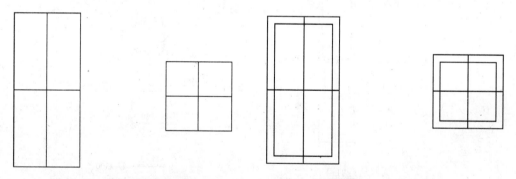

图 22-60　绘制钢筋辅助矩形   图 22-61　移动矩形

（4）单击多段线命令，沿内部矩形绘制多段线，宽度设置为 0.1，如图 22-62 所示。

（5）在钢筋矩形内部绘制直径为 1 的圆，并进行填充，复制分别排列到矩形内部，表示纵向钢筋；另外，在右上角绘制两条伸出的短斜线，表示箍筋弯起部分。删除辅助中轴线，如图 22-63 所示。

22.4.3 尺寸标注及文字标注

对钢筋及混凝土梁截面进行尺寸标注，并表明钢筋配筋信息及混凝土截面，如图 22-64所示。

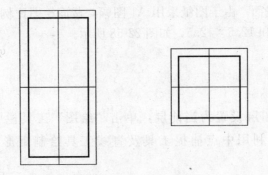

图 22-62　绘制钢筋

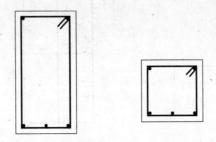

图 22-63　绘制纵向钢筋及箍筋弯起

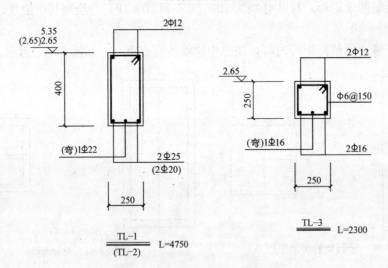

图 22-64　尺寸标注及文字标注

22.5　文字说明及插入图框

22.5.1　文字说明

将当前图层设置为"0"层，然后单击"绘图"工具栏中的"多行文字"按钮 **A**，在图中输入图幅的文字说明，如图 22-65 所示。

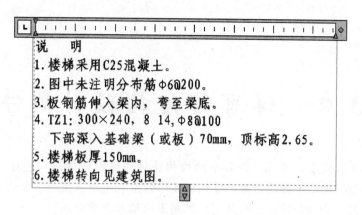

图 22-65　编写文字说明

22.5.2　插入图框

单击"绘图"工具栏中的"插入块"按钮,将源文件/图库/A2 图签插入到图中合适的位置,如图 22-66 所示。楼梯详图绘制完成。

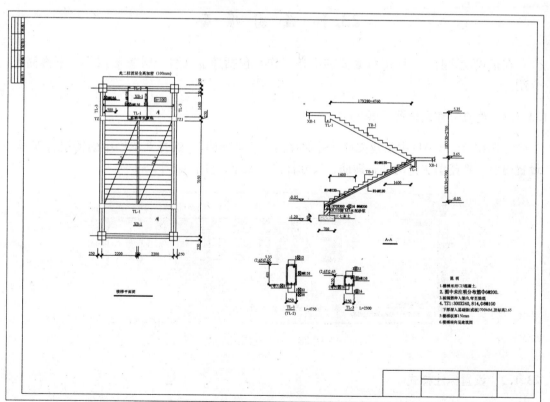

图 22-66　插入图框

第23章 体育馆结构设计构件详图

本章为此工程最后一幅图，为各个结构构件细部详图的集合。包括：基础剖面示意图、基础平面图、墙基示意图、基础梁纵剖面示意图、梁节点做法、管沟详图、基础平面标注构造示意图、基础加腋处配筋详图、混凝土地梁后浇带做法。

学习要点

绘制基础剖面示意图与详图
绘制基础梁节点配筋构造图
绘制混凝土地梁后浇带

23.1 绘图准备

在正式设计前，应该进行必要的准备工作，包括建立文件、设置图层等，下面简要介绍。

23.1.1 建立文件及设置图层

首先在 AutoCAD 中新建文件，并保存为"构件详图"。选择菜单栏中的图层管理器，设置图层。新建图层：构件、钢筋、尺寸标注、文字标注，如图 23-1 所示。

图 23-1 设置图层

23.1.2 设置标注样式

选择菜单栏中的"格式"→"标注样式"命令，打开"标注样式管理器"对话框。单击修改，打开"修改标注样式：ISO-25"对话框，将其文字高度设置为3，尺寸超出尺寸线2，起点偏移量为10，箭头为建筑标记，箭头大小为2.5，如图 23-2 所示。

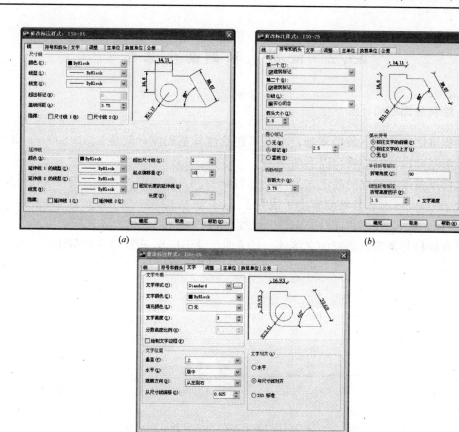

图 23-2　修改标注样式

23.1.3　文字样式

（1）选择菜单栏中"格式"→"文字样式"，打开"文字样式"对话框，如图 23-3 所示，单击新建按钮，新建文字样式命名为文字标注，将文字字体设置为仿宋_GB2312，字符高度为 3。

（2）再次新建文字样式，命名为"钢筋标注"，字体设置为"Times New Roman"，文字高度为 3，如图 23-4 所示。

图 23-3　设置文字标注样式

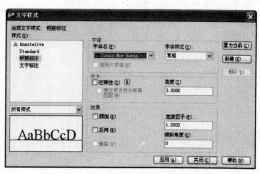

图 23-4　设置钢筋标注样式

23.2 绘制基础剖面示意图

23.2.1 绘制基础结构外形

本工程采用的是柱下条形基础，根据《建筑地基基础设计规范》GB 50007—2002 的规定，条形基础设计时应符合以下规定：

（1）柱下条形基础梁的高度宜为柱距的 1/4～1/8。翼板厚度不应小于 200mm。当翼板厚度大于 250mm 时，其坡度宜小于或等于 1∶3。

（2）条形基础的端部宜向外伸出，其长度宜为第一跨距的 0.25 倍。

（3）现浇柱与条形基础梁的交接处，其平面尺寸不应小于图 23-5 的规定。

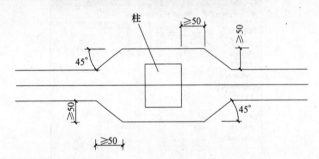

图 23-5 现浇柱与条形基础梁交接处平面尺寸

（4）条形基础梁顶部和底部的纵向受力钢筋除满足计算要求外，顶部钢筋计算配筋全部贯通，底部通长钢筋不应少于底部受力钢筋截面总面积的 1/3。

（5）柱下条形基础的混凝土强度等级，不应低于 C20。

本工程为混凝土框架结构，采用条形基础，基础混凝土强度等级为 C10，配置 HRB335 级钢筋作为受压和受拉的钢筋，箍筋采用 HPB235 级钢筋，直径为 8mm。绘制步骤如下：

（1）绘制基础轮廓使用直线命令。将构件图层设置为当前层，在命令行中输入 "line" 命令，在屏幕中选取一点，作为起始点，依次输入如下相对坐标进行绘制：@0，10；@25，5；@0，25；@15，0；@0，−25；@25，−5；@0，−10，最后输入 c，按回车键确认闭合，如图 23-6 所示。

（2）在其下方绘制一个 75×4 的矩形，利用中点捕捉工具，移动矩形，将其与基础中心线对齐，如图 23-7 所示。

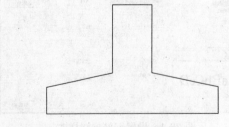

图 23-6 绘制基础外形

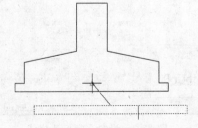

图 23-7 绘制基础底座

23.2.2　绘制配筋

单击"绘图"工具栏中的"多段线"按钮 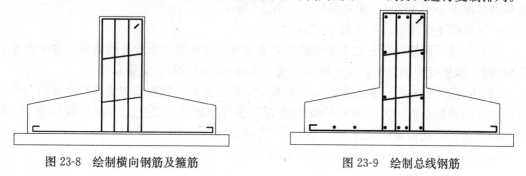，在基础底部开始，绘制钢筋代表符号。在底部左侧单击一点，输入 w，设置线宽为 0.5，依照图 23-8 的方式绘制钢筋。在图中绘制一直径为 1 的圆，并用实心图案进行填充，并依照图 23-9 的方式进行复制排列。

图 23-8　绘制横向钢筋及箍筋	图 23-9　绘制总线钢筋

23.2.3　添加文字标注

单击"绘图"工具栏中的"多行文字"按钮 **A**，在图中添加文字及钢筋标注。注意文字标注要将文字样式设置为"文字标注"，而钢筋标注要将文字样式设置为"钢筋标注"，标注后如图 23-10 所示（注：具体尺寸按图 23-10 所给的尺寸标注）。

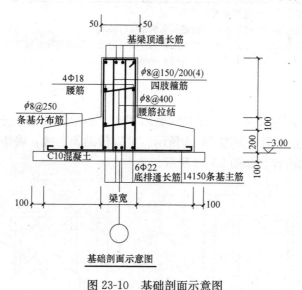

图 23-10　基础剖面示意图

23.3　基础平面详图

23.3.1　绘制基础

基础 DJ1 为独立基础。其构造在设计时应符合以下要求：

（1）锥形基础的边缘高度，不宜小于 200mm；阶梯形基础每阶高度，宜为 300～500mm。

（2）垫层的厚度不宜小于 70mm；垫层混凝土强度等级应为 C10。

（3）扩展基础底板受力钢筋的最小直径不宜小于 10mm；间距不宜大于 200mm，也不宜小于 100mm。墙下钢筋混凝土条形基础纵向受力钢筋的直径不小于 8mm；间距不大于 300mm；每延米分布钢筋的面积应不小于受力钢筋面积的 1/10。当有垫层时，钢筋保护层的厚度不小于 40mm；无垫层时，不小于 70mm。

（4）混凝土强度等级不应低于 C20。

（5）当柱下钢筋混凝土独立基础的边长和墙下钢筋混凝土条形基础的宽度大于或等于 2.5m 时，底板受力钢筋的长度可取边长或宽度的 0.9 倍，并宜交错布置。

（6）钢筋混凝土条形基础底板在 T 形及十字形交接处，底板横向受力钢筋仅沿一个主要受力方向通长布置，另一方向的横向受力钢筋可布置到主要受力方向底板宽度的 1/4 处。在拐角处，底板横向受力钢筋应沿两个方向布置。

基础的杯底厚度和杯壁厚度可按表 23-1 选用。

基础的杯底厚度和杯壁厚度 表 23-1

柱截面长边尺寸 h(mm)	杯底厚度 a_1(mm)	杯壁厚度 t(mm)
$h<500$	≥150	150～200
$500≤h<800$	≥200	≥200
$800≤h<1000$	≥200	≥300
$1000≤h<1500$	≥250	≥350
$1500≤h<2000$	≥300	≥400

注：1. 双肢柱的杯底厚度值，可适当加大。

2. 当有基础梁时，基础梁下的杯壁厚度，应满足其支承宽度的要求。

3. 柱子插入杯口部分的表面应凿毛，柱子与杯口之间的空隙，应用比基础混凝土强度等级高一级的细石混凝土充填密实，当达到材料设计强度的 70% 以上时，方能进行上部吊装。

步骤如下：

（1）将"构件"图层设置为当前层，然后利用"矩形"命令，分别绘制边长为 25、30、50 和 60 的四个正方形，如图 23-11 所示。可以借助辅助线，将矩形的中心对齐，具体过程参见前几章的内容，如图 23-12 所示。

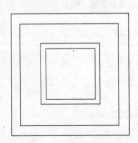 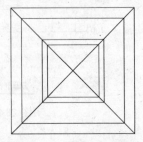

图 23-11　绘制柱平面图　　　　图 23-12　对齐矩形中心

（2）截断斜向的直线，如图 23-13 所示。

（3）在命令行中输入"hatch"命令，打开"图案填充和渐变色"对话框，如图 23-14 所示。单击填充图案，在选项板中选择"AR-SAND"图案，如图 23-15 所示。将绘图比例设置为 0.05，然后选择外层的两个矩形，单击确定，进行填充，如图 23-16 所示。

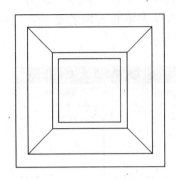

图 23-13　截断斜直线

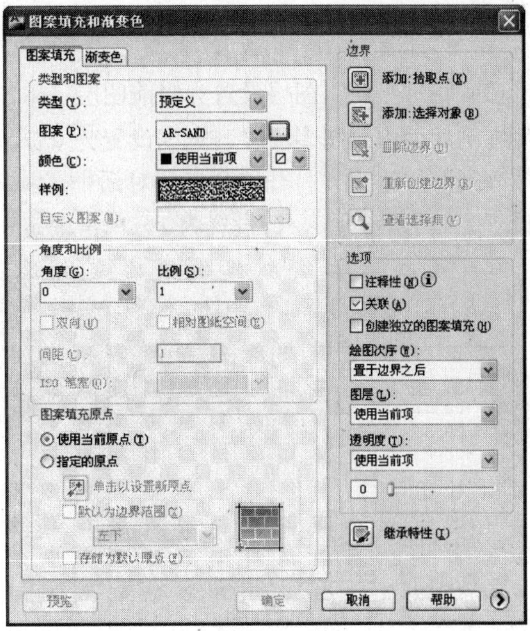

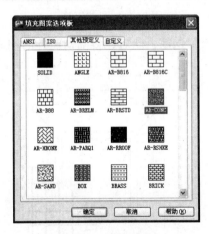

图 23-14　"图案填充和渐变色"对话框

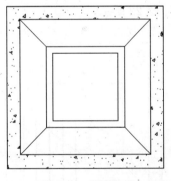

图 23-15　选择图案

图 23-16　填充矩形

（4）利用"直线"和"样条曲线"命令，在柱右下角处，绘制一段曲线，代表内部剖切面，如图 23-17 所示。删除剖切面内部的直线，如图 23-18 所示。

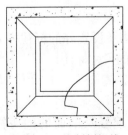

图 23-17　绘制剖切线

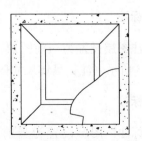

图 23-18　删除剖切面内部直线

23.3.2 绘制钢筋

（1）将"钢筋"图层设置为当前图层，单击"绘图"工具栏中的"多段线"按钮 ，然后在剖切面内绘制多段线，宽度设置为 0.5，如图 23-19 所示。单击"修改"工具栏中的"阵列"按钮 ，打开阵列工具对话框，将阵列的对象选择为垂直方向的钢筋，列偏移设置为－5，列为 5，行设置为 1，单击确定，如图 23-20 所示。

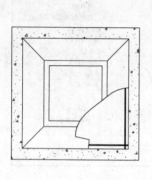

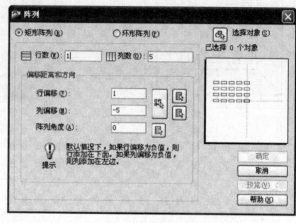

图 23-19　绘制钢筋　　　　　　　　　　图 23-20　复制钢筋

（2）复制后如图 23-21 所示。同样，复制水平钢筋；然后，将剖切面外的钢筋进行修剪，如图 23-22 所示。

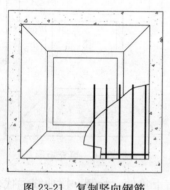

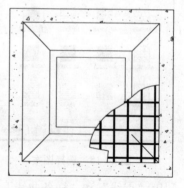

图 23-21　复制竖向钢筋　　　　　　　　图 23-22　复制水平钢筋

23.3.3 尺寸标注

将尺寸标注图层设置为当前图层，利用前面方法及设置好的标注样式，进行尺寸标注，如图 23-23 所示（注：具体尺寸按图 23-23 所给的尺寸标注）。

23.3.4 文字标注

将"文字标注"图层设置为当前层，添加轴线编号及剖面的剖切符号图形，如图 23-24所示。放大图形，在中间某排钢筋上绘制直线，在其与钢筋交接处绘制倾斜 45°的小短直线，如图 23-25 所示。利用"阵列"或"复制"命令，将其复制到其他交点；然后，引出直线，进行钢筋标注。如图 23-26 所示。

全部绘制完成后，如图 23-27 所示。

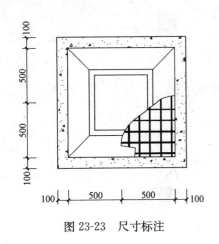

图 23-23　尺寸标注

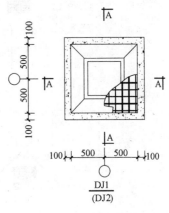

图 23-24　剖切符号

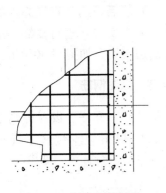

图 23-25　插入钢筋标注

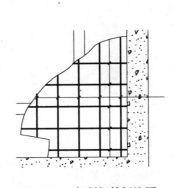

图 23-26　复制钢筋标注图

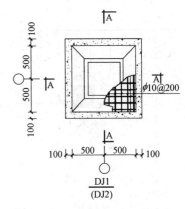

图 23-27　绘制完成

23.4　基础梁节点配筋构造图

23.4.1　绘制梁

首先，将"构件"图层设置为当前层，在基础梁图中复制节点部分的基础梁线，如图 23-28 所示。

23.4.2　绘制节点配筋

（1）将"钢筋"图层设置为当前层，利用"多段线"命令，绘制钢筋。左图中，首先绘制四条相交的倾斜 45°直线，线宽为 0.5，右图中绘制钢筋如图 23-29 所示。

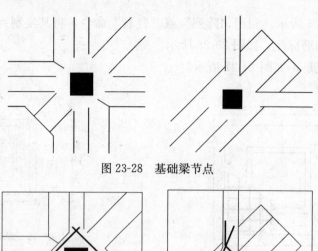

图 23-28　基础梁节点

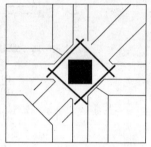
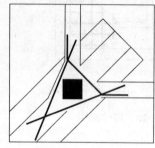

图 23-29　绘制水平箍筋

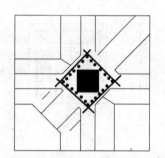
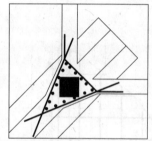

图 23-30　绘制竖向钢筋

（2）然后，绘制直径为 1 的圆，填充为实心，进行复制，沿钢筋周边布置，如图23-30所示。

23.4.3　标注钢筋

将"文字标注"设置为当前层，然后利用"多行文字"命令，对钢筋进行标注，如图23-31

所示（注：具体尺寸按图 23-31 所给的尺寸标注）。

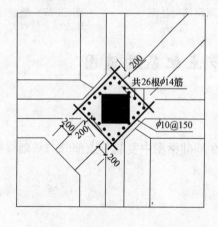

节点一

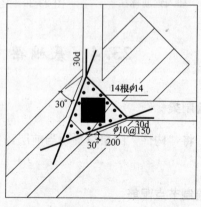

节点二

图 23-31　文字标注

23.5　绘制混凝土地梁后浇带

23.5.1　后浇带

施工后浇带分为后浇沉降带、后浇收缩带和后浇温度带，分别用于解决高层主楼与低层裙房间差异沉降、钢筋混凝土收缩变形、减小温度应力等问题。这种后浇带一般具有多种变形缝的功能，设计时应考虑以一种功能为主，其他功能为辅。施工后浇带是整个建筑物，包括基础及上部结构施工中的预留缝（"缝"很宽，故称为"带"）。待主体结构完成，将后浇带混凝土补齐后，这种"缝"即不存在，既在整个结构施工中解决了高层主楼与低居裙房的差异沉降，又达到了不设永久变形缝的目的。

通常在设计中，写在结构设计总说明中。做法如下：后浇带采用掺膨胀剂的补偿收缩混凝土，水中养护 14d 的混凝土限制膨胀率大于等于 0.015%；后浇带中梁、板钢筋跨内均增加 20%，后浇带应待主体结构完成 60d 且沉降稳定后，再用较相邻混凝土强度等级高一级的膨胀混凝土浇筑。

后浇带施工时，应注意以下问题：

（1）由于施工原因需设置后浇带时，应视工程具体结构形状而定，留设位置应经设计院认可。

（2）后浇带的保留时间。应按设计要求确定，当设计无要求时，应不少于 40d；在不影响施工进度的情况下，应保留 60d。

（3）后浇带的保护。基础承台的后浇带留设后，应采取保护措施，防止垃圾杂物掉入。保护措施可采用木盖覆盖在承台的上皮钢筋上，盖板两边应比后浇带各宽出 500mm 以上。地下室外墙竖向后浇带可采用砌砖保护。楼层面板后浇带两侧的梁底模及梁板支承架不得拆除。

（4）后浇带的封闭。浇筑结构混凝土时，后浇带的模板上应设一层钢丝网，后浇带施工时，钢丝网不必拆除。后浇带无论采用何种形式设置，都必须在封闭前仔细地将整个混凝土表面的浮浆凿除，并凿成毛面，彻底清除后浇带中的垃圾及杂物，并隔夜浇水湿润，铺设水泥浆，以确保后浇带混凝土与先浇捣的混凝土连接良好。地下室底板和外墙后浇带的止水处理，按设计要求及相应施工质量验收规范进行。后浇带的封闭材料应采用比先浇捣的结构混凝土设计强度等级提高一级的微膨胀混凝土（可在普通混凝土中掺入微膨胀剂 UEA，掺量为 12%～15%）浇筑振捣密实，并保持不少于 14d 的保温、保湿养护。

23.5.2　绘制后浇带

（1）首先，将"构件"图层设置为当前层，然后利用"直线"命令绘制后浇带的轮廓线，如图 23-32 所示。

（2）利用"多段线"命令，绘制后浇带配筋情况，如图 23-33 所示。绘制时，多线宽度设置为 0.5。

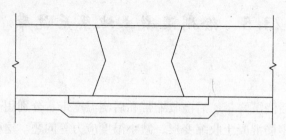

图 23-32　绘制后浇带轮廓线

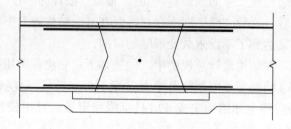

图 23-33　绘制钢筋

（3）利用前面所说的标注样式进行文字及尺寸标注，如图 23-34 所示（注：具体尺寸按图 23-34 所给的尺寸标注）。

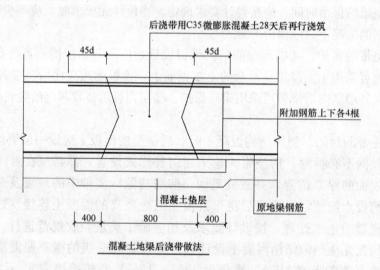

图 23-34　后浇带做法详图

23.6　插 入 图 框

利用以上方法，绘制其他构件详图。绘制完成后，将其摆放到合适的位置。单击"绘图"工具栏中的"插入块"按钮，将源文件/图库/A2 图签插入到图中合适的位置；然后，修改图框的大小。完成后如图 23-35 所示。

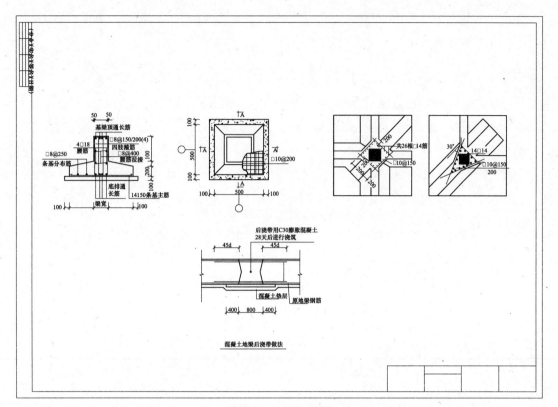

图 23-35　插入图框